凝煉知識品味閱讀

五南出版

軟體叢書

嵌入式系統設計：
ARM-Based FPGA
基礎篇

廖裕評
陸瑞強　著
郭書銘

五南圖書出版公司 印行

推薦序

能為廖裕評教授此書作序，是本人與 Altera 全球大學計劃總監暨多倫多大學電機與電腦工程系教授 Dr. Stephen Brown 無上的光榮。

我們還清楚地記得，在 2003 年當時我們計劃要以革命性的創新功能來設計全球第一片 DE 系列 FPGA 多媒體教學平台時，我們幾乎搜集了全球各國的相關 FPGA 及數位電子教學書籍，作為教學平台改良的參考，而在台灣我們所選的書，就是廖教授當時非常受歡迎的一本暢銷教科書《系統晶片設計：使用 quartus II》。我們從廖教授的書中獲取了寶貴的資訊，融入設計並以此 DE 平台獲得了全球性的成功，全球超過兩千所大學及研究單位都以 DE 系列平台成立教學實驗室。近三十萬套 DE 平台在這兩千多所大學鋪開。廖教授也完成另一本基於 DE2-115 平台之暢銷好書：《數位電路設計 DE2-115 範例寶典》，提供了學生們最實用的 FPGA 設計範例詳解。

在 2013 年時，Altera 公司與 ARM 向外界宣布了最新結合 FPGA 及 ARM 的 SoC FPGA 元件，成功的在單一晶片上結合 ARM CPU 核心和可程式邏輯陣列兩種技術，以實現靈活性、可配置性與效能的目標。以先進 28 奈米製程生產，為 FPGA 帶來更高的整合能力，將 ARM 核心、邏輯陣列以及硬體 IP 周邊結合，不僅為晶片設計產業帶來了一個全新的革命，並且將扮演推動創新的重要角色。在許多必需靠 FPGA 提供客製化邏輯功能且同時需要依賴 ARM 處理器提供軟體控制時，此 SoC FPGA 便成了唯一的解決方案。

因此在今年初 Altera 全球大學計劃與友晶科技為了讓全球使用者能順利開始以 SoC FPGA 從事教學及產品開發，便合作設計推出了全球最強大，成本最低廉的 DE1-SOC 平台，在短期內就大量獲得頂尖學校採用。我們並邀請廖教授再次為此創新平台著書，此書的誕生，是廖教授結合其多年在 FPGA 及 ARM 教學訓練上之精髓，以 DE1-SOC 平台實作，以提供學子及工程師們一個快速上手的最佳學習管道。我們也將從今年開始，在已經舉辦十年的亞洲創新大賽中，新增加 SOC 類型獎項，提供台灣及大陸大學院校此 DE1-SOC 平台，作為大賽平台的選擇。

我們堅信，廖教授對此書著作上投入之專業及熱情，將會使讀者在最短時間掌握此最新 SoC FPGA 之相關技術。並能成功運用在各種所需領域之中。

Altera 全球大學計劃總監

Dr. Stephen Brown

友晶科技總經理

彭顯恩

序

毫無疑問地，內嵌晶片的電子產品早如水銀瀉地般遍佈在我們生活的四周。從1971 年 Intel 推出第一顆商用處理器 Intel 4004 起，1981 年著名的 8051 微控制器問世，到 1985 年 Acorn Computers 推出第一顆 ARM 系列的晶片 ARM1，以軟體程式控制操作的單晶片已廣泛地應用在家電及 3C 產品的控制。另一方面，同樣在 1985 年問世的 FPGA 則挾其可重複設計、平行處理及大量邏輯單元的硬體晶片架構，適用於訊號處理與控制應用，逐步取代客製化晶片的市場。

從商業的考量而言，單晶片與 FPGA 各有其擅長之處，也各佔據不同的市場。然隨著產品整合的功能越來越多，許多電子產品早已同時採用兩種晶片進行不同的控制與操作。近年來，在 FPGA 整合 ARM 核心的產品相當受到矚目，逐漸從傳統應用轉向訴求節能、低功耗、高性能及彈性化設計的嵌入式產品，發掘出全新契機，可應用在測試儀器、監控系統、車用資訊娛樂系統、工業馬達控制、輔助駕駛系統、汽車環視系統、人機介面等等。舉監控領域來說，可運用 FPGA 硬體加速影像處理，除可處理多通道影像外，且可即時進行影像處理及辨識；而 ARM 則適合且可輕易發展出人機界面，控制系統整體運行。兩者的相互結合，使系統具有彈性優勢，軟硬體整合使系統效能達到最大的發揮及運用。

目前大專院校至高中職相關科系均已開設 FPGA 設計以及嵌入式系統之課程，各需要不同的 FPGA 開發板與 ARM 開發板，如今以此 FPGA 整合 ARM 核心的產品，不僅能夠降低購置設備的成本，並降低軟硬體整合的難度。結合可靠的 FPGA 設計工具、直觀的系統整合工具，以及成熟的 ARM 輔助系統，可以加速開發流程，並降低風險。本書希望讓即使是第一次實現 FPGA 的設計者，也可輕鬆的使用已有的軟體、IP 和其他設計內容完成設計專案。

全書內容循序漸進，利用大量圖解說明，希望讀者學習時更加流暢。首先從基本的周邊控制開始，讓讀者快速上手軟體功能與操作流程，接著整合已有的 IP 設計出一個軟硬體整合專案「乒乓球遊戲」。最後搭配網頁伺服器的應用，完成遠端監控的專案，可應用在近來熱門的物聯網。本書搭配低成本、高效能的友晶科技的 DE1-SoC 開發板，冀望對學界及業界的晶片軟硬體整合設計有所貢獻。

作者　謹識

目　錄

1

認識 Altera SoC FPGA 與開發環境建立

1-1 Altera 軟體包下載與安裝

1-2 SoC Embedded Design Suite（SoC EDS）之下載與安裝

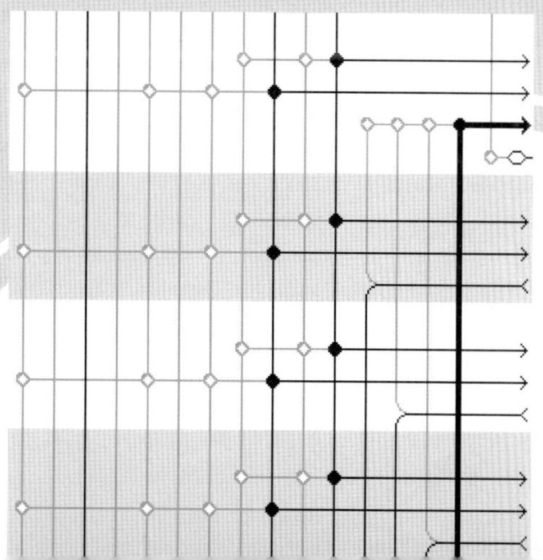

Altera SoC FPGA 是結合傳統系統晶片（SoC）與 FPGA 在一個晶粒上。其中元件的系統晶片（SoC）部分被稱作硬處理機系統（hard processor system），簡稱作 HPS，內含有 ARM 處理器與周邊等，如圖 1-1 所示。

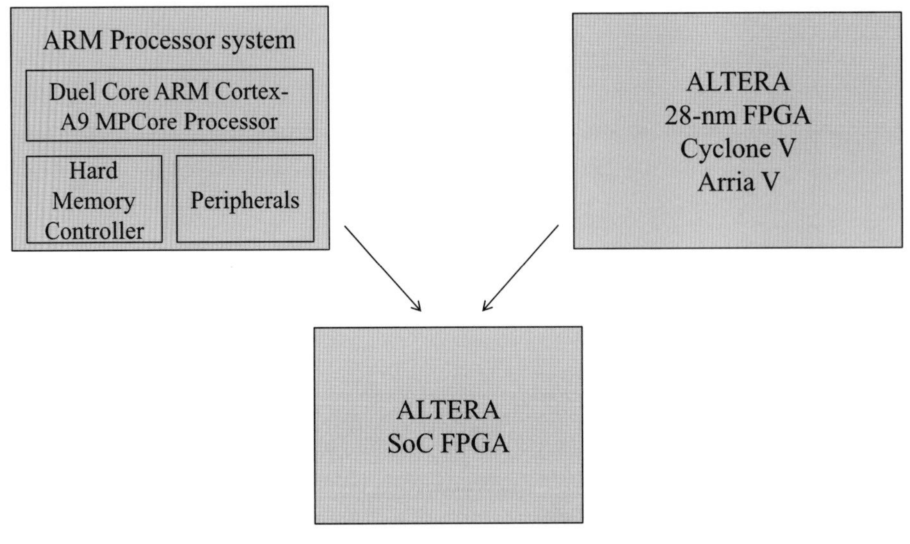

圖 1-1　Altera SoC FPGA

FPGA 端是與標準的 FPGA 開發方式相同，是在 Quartus II 軟體與 Qsys 環境下開發。而含有 ARM 的 HPS 發展流程與標準 ARM 相同，軟體開發使用 ARM 發展工具，Altera SoC FPGA 開發流程如圖 1-2 所示。

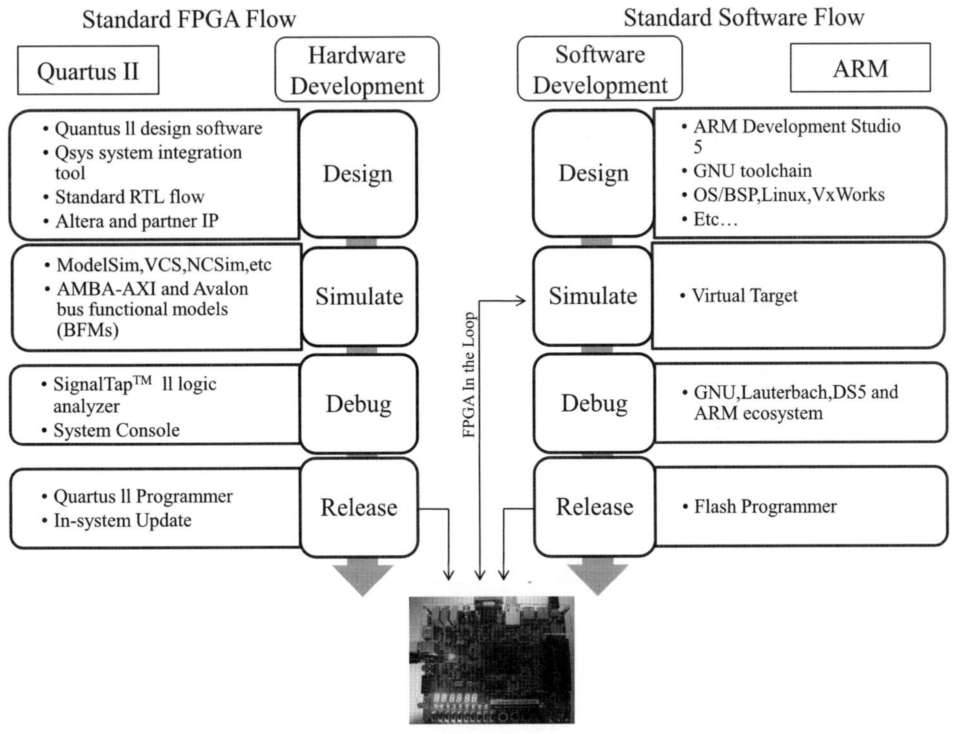

圖 1-2　Altera SoC FPGA 開發流程

Altera SoC FPGA 開發流程以下以七個步驟介紹：

步驟 1：在 FPGA 上硬體配置可以透過 Quartus II 的 Qsys 設定 HPS 的腳位多工等硬體設定硬體系統，如圖 1-3 所示。

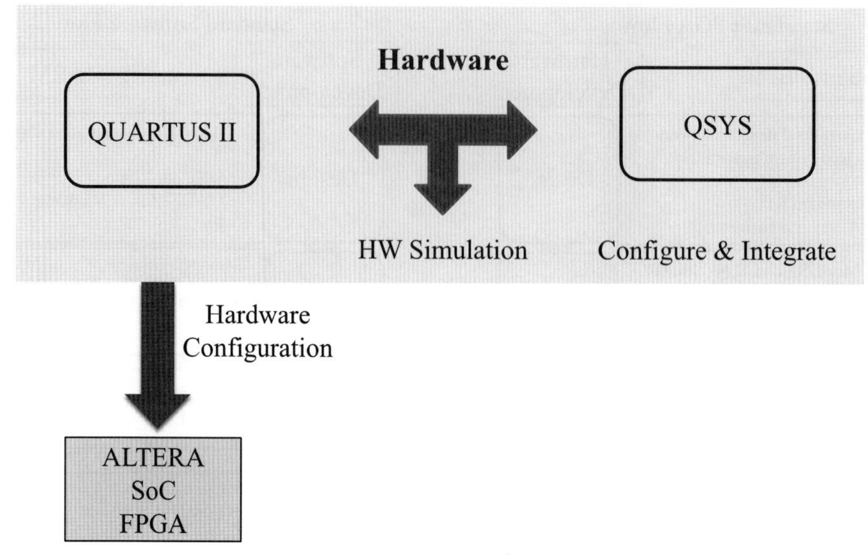

圖 1-3　建立硬體

步驟 2：FPGA 周邊與 HPS 設定藉由 Qsys 之配置，產生 Handoff 資訊給爲軟體開機時的使用或組譯軟體程式也會使用到，說明如圖 1-4 所示。

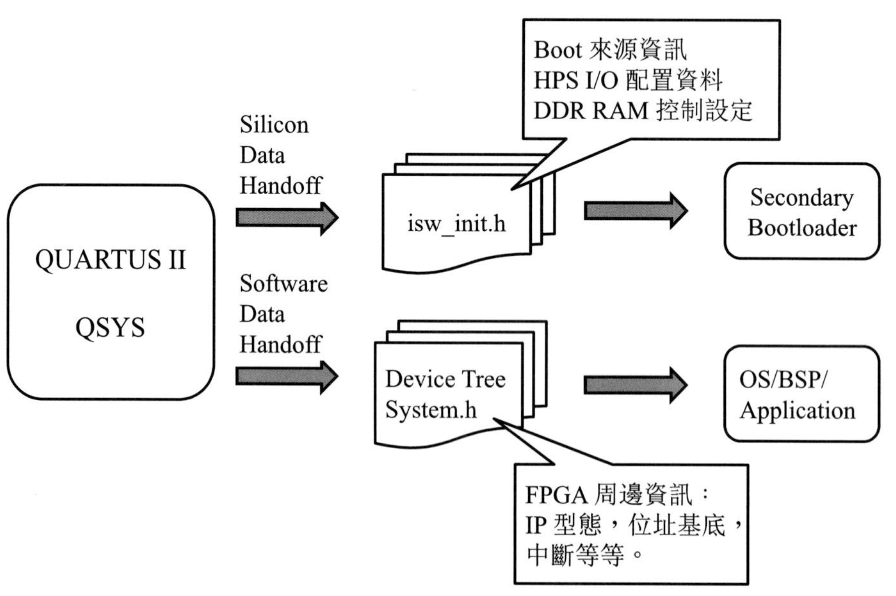

圖 1-4 產生 Handoff 資訊

步驟 3：產生 Preloader，給軟體開機時使用，流程如圖 1-5 所示。

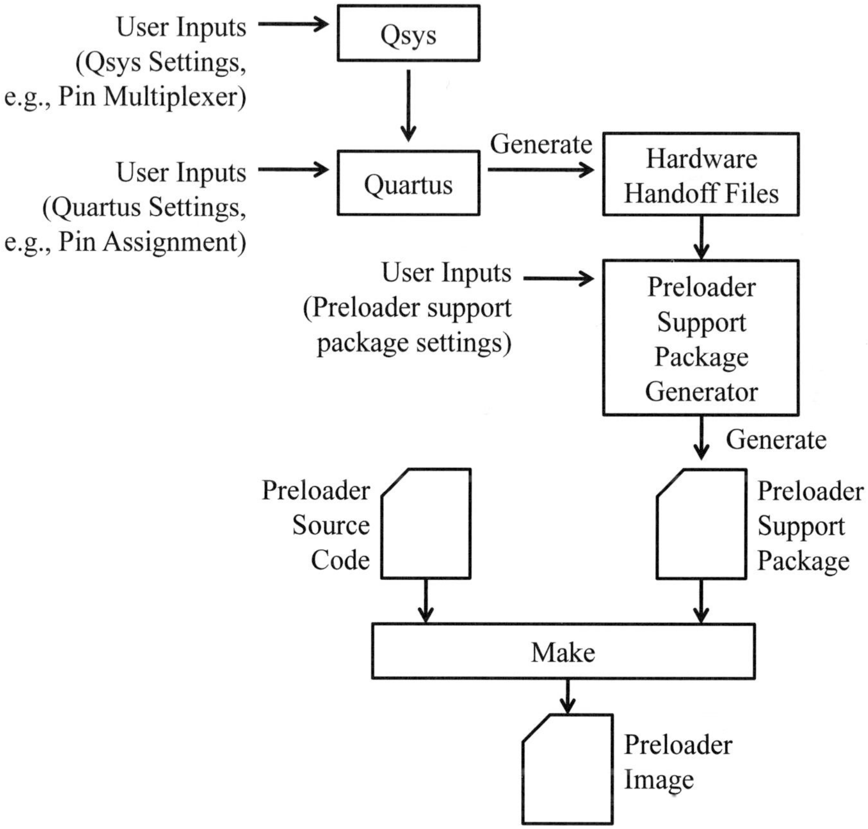

User Inputs (Qsys Settings, e.g., Pin Multiplexer) → Qsys

Qsys → Quartus

User Inputs (Quartus Settings, e.g., Pin Assignment) → Quartus

Quartus → Generate → Hardware Handoff Files

Hardware Handoff Files → Preloader Support Package Generator

User Inputs (Preloader support package settings) → Preloader Support Package Generator

Preloader Support Package Generator → Generate → Preloader Support Package

Preloader Source Code → Make

Preloader Support Package → Make

Make → Preloader Image

圖 1-5　Preloader 產生流程

步驟 4：由 Yocto 產生 U-boot 、linux kernel 與 root filesystem ，如圖 1-6 所示。

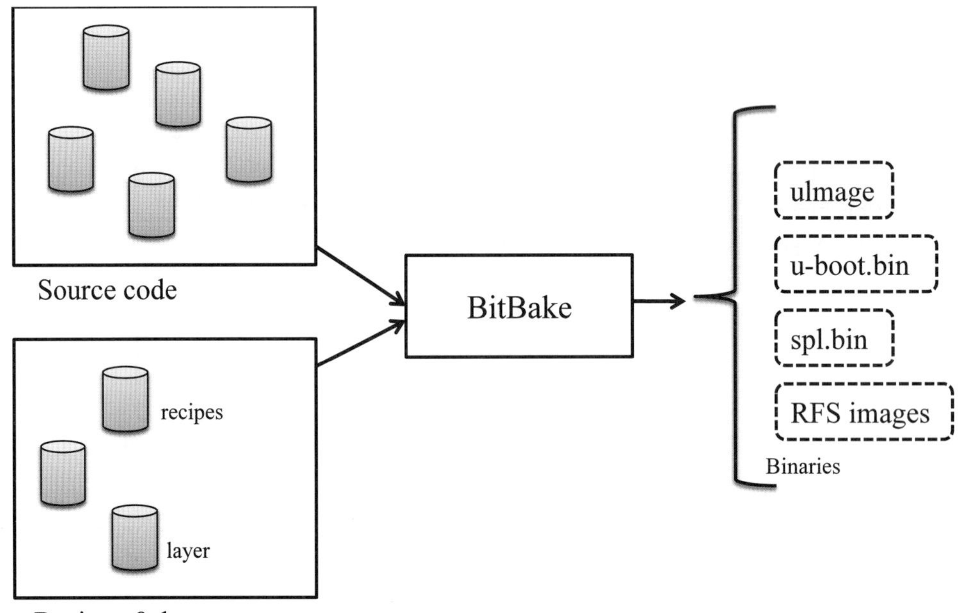

圖 1-6　由 Yocto 產生 U-boot 、linux kernel 與 root file system

步驟 5：製作一個可以開機的 SD 卡，將 Preloader 、U-boot 、linux kernel 與 root filesystem 與 Device Tree 放入 SD 卡中，如圖 1-7 所示。

分割區3，存放preloader與u-boot img檔	分割區2，存放Linux root檔案系統，如同一個ext3分割	分割區1，是FAT分割區，放置kernel與device tree 檔	原始分割區(Raw Partition)	主開機記錄(MBR)

圖 1-7　可開機的 SD 卡

步驟 6：使用前一步驟的 SD 卡放至 SoC 開發板，執行 HPS 開機程序，開機流程與執行應用程式流程如圖 1-8 所示。

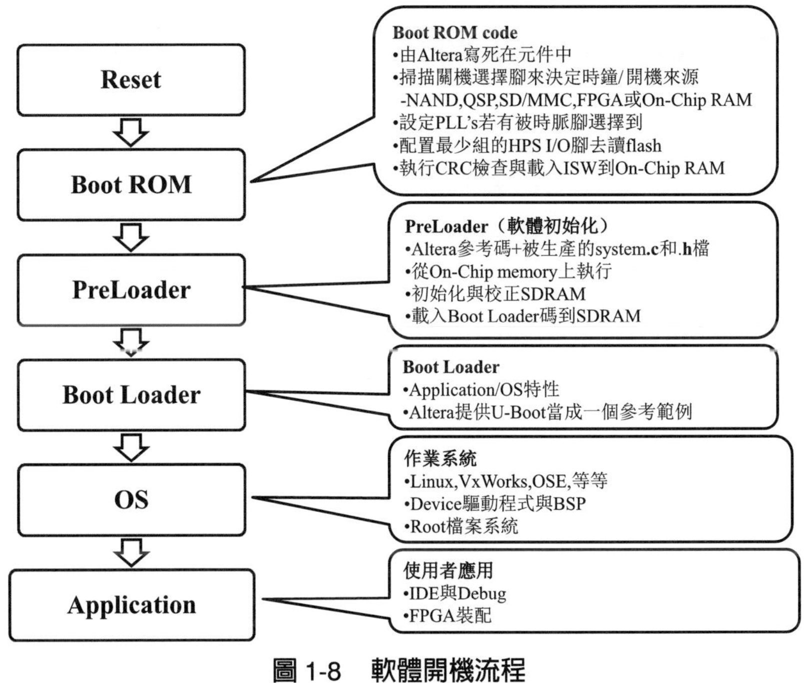

圖 1-8　軟體開機流程

以上開發過程所需要到的軟體與說明整理如表 1-1 所示。

表 1-1　開發工具與說明

工具	描述	軟體
Quartus II	創造、編輯與組譯 FPGA 硬體設計。	Quartus II 13.1
Device Tree Generator	產生 Device Trees	SoC EDS
Device Tree Compiler	轉換 Device Tree 檔案格式	
Preloader Generator	基於硬體 handoff 資訊產生 Preloader 檔	
ARM DS-5 AE	軟體開發工具	
Bitbake	Yocto build 工具	Yocto Source Package
SD Card Script	Script 可以創造 SD 卡映像檔	

Altera SoC FPGA 專案開發需要具備的檔案整理如表 1-2 所示。

表 1-2　Altera SoC FPGA 專案開發需要具備的檔案

File	Description
Quartus 專案	FPGA 硬體專案
Board XML	描述 Altera SoC FPGA 開發板，用以產生 Devlce Tree
Clocking XML	描述 Altera SoC FPGA 開發板，用來產生 Device Tree
Yocto Source Package	建置 Linux 的原始檔與工具包

1.2 安裝硬體編輯軟體

本章介紹本書所使用到的軟體，包括 Quartus II Web Edition 版、ModelSim-Altera Starter Edition 版、Nios® II Embedded Design Suite（EDS）與 SoC Embedded Design Suite。

Altera SoC Embedded Design Suite（EDS）是一個使用 Altera SoC 元件做嵌入式軟體開發的完整的套件。Altera SoC EDS 可用來開發韌體與應用軟體。

http://www.rocketboards.org/foswiki/Documentation/GSRD

以下介紹軟體下載與安裝說明。其中 1-1 將介紹 Quartus II Web Edition 版、ModelSim-Altera Starter Edition 版、Nios® II Embedded Design Suite（EDS）之下載與安裝方式。1-2 將介紹 SoC Embedded Design Suite 下載與安裝方式。1-3 介

紹 USB 轉 UART 裝置的驅動程式安裝。

1-1 Altera 軟體包下載與安裝

本小節介紹 Altera 軟體包下載與安裝方式，包括 Quartus II Web Edition 版、ModelSim-Altera Starter Edition 版、Nios® II Embedded Design Suite（EDS）一起下載與安裝的方式。

1-1-1 Altera 軟體包下載

Altera 每季會更新 Quartus II 軟體版本，可以從 altera 官方網站 http://www.altera.com 的網頁右上方有一個「Download Center」下載最新的軟體，如圖 1-9 所示。

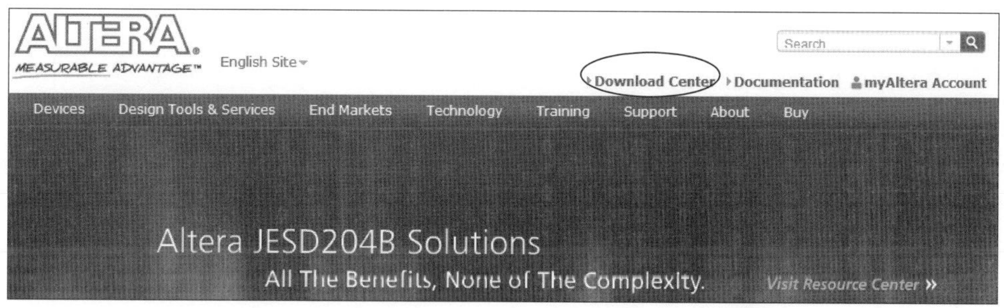

圖 1-9　Altera 網頁「Download Center」連結

從「Download Center」連結點進去，可以下載最新與舊版的軟體，如圖 1-10 所示。

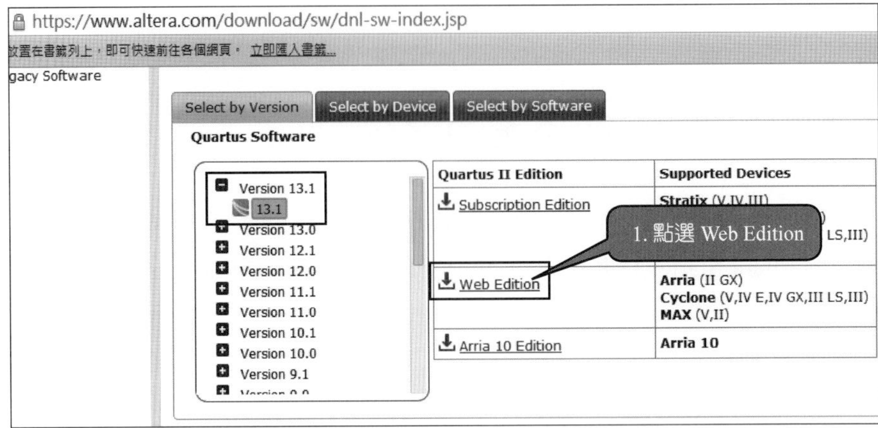

圖 1-10　「Download Center」頁面

若是選擇 Web 版是不需要付費的，選擇「Wed Edition」後，會進入「Quartus II Web Edition」網頁，如圖 1-11 之畫面。

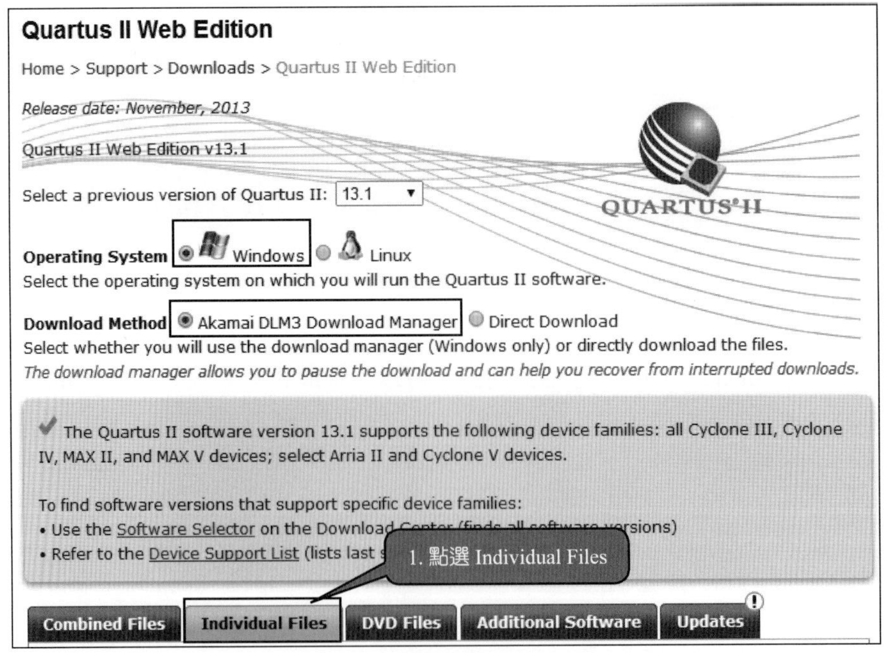

圖 1-11　點選 Individual Files

點選 Download Selected Files，如圖 1-12 所示。

☑ Select All

☑ Quartus II Web Edition (Free)

☑ Quartus II Software (includes Nios II EDS)
Size: 1.5 GB MD5: 49E9F37AD4B99EE258F11353F11A0A1D

UPDATE

☑ ModelSim-Altera Edition (includes Starter Edition)
Size: 822.8 MB MD5: B97739CAD5FA9BE4156DFFC614AC9F26

☑ Devices
You must install device support for at least one device family to use the Quartus II software.

☑ Arria II device support
Size: 466.5 MB MD5: 35E5AC6D5AC0363F2821C9E0C74E3A5B

☑ Cyclone III, Cyclone IV device support (includes all variations)
Size: 548.4 MB MD5: 79AB3CEBD5C1E64852970277FF1F2716

☑ Cyclone V device support (includes all variations)
Size: 810.4 MB MD5: 075BC842C2379B8D9B2CC74F9CAEDCB7

☑ MAX II, MAX V device support
Size: 6.1 ... 8CC72BB8

1. 點選 Download Selected Files

Download Selected Files

圖 1-12　點選 Download Selected Files

進入「myAltera Account Sign-In」網頁，如圖 1-13 所示。

myAltera Account Sign In

Home > myAltera Account Sign In

User Name

Password

Forgot Your User Name or Password?

☐ Remember me

Sign In

Don't have an account?

◉ Create Your myAltera Account
Your myAltera account allows you to file a service request, register for a class, download software, and more.

Enter your email address.

(If your email address already exists in our system we will retrieve the associated information.)

Create Account

Rate This Page

圖 1-13　「myAltera Account Sign-In」網頁

若是還沒有在 altera 網站建立帳號，則選擇「Create Your myAltera Account」，在「Enter your email address」處輸入「個人 e-mail帳號」，如圖 1-14所示，再按「Create Account」進入下一個頁面。

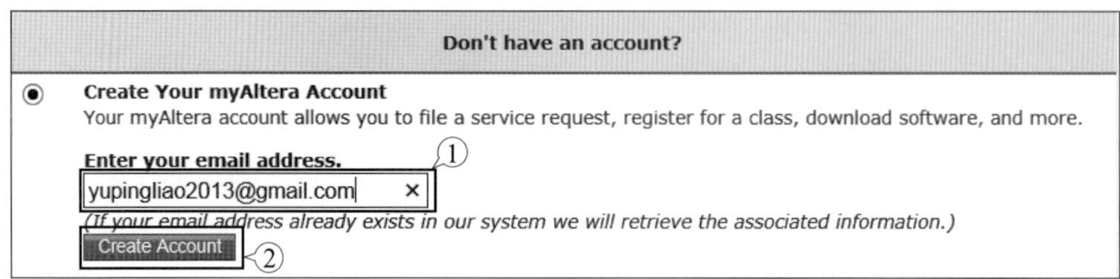

圖 1-14　建立帳號

填寫個人資料，包括名字與地址等資料如圖 1-15 與圖 1-16 所示。

myAltera Account Registration

Home > Support > mySupport > myAltera Account Registration

Create Your myAltera Account

(Note: Data must be entered in English)

* First Name	Yu-Ping
* Last Name	Liao
* Company Name	University of Science and Technolo
* Address	No.229, Jianxing Rd.,
Address (Line 2)	
* City	Zhongli, Taoyuan
* Country	TAIWAN
State / Province (Outside of USA)	
Zip / Postal Code	320
Email Address	**YUPINGLIAO2013@GMAIL.COM** (Edit Email)
* Telephone Number	+88634581196 Example: +6046366100x1234
Language Preference	English
* My primary job function is	Academic/Research
* My preferred distributor is	Asia - Galaxy

圖 1-15　填寫個人資料

* **For what end applications do you design? (check all that apply)**

- [x] Academic/Research
- [ ] Automotive
- [ ] Computing and Office Automation
- [ ] Consumer Electronics or Digital Entertainment
- [ ] Digital Broadcast
- [ ] Industrial
- [ ] Medical Equipment
- [ ] Military or Aerospace
- [ ] Semiconductors
- [ ] Storage Systems
- [ ] Test and Measurement Equipment
- [ ] Wireless Communications
- [ ] Wireline Communications
- [ ] Other

* **Please check all topics that interest you:**

- [x] CPLDs
- [x] Digital signal processing
- [x] Embedded processors
- [ ] HardCopy ASICs
- [x] High-density FPGAs
- [x] Low-cost FPGAs

* **When was the last time you designed with an Altera® product?**

- (●) I'm currently designing with Altera products
- ( ) More than 1 year ago
- ( ) Never

- [x] Yes, I'd like to receive product announcement and update emails from Altera.
- [ ] Yes, I'd like to receive the Inside Edge-Altera's Monthly eNewsletter.
- [ ] Yes, I'd like to receive information on Altera's embedded processor solutions.
- [ ] Yes, I'd like to receive news and updates about Altera's comprehensive digital signal processing (DSP) solutions.

圖 1-16　填寫問卷

接著填寫使用者帳號、使用者密碼與確認密碼，如圖 1-17 所示。填好後，按「Create Account」進入下一個頁面。

* **Create User Name** yupingliao2013 (3-20 characters, no spaces)

* **Create Password** ●●●●●● (Minimum 6 characters)

* **Confirm password** ●●●●●●

* [x] I agree to the Terms of Service

[ ] Remember me

Create Account

圖 1-17　填寫使用者帳號

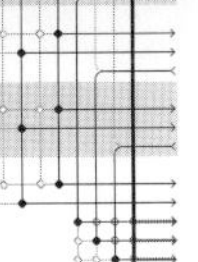

若是帳號沒有發生衝突，則會進入創造帳號成功的訊息，如圖 1-18 所示。再按「Continue」鍵。

Your myAltera Account has been Created

Home > Support > mySupport > Your myAltera Account has been Created

Thank you for registering with Altera! You now have a myAltera account. We are sending you a confirmation email for your reference.

You can use this account to register for classes, download software, file a service request and much more.

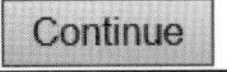

圖 1-18　帳號創造成功

進入下一個頁面為個人帳戶之首頁，如圖 1-19，按右上角「Download Center」，進入下一個頁面。

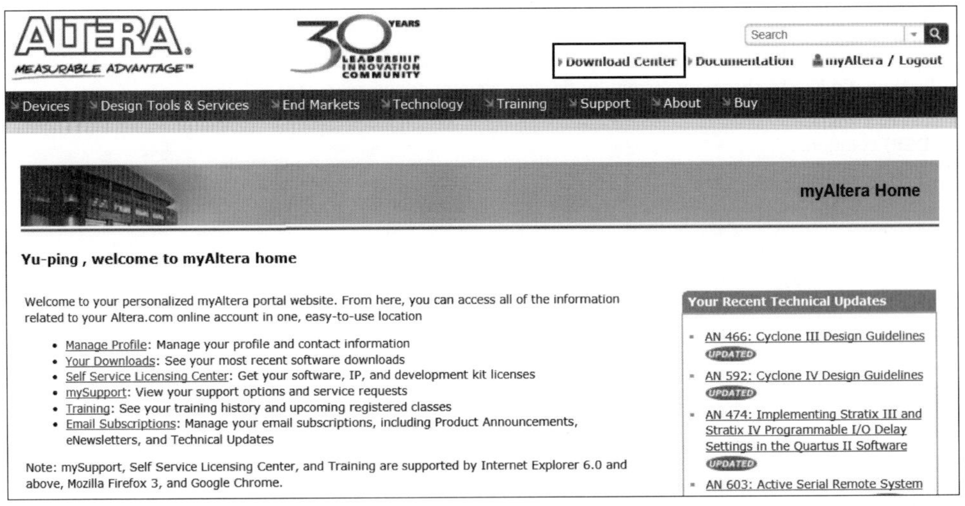

圖 1-19　個人帳號首頁

進入如圖 1-20 的頁面的「Download Selected Files」，進入下載畫面。

圖 1-20　點選 Download Selected Files

選擇下載資料夾爲 Q13.1，如圖 1-21 所示。

圖 1-21　設定下載至「Q13.1」目錄

下載版本爲 Quartus II 13.1 版，如圖 1-22 所示。

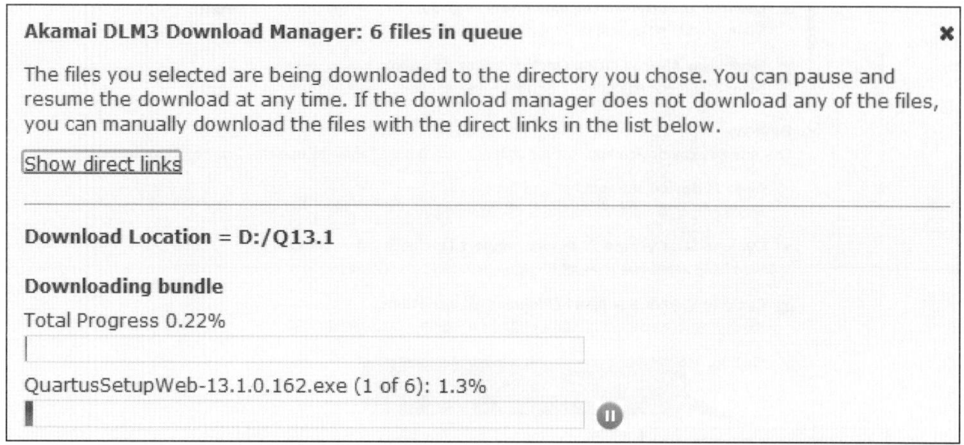

Akamai DLM3 Download Manager: 6 files in queue
The files you selected are being downloaded to the directory you chose. You can pause and resume the download at any time. If the download manager does not download any of the files, you can manually download the files with the direct links in the list below.
Show direct links
Download Location = D:/Q13.1
Downloading bundle
Total Progress 0.22%
QuartusSetupWeb-13.1.0.162.exe (1 of 6): 1.3%

圖 1-22　下載版本為 Quartus II 13.1 版

1-1-2 Altera 軟體包安裝

下載完成軟體後，點選「QuartusSetupWeb-13.1.0.162」應用程式，開啓「Installing Qartus II Web Edition」安裝視窗，如圖 1-23 所示，再按「Next」。

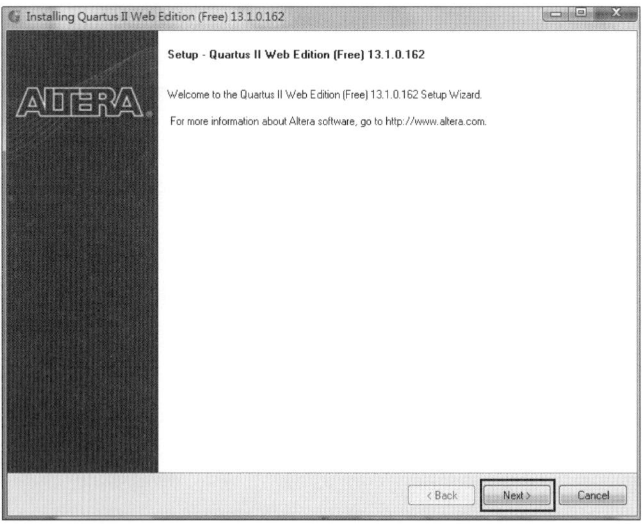

圖 1-23　開始安裝

進入授權同意詢問頁面，點選「I accept the agreement」，如圖 1-24 所示，再按「Next」。

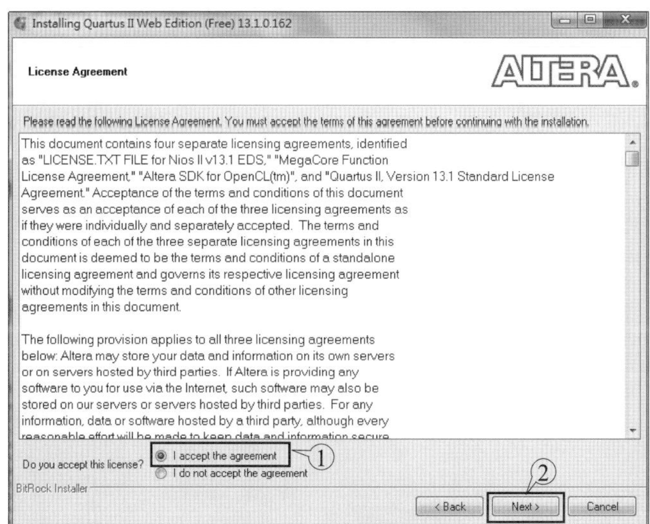

圖 1-24　授權同意

進入安裝目錄設定，預設在「C:\altera\13.1」，如圖 1-25 所示，再按「Next」。

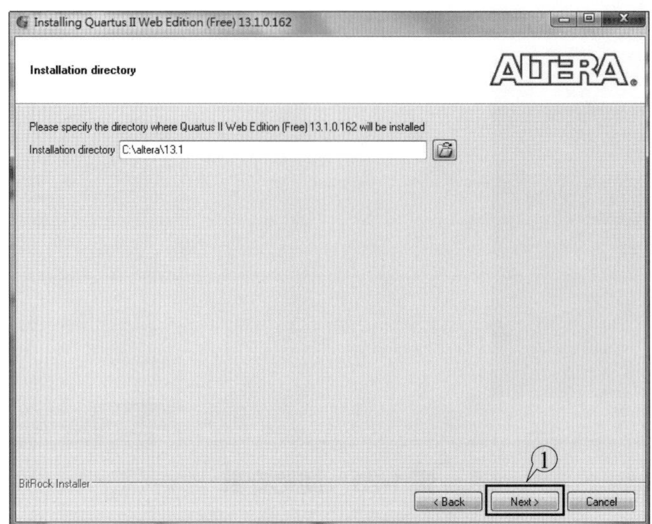

圖 1-25　安裝目錄設定

進入選擇需要安裝的組件，保持預設值，如圖 1-26，再按「Next」。

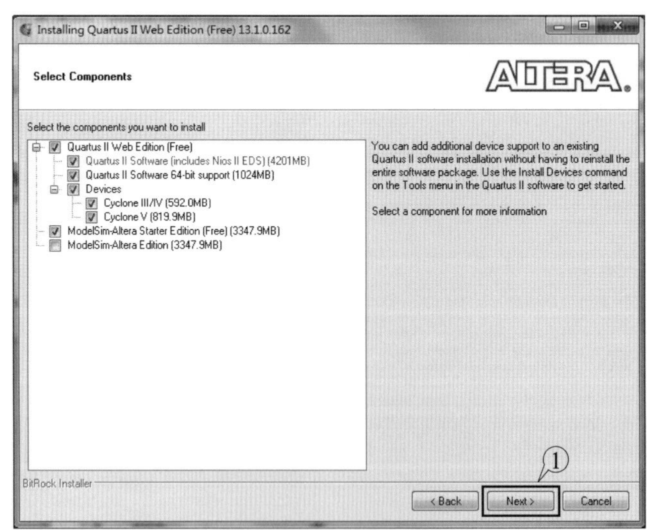

圖 1-26　選擇安裝組件

進入結論頁面，顯示安裝空間需要 9985MB ，如圖 1-27 所示，再按「Next」。

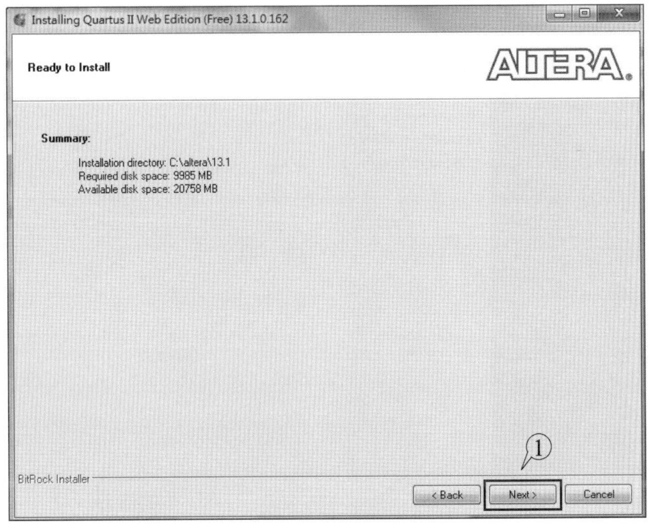

圖 1-27　總結

進入安裝的程序，如圖 1-28 所示。

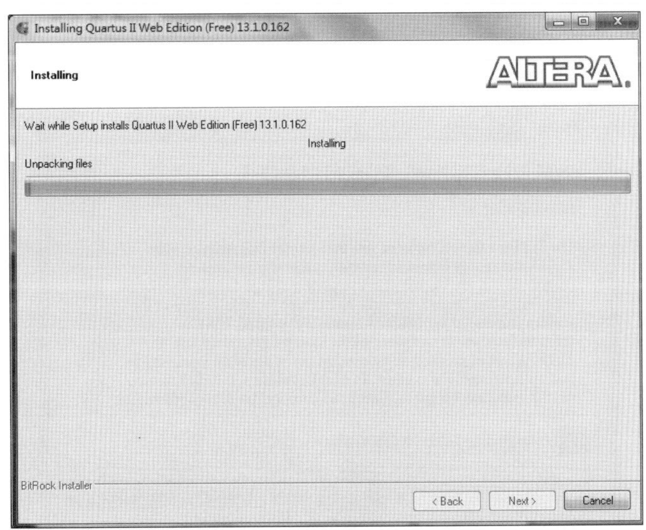

圖 1-28　正在安裝中

最後安裝完成畫面如圖 1-29 所示。

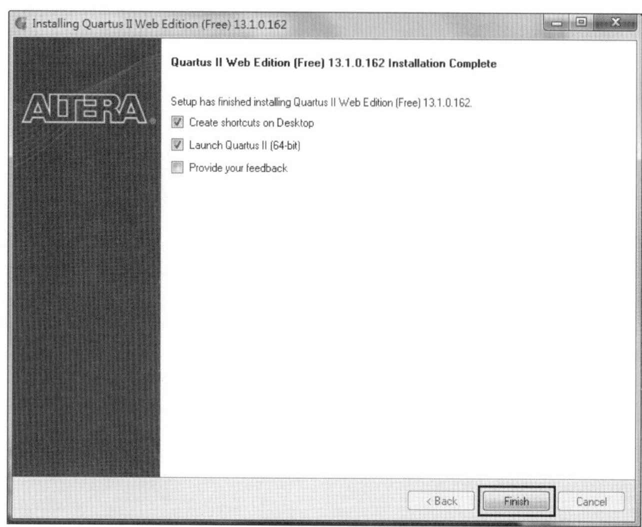

圖 1-29　安裝完成

安裝完成，出現詢問視窗，如圖 1-30，勾選「Enable sending TalkBack data to Altera」，再按「OK」鍵。

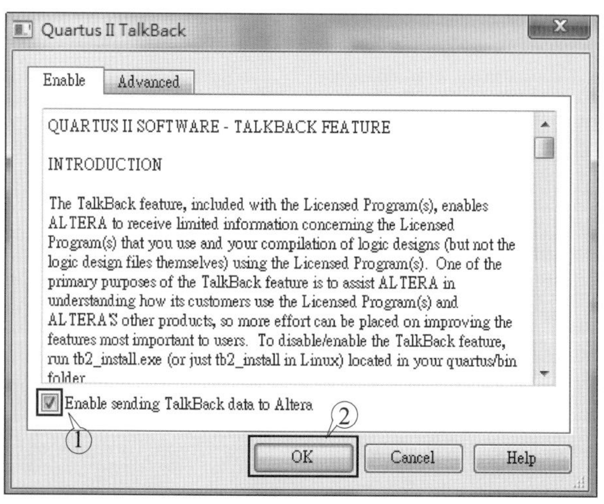

圖 1-30　勾選「Enable sending TalkBack data to Altera」

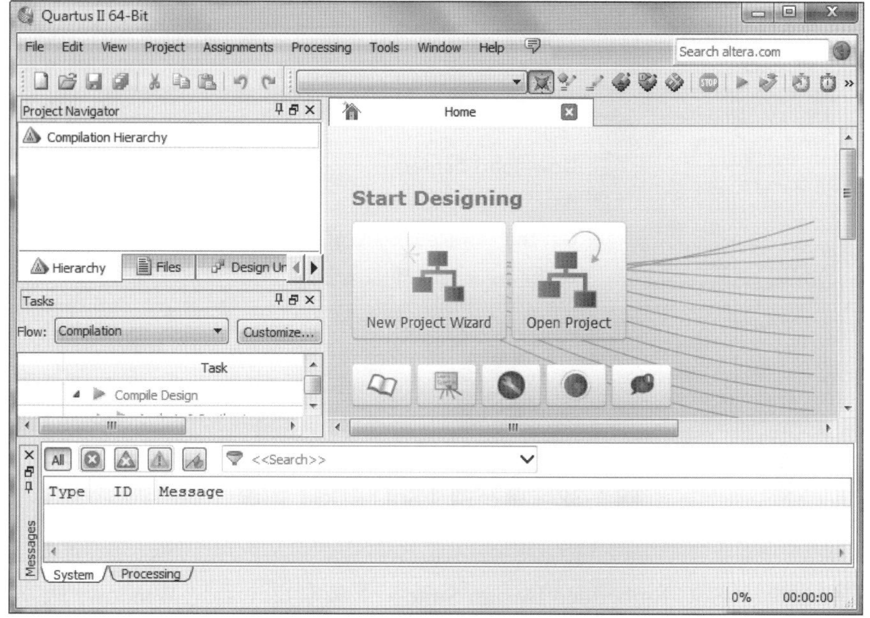

圖 1-31　開啓 Quartus II 軟體

1-2 SoC Embedded Design Suite（SoC EDS）之下載與安裝

Altera SoC Embedded Design Suite（EDS）是一個使用 Altera SoC 元件做嵌入式軟體開發的完整的套件。Altera SoC EDS 可用來開發韌體與應用軟體。完整的安裝 Altera SoC EDS 13.0 版需要約 4 GB 大小。

1-2-1 SoC EDS 下載

從 altera 官方網站 http://www.altera.com 的網頁右上方有一個「Download Center」。點選「Download Center」。進入 Download Center 頁面，如圖 1-32 所示，選左邊「SoC EDS」選單。

圖 1-32　選左邊「SoC EDS」選單

進入下載「SoC Embedded Design Suite」下載網頁，若是 Windows 版本，如圖 1-33 開始下載。

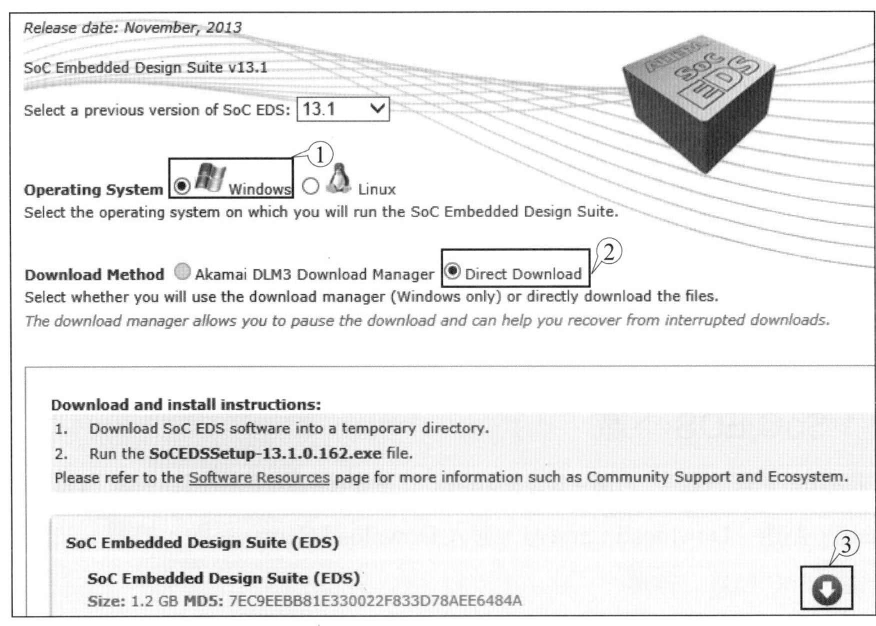

圖 1-33　選擇「Download」

進入「myAltera Account Sign-In」頁面，用已建立的使用者名稱與密碼登入，如圖 1-34，填入個人資料，再按「Sign In」按鈕。

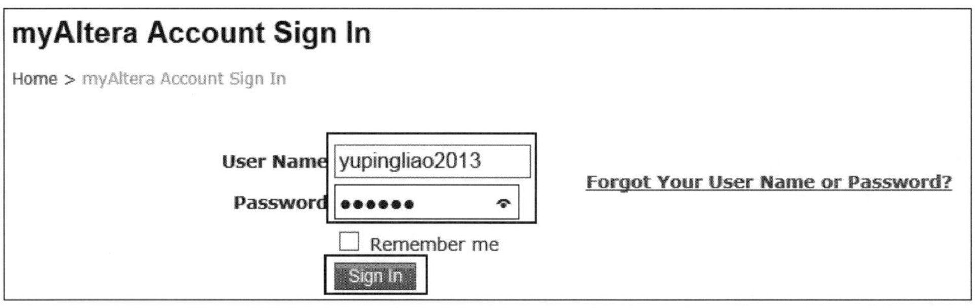

圖 1-34　選 Get One-Time Access

出現詢問視窗，如圖 1-35 所示，按「儲存」鍵。

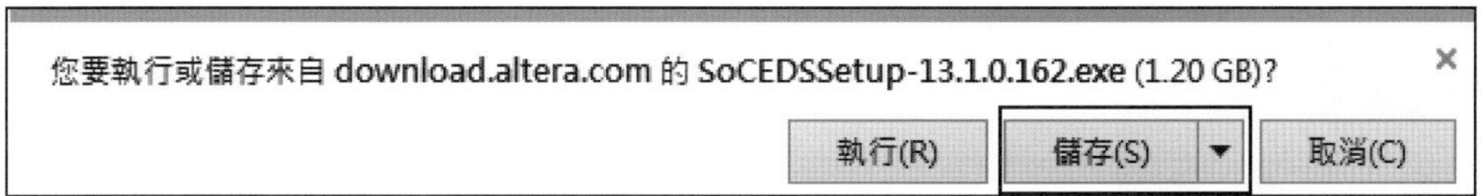

圖 1-35　儲存檔案

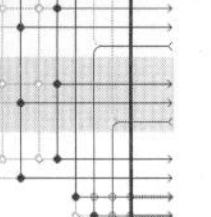

1-2-2 SoC EDS 安裝

下載「SoCEDSSetup-13.1.0.162.exe」檔完成後，會自動出現安裝畫面，如圖 1-36 所示。

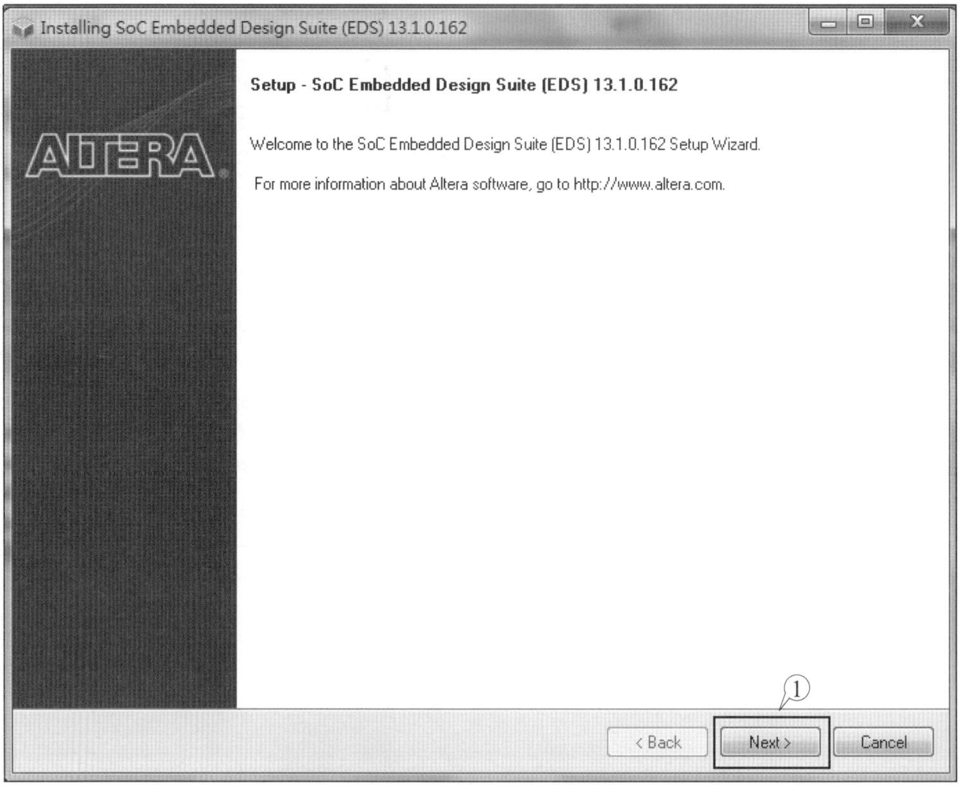

Installing SoC Embedded Design Suite (EDS) 13.1.0.162

Setup - SoC Embedded Design Suite (EDS) 13.1.0.162

ALTERA

Welcome to the SoC Embedded Design Suite (EDS) 13.1.0.162 Setup Wizard.

For more information about Altera software, go to http://www.altera.com.

1

< Back Next > Cancel

圖 1-36　歡迎畫面

出現授權同意詢問視窗，如圖 1-37 所示。

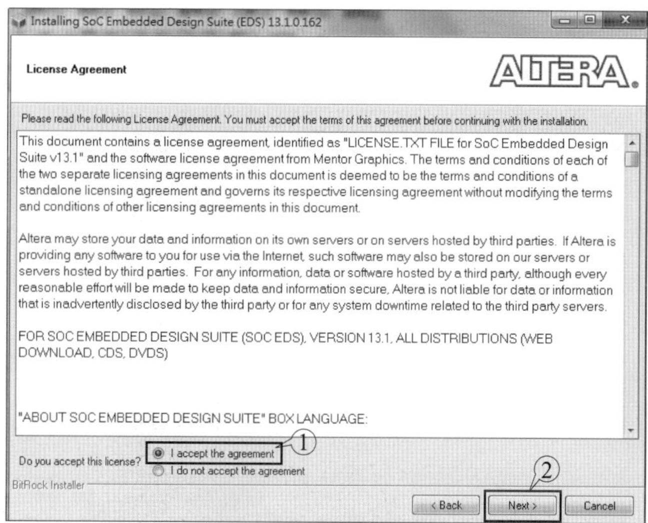

圖 1-37　授權同意

接著設定軟體安裝目錄，如圖 1-38 所示。

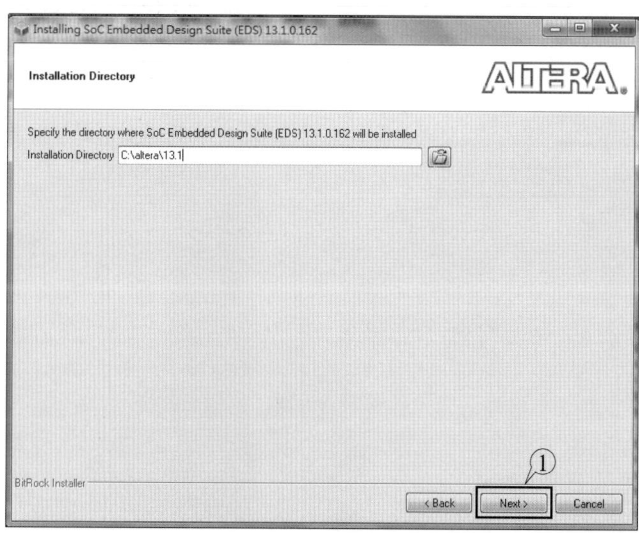

圖 1-38　安裝目錄

接著選擇安裝軟體，如圖 1-39 所示。

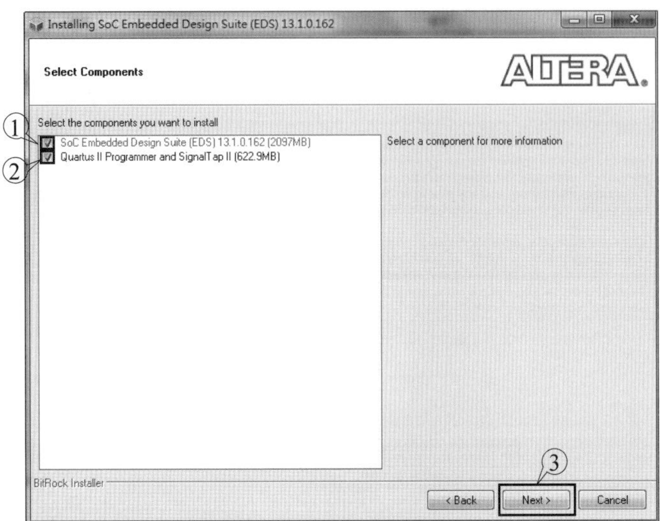

圖 1-39　選擇安裝組件

再來出現安裝總結畫面，如圖 1-40 所示。

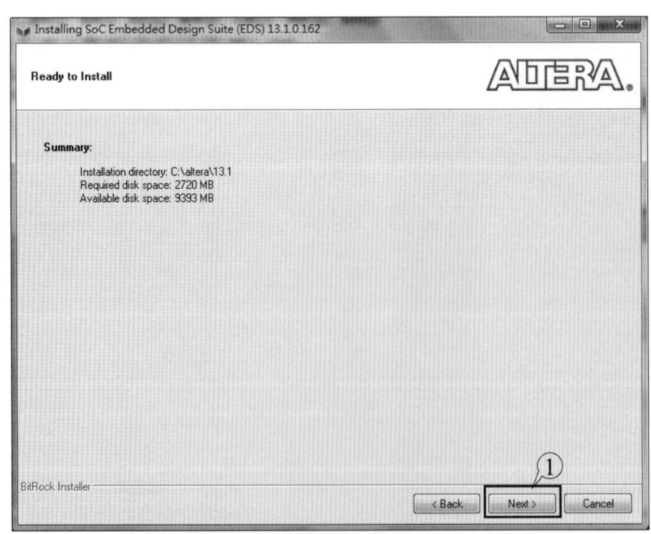

圖 1-40　安裝總結

接著選「Next」鍵開始安裝，如圖 1-41 所示。

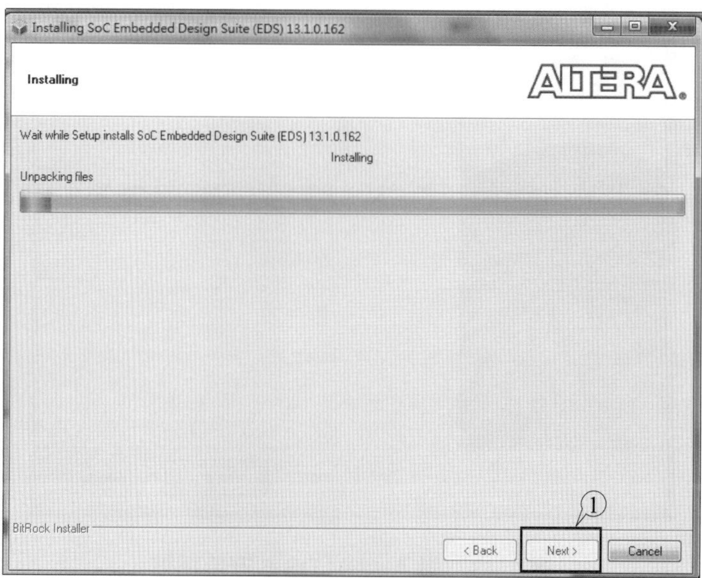

圖 1-41　開始安裝

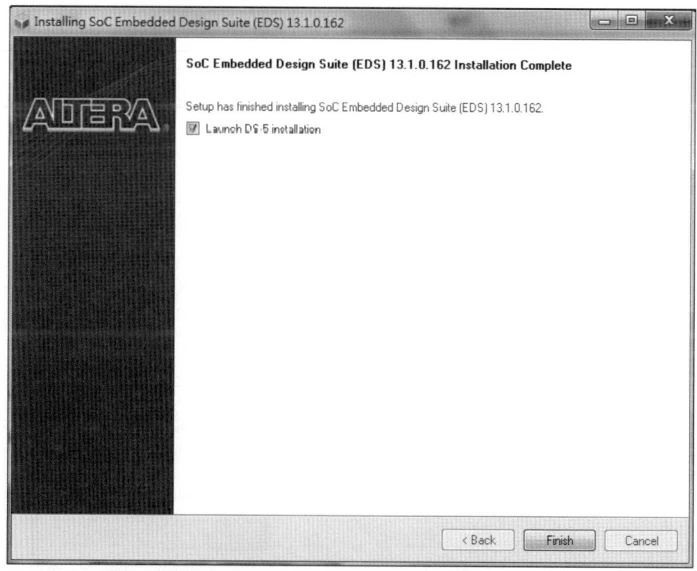

圖 1-42　SoC EDS 安裝結束

接著出現 ARM DS-5 的安裝畫面，如圖 1-43 所示。

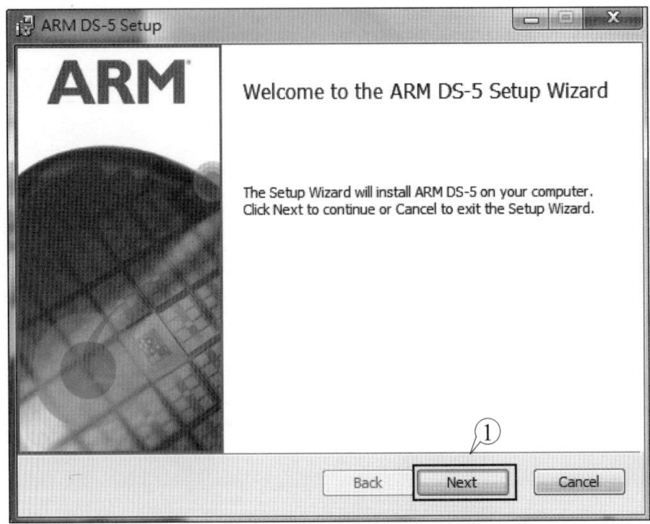

圖 1-43　進入 ARM DS-5 安裝精靈

接著出現 ARM DS-5 授權同意，如圖 1-44 所示

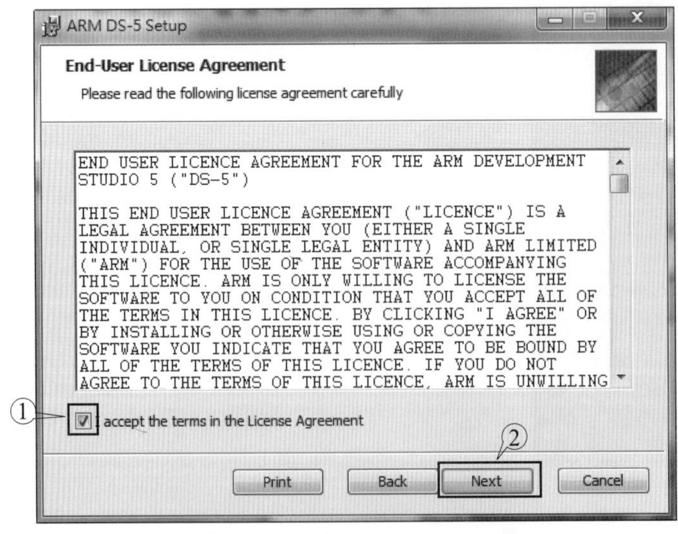

圖 1-44　ARM DS-5 授權同意

接著出現目錄設定視窗，保持預設目錄如圖 1-45 所示

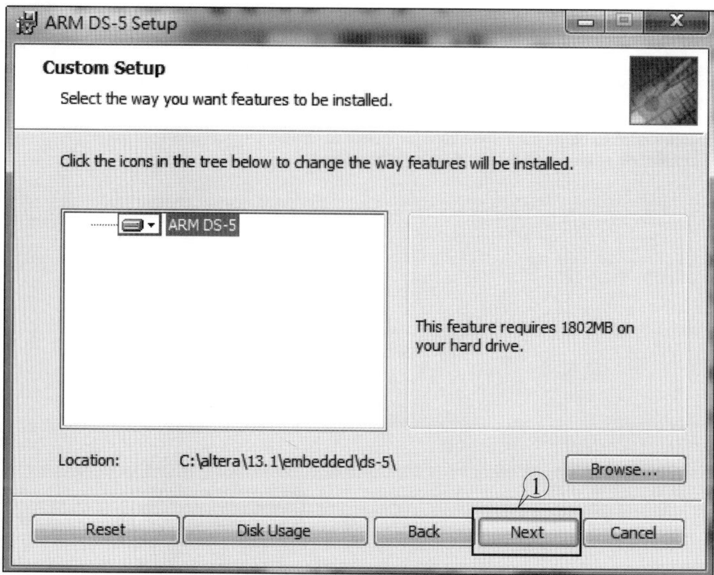

圖 1-45　目錄設定

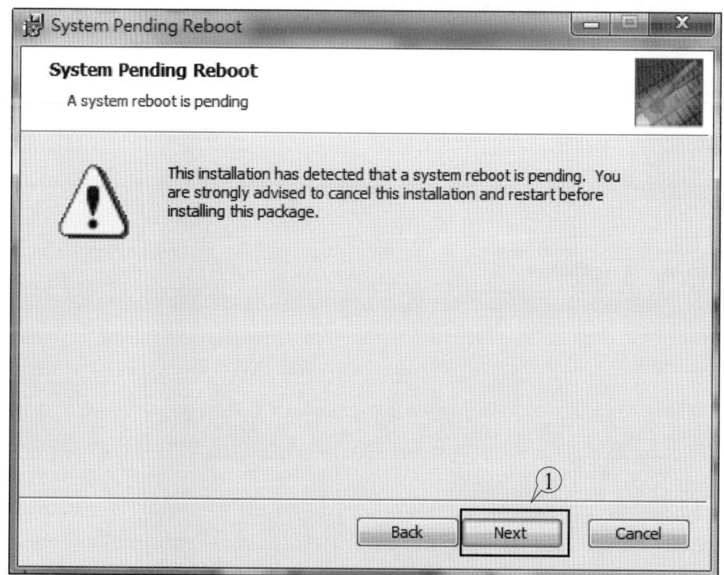

圖 1-46　警告視窗

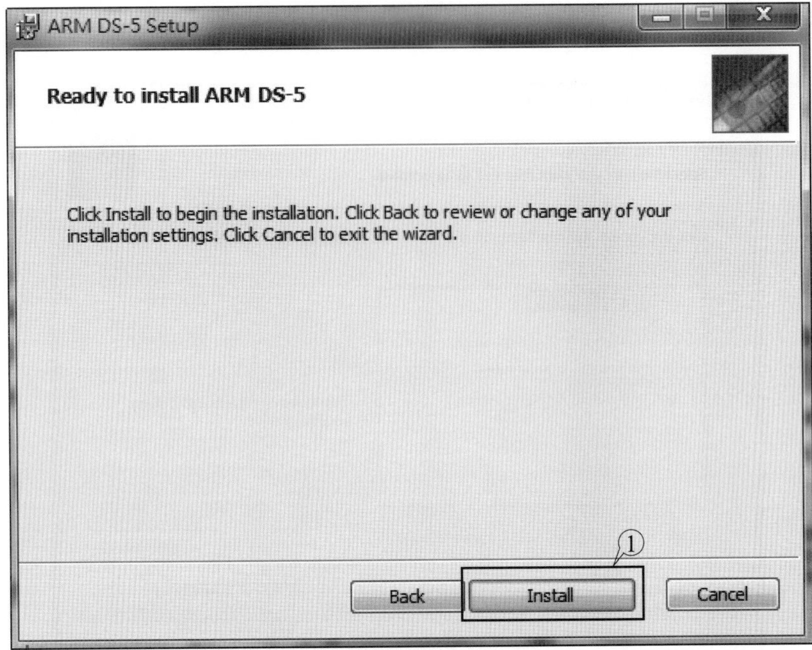

圖 1-47　安裝 ARM DS-5

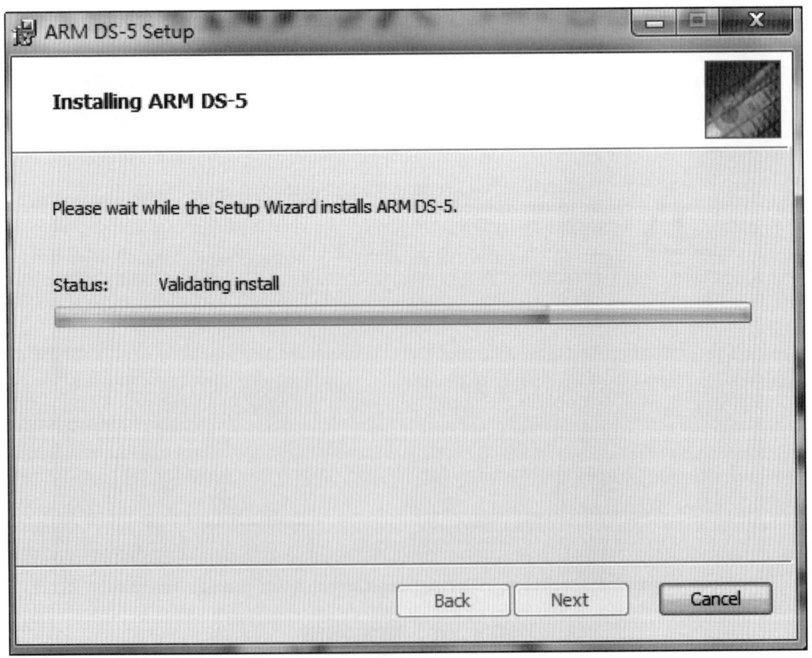

圖 1-48　開始安裝 ARM DS-5

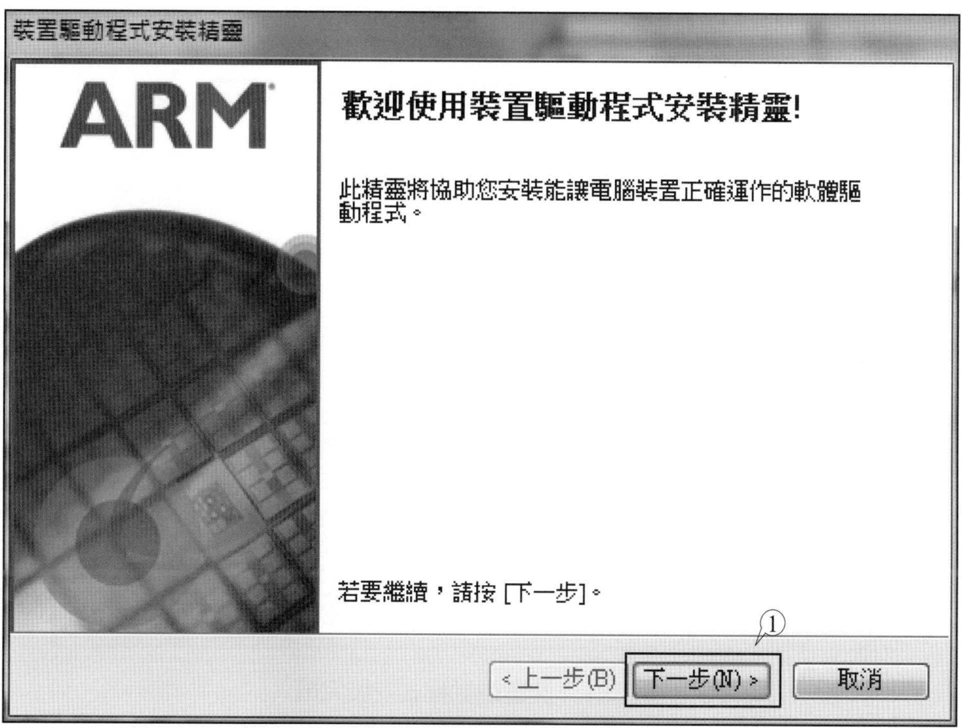

圖 1-49　裝置驅動程式安裝精靈

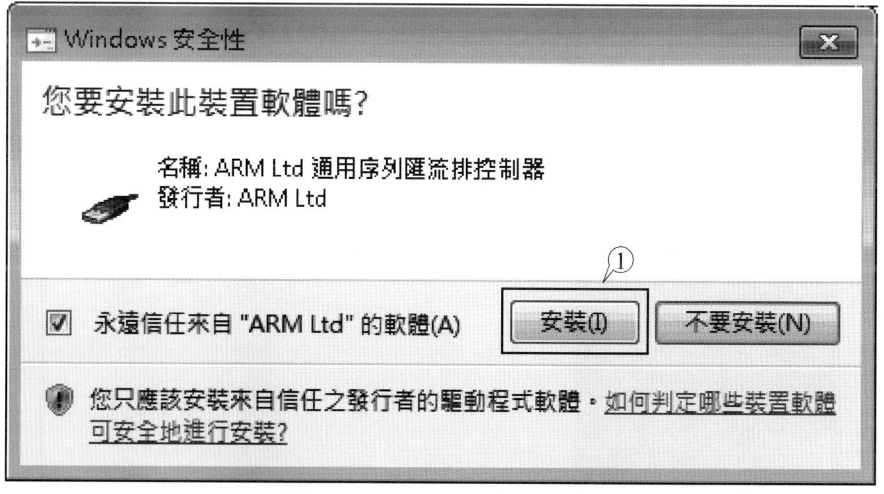

圖 1-50　安裝軟體 ARM Ltd

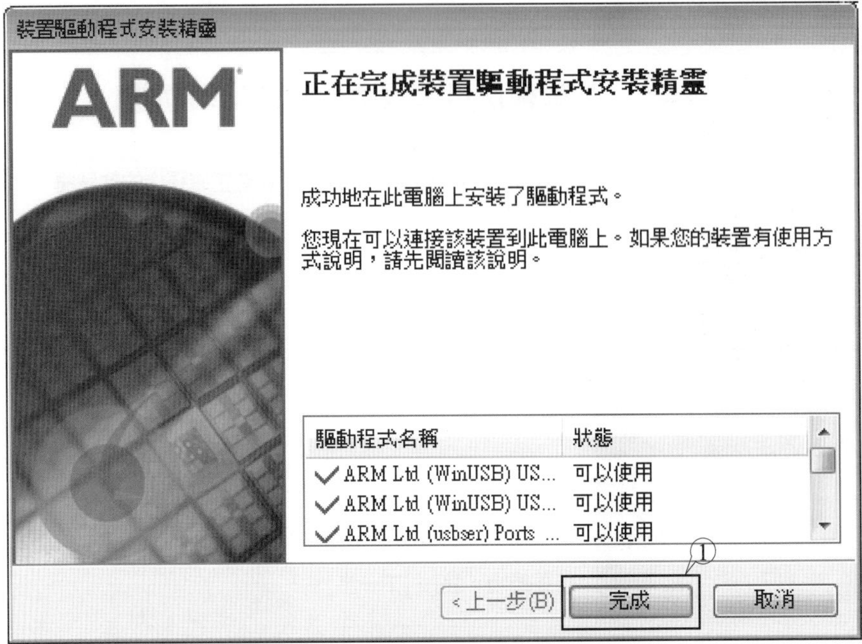

圖 1-51　裝置驅動程式安裝完成

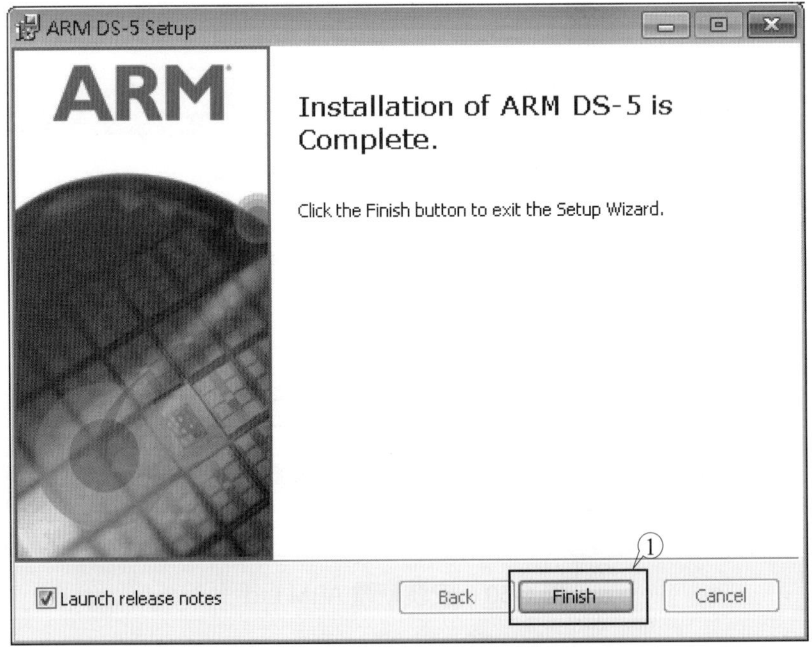

圖 1-52　安裝完成

安裝完成會自動開啓一個網頁，如圖 1-53 所示。

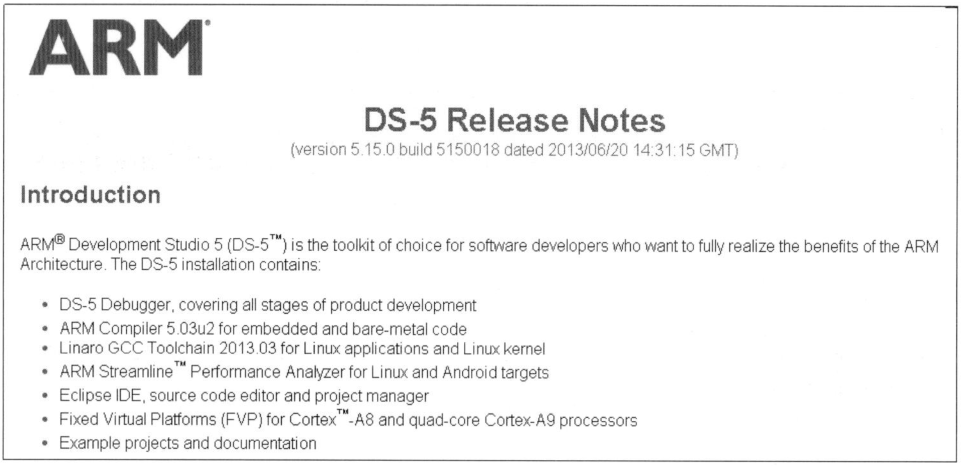

DS-5 Release Notes

(version 5.15.0 build 5150018 dated 2013/06/20 14:31:15 GMT)

Introduction

ARM® Development Studio 5 (DS-5™) is the toolkit of choice for software developers who want to fully realize the benefits of the ARM Architecture. The DS-5 installation contains:

- DS-5 Debugger, covering all stages of product development
- ARM Compiler 5.03u2 for embedded and bare-metal code
- Linaro GCC Toolchain 2013.03 for Linux applications and Linux kernel
- ARM Streamline™ Performance Analyzer for Linux and Android targets
- Eclipse IDE, source code editor and project manager
- Fixed Virtual Platforms (FVP) for Cortex™-A8 and quad-core Cortex-A9 processors
- Example projects and documentation

圖 1-53　ARM DS-5

安裝完成，可以在電腦選單「開始」>「所有程式」，看到如圖 1-54 之選項。

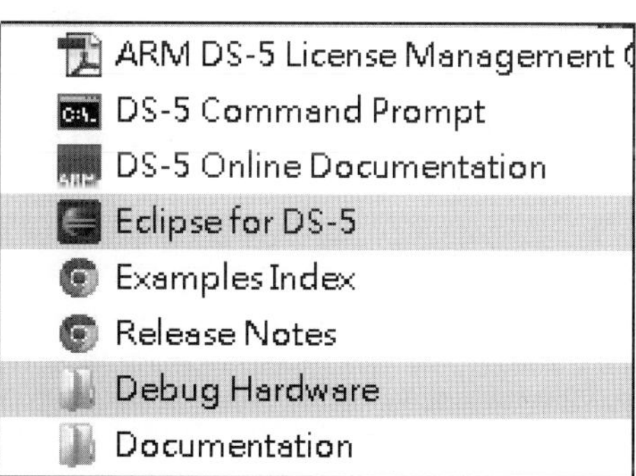

圖 1-54　開始 > 所有程式出現 ARM DS-5 項目

1-2-3 ARM DS-5 網路版之授權檔設定

1. 從 altera 官方網站 http://www.altera.com 的網頁右上方有一「Download Center」。點選「Download Center」。進入 Download Center 頁面，如圖 1-55

所示，選左邊「SoC EDS」選單。

圖 1-55　選左邊「SoC EDS」選單

▾ Licensing

After you have installed the SoC Embedded Design Suite (EDS), start the ARM® Development Studio 5 (DS-5™) Altera Edition software. If this is your first time using the DS-5, a popup dialog will automatically ask if you wish to open the license manager. Otherwise you can open the license manager from the Help menu. Choose 'Add License' and select the 'Enter a serial number or activation code to obtain a license' default option. You are prompted for an ARM license serial number or activation code entry. Depending on which edition you have acquired, one of the following options applies:

Subscription Edition
If you have purchased the SoC EDS **Subscription Edition** , you would have received an ARM license serial number. This is a 15-character alphanumeric string with two dashes in between. Please enter this serial number into the input field to get full capabilities for the DS-5 Altera Edition software.

Web Edition
For the free SoC EDS **Web Edition**, you will be able to use DS-5 perpetually to debug Linux applications over an Ethernet connection. Please get your ARM license activation code and enter it into the input field.

點一下

圖 1-56　網路版授權碼取得

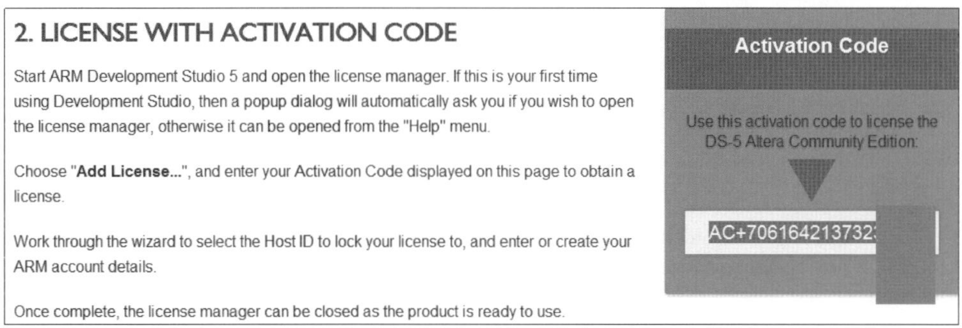

2. LICENSE WITH ACTIVATION CODE

Start ARM Development Studio 5 and open the license manager. If this is your first time using Development Studio, then a popup dialog will automatically ask you if you wish to open the license manager, otherwise it can be opened from the "Help" menu.

Choose "**Add License...**", and enter your Activation Code displayed on this page to obtain a license.

Work through the wizard to select the Host ID to lock your license to, and enter or create your ARM account details.

Once complete, the license manager can be closed as the product is ready to use.

圖 1-57　Activation Code AC+7061642137323XXX

將「AC+7061642137323XXX」複製下來。

2. 啓動 ARM DS-5: 選擇「開始」>' 所有程式 >「ARM DS-5」>Eclipse for DS-5。出現如圖 1-58 之畫面。直接按「OK」。

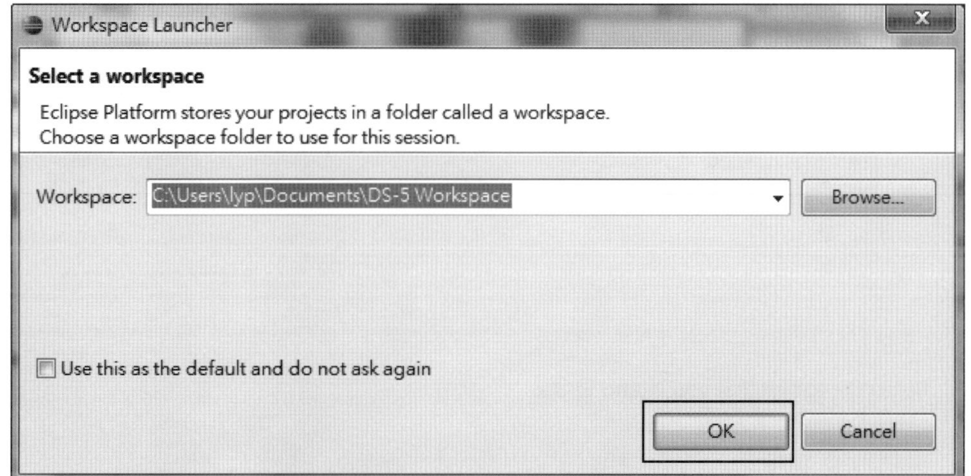

圖 1-58　選擇工作空間

若是第一次使用，因為還沒有設定 license ，會自動跳出一個對話框詢問是否要開啓「license manager」，如圖 1-59 所示。可以選擇「Open License Manager」。若沒出現此視窗，則選取視窗選單 Help->ARM License Manager，開啓「ARM

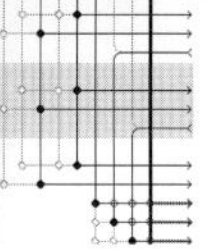

License Manager」視窗，如圖 1-60 所示。

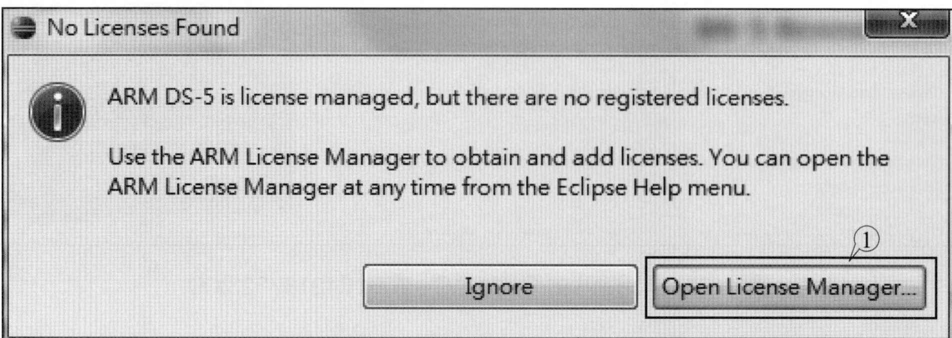

圖 1-59　詢問是否要開啓「license manager」

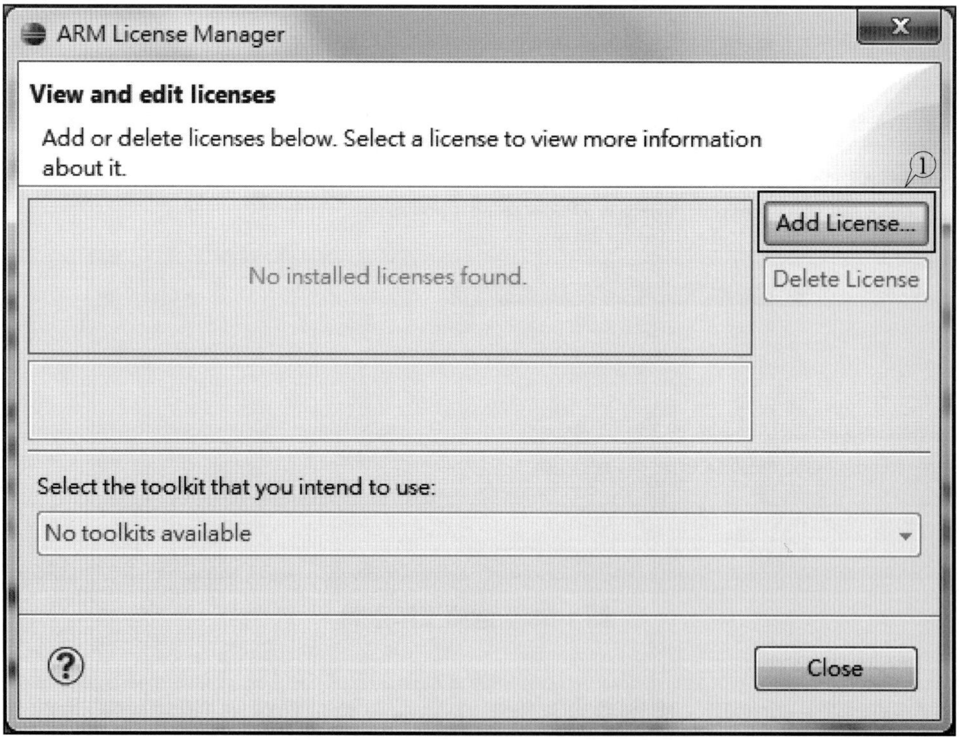

ARM License Manager

View and edit licenses

Add or delete licenses below. Select a license to view more information about it.

①

Add License...

Delete License

No installed licenses found.

Select the toolkit that you intend to use:

No toolkits available

Close

圖 1-60　ARM License Manager

選擇「Enter a serial number or activation code to obtain a license:」，將 activation code 貼上，如圖 1-61 所示。

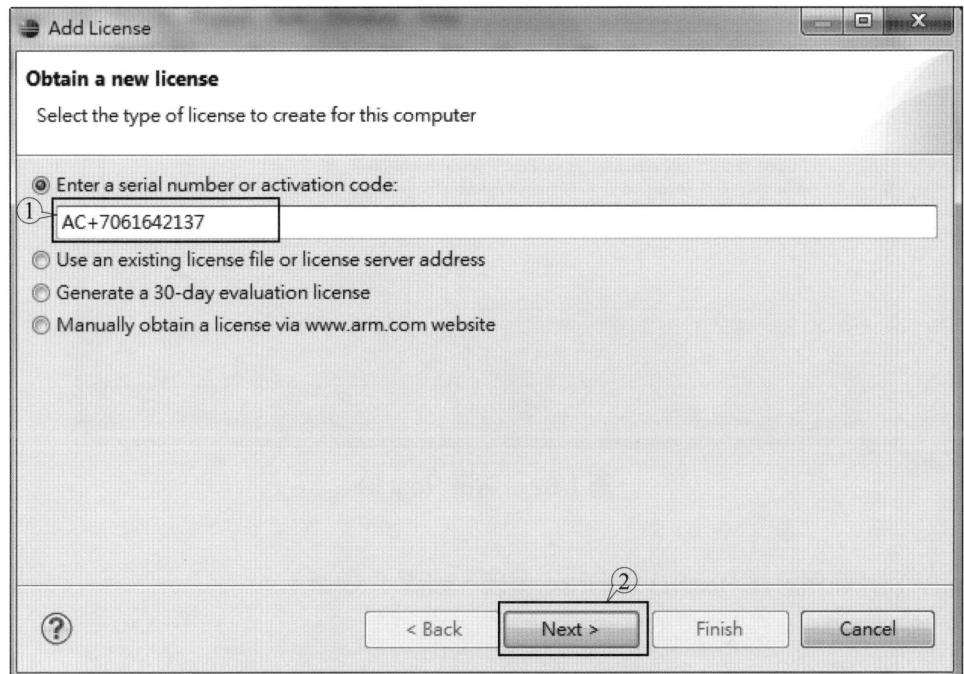

圖 1-61　貼上 activation code

從下拉選單中選出在電腦中實體的裝置，如圖 1-62 所示。

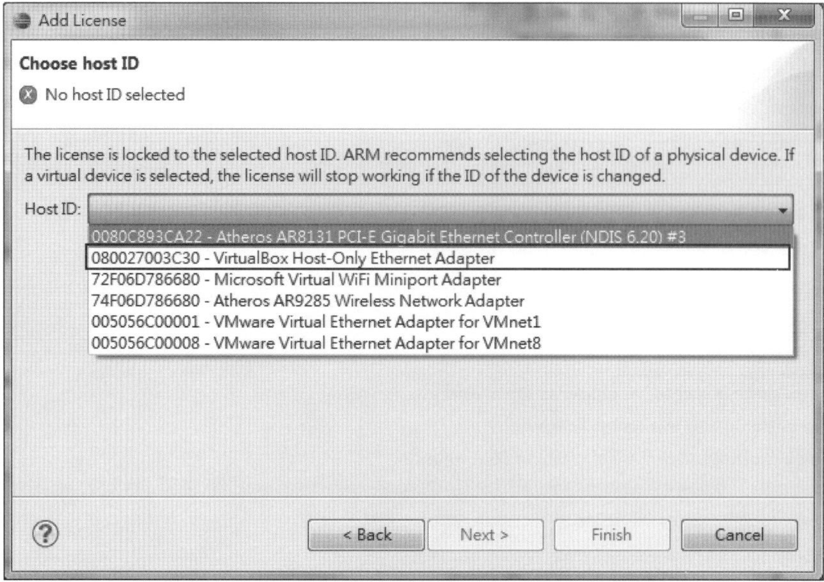

圖 1-62　選擇 Host ID

在此範例選擇 Host ID 為網路卡號碼，如圖 1-63 所示。

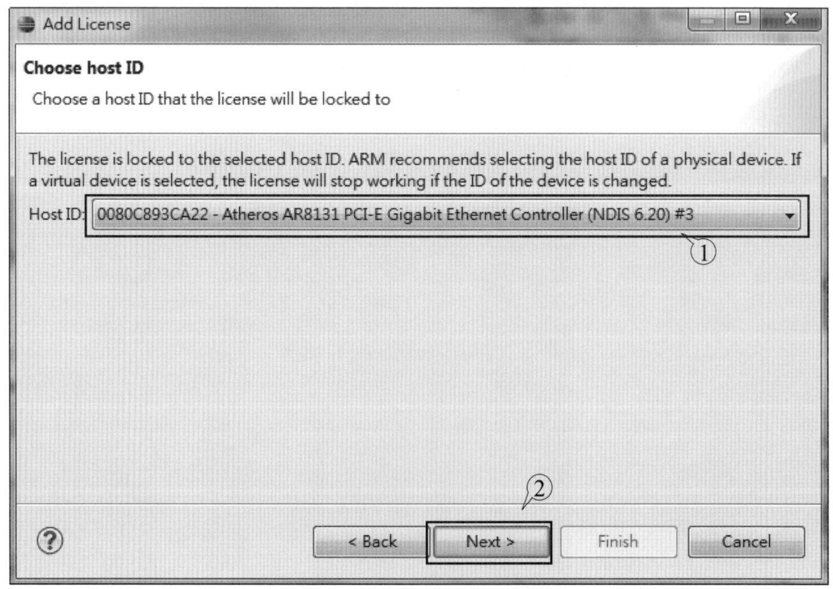

圖 1-63　選定 Host ID

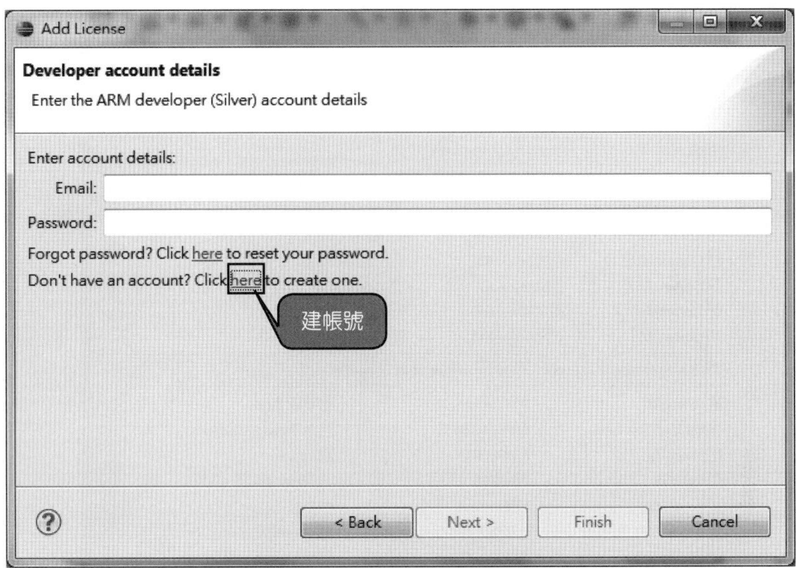

圖 1-64　以個人帳號登錄

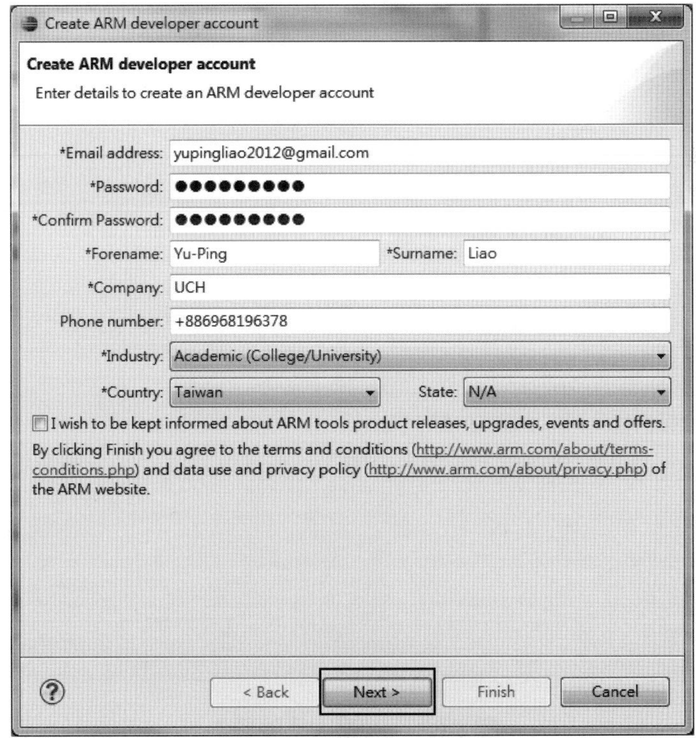

圖 1-65　建立個人帳號

Create ARM developer account

Create ARM developer account

Enter details to create an ARM developer account

Which processor(s) do you intend to use with DS-5:

ARM1136J(F)-S™ ARM1156T2(F)-S™ ARM1176JZ(F)-S™
ARM11™MPCore™ ARM7EJ-S™ ARM7TDMI-S™
ARM926EJ-S™ ARM946E-S™ ARM968E-S™
Cortex-A15 Cortex-A5 Cortex-A53
Cortex-A57 Cortex-A7 Cortex-A8
Cortex-A9 Cortex-M0 Cortex-M0+
Cortex-M1 Cortex-M3 Cortex-R4

Which target operating system(s) do you intend to use with DS-5:

Android Chrome OS DSP Bios
Embedded Linux FreeRTOS In-house / Custom
Integrity Keil RTX Linux
LynxOS MQX Neutrino
No RTOS Nucleus OSE
Other QNX Neutrino ThreadX
uC/OS II/III U-VelOSity VxWorks

< Back Next > Finish Cancel

圖 1-66 填問卷

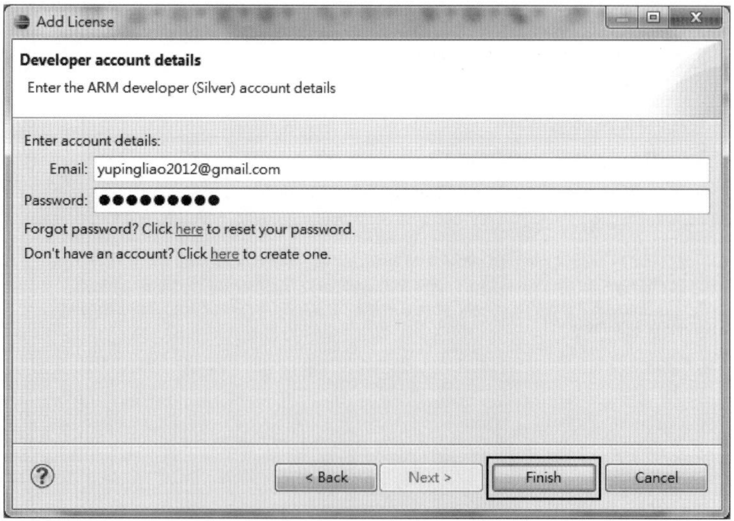

圖 1-67 以個人帳號登入

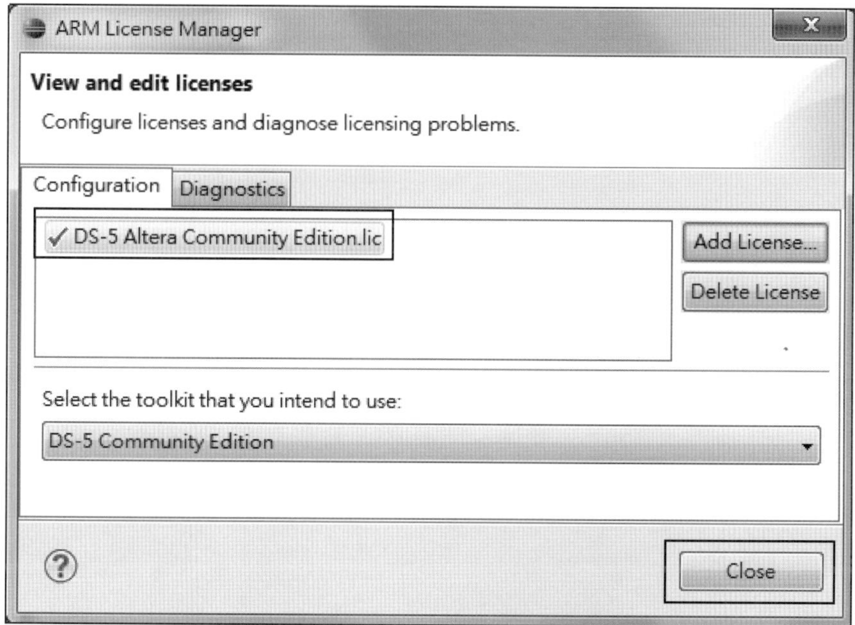

圖 1-68　ARM 授權管理設定完成

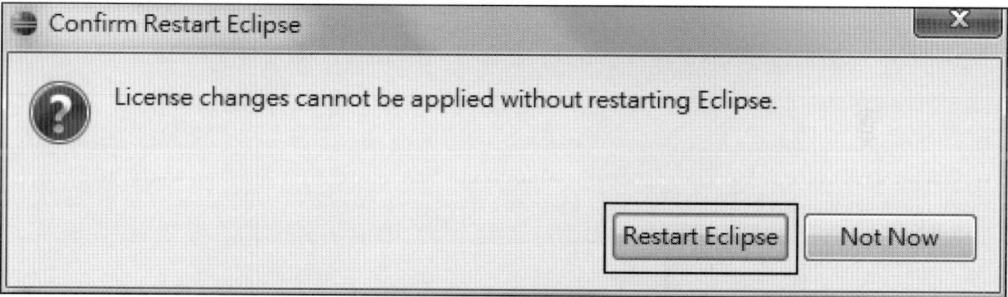

圖 1-69　授權檔改變需要重新開啓 Eclipse

快速體驗 FPGA SoC

2

- 2-1 製作可開機的 SD 卡
- 2-2 將 DE1-SoC 開發板上的 FPGA 進行硬體配置
- 2-3 使用 System console 測試硬體系統
- 2-4 使用 SD 卡開機啟動 Linux 作業系統
- 2-5 HPS_LED_HEX 硬體專案系統說明

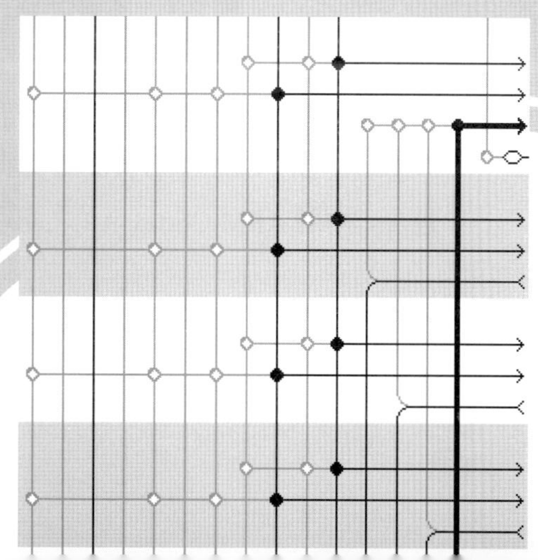

本書以友晶科技的 DE1-SoC 開發板爲平台，介紹 Altera 的 SoC FPGA 的軟硬體共同設計應用範例。此 DE1-SoC 開發板是以 Altera SoC FPGA 爲核心之嵌入式系統開發平台，其包括了雙核的 Cortex-A9 內嵌核心與可程式邏輯 FPGA，使系統設計可以更加彈性。Altera 的 SoC FPGA 整合了一個基於 ARM 硬核的微處理器系統（HPS），其中的組成有微處理器、周邊與記憶體界面，能與 FPGA 結構以高頻寬連接，適合發展軟硬體協同設計。

本書以 DE1-SoC 板開發嵌入式系統之應用包括網頁伺服器（Webserver）、G-sensor 控制乒乓球（Ping Pong）、輕量級 X11 桌面環境（LXDE）、遠端桌面（VNC_Viewer）、遠端桌面（smaba）與遠端登入（ssh）等範例。

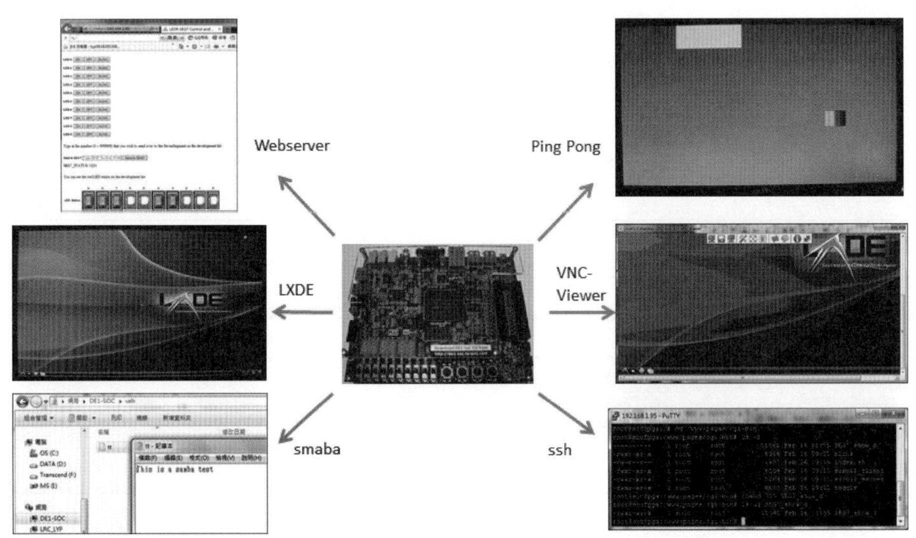

圖 2-1　本書以 DE1-SoC 板開發嵌入式系統之應用

本章將快速地讓您體驗 Altera SoC FPGA 的基本操作流程。本小節讓讀者快速體驗在 DE1-SoC 開發板的專案的過程。圖 2-2 爲 Altera SoC FPGA 構造示意圖，包含有兩個 ARM Cortex-A9 之處理器與 FPGA。

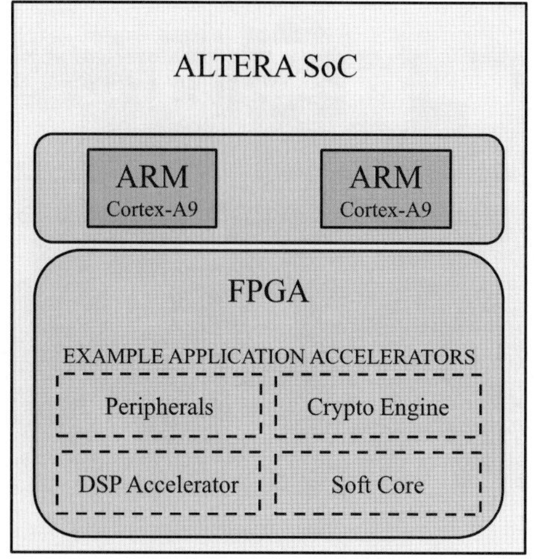

圖 2-2 Altera SoC FPGA

本章將快速展示 Altera SoC FPGA 元件之硬體燒路方式與執行 Linux 系統開機。讓初學者認識 Altera SoC FPGA 開發板使用流程。全書範例實現在低價格之 DE1-SoC 開發板，此 DE1-SoC 開發板包括硬體高速 DDR3 記憶體、視頻與音頻之端口與乙太網路端口，並有 SDRAM 、七段顯示器、LED 燈、壓按開關與指撥開關，方便讀者將舊有 DE 系列平台之 FPGA 之硬體開發與影像處理應用的轉移。圖 2-3 爲 DE1-SoC 開發板的主要組件說明圖。

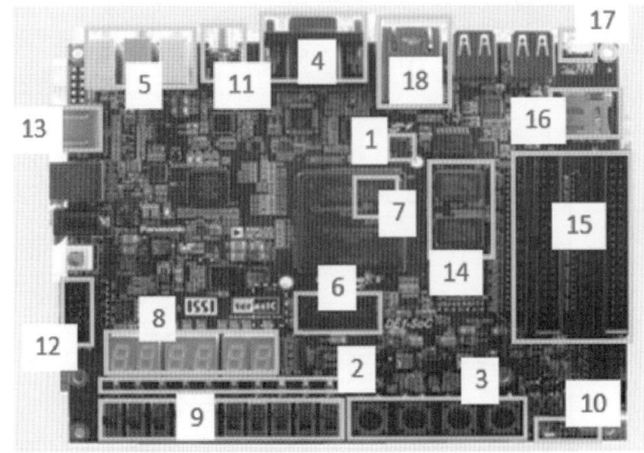

1.CLOCK	2.LED x 10	3.Button	4.VGA	5.Audio
6.SDRAM	7.HPS	8.7-Segment x 6		9.Switch x 10
10.IR TX/RX	11.Video-In	12.ADC	13.PS2	14.DDR3
15.GPIO x 2	16.Micro SD card	17.URAT to USB		18.Ethernet

圖 2-3　DE1-SoC 開發板

使用者可以有多種方式進行 FPGA 配置與 SOC 元件作業系統開機，本章以獨立運作方式進行，就像是有兩種元件一樣，分別進行 FPGA 配置與微處理器開機，如圖 2-4 所示。

本章之範例介紹使用微處理器由 SD 卡開機之方式，FPGA 配置使用 Quartus II 軟體。2-1 先製作可開機的 SD 卡，2-2 將 DE1-SoC 開發板上的 SoC FPGA 進行硬體配置，2-3 介紹如何使用 System console 測試硬體系統，2-4 介紹使用 SD 卡開機啟動 Linux 作業系統。2-5 介紹 Altera SoC FPGA 搭載的 Linux 檔案系統與 linux 基本指令介紹。

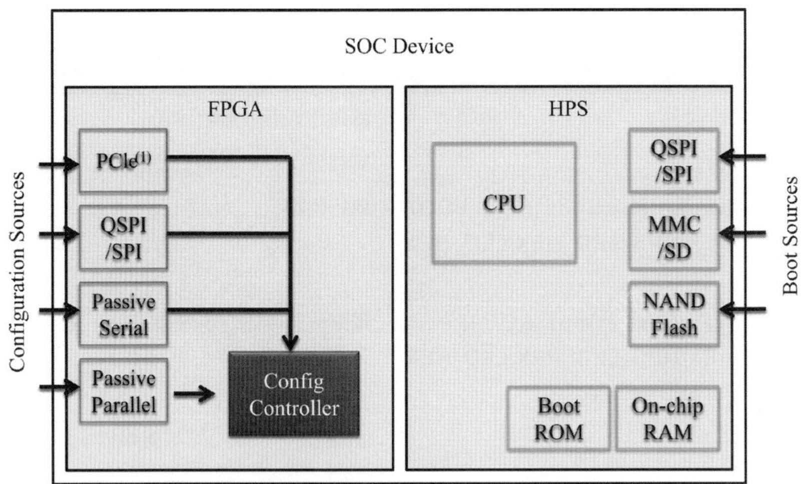

圖 2-4　獨立進行 FPGA 配置與處理器開機

本章節之實驗設備需要一台電腦（Host），與一個嵌入式開發板 DE1-SoC（Target），如圖 2-5 所示。分別說明如下：

Host

電腦

Target

DE1-SoC 開發板

圖 2-5　本章節之實驗設備

a. 個人電腦端（Host）：需安裝軟體有 Windows 7、Quartus II 13.1（或更新版）、SOC EDS 13.1（或更新版）、PuTTY 、Win32DiskImager 與 UART to USB 驅動程式，說明如表 2-1 所示。（第一章已有介紹軟體安裝方式）。

表 2-1　個人電腦端安裝軟體說明

軟體	說明
SoC EDS 13.1 以上	編譯程式產生應用程式
Quartus II 13.1 以上	編輯硬體專案與產生硬體配置用的燒錄檔 sof 檔
DE1-SoC\Demonstrations\SOC_FPGA\HPS_LED_HEX\HPS_LED_HEX/LED_HEX_hardware\test.bat	執行燒錄
DE1-SoC\Demonstrations\SOC_FPGA\HPS_LED_HEX\HPS_LED_HEX/LED_HEX_hardware\HPS_LED_HEX.sof	用來配置硬體之燒錄檔「sof」檔
PuTTY	使用 UART 界面將電腦與板子連線或是可使用 SSH 透過網路遠端連線
Win32DiskImager	把 img 檔寫入記憶卡之工具
UART to USB 驅動程式	從 http://www.ftdichip.com/Drivers/VCP.htm 下載 FT232R USB UART 驅動程式

b. 嵌入式開發板（Target）：本書之應用實例皆實現在 DE1-SoC 開發板上，本章會使用到的 DE1-SoC 板之端口與設定說明如表 2-2 所示。

表 2-2　DE1-SoC 開發板

裝置	說明
SD 卡插槽	讀卡插槽
MicroSD	容量：至少 4GB 速度：Class 4（至少）
USB to UART 接口	J4，FT232R USB UART 驅動程式在 http://www.ftdichip.com/Drivers/VCP.htm 下載。通訊設定為包率 115200，沒有 parity ，1 個停止位元，沒有流量控制設定。
USB Blaster II 接口	驅動程式在 \<Quartus II 安裝目錄 >\drivers\ usb-blaster-ii

裝置	說明
MSEL 開關	將 DE1-SoC 開發板背後的 SW10，設定成 SW10[4:0]=10010
BOOTSEL[2:0]	101 ，從 3.0 V SD/MMC Flash memory 開機。
Warm 重置按鍵	可用來重新恢復系統。

c. SD 卡開機檔案與 FPGA 硬體檔案，如表 2-3 所示。

表 2-3　SD 卡開機檔案與 FPGA 硬體之檔案

檔案	說明
DE1_SoC_SD.zip 檔	SD 卡開機檔 DE1_SoC_SD.img 檔包含了 SPL Pre-loader、U-boot、Device Tree Blob(soc_fpga.dtb 檔)、Linux Kernel(zImage 檔)、Linux Root File system。 下載頁面： http://www.terasic.com.tw/cgi-bin/page/archive.pl?Language=Taiwan&CategoryNo=173&No=869&PartNo=4。 或 http://www.terasic.com/downloads/cd-rom/de1-soc/linux_BSP/
HPS_LED_HEX.sof 檔	配置 FPGA 硬體之檔案。 在 DE1_SoC 光碟 \Demonstrations\SOC_FPGA\HPS_LED_HEX\LED_HEX_hardware\

以下介紹使用硬體檔 HPS_LED_HEX.sof 配置 FPGA 後，使用 SD 卡開機執行 Linux 作業系統之步驟。將分幾小節進行。2-1 為製作可開機的 SD 卡，2-2 為將 DE1-SoC 開發板上的 FPGA 進行硬體配置。2-3 為在 DE1-SoC 開發板上執行 Linux。2-4 為 DE1_SoC_SD.img 中的 Linux 檔案系統說明與 linux 基本指令介紹。

2-1 製作可開機的 SD 卡

本小節介紹在 window 環境使用 win32diskimager 工具，將檔案 DE1_SoC_SD.img 燒至 SD 卡中，製作出一個可以開機的 SD 卡，此開機卡可以讓 DE1-SoC 開發板上執行 Linux。win32diskimager 工具下載點爲 http://sourceforge.net/projects/win32diskimager/。本小節需使用的軟硬體裝置整理如表 2-4 所示。

表 2-4　本範例需使用的軟硬體裝置

軟硬體裝置	說明
個人電腦	Window 7 作業系統
Win32DiskImager 軟體	可以至 http://sourceforge.net/projects/win32diskimager/ 下載
DE1_SoC_SD.img 檔	至網站下載： http://www.terasic.com.tw/cgi-bin/page/archive.pl?Language=Taiwan&CategoryNo=173&No=869&PartNo=4 或 http://www.terasic.com/downloads/cd-rom/de1-soc/linux_BSP/ ，再將 DE1_SoC_SD.zip 檔解壓縮
MicroSD	容量：至少 4GB

本小節製作 SD 卡開機片流程如圖 2-6 所示，下載 linux DSP 檔「DE1_SoC_SD.zip 檔」解壓縮成 DE1_SoC_SD.img 檔，插入 microSD 卡至 PC，再執行 Win32DiskImager.exe 檔，選出 DE1_SoC_SD.img 檔開始燒錄，觀察 microSD 卡內容。

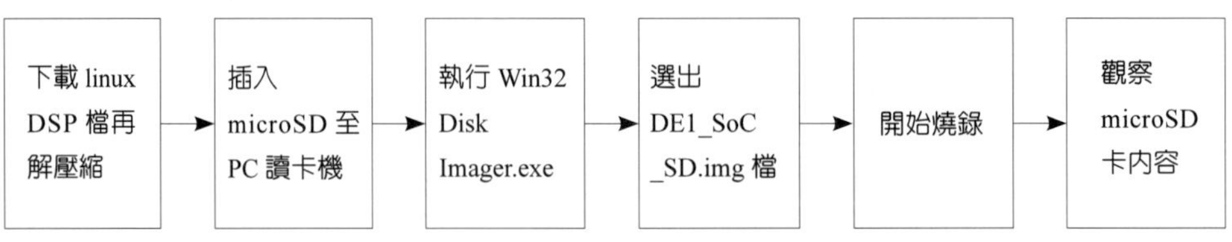

圖 2-6　製作 SD 卡開機片流程

製作 SD 卡開機片流程操作步驟如下：

1. 下載 linux_BSP 檔：至友晶科技網站下載 DE1_SoC 板子的 linux_BSP 檔，如圖 2-7 所示。下載檔名為 DE1_SoC_SD.zip 檔解壓縮成 DE1_SoC_SD.img 檔。

Linux BSP (Board Support Package): MicroSD Card Image

Title	Linux Kernel	Min. microSD Capacity	Size(KB)	Date Added	Download
Linux Console	3.12	4GB	66495	2014-01-14	
Linux Console with framebuffer	3.12	4GB	328524	2014-0[illegible]	
Linux LXDE Desktop	3.12	8GB	1369526	20[illegible]	
Linux Ubuntu Desktop	3.12	8GB	1136075	2014-02-11	

下載 DE1_SoC_SD.zip

圖 2-7　下載 linux_BSP 檔

例如，下載目錄為「D:/DE1_SoC/linux_BSP」，下載與解壓縮結果如圖 2-8 所示。

圖 2-8　下載 DE1_SoC_SD.zip 與解壓縮結果

2. 插入 microSD 卡至 PC：插入 microSD 卡至裝有 Windows 7 作業系統的個人電腦。電腦會自動偵測。例如新增了一個「I」槽為 SD 卡掛載點，如圖 2-9 所示。

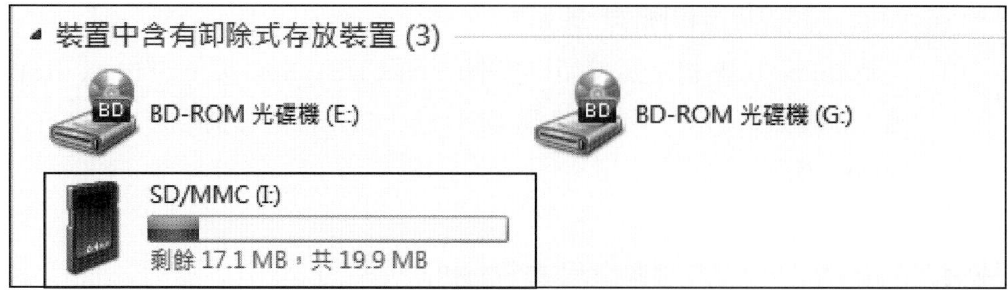

圖 2-9　PC 掛載 microSD 卡成 I 槽

3. 執行 Win32DiskImager.exe: 在 Win32DiskImager 軟體下載目錄中執行 Win32DiskImager.exe 檔，並且要選擇出 microSD 卡元件所在的槽，如圖 2-10 所示。

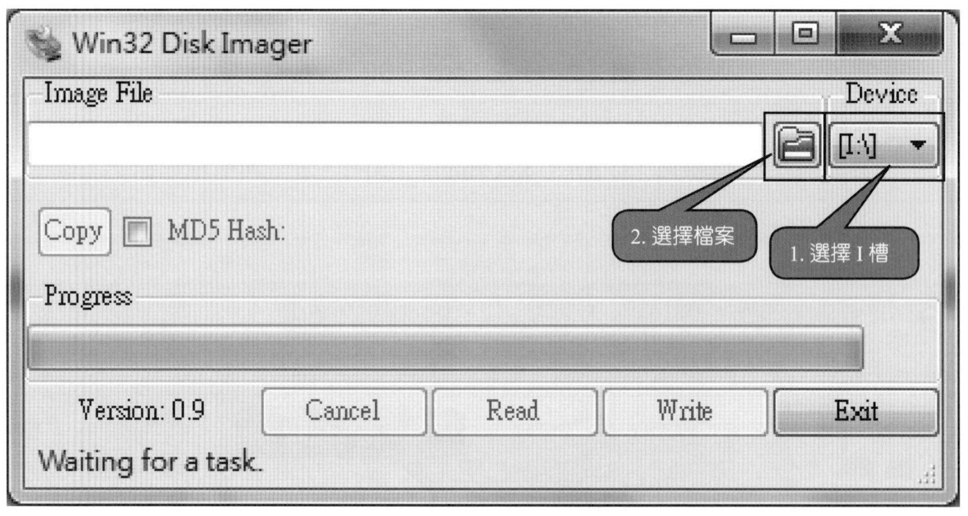

圖 2-10　執行 Win32DiskImager.exe

4. 選出 DE1_SoC_SD.img 檔：至「d:\DE1_SoC\linux_BSP\」資料夾，選出 DE1_SoC_SD.img 檔，如圖 2-11 所示。

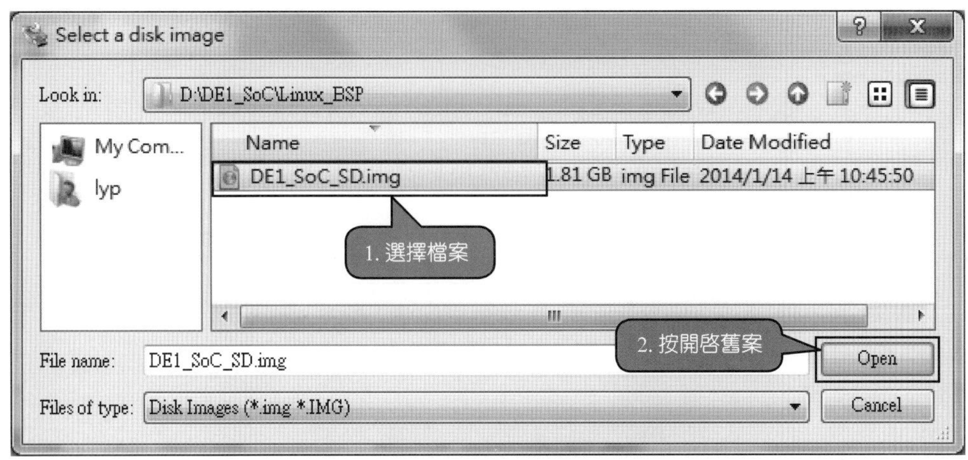

圖 2-11　選出 DE1_SoC_SD.img 檔

5. 開始燒錄：選擇檔案後，按「Write」鍵，開始燒錄，如圖 2-12 所示。出現警告視窗，如圖 2-13 所示，按「Yes」，燒錄完成會出現訊息視窗如圖 2-14 所示。

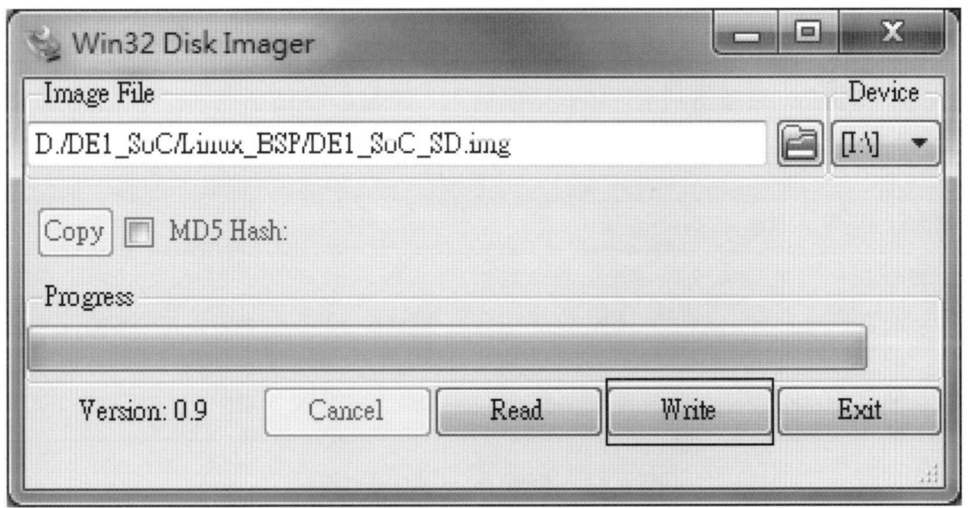

圖 2-12　開始燒錄

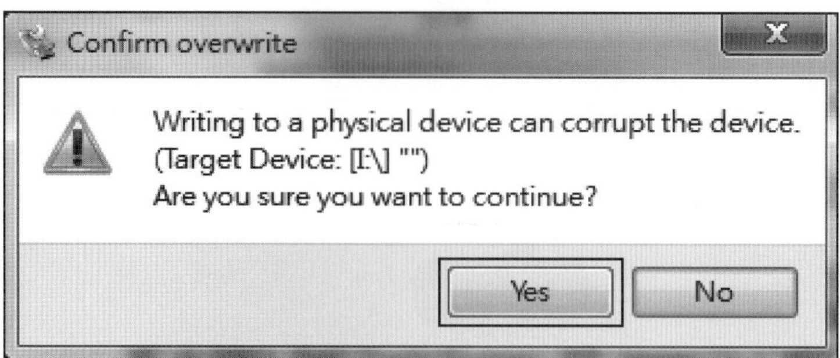

圖 2-13 警告視窗

圖 2-14 燒錄成功訊息

6. 觀察 microSD 卡內容：再由電腦重新讀取 microSD 卡，可以觀察到在 Window 系統讀到卡片中有兩個檔案，如圖 2-15 所示。

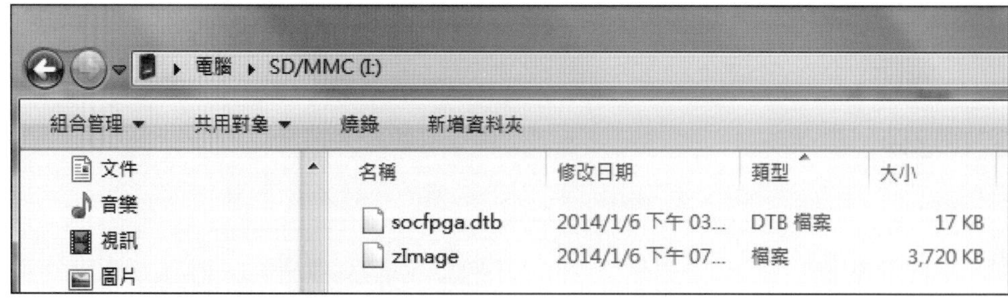

圖 2-15 觀察 microSD 卡內容

• 學習成果回顧

學習利用 Linux 映像檔製作 SD 卡開機片。

• 下一個目標

將 DE1-SoC 開發板上的 FPGA 進行硬體配置。

2-2 將 DE1-SoC 開發板上的 FPGA 進行硬體配置

Quartus II 的 Qsys 可以對 Altera SoC FPGA 進行硬體系統的設定，包括 FPGA 端與 ARM 端的界面多工設定等，也就是說在 ARM 執行作業統之前須已配置好 FPGA 硬體。本小節將介紹由 DE1-SoC 光碟範例的專案，將 FPGA 進行硬體配置。圖 2-16 為本章範例專案的 FPGA 與 HPS（含 ARM）的內部硬體區塊圖，包含了 ARM Cortex-A9 MPCore Hard Processor System（HPS），10 個位元的 LED 燈 PIO 、64Kbytes 的片內記憶體 on-chip memory 、JTAG to Avalon master bridges 、在 system console 需要用的 interrupt capturer 與 system ID。HPS 包含的裝置有 SDRAM Controller 、Gigabit Ethernet MAC 、QSPI 、USB OTG 、SD-MMC 、SPI Master 、UART 與 I2C 界面等。

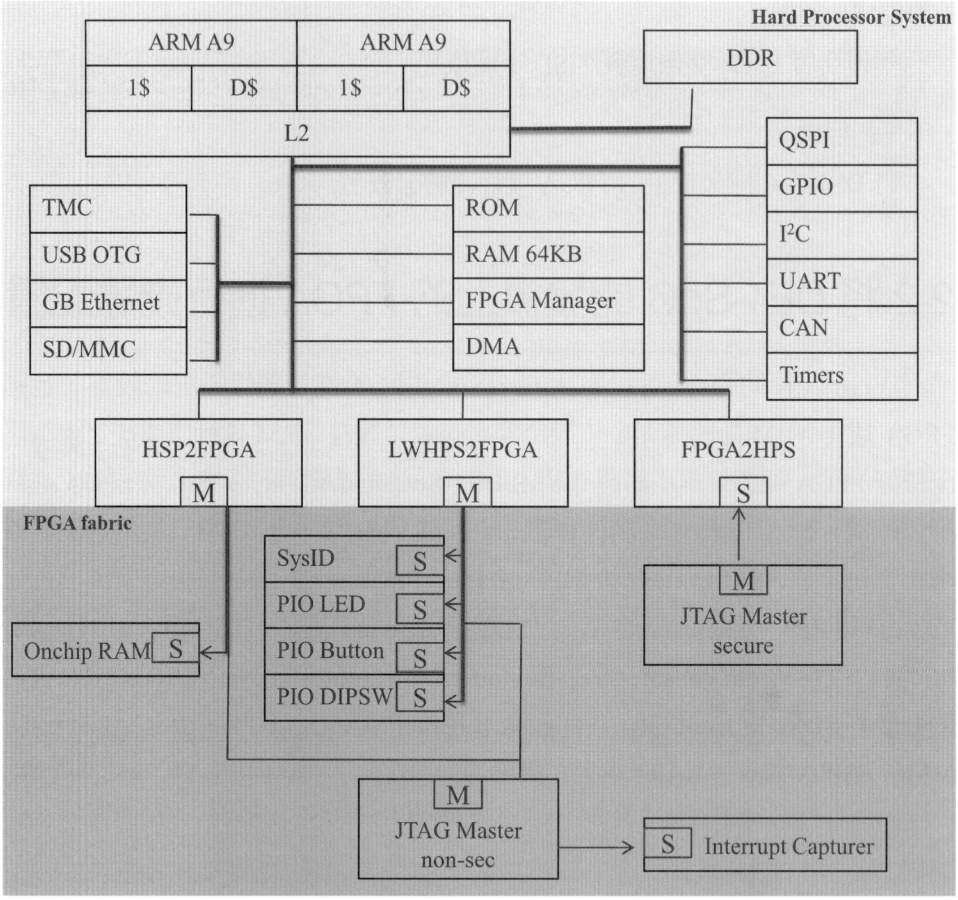

圖 2-16　本範例的 Altera SoC FPGA 硬體區塊圖

本範例使用 USB-Blaster II 燒錄 DE1-SoC 開發板光碟專案中的「HPS_LED_HEX.sof」檔至 DE1-SoC 開發板上的 FPGA。本小節需使用的軟硬體裝置如表 2-5 所示。DE1-SoC 連接電源線與使用由 USB-Blaster II 端口連接 USB 連接線之圖片如圖 2-17 所示。

表 2-5　將 DE1-SoC 開發板上的 FPGA 進行硬體配置需使用的軟硬體裝置

軟硬體裝置	說明
個人電腦	Window XP 或 Window 7
Quartus II	13.0（或更新的版本）
DE1_SoC 光碟 \Demonstrations\SOC_FPGA\HPS_LED_HEX\LED_HEX_hardware\HPS_LED_HEX.sof 檔	配置 FPGA 硬體之檔案
DE1-SoC 開發板	用 USB 線接板子上 J13 接頭與個人電腦 USB 接口相接。

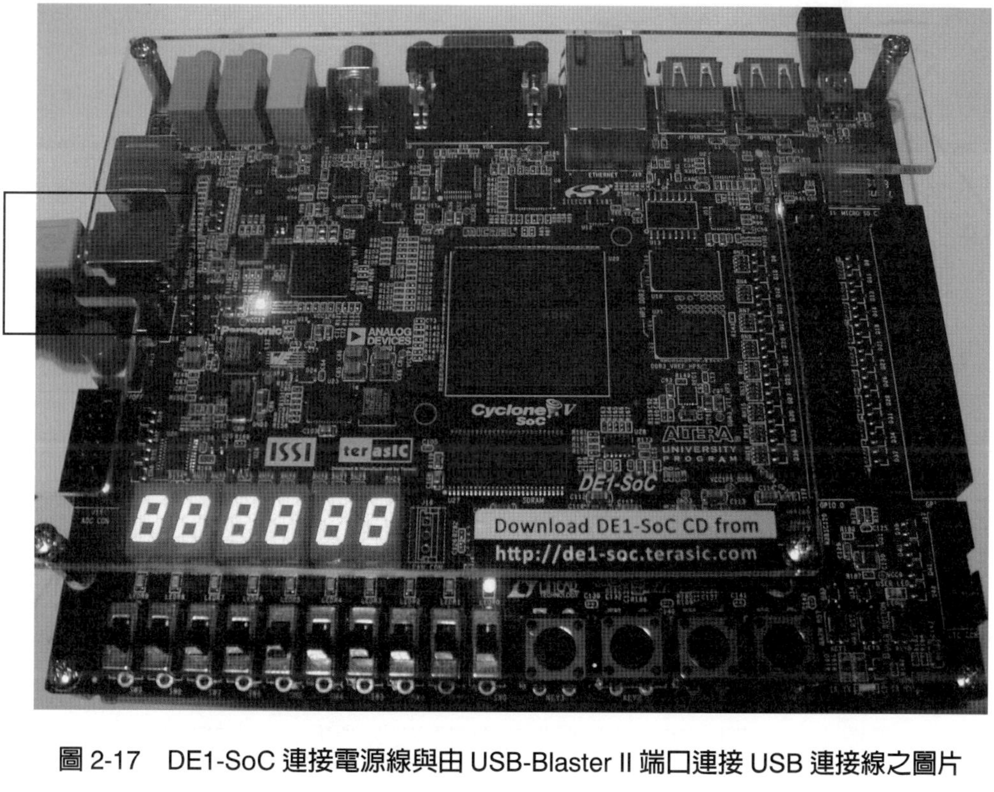

圖 2-17　DE1-SoC 連接電源線與由 USB-Blaster II 端口連接 USB 連接線之圖片

將 DE1-SoC 開發板上的 FPGA 進行硬體配置使用之專案目錄中的檔案與說明，整理於表 2-5 所示。

表 2-5　將 DE1-SoC 開發板上的 FPGA 進行硬體配置之專案目錄中的檔案與說明

檔案	說明	所在目錄
HPS_LED_HEX.qpf	專案檔	d:d:\DE1_SoC\Demonstrations\SOC_FPGA\HPS_LED_HEX\LED_HEX_hardware\
HPS_LED_HEX.sof	專案檔	d: d:\DE1_SoC\Demonstrations\SOC_FPGA\HPS_LED_HEX\LED_HEX_hardware\

將 DE1-SoC 開發板上的 FPGA 進行硬體配置之流程如圖 2-18 所示，複製光碟目錄，USB-Blaster II 驅動程式安裝，再開啓專案，開啓燒錄視窗，自動偵測元件，改變檔案再開始燒錄。

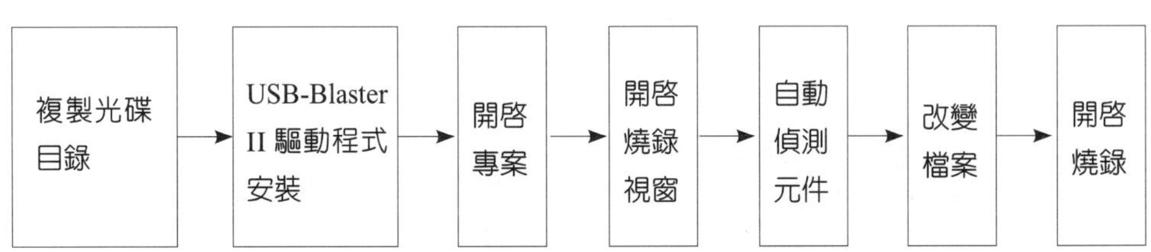

圖 2-18　將 DE1-SoC 開發板上的 FPGA 進行硬體配置之流程

將 DE1-SoC 開發板上的 FPGA 進行硬體配置詳細步驟如下：

1. 複製光碟目錄：從 DE1-SoC 光碟複製目錄於「D:\DE1-SoC」下。
2. USB-Blaster II 驅動程式安裝：先將可開機的 micro SD 卡插入 SD 卡插槽中。再接上 USB 線連接電腦與開發板上的 USB-Blaster II 埠，開啓板子上的電源時，電腦上會出現需要安裝驅動程式的視窗。USB-Blaster II 接線的驅動程式安裝路徑在「C:\altera\ 版本 \quartus\drivers\usb-blaster-ii」，若出現「尋找新增硬體精靈」對話框，選擇「從清單或特定位置安裝」，再按「下一步」。在「請選擇您的搜尋和安裝選項」下面設定爲「搜尋時包括這個位置：C:\altera\13.1\quartus\drivers\usb-blaster-ii」，設定好按「下一步」。若出現警告視窗，選擇「繼續安裝」。安裝完成，按「完成」鍵。若是沒有出現尋找新硬體精靈，則可以從桌面「開始」→「電腦」處按右鍵，如圖 2-19 所示。選擇「內容」。

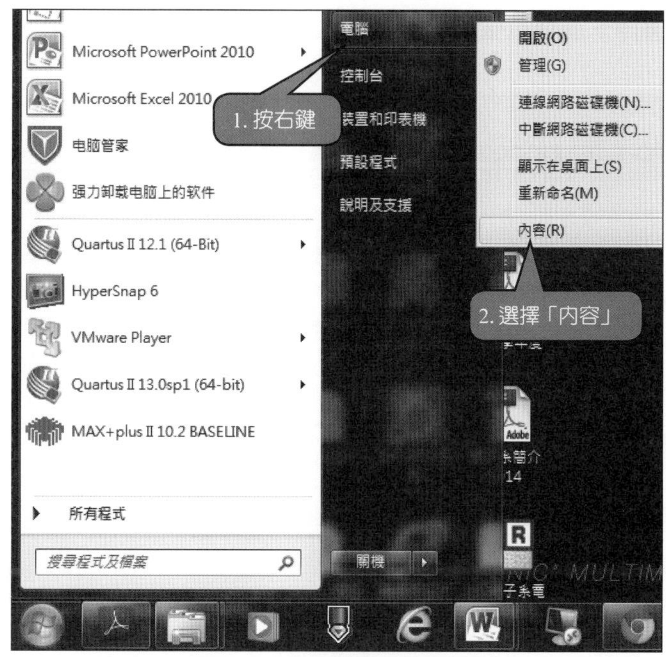

圖 2-19　選擇電腦內容設定

再選擇裝置管理員，在 USB-Blaster II 處按右鍵，選擇「更新驅動程式軟體」，如圖 2-20 所示。

圖 2-20　更新驅動程式

接著選擇「瀏覽電腦上的驅動程式軟體」，如圖 2-21 所示。

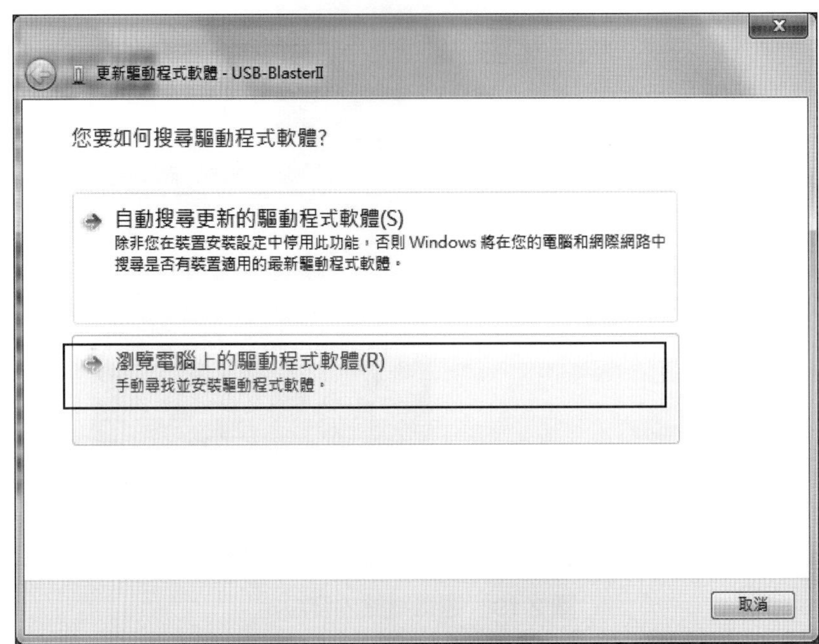

圖 2-21　手動尋找並安裝驅動程式軟體

驅動程式位置為：C:\altera\ 版本 \quartus\drivers\usb-blaster-ii。安裝完成後會出現畫面如圖 2-22 所示。

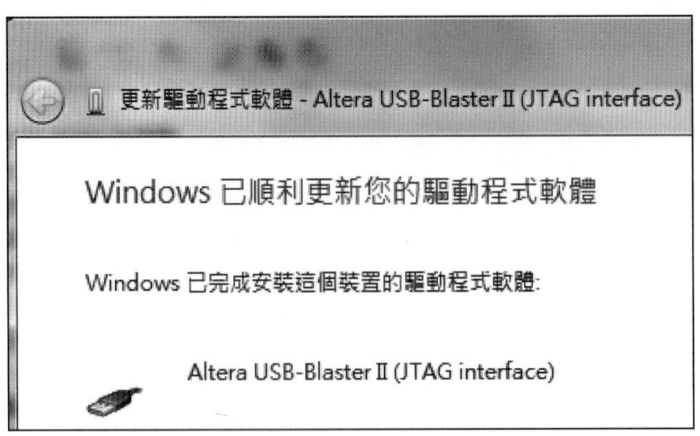

圖 2-22　更新驅動程式完成

同樣的方式再設定一次 USB-Blaster II 驅動程式軟體，如圖 2-23 所示。

圖 2-23　設定 USB-Blaster II 驅動程式

更新結果如圖 2-24 所示。

圖 2-24　設定 USB-Blaster II 驅動程式完成

3. 開啓專案：開啓 Quartus II 13.1 軟體，使用 DE1_SoC 光碟所附的專案，選取 Quartus II 視窗選單 File>Open Project ，選出「d:\DE1-SoC\Demonstrations\SOC_FPGA\HPS_LED_HEX\LED_HEX_hardware\HPS_LED_HEX.qpf」。
4. 開啓燒錄視窗：選取視窗選單 Tools>Programmer ，開啓「Programmer」視窗，如圖 2-25 所示。再進行「Hardware Setup」設定，如圖 2-26 所示。

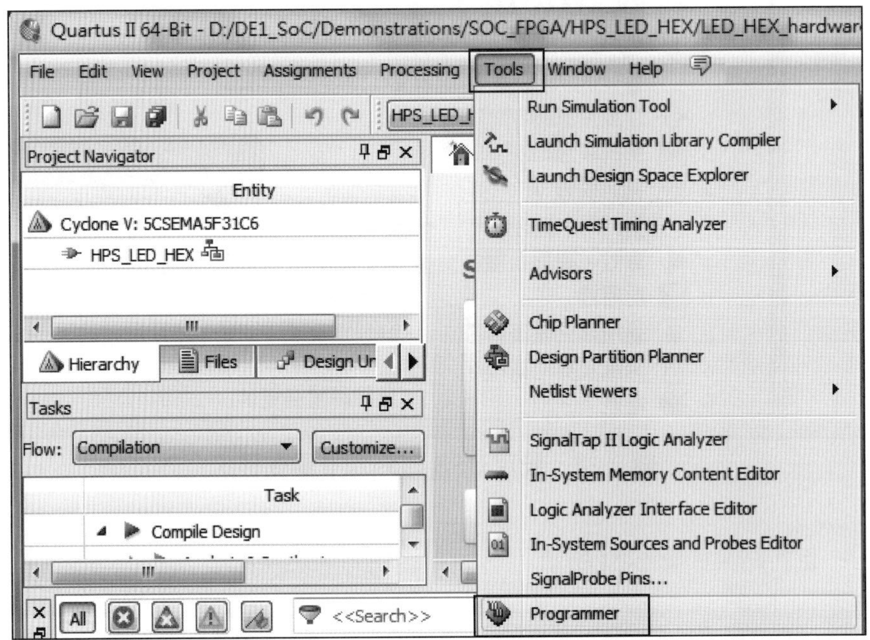

圖 2-25　燒錄視窗

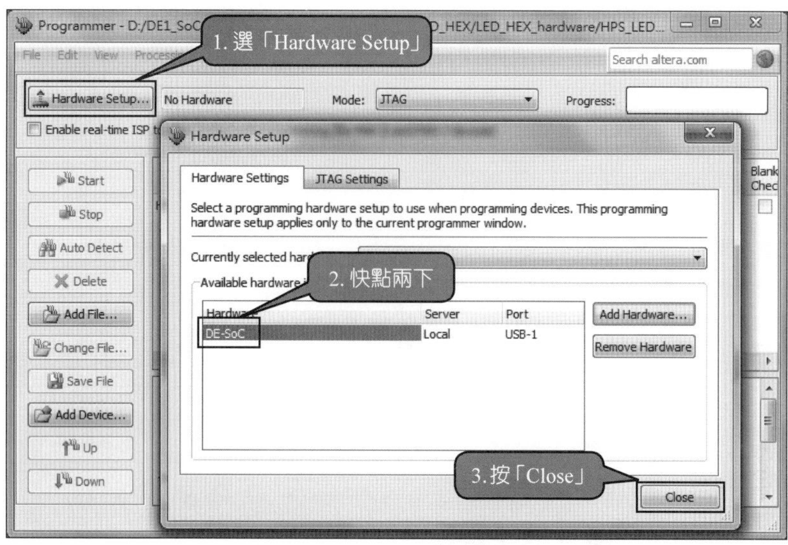

圖 2-26　設定硬體

5. 自動偵測元件：在「Programmer」視窗中，選擇「Auto Detect」進行偵測在 JTAG 路徑上的所有元件，會出現詢問窗，如圖 2-27 所示，選擇「5CSEMA5」。若出現詢問視窗，按「Yes」鍵。在燒錄視窗中會列出「5CSEMAS 與 SOCHPS，選擇「選」5CSEMAS」。

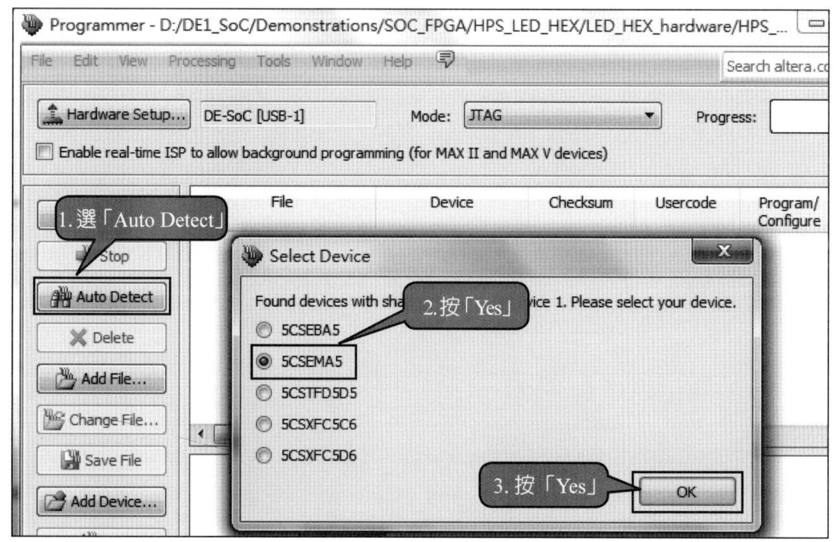

圖 2-27　自動偵測

6. 改變檔案：再選擇「 Change File… 」，再從專案目錄中選出「HPS_LED_HEX.sof」檔，再按「Open」鍵，如圖 2-28 所示。

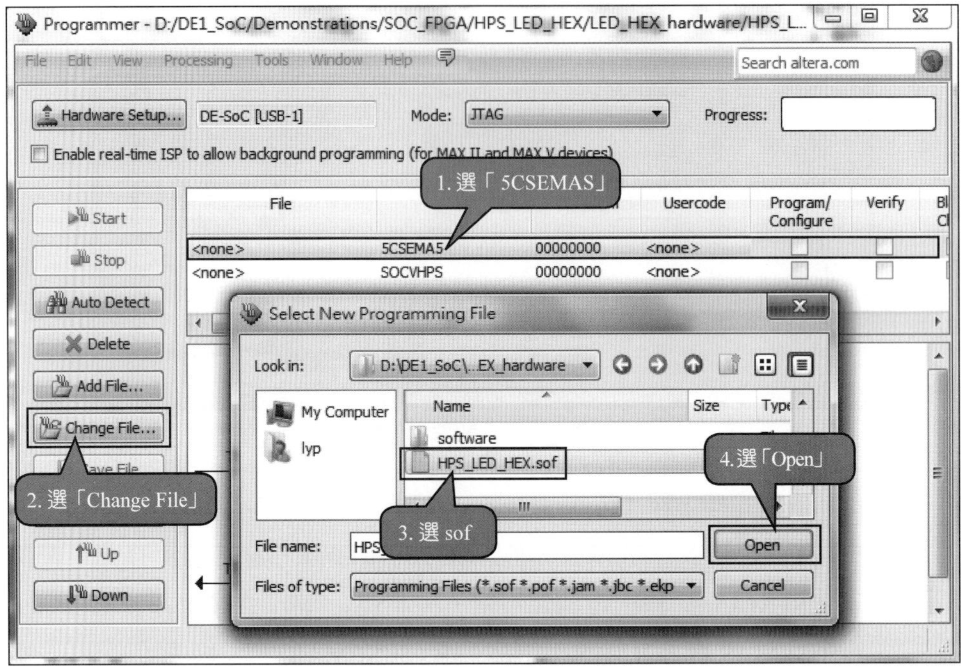

圖 2-28　燒錄視窗

7. 開始燒錄：勾選 sof 檔案，按「Start」，燒錄成功畫面如圖 2-29 所示。

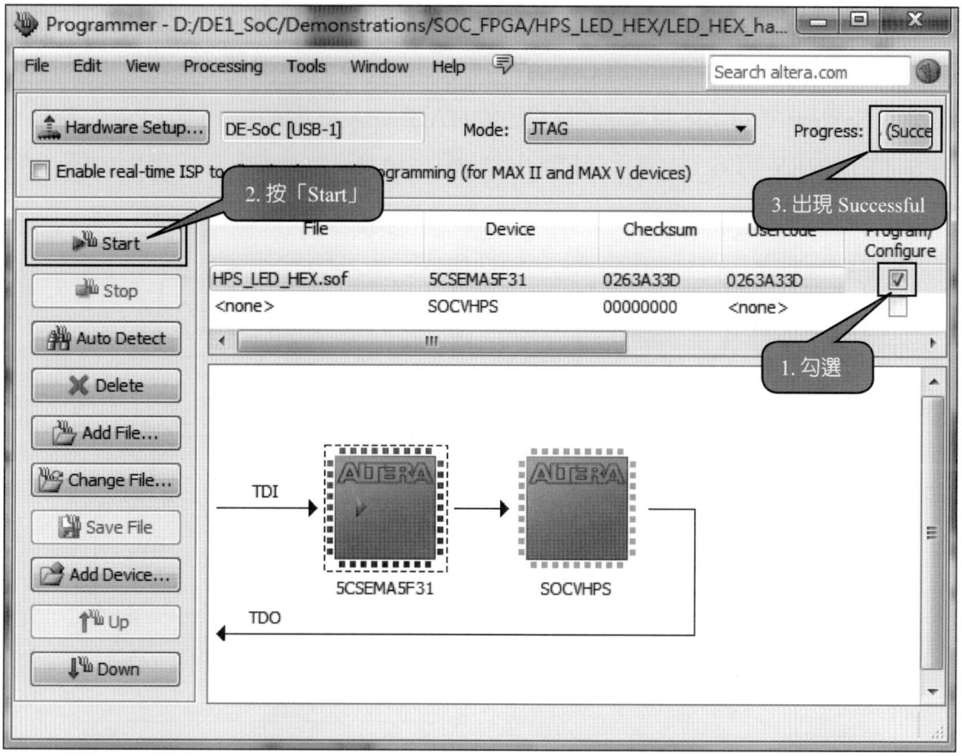

圖 2-29　燒錄「HPS_LED_HEX.sof」檔案

• 學習成果回顧

學習將 DE1-SoC 開發板上的 FPGA 進行硬體配置。

• 下一個目標

使用 System console 測試硬體系統。

2-3 使用 System console 測試硬體系統

前一小節已經使用 HPS_LED_HEX 專案將 SoC FPGA 做硬體配置，HPS_LED_HEX 專案可以控制的 FPGA 周邊有 10 顆 LED 燈，透過 Quartus II 中 Qsys 工具的 System-Console 視窗，可以使用 JTAG Master 模組去測試 FPGA 周邊。HPS_LED_HEX 專案 Qsys 系統區塊圖如圖 2-30 所示，Qsys 系統畫面如圖 2-31 所示。

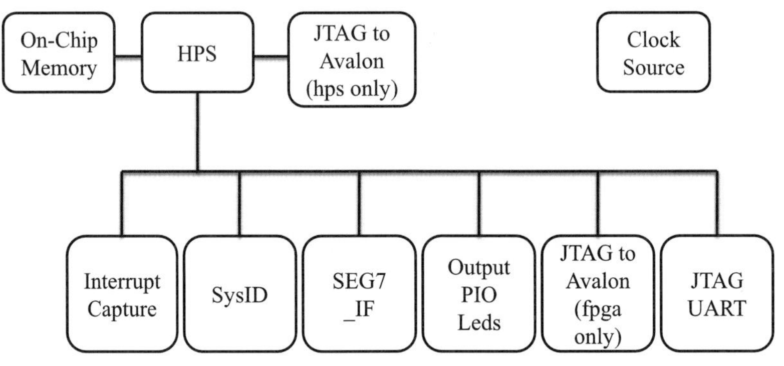

圖 2-30　系統區塊圖

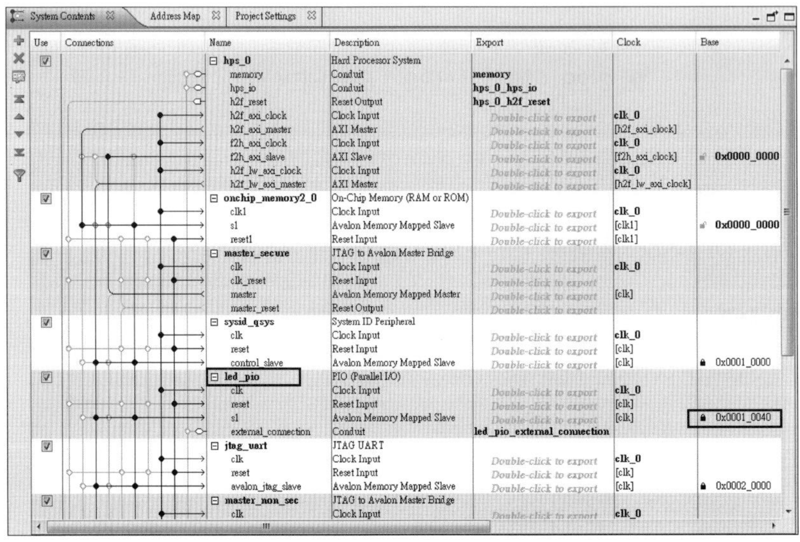

圖 2-31　Qsys 系統畫面

可以看到在圖 2-31 中的 led_pio 在 Avalon Memory-Mapped slaves 上位址為 0x0001_0040。以下將使用 System Console 對 LED 做控制。

Qsys 中的 System Console 工具可以提供的任務舉例如下：

- 開始或停止 Nios II 或 SoC 處理器。
- 使用特定的 master 讀或寫 Avalon Memory-Mapped slaves。
- 選取 Qsys 系統時脈與系統重置訊號。
- 執行 JTAG loopback 測試去分析板子干擾問題。

本範例使用 JTAG Master 模組去寫與讀在 Avalon Memory-Mapped slaves 上位址為 0x0001_0040 的 led_pio。本小節使用的專案名稱與檔案如表 2-6 所示。

表 2-6　專案目錄中的檔案與說明

檔案	說明	所在目錄
HPS_LED_HEX.qpf	專案檔	D:/DE1_SoC/Demonstrations/SOC_FPGA/HPS_LED_HEX/LED_HEX_hardware/
HPS_LED_HEX.sof	燒錄檔	D:/DE1_SoC/Demonstrations/SOC_FPGA/HPS_LED_HEX/LED_HEX_hardware/
soc_system.qsys	Qsys 檔	D:/DE1_SoC/Demonstrations/SOC_FPGA/HPS_LED_HEX/LED_HEX_hardware/

使用 System console 測試硬體系統流程如圖 2-32 所示，開啓 Quarts II 軟體，開啓專案，燒錄 sof 檔，使用 System Console 驗證硬體，測試 LED 燈，觀察實驗結果。

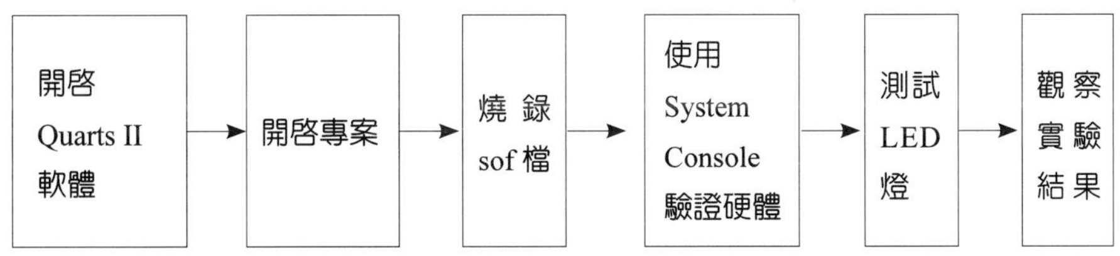

圖 2-32　使用 System console 測試硬體系統流程

使用 System console 測試硬體系統詳細說明如下：

1. 開啓 Quarts II 軟體：開啓 Quarts II 13.1 版。
2. 開啓專案：開啓 Quartus II 13.1 軟體，使用 DE1_SoC 光碟所附的專案，選取 Quartus II 視窗選單 File>Open Project ，選出「d:\DE1-SoC\Demonstrations\SOC_FPGA\HPS_LED_HEX\LED_HEX_hardware\HPS_LED_HEX.qpf」。
3. 燒錄 sof 檔：參考 2-2 小節，將「d:\DE1-SoC\Demonstrations\SOC_FPGA\HPS_LED_HEX\LED_HEX_hardware\HPS_LED_HEX.sof」檔燒錄至 DE1-SoC 板。
4. 使用 System Console 驗證硬體：先選取 Quarts II 軟體之視窗選單的 Tools ->Qsys 開啓 Qsys ，再選擇「soc_system.qsys」，如圖 2-33 所示，再開啓 System Console，如圖 2-34 所示。

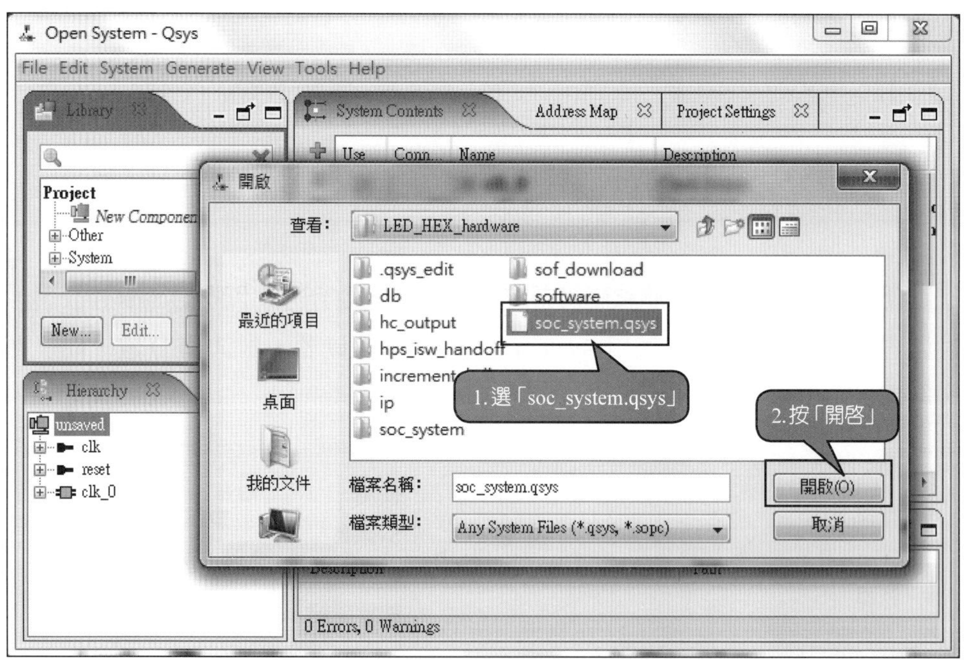

圖 2-33　選擇「soc_system.qsys」

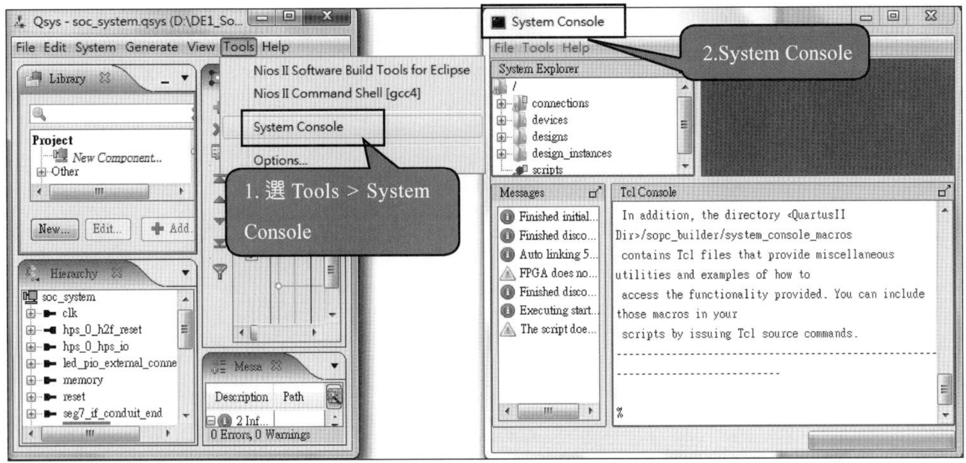

圖 2-34　開啓 System Console

5. 測試 LED 燈：將執行測試 LED 燈的指令與說明整理於表 2-7 所示。led_pio 在 Avalon Memory-Mapped slaves0x000 上位址爲 0x0001_0040。此 DE1-SoC 板子上的 LED 燈用「1」驅動會亮。System Console 執行指令之畫面如圖 2-35 所示。

表 2-7　執行測試 LED 燈的指令與說明

步驟	指令	說明	結果
1	Pwd	目前目錄	D:/DE1_SoC/Demonstrations/SOC_FPGA/HPS_LED_HEX/LED_HEX_hardware
2	get_service_paths master	回傳所有可能的路徑	/devices/02D120DD@1#USB-1#DE-SoC/(link)/JTAG/master_non_sec.jtag/phy_1/master_non_sec.master /devices/02D120DD@1#USB-1#DE-SoC/(link)/JTAG/master_secure.jtag/phy_0/master_secure.master

步驟	指令	說明	結果
3	set master_service_path [lindex [get_service_paths master] 0]	此指令設定變數去命名 master service path。這裡使用 index 0 是因為從上一個指令的執行結果看到 FPGA only master 是第一個陳列項。	/devices/02D120DD@1#USB-1#DE-SoC/(link)/JTAG/master_non_sec.jtag/phy_1/master_non_sec.master
4	open_service master $master_service_path	開啓 master 服務. $master_service_path 是變數的名稱。	
5	master_write_16 $master_service_path 0x10040 0x0005	將位址為 0x10040 處寫入 0x0005	十個 LED 燈呈現暗暗暗暗暗暗暗亮暗亮
6	master_write_16 $master_service_path 0x10040 0x0147	將位址為 0x10040 處寫入 0x0147	十個 LED 燈呈現暗暗暗暗暗暗暗亮亮亮
7	master_write_16 $master_service_path 0x10040 0x0386	將位址為 0x10040 處寫入 0x0386	十個 LED 燈呈現暗暗暗暗暗暗暗暗暗亮
8	master_read_16 $master_service_path0x10040 1	讀取 0x10040 位址之值	0x0386
9	close_service master $master_service_path	關閉 master 服務. $master_service_path 是變數的名稱。	

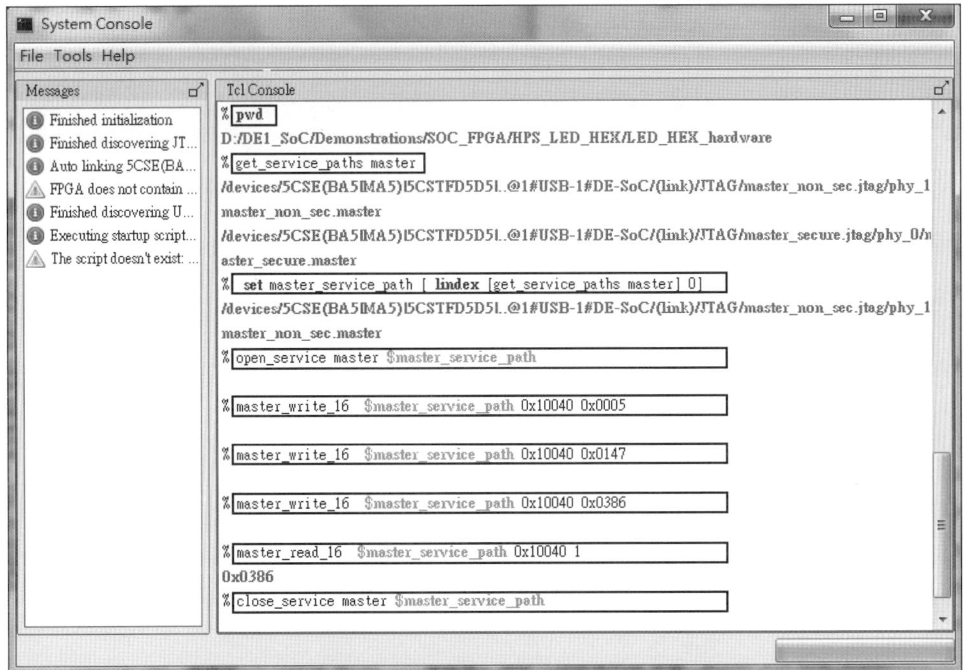

圖 2-35　於 System Console 之 Tcl Console 處輸入指令

LED 燈顯示「暗暗暗暗暗暗暗亮暗亮」之情形如圖 2-36 所示（指令為 master_write_8 $master_service_path 0x10040 0x005）。0x005 最小三位元為「101」訊號，對應輸出為 LEDR2~0，因為板子上 LED 燈是訊號為 1 時會亮燈，故會顯示「0x005」訊號為在 LEDR2~0 為「亮暗亮」，實驗結果整理如表 2-8 所示。

圖 2-36　硬體控制 LED 燈

表 2-8　System Console 實驗結果

寫入 0x10040 數值	LEDR9	LEDR8	LEDR7	LEDR6	LEDR5	LEDR4	LEDR3	LEDR2	LEDR1	LEDR0
0x005	0 (暗)	0 (暗)	0 (暗)	0 (暗)	0 (暗)	0 (暗)	0 (暗)	1 (亮)	0 (暗)	1 (亮)
0x147	0 (暗)	1 (亮)	0 (暗)	1 (亮)	0 (暗)	0 (暗)	0 (暗)	1 (亮)	1 (亮)	1 (亮)
0x386	1 (亮)	1 (亮)	1 (亮)	0 (暗)	0 (暗)	0 (暗)	0 (暗)	1 (亮)	1 (亮)	0 (暗)

- 學習成果回顧

  使用 System console 測試硬體系統。

- 下一個目標

  使用 SD 卡開機，執行 Linux 作業系統

2-4 使用 SD 卡開機啓動 Linux 作業系統

前兩小節已經完成了開機卡的製作與 FPGA 硬體規劃。本小節將使用已準備好的 SD 卡在 DE1-SoC 開發板上執行 Linux 作業系統之步驟。在介紹 HPS 開機流程之前，先了解一下 Altera SoC FPGA 中的 HPS 架構，如圖 2-37 所示。開機程序會用到的記憶體有 Boot ROM 、Scratch RAM（64KB）與 DDR SDRAM。

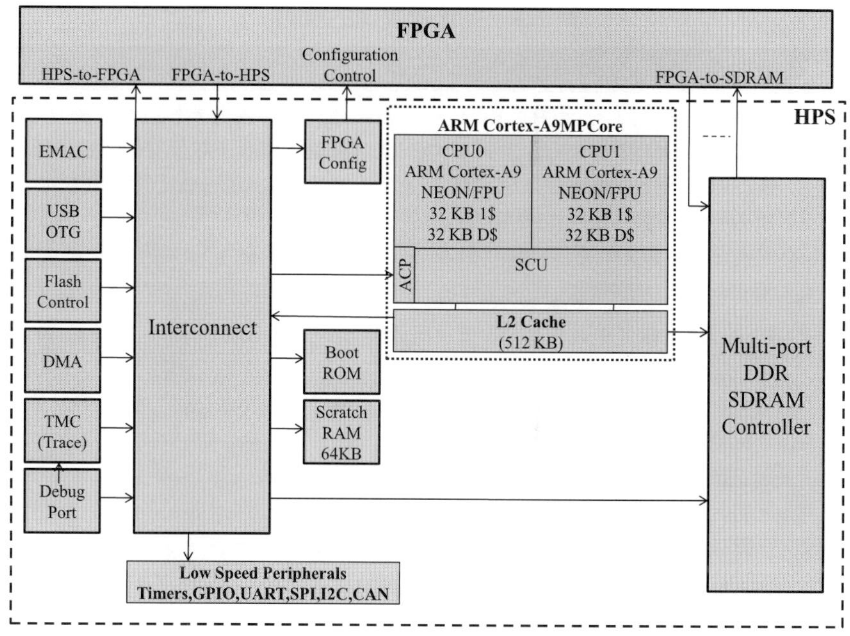

圖 2-37　Altera SoC FPGA 中的 HPS 架構

本範例 HPS 開機流程如圖 2-38 所示。此開機流程包括：BootROM 、Preloader、U-Boot 與 Linux。

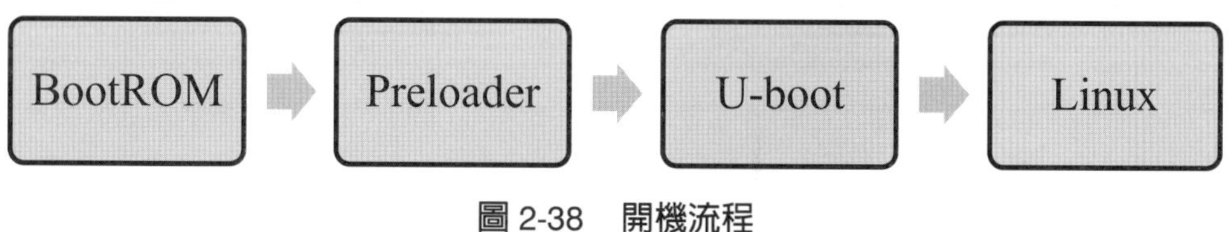

圖 2-38　開機流程

各流程區塊的說明整理如表 2-9 所示。HPS 的開機程序是分很多步驟，每個步驟會載入下一個步驟之程式。第一個步驟是 boot ROM ，boot ROM 程式會再載入第二個步驟的程式 Preloader 。Preloader 會再載入 U-boot 程式，再由 U-boot 載入 Linux Kernel 。

表 2-9 各流程區塊的說明

流程區塊	描述
BootROM	已由 Altera 寫入在元件的 ROM 中。當電源啓動，處理器執行存在晶片中 ROM 的 BootROM 程式，如圖 2-39 所示。此步驟是將開機所需要的硬體裝置起始化。BootROM 程式依照硬體的 BOOTSEL 設定方式來決定去哪一個記憶體取得下一個程序 Preloader 檔案。BootROM 程式依照硬體的 CLKSEL 設定方式去決定使用的時脈。本範例設定為 BOOTSEL[2..0]=101 ，則從 3.0 V SD 卡載入下一個程序 Preloader 檔案至 on-chip RAM 執行。
Preloader	Preloader 檔是從 3.0 V SD 卡被載入至 on-chip RAM 執行，如圖 2-40 所示。Preloader 主要的功能是： · 根據使用者設定的 Preloader 檔初始化 SDRAM 界面包括校正與配置 SDRAM 的 PLL 。 · 配置時脈與 SOCFPGA HPS 輸出入。 · 配置 HPS 腳位多工器。 · 初始化需要的 flash 控制器。 · 儲存 boot image 到 DDR SDRAM 並且將控制權給下一 個 bootloader 步驟。
U-boot	本範例使用 bootloader 是使用開放原始碼 U-Boot，Altera 有提供範例。嵌入式系統的開機載入程式，能提供啓動時的參數給作業系統與啓動作業系統。U-boot 主要的功能有： · 準備作業系統環境。 · 從記憶體或由網路 TFTP 讀取作業系統映像檔。 · 將 boot 映像檔放至 SDRAM 。 · 提供一個操作界面供使用者修改開機參數或 Device Tree Blob 。 · 將控制權給下一 個 bootloader 步驟。 http://www.rocketboards.org/foswiki/Documentation/PreloaderUbootCustomization#PreloaderUbootFatPartition
Linux	Linux kernel 檔是從 SD 卡被載入至 DDR SDRAM 執行，如圖 2-42 所示。Linux 可執行應用程式。

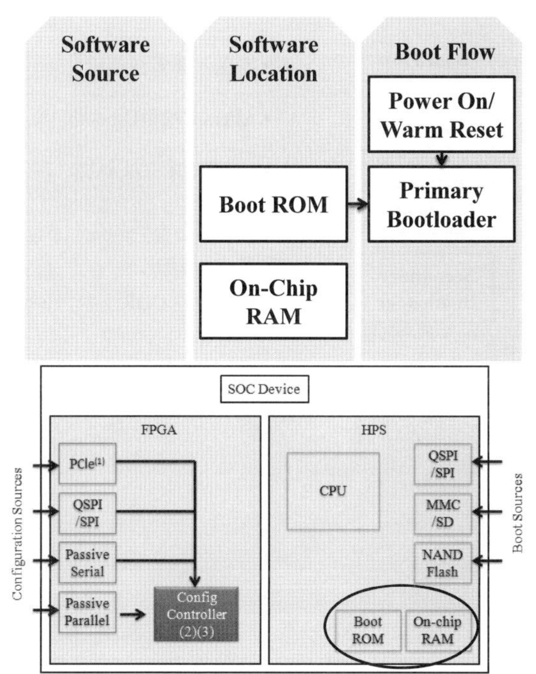

- 當電源啟動，處理器CPU0執行存在晶片中的ROM的BootROM程式。
- CPU1保持重置狀態。
- Bootloader程式使用On-chip RAM 空間。

圖 2-39 執行 BootROM

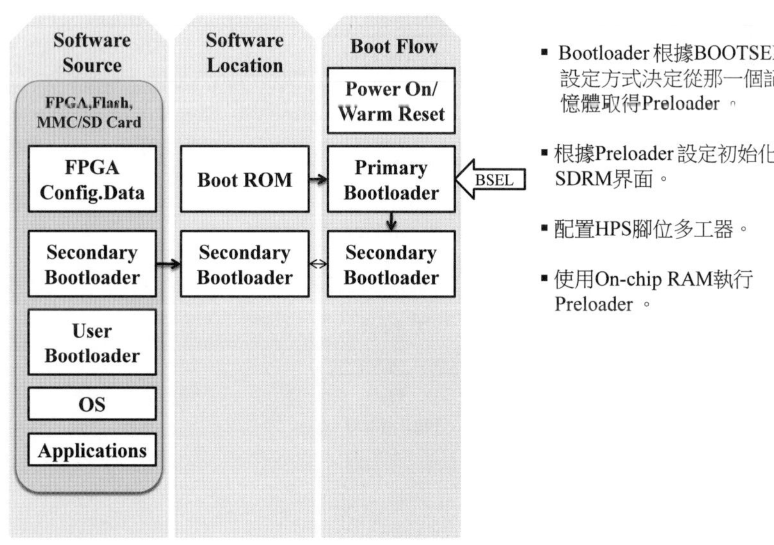

- Bootloader 根據BOOTSEL設定方式決定從那一個記憶體取得Preloader。
- 根據Preloader 設定初始化SDRM界面。
- 配置HPS腳位多工器。
- 使用On-chip RAM執行Preloader。

圖 2-40 執行 Preloader

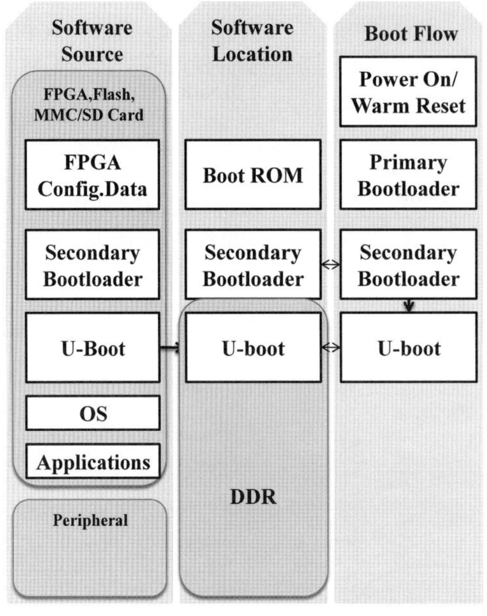

- 準備作業系統環境。
- Altera有提供U-boot範例。
- 使用DDR SDRAM執行U-Boot。
- Preloader會把u-boot image載入到 DDR。
- CPU會在 DDR 上執行 u-boot

圖 2-41　執行 U-boot

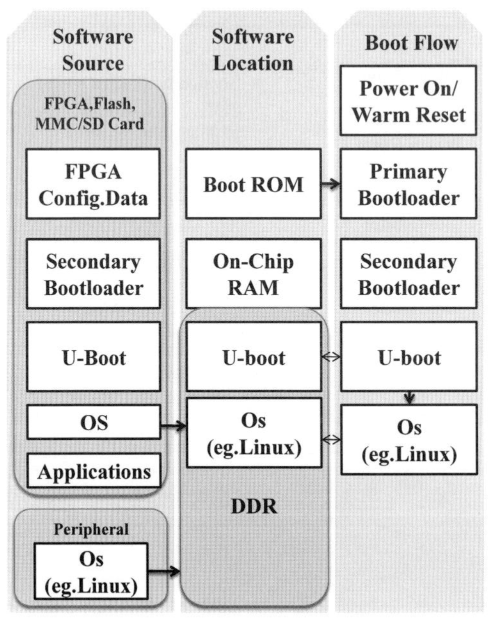

- Linux Kernel從SD卡被載入至DDR SDRAM執行。
- u-boot會從 SD卡把 Linux Kernel (ulmage) 載入到 DDR，CPU會跳到 Kernel 的進入點開始執行

圖 2-42　執行 Linux

使用 SD 卡開機啓動 Linux 作業系統流程如圖 2-43 所示，連接 UART to USB 埠，安裝驅動程式，執行 putty.exe，按 Warm Reset 鍵，測試 LED 燈，觀察實驗結果。

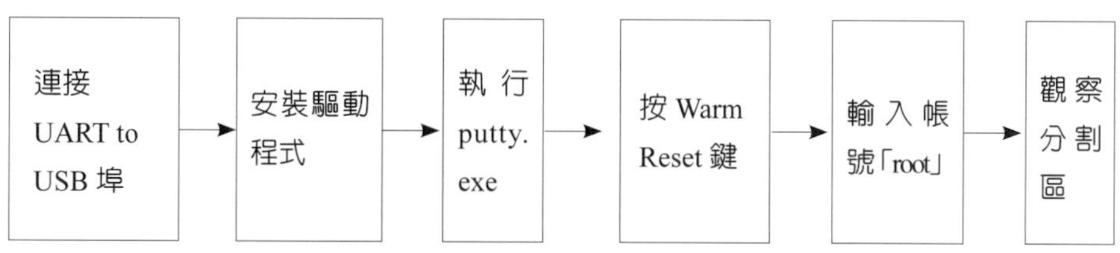

圖 2-43　使用 System console 測試硬體系統流程

使用 SD 卡開機啓動 Linux 作業系統詳細步驟介紹如下：

1. 連接 UART to USB 埠 : 延續前一小節，電源不要關閉，將 USB 轉 micro-USB 線連接電腦與板子上的 UART to USB 埠，如圖 2-44 所示。

圖 2-44　UART-to-USB 接頭

2. 安裝驅動程式：至我的電腦中的裝置管理員看是否有在連接埠（COM 和 LPT）下看到有出現 USB to UART 橋接在幾號的 COM 埠。若沒有看到則需從 FT232R USB UART 驅動程式在 http://www.ftdichip.com/Drivers/VCP.htm 下載，再重新更新驅動程式，成功安裝之範例如圖 2-45 所示，是接在連接埠 COM7。

圖 2-45　USB to UART 橋接在 COM7

3. 執行 putty.exe：至網路下載 PuTTY 軟體，下載完後點擊兩下 putty.exe。開啓 putty 之視窗，設定如圖 2-46 所示。

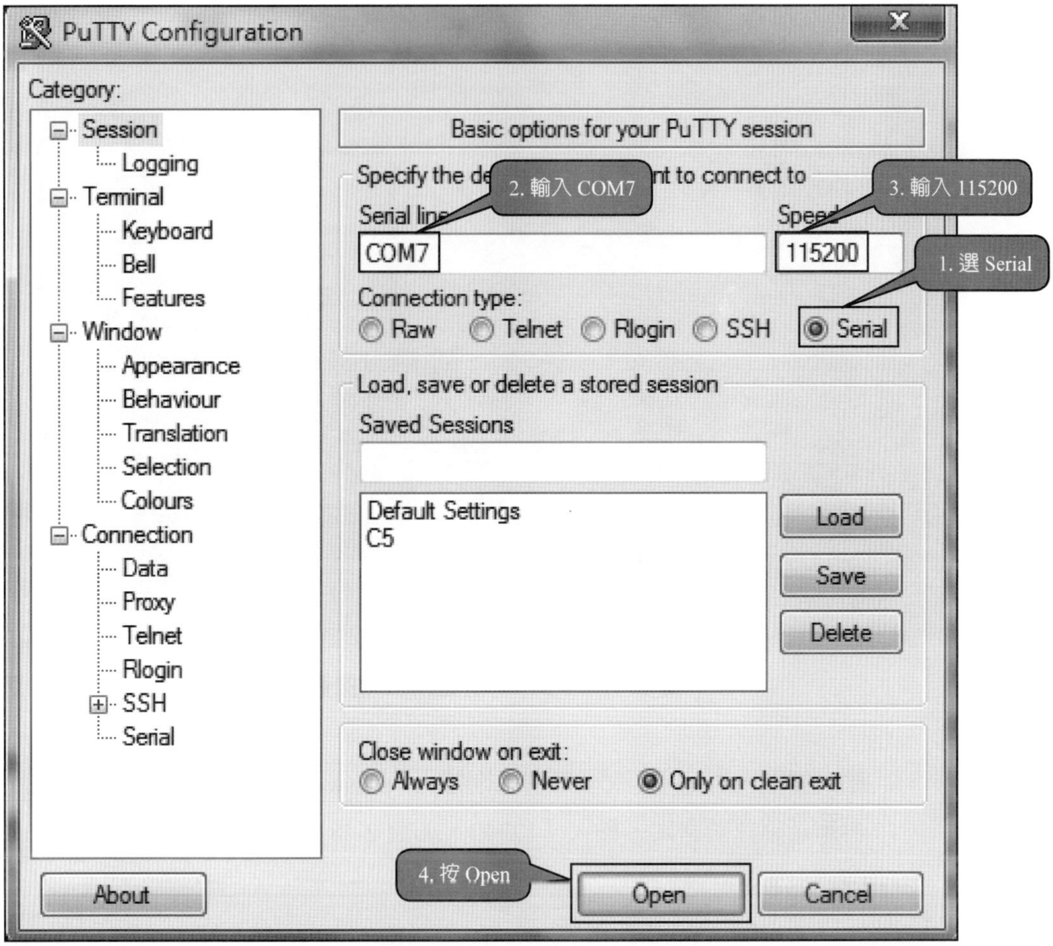

圖 2-46 PuTTY 視窗

4. 按 Warm Reset 鍵：確認 micro SD 卡已插在板子上的插槽中。按 Warm Reset 鍵，會看到有 Linux 重開機畫面出現，依序讀取 boot ROM firmware、preloader、U-boot boot loader 與 Linux kernel。PuTTY 視窗畫面如圖 2-47 所示。

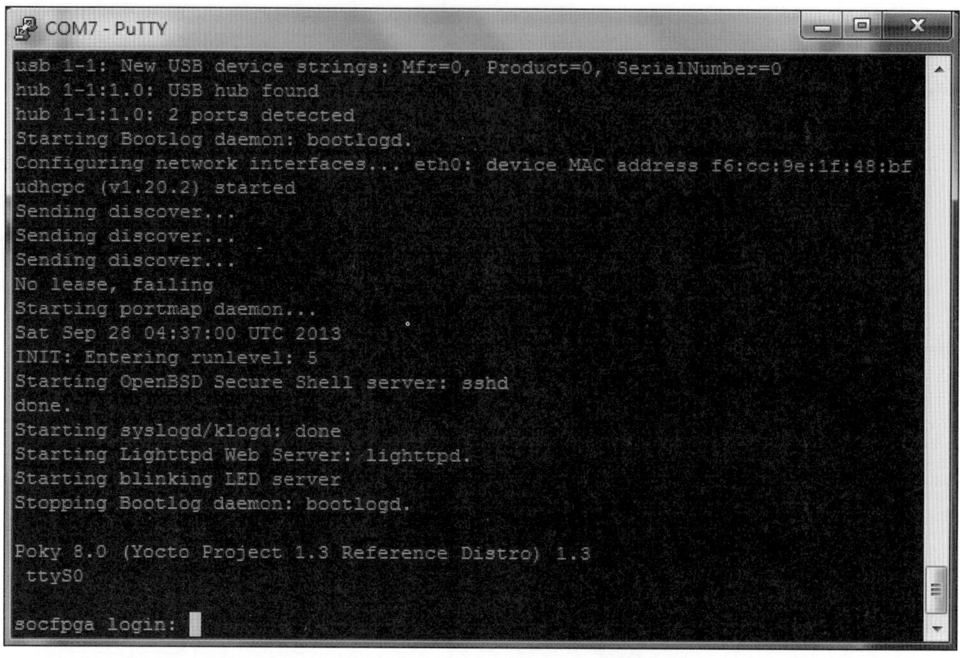

圖 2-47　PuTTY 視窗顯示開機畫面

5. 輸入帳號「root」。更改帳戶密碼則輸入「passwd」，再輸入新密碼「1234」，再重新確認新密碼，輸入「1234」，如圖 2-48 所示。

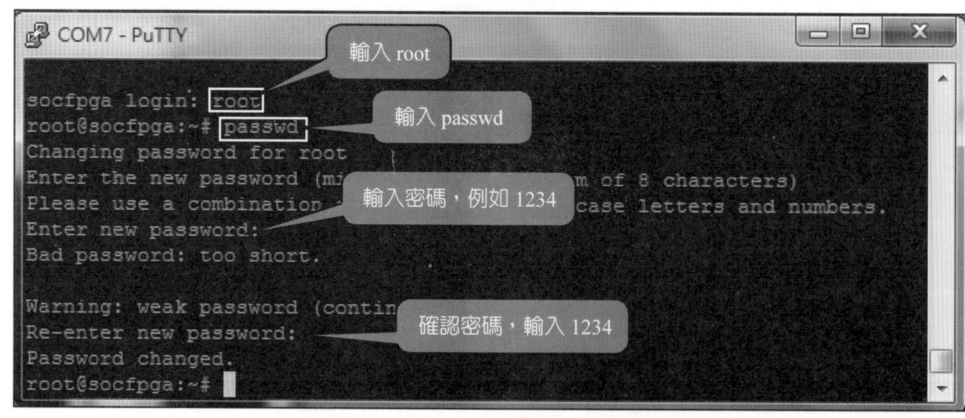

圖 2-48　PuTTY 視窗顯示開機畫面

6. 觀察分割區：輸入 fdsk -l，可以觀察 SD 之分割區有三個，如圖 2-49 所示。分割區如圖 2-50 所示。分割區說明如表 2-10 所示。

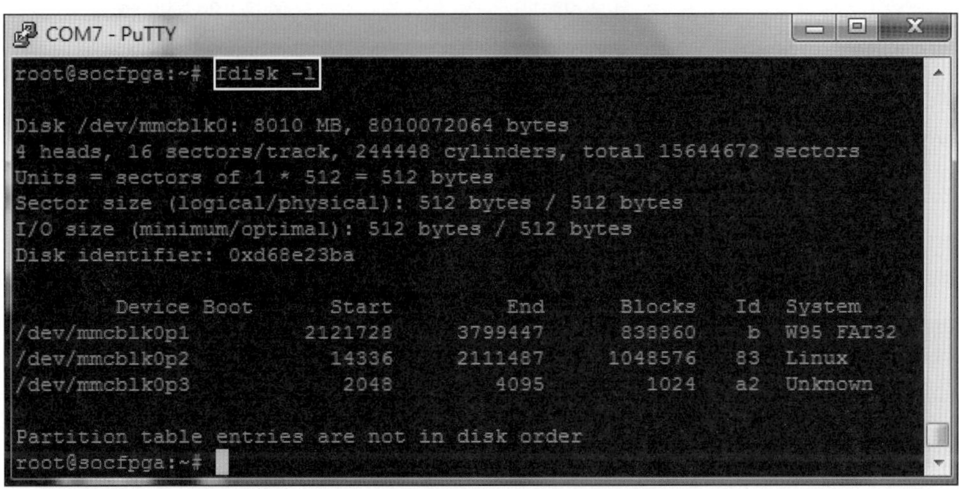

圖 2-49　觀察 SD 卡分割區

分割區3，存放preloader與u-boot img檔	分割區2，存放Linux root檔案系統，如同一個ext3分割	分割區1，是FAT分割區，放置kernel與device tree 檔	原始分割區(Raw Partition)	主開機記錄(MBR)

圖 2-50　分割區說明

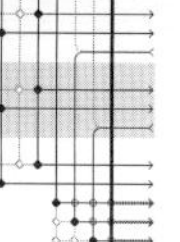

表 2-10　SD 卡分割區

分割區	檔案名稱	說明
分割區 1	socfpga.dtb	Device Tree Blob 檔
	zImage	Linux kernel Image 檔
分割區 2	如表 2-11	Linux 檔案系統
分割區 3		Preloader image
		U-boot Image

表 2-11　root file system

目錄名稱	說明
bin	擺放常用的執行檔，例如 ls, mkdir, mount, mv
boot	Linux 核心與開機相關檔案的地方，例如 uimage, vmlinux3.7.0, uimage3.7.0
dev	擺放一些與裝置有關的檔案，例如 tty, tty0, i2c
etc	系統在開機過程中需要讀取的檔案，lighttpd.conf, fstable
home	系統預設的使用者的家目錄，例如 /home/root
lib	在 Linux 執行或編譯核心的時候，會使用到的函式庫。例如 gpio-altera.ko
mnt	外接儲存裝置接掛點的地方
proc	系統核心與執行程序的一些資訊
sbin	放置一些系統管理常用的程式，例如 fdisk,insmod
tmp	讓一般使用者暫時存放檔案
usr	系統資訊目錄，用來存放程式與指令
var	工作目錄
www	擺放網頁伺服器相關網頁檔案

- 學習成果回顧

  使用 SD 卡開機，執行 Linux 作業系統

- 下一個目標

  了解 HPS_LED_HEX 專案系統

2-5 HPS_LED_HEX 硬體專案系統說明

前幾小節已經快速體驗了 Altera SoC FPGA 的硬體配置方式與軟體開機程序。本章說明範例 HPS_LED_HEX 專案之系統架構，系統區塊圖如圖 2-51 所示。

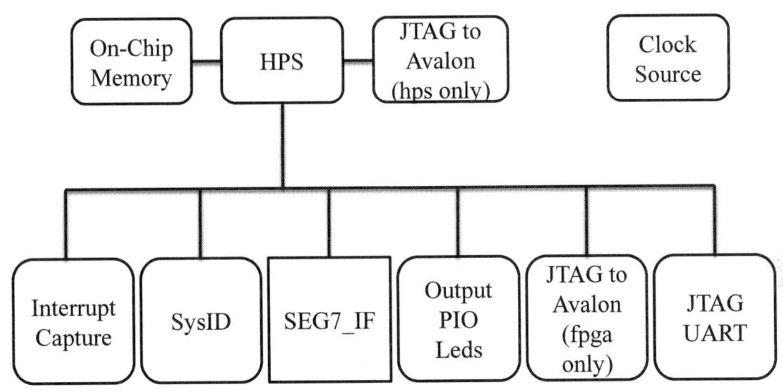

圖 2-51　HPS_LED_HEX 硬體專案之系統區塊圖

Altera SoC FPGA 硬體系統是在 Quartus II 整合 Qsys 環境下建立的。在 Quartus II 組譯產生硬體配置檔，再燒錄至 Altera SoC FPGA 完成硬體配置，如圖 2-52 所示。

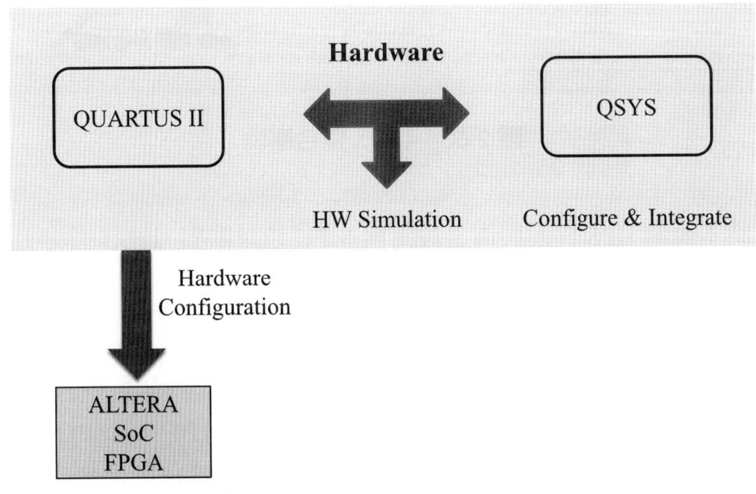

圖 2-52　Altera SoC FPGA 硬體系統

以下分幾個小節說明 HPS_LED_HEX 專案設定方式，2-5-1 說明 HPS_LED_HEX 專案之 Qsys 系統，2-5-2 說明 HPS_LED_HEX 專案之 HPS 界面與周邊設定，2-5-3 說明 HPS_LED_HEX 專案之頂層電路。

2-5-1 HPS_LED_HEX 硬體專案之 Qsys 系統

Quartus II 軟體結合 Qsys 環境，可以建立 HPS 與 FPGA 之硬體，Qsys 環境是 Altera 所開發的系統設計環境，Qsys 環境整合了 ARM 標準界面 AXI 、可做 IP 的調度、可加入參考設計、可發展客製化的解決方案並能讓使用者快速開發出系統，如圖 2-53 所示。

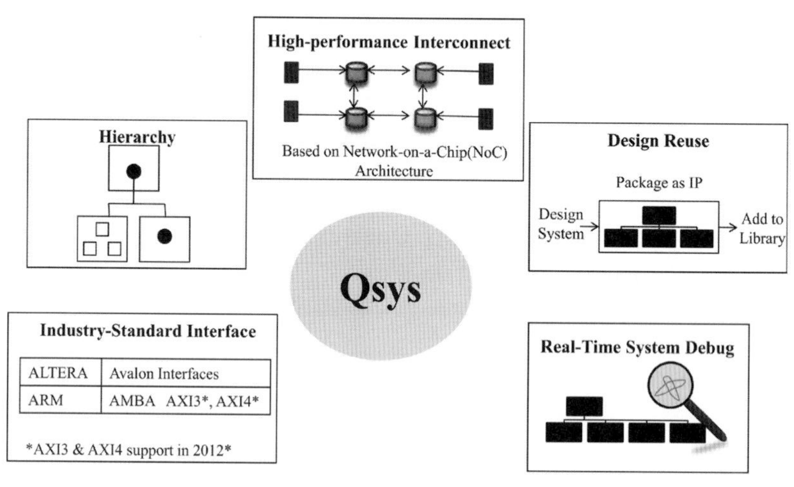

圖 2-53 Qsys 整合環境

以下將本範例 HPS 界面與周邊設定與 MPU 位址映對方式詳細說明下：

MPU 位址映對整理如下：

a. HPS-to-FPGA 位址映對

本範例在 Qsys 環境設定了 on-chip memory 連接至 HPS-to-FPGA 界面。由 MPU 看到的軟 IP 裝置的記憶體映對，起始於 HPF-to-FPGA 位址位移 0xC000_000，而由 MPU 看到在 SoC 的 FPGA 部分的系統周邊的記憶體映對，

起始於 lightwave HP-to-FPGA 位址 0xFF20_0000，如圖 2-54 所示。表 2-12 列出每個周邊在 SoC 的 FPGA 部分的偏移（offset）。

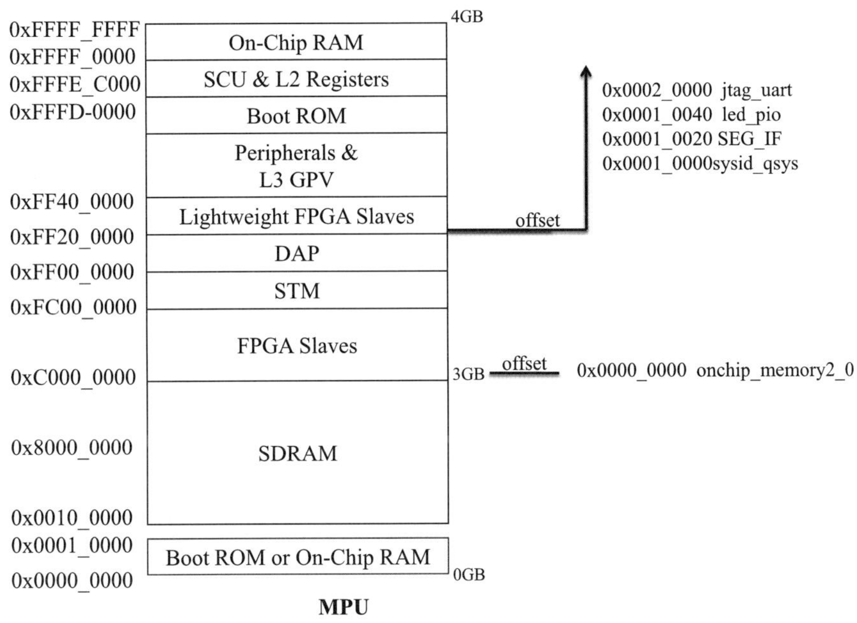

圖 2-54　MPU 位址映射

表 2-12　周邊在 HPS-to-FPGA 部分的偏移

周邊	位址偏移 S	大小（bytes）	說明
onchip_memory2_0	0x0	64K	On-chip RAM as scratch pad

b. Lightweight HPS-to-FPGA 位址映對

由 MPU 看到在 SoC 的 FPGA 部分的系統周邊的記憶體映對，起始於 lightwave HP-to-FPGA 位址 0xFF20_0000，整理在 lightweight HPS-to-FPGA 界面上周邊的位址偏移於表 2-13。

表 2-13　周邊在 lightwave HP-to-FPGA 部分的偏移

周邊	位址偏移 S	說明
sysid_qsys	0x0001_0000	獨有的系統 ID
led_pio	0x0001_0040	LED 輸出顯示
jtag_uart	0x0002_0000	JTAG UART 操作
SEG7_IF	0x0001_0020	七段顯示器控制器
alt_vip_mix_0	0x0000_0200	畫面區塊控制器

c. JTAG Master Address 映對

在此設計中有兩個 JTAG master 界面，一個是用來與 FPGA 中不需保密的周邊溝通的，另一個是透過 FPGA-to-HPS 界面與在 HPS 中的保密的周邊做溝通用的。表 2-14 列出 JTAG Master 界面可以溝通的周邊與界面的位址。

表 2-14　JTAG Master 界面可以溝通的周邊與界面的位址

周邊	位址偏移 S	大小（bytes）	說明
sysid_qsys	0x10000	8	獨有的系統 ID
led_pio	0x10040	8	4 個 LED 輸出顯示
jtag_uart	0x20000	8	JTAG UART 操作
onchip_memory2_0	0x0000_0000	64K	On-chip RAM

以下為觀察 HPS_LED_HEX 硬體專案之 Qsys 系統之步驟：

1. 開啓專案：開啓 Quartus II 13.1 版以上之軟體，選取視窗選窗 File -> Open Project，選取 HPS_LED_HEX 硬體專案檔「HPS_LED_HEX.qpf」，如圖 2-55 所示。

圖 2-55　選取專案檔「HPS_LED_HEX.qpf」開啓專案

2. 開啓 Qsys：選取視窗選窗 Tools -> Qsys，再開啓 soc_system.qsys 檔，如圖 2-56 所示。

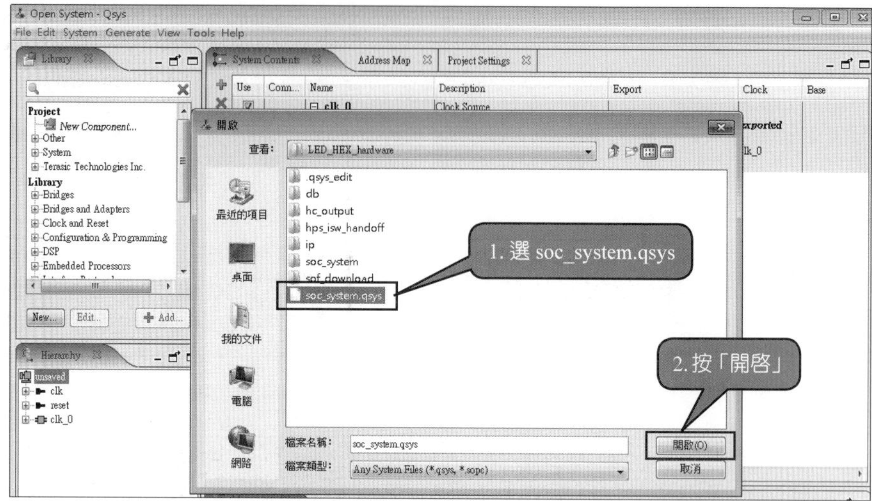

圖 2-56　開啟 Qsys 檔「soc_system.qsys」

3. 觀察 Qsys 系統：從開啟的「soc_system.qsys」中可以觀察到，如圖 2-57 所示。

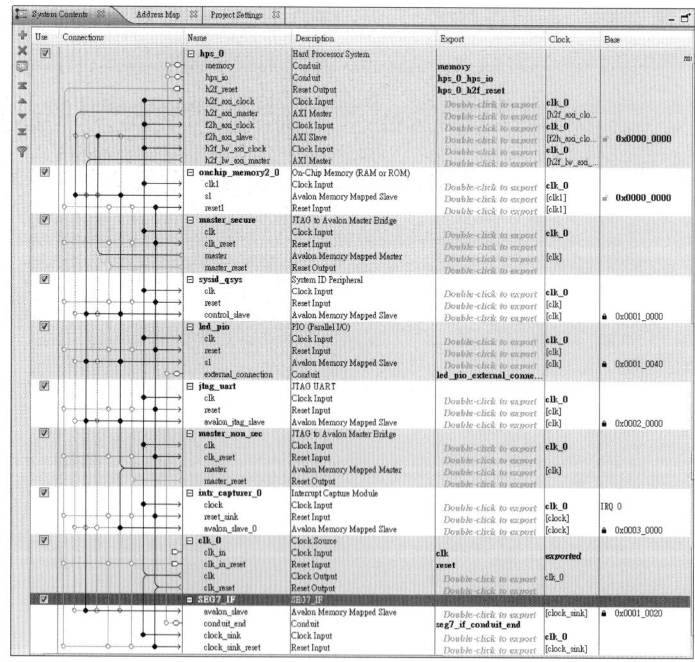

圖 2-57　「soc_system.qsys」

2-5-2 HPS_LED_HEX 硬體專案之 HPS 界面與周邊設定

HPS_LED_HEX 硬體專案中，只有一些部份的 HPS 周邊是被致能的並且連接到 Cyclone V SoC 發展板的 IO 組件。將本章使用的 HPS_LED_HEX 專案的 HPS 主要設定整理在表 2-15 中。

表 2-15　HPS_LED_HEX 專案的 HPS 主要設定

周邊	說明	設定值 / 連接值
GPIO	GPIO09	HPS_CONV_USB_N
GPIO	GPIO35	HPS_ENET_INT_N
GPIO	GPIO40	HPS_GPIO[0]
GPIO	GPIO41	HPS_GPIO[1]
GPIO	GPIO53	HPS User LED
GPIO	GPIO54	HPS User Button
GPIO	GPIO61	GENSOR_INT
Ethernet	Gbps Ethernet (EMAC1)	EMAC1 pin multiplexing : HPS I/O Set 0 EMAC1 mode: RGMII
SDMMC	4-wire	SDIO pin multiplexing : HPS I/O Set 0 SDIO mode: 4-bit Data
USB	USB1, Set 0	USB1 pin multiplexing: HPS I/O Set0 USB1 PHY interface mode: SDR
QSPI	QSPI, 1SS , Set0	QSPI pin multiplexing: HPS I/O Set 0 QSPI mode: 1SS
SPI	SPI Master (SPIM1), Set0	SPIM0 pin multiplexing: HPS I/O Set 1 SPIM0 mode: Single Slave Select
UART	UART0 to USB mini, Set 0	UART0 pin multiplexing : HPS I/O Set0 UART0 mode: No Flow Control
I2C	I2C0, Set 1	I2C pin multiplexing : HPS I/O Set1 I2C mode: I2C
I2C	I2C1, Set0	I2C pin multiplexing : HPS I/O Set1 I2C mode: I2C
FPGA Interfaces		
AXI	FPGA-to-HPS	64bit

周邊	說明	設定值 / 連接值
AXI Bridge	HPS-to-FPGA interface width	128bit
AXI Bridge	Lightweight HPS-to-FPGA interface width	32bit

以下為觀察 HPS_LED_HEX 硬體專案之 HPS 界面與周邊設定之步驟：

1. 觀察 HPS 設定：從開啓的「soc_system.qsys」中點兩下 hps_0，如圖 2-58 所示，可以觀察 HPS 設定。

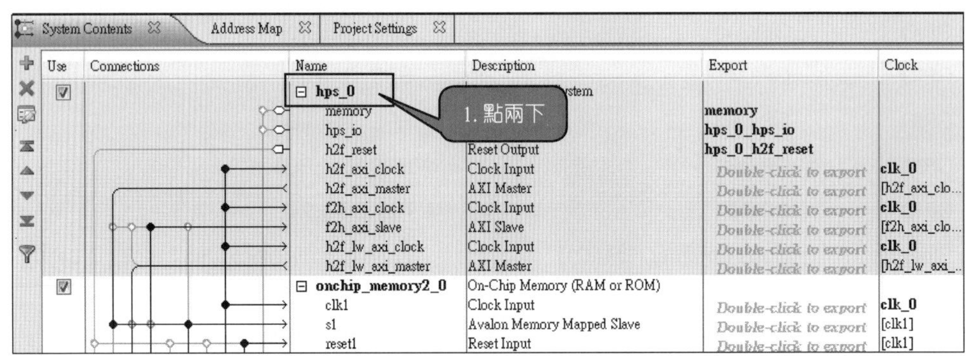

圖 2-58　點開「soc_system.qsys」的 hps_0

可以在 HPS 設定之「FPGA Interfaces」頁面設定 HPS 與 FPGA 間之界面，如圖 2-59 所示。

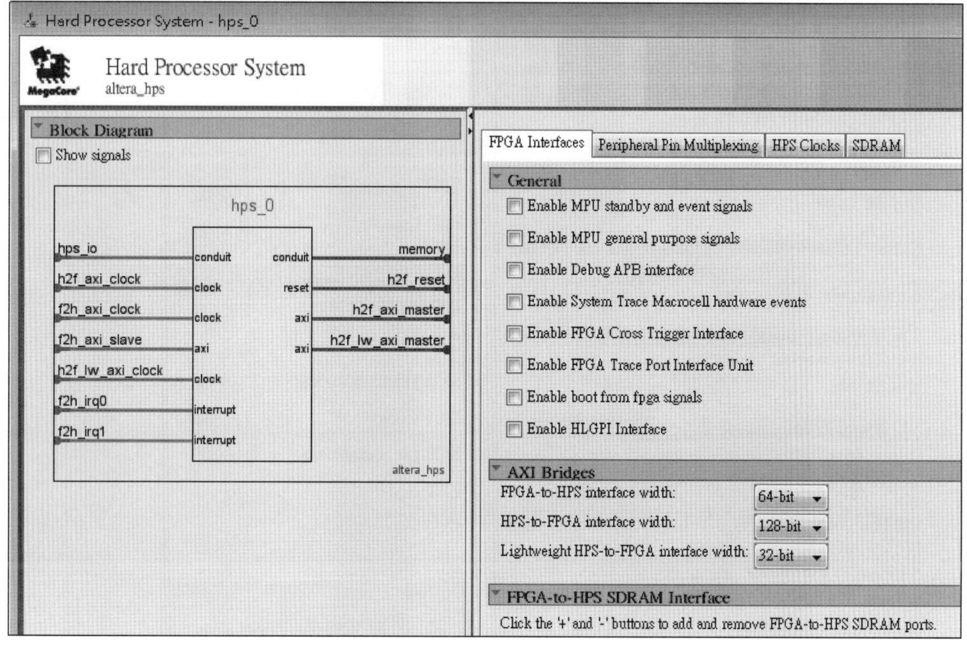

圖 2-59　HPS 與 FPGA 界面

2. 切換頁面：可以在 HPS 設定之「Peripheral Pin Multiplexing」頁面設定 HPS 周邊與腳位多工，如圖 2-60 與圖 2-61 所示。

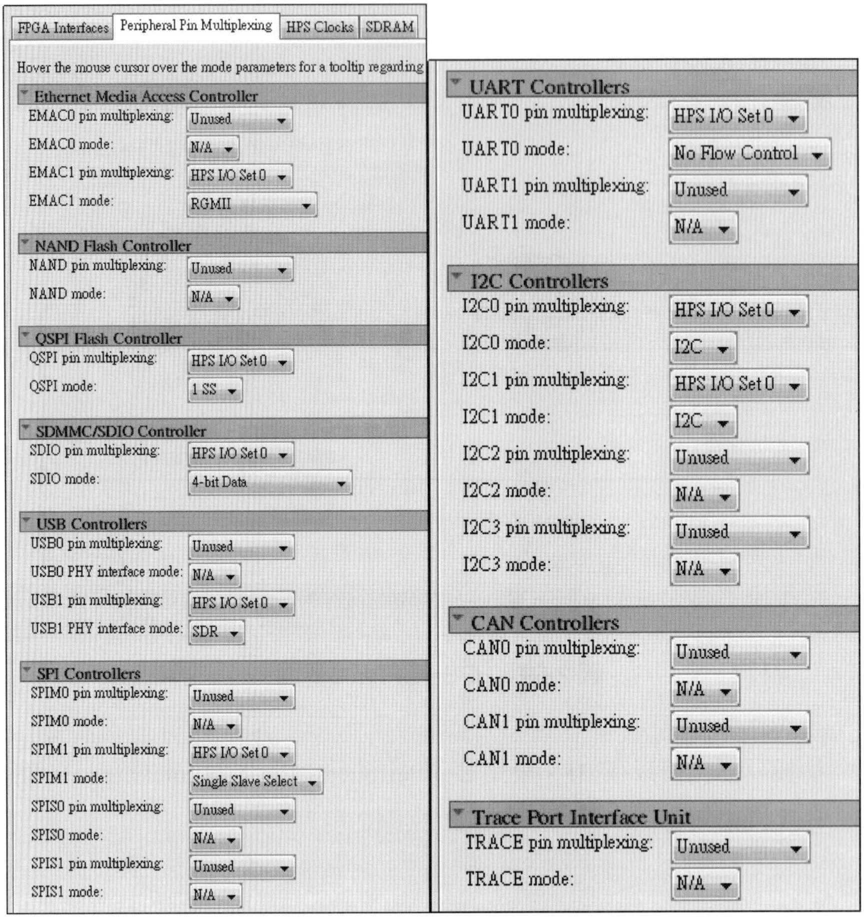

FPGA Interfaces | Peripheral Pin Multiplexing | HPS Clocks | SDRAM

Hover the mouse cursor over the mode parameters for a tooltip regarding

Ethernet Media Access Controller
- EMAC0 pin multiplexing: Unused
- EMAC0 mode: N/A
- EMAC1 pin multiplexing: HPS I/O Set 0
- EMAC1 mode: RGMII

NAND Flash Controller
- NAND pin multiplexing: Unused
- NAND mode: N/A

QSPI Flash Controller
- QSPI pin multiplexing: HPS I/O Set 0
- QSPI mode: 1 SS

SDMMC/SDIO Controller
- SDIO pin multiplexing: HPS I/O Set 0
- SDIO mode: 4-bit Data

USB Controllers
- USB0 pin multiplexing: Unused
- USB0 PHY interface mode: N/A
- USB1 pin multiplexing: HPS I/O Set 0
- USB1 PHY interface mode: SDR

SPI Controllers
- SPIM0 pin multiplexing: Unused
- SPIM0 mode: N/A
- SPIM1 pin multiplexing: HPS I/O Set 0
- SPIM1 mode: Single Slave Select
- SPIS0 pin multiplexing: Unused
- SPIS0 mode: N/A
- SPIS1 pin multiplexing: Unused
- SPIS1 mode: N/A

UART Controllers
- UART0 pin multiplexing: HPS I/O Set 0
- UART0 mode: No Flow Control
- UART1 pin multiplexing: Unused
- UART1 mode: N/A

I2C Controllers
- I2C0 pin multiplexing: HPS I/O Set 0
- I2C0 mode: I2C
- I2C1 pin multiplexing: HPS I/O Set 0
- I2C1 mode: I2C
- I2C2 pin multiplexing: Unused
- I2C2 mode: N/A
- I2C3 pin multiplexing: Unused
- I2C3 mode: N/A

CAN Controllers
- CAN0 pin multiplexing: Unused
- CAN0 mode: N/A
- CAN1 pin multiplexing: Unused
- CAN1 mode: N/A

Trace Port Interface Unit
- TRACE pin multiplexing: Unused
- TRACE mode: N/A

圖 2-60　HPS 周邊與腳位多工設定

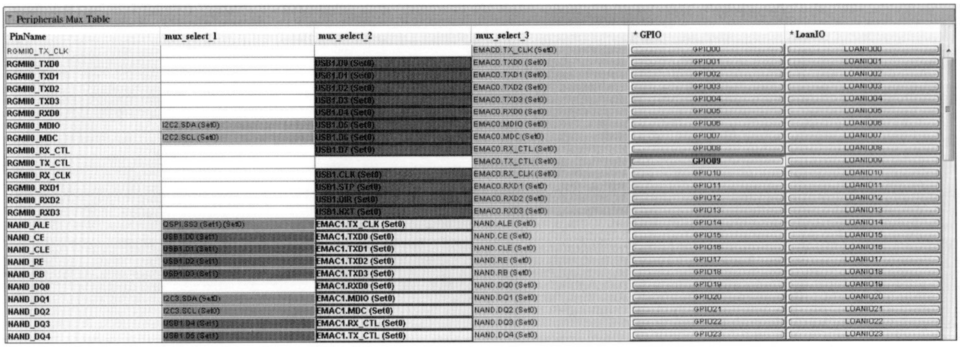

Peripherals Mux Table

PinName	mux_select_1	mux_select_2	mux_select_3	* GPIO	* LoanIO
RGMII0_TX_CLK			EMAC0.TX_CLK (Set0)	GPIO00	LOANIO00
RGMII0_TXD0		USB1.D0 (Set0)	EMAC0.TXD0 (Set0)	GPIO01	LOANIO01
RGMII0_TXD1		USB1.D1 (Set0)	EMAC0.TXD1 (Set0)	GPIO02	LOANIO02
RGMII0_TXD2		USB1.D2 (Set0)	EMAC0.TXD2 (Set0)	GPIO03	LOANIO03
RGMII0_TXD3		USB1.D3 (Set0)	EMAC0.TXD3 (Set0)	GPIO04	LOANIO04
RGMII0_RXD0		USB1.D4 (Set0)	EMAC0.RXD0 (Set0)	GPIO05	LOANIO05
RGMII0_MDIO	I2C2.SDA (Set0)	USB1.D5 (Set0)	EMAC0.MDIO (Set0)	GPIO06	LOANIO06
RGMII0_MDC	I2C2.SCL (Set0)	USB1.D6 (Set0)	EMAC0.MDC (Set0)	GPIO07	LOANIO07
RGMII0_RX_CTL		USB1.D7 (Set0)	EMAC0.RX_CTL (Set0)	GPIO08	LOANIO08
RGMII0_TX_CTL			EMAC0.TX_CTL (Set0)	GPIO09	LOANIO09
RGMII0_RX_CLK		USB1.CLK (Set0)	EMAC0.RX_CLK (Set0)	GPIO10	LOANIO10
RGMII0_RXD1		USB1.STP (Set0)	EMAC0.RXD1 (Set0)	GPIO11	LOANIO11
RGMII0_RXD2		USB1.DIR (Set0)	EMAC0.RXD2 (Set0)	GPIO12	LOANIO12
RGMII0_RXD3		USB1.NXT (Set0)	EMAC0.RXD3 (Set0)	GPIO13	LOANIO13
NAND_ALE	QSPI.SS3 (Set1) (Set0)	EMAC1.TX_CLK (Set0)	NAND.ALE (Set0)	GPIO14	LOANIO14
NAND_CE	USB1.D0 (Set1)	EMAC1.TXD0 (Set0)	NAND.CE (Set0)	GPIO15	LOANIO15
NAND_CLE	USB1.D1 (Set1)	EMAC1.TXD1 (Set0)	NAND.CLE (Set0)	GPIO16	LOANIO16
NAND_RE	USB1.D2 (Set1)	EMAC1.TXD2 (Set0)	NAND.RE (Set0)	GPIO17	LOANIO17
NAND_RB	USB1.D3 (Set1)	EMAC1.TXD3 (Set0)	NAND.RB (Set0)	GPIO18	LOANIO18
NAND_DQ0		EMAC1.RXD0 (Set0)	NAND.DQ0 (Set0)	GPIO19	LOANIO19
NAND_DQ1	I2C3.SDA (Set0)	EMAC1.MDIO (Set0)	NAND.DQ1 (Set0)	GPIO20	LOANIO20
NAND_DQ2	I2C3.SCL (Set0)	EMAC1.MDC (Set0)	NAND.DQ2 (Set0)	GPIO21	LOANIO21
NAND_DQ3	USB1.D4 (Set1)	EMAC1.RX_CTL (Set0)	NAND.DQ3 (Set0)	GPIO22	LOANIO22
NAND_DQ4	USB1.D5 (Set1)	EMAC1.TX_CTL (Set0)	NAND.DQ4 (Set0)	GPIO23	LOANIO23

圖 2-61　HPS 周邊 GPIO

2-5-3 HPS_LED_HEX 硬體專案頂層電路

由 Quartus II 之 Qsys 環境所建立好的硬體系統，會產生一個模組「soc_system.v」檔。HPS_LED_HEX 硬體專案之頂層電路「HPS_LED_HEX.v」檔，引用由 Qsys 產生的「soc_system」模組，如圖 2-62 所示。

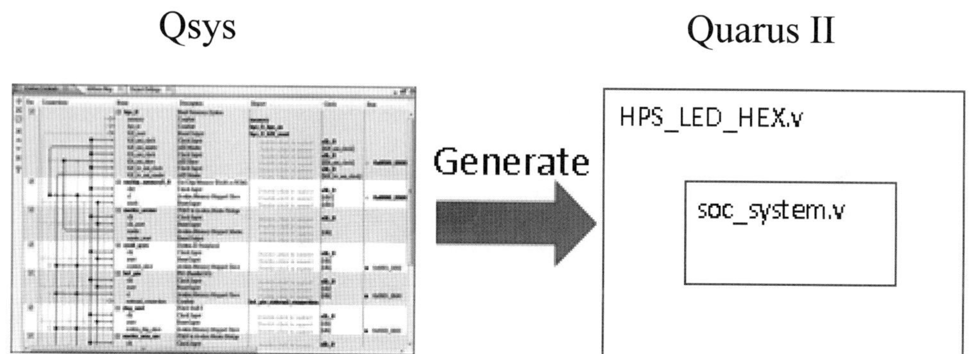

圖 2-62　頂層電路「HPS_LED_HEX.v」檔引用由 Qsys 產生的「soc_system」模組

可以開啓 Quartus II 觀看「HPS_LED_HEX.v」檔，如圖 2-63 所示。

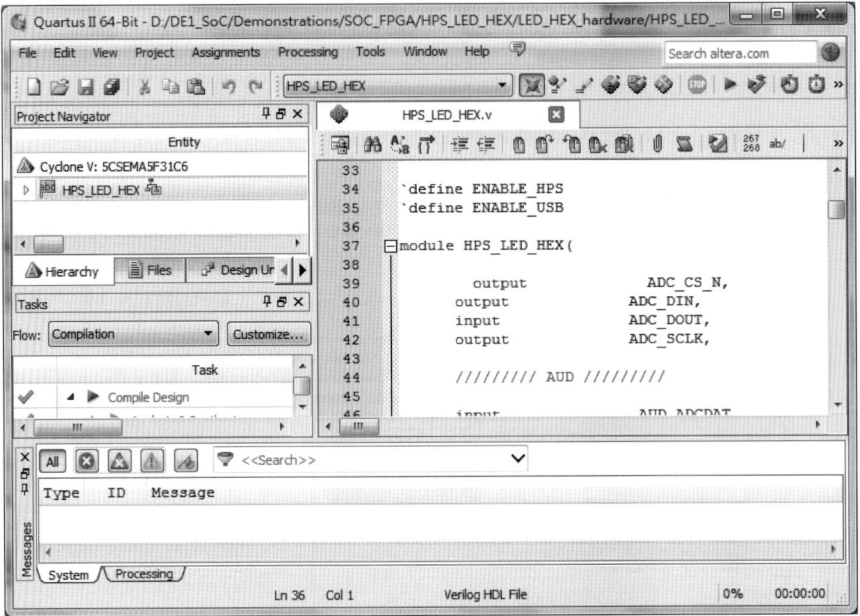

圖 2-63 HPS_LED_HEX 專案頂層電路

此頂層電路引用了「soc_system」之模組，此模組之腳位名稱可以開啓「soc_system.bsf」觀看。

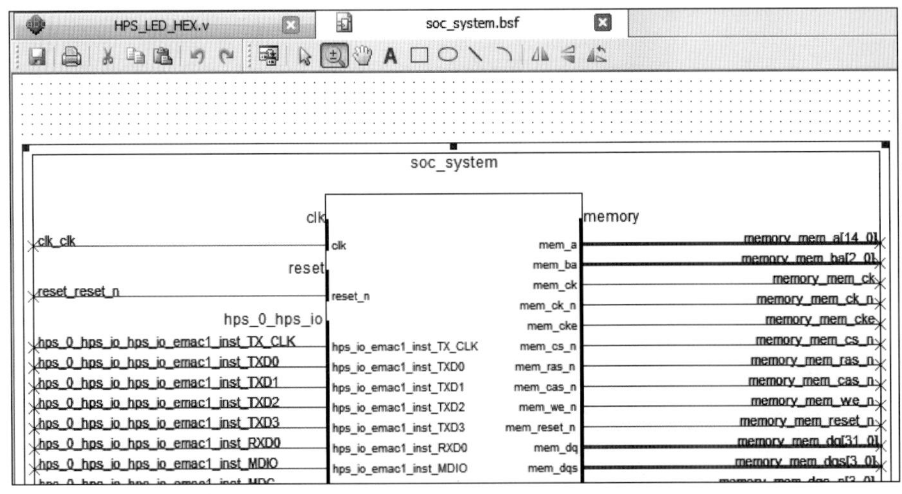

圖 2-64 「soc_system.bsf「檔

HPS_LED_HEX 專案之頂層電路引用 soc_system 模組之部分如表 2-17 所示。

表 2-17　HPS_LED_HEX 專案之頂層電路引用 soc_system 模組之部分

```
//=========================================================_======
// Structural coding
//==============================================================
soc_system u0 (
      .clk_clk                    ( CLOCK_50),                          .reset_reset_n( 1' b1),
.memory_mem_a   ( HPS_DDR3_ADDR),
      .memory_mem_ba                                  ( HPS_DDR3_BA),
      .memory_mem_ck                                  ( HPS_DDR3_CK_P),
      .memory_mem_ck_n                                ( HPS_DDR3_CK_N),
      .memory_mem_cke                                 ( HPS_DDR3_CKE),
      .memory_mem_cs_n                                ( HPS_DDR3_CS_N),
      .memory_mem_ras_n                               ( HPS_DDR3_RAS_N),
      .memory_mem_cas_n                               ( HPS_DDR3_CAS_N),
      .memory_mem_we_n                                ( HPS_DDR3_WE_N),
      .memory_mem_reset_n                             ( HPS_DDR3_RESET_N),
      .memory_mem_dq                                  ( HPS_DDR3_DQ),
      .memory_mem_dqs                                 ( HPS_DDR3_DQS_P),
      .memory_mem_dqs_n                               ( HPS_DDR3_DQS_N),
      .memory_mem_odt                                 ( HPS_DDR3_ODT),
      .memory_mem_dm                                  ( HPS_DDR3_DM),
      .memory_oct_rzqin                               ( HPS_DDR3_RZQ),
.hps_0_hps_io_hps_io_emac1_inst_TX_CLK ( HPS_ENET_GTX_CLK),
      .hps_0_hps_io_hps_io_emac1_inst_TXD0            ( HPS_ENET_TX_DATA[0] ),
      .hps_0_hps_io_hps_io_emac1_inst_TXD1            ( HPS_ENET_TX_DATA[1] ),
      .hps_0_hps_io_hps_io_emac1_inst_TXD2            ( HPS_ENET_TX_DATA[2] ),
      .hps_0_hps_io_hps_io_emac1_inst_TXD3            ( HPS_ENET_TX_DATA[3] ),
      .hps_0_hps_io_hps_io_emac1_inst_RXD0            ( HPS_ENET_RX_DATA[0] ),
      .hps_0_hps_io_hps_io_emac1_inst_MDIO            ( HPS_ENET_MDIO ),
      .hps_0_hps_io_hps_io_emac1_inst_MDC             ( HPS_ENET_MDC  ),
      .hps_0_hps_io_hps_io_emac1_inst_RX_CTL          ( HPS_ENET_RX_DV),
      .hps_0_hps_io_hps_io_emac1_inst_TX_CTL          ( HPS_ENET_TX_EN),
      .hps_0_hps_io_hps_io_emac1_inst_RX_CLK          ( HPS_ENET_RX_CLK),
      .hps_0_hps_io_hps_io_emac1_inst_RXD1            ( HPS_ENET_RX_DATA[1] ),
      .hps_0_hps_io_hps_io_emac1_inst_RXD2            ( HPS_ENET_RX_DATA[2] ),
      .hps_0_hps_io_hps_io_emac1_inst_RXD3            ( HPS_ENET_RX_DATA[3] ),
      .hps_0_hps_io_hps_io_qspi_inst_IO0              ( HPS_FLASH_DATA[0]   ),
```

```
      .hps_0_hps_io_hps_io_qspi_inst_IO1          ( HPS_FLASH_DATA[1]   ),
      .hps_0_hps_io_hps_io_qspi_inst_IO2          ( HPS_FLASH_DATA[2]   ),
      .hps_0_hps_io_hps_io_qspi_inst_IO3          ( HPS_FLASH_DATA[3]   ),
      .hps_0_hps_io_hps_io_qspi_inst_SS0          ( HPS_FLASH_NCSO   ),
      .hps_0_hps_io_hps_io_qspi_inst_CLK          ( HPS_FLASH_DCLK   ),
.hps_0_hps_io_hps_io_sdio_inst_CMD ( HPS_SD_CMD    ),
      .hps_0_hps_io_hps_io_sdio_inst_D0           ( HPS_SD_DATA[0]    ),
      .hps_0_hps_io_hps_io_sdio_inst_D1           ( HPS_SD_DATA[1]  ),
      .hps_0_hps_io_hps_io_sdio_inst_CLK          ( HPS_SD_CLK  ),
      .hps_0_hps_io_hps_io_sdio_inst_D2           ( HPS_SD_DATA[2]    ),
      .hps_0_hps_io_hps_io_sdio_inst_D3           ( HPS_SD_DATA[3]    ),
      .hps_0_hps_io_hps_io_usb1_inst_D0           ( HPS_USB_DATA[0]   ),
      .hps_0_hps_io_hps_io_usb1_inst_D1           ( HPS_USB_DATA[1]   ),
      .hps_0_hps_io_hps_io_usb1_inst_D2           ( HPS_USB_DATA[2]   ),
      .hps_0_hps_io_hps_io_usb1_inst_D3           ( HPS_USB_DATA[3]   ),
      .hps_0_hps_io_hps_io_usb1_inst_D4           ( HPS_USB_DATA[4]   ),
      .hps_0_hps_io_hps_io_usb1_inst_D5           ( HPS_USB_DATA[5]   ),
      .hps_0_hps_io_hps_io_usb1_inst_D6           ( HPS_USB_DATA[6]   ),
      .hps_0_hps_io_hps_io_usb1_inst_D7           ( HPS_USB_DATA[7]   ),
      .hps_0_hps_io_hps_io_usb1_inst_CLK          ( HPS_USB_CLKOUT   ),
      .hps_0_hps_io_hps_io_usb1_inst_STP          ( HPS_USB_STP   ),
      .hps_0_hps_io_hps_io_usb1_inst_DIR          ( HPS_USB_DIR   ),
      .hps_0_hps_io_hps_io_usb1_inst_NXT          ( HPS_USB_NXT   ),
.hps_0_hps_io_hps_io_spim1_inst_CLK ( HPS_SPIM_CLK ),
      .hps_0_hps_io_hps_io_spim1_inst_MOSI        ( HPS_SPIM_MOSI ),
      .hps_0_hps_io_hps_io_spim1_inst_MISO        ( HPS_SPIM_MISO ),
      .hps_0_hps_io_hps_io_spim1_inst_SS0         ( HPS_SPIM_SS ),
      .hps_0_hps_io_hps_io_uart0_inst_RX          ( HPS_UART_RX   ),
      .hps_0_hps_io_hps_io_uart0_inst_TX          ( HPS_UART_TX   ),
      .hps_0_hps_io_hps_io_i2c0_inst_SDA          ( HPS_I2C1_SDAT   ),
      .hps_0_hps_io_hps_io_i2c0_inst_SCL          ( HPS_I2C1_SCLK   ),
      .hps_0_hps_io_hps_io_i2c1_inst_SDA          ( HPS_I2C2_SDAT   ),
      .hps_0_hps_io_hps_io_i2c1_inst_SCL          ( HPS_I2C2_SCLK   ),
.hps_0_hps_io_hps_io_gpio_inst_GPIO09 ( HPS_CONV_USB_N),
      .hps_0_hps_io_hps_io_gpio_inst_GPIO35       ( HPS_ENET_INT_N),
      .hps_0_hps_io_hps_io_gpio_inst_GPIO40       ( HPS_GPIO[0]),
      .hps_0_hps_io_hps_io_gpio_inst_GPIO41       ( HPS_GPIO[1]),
      .hps_0_hps_io_hps_io_gpio_inst_GPIO48       ( HPS_I2C_CONTROL),
      .hps_0_hps_io_hps_io_gpio_inst_GPIO53       ( HPS_LED),
```

```
    .hps_0_hps_io_hps_io_gpio_inst_GPIO54             ( HPS_KEY),
.hps_0_hps_io_hps_io_gpio_inst_GPIO61  ( HPS_GSENSOR_INT),
    .led_pio_external_connection_export              (LEDR),
    .hps_0_h2f_reset_reset_n                         (1'b1),
    .seg7_if_conduit_end_export ({HEX5P, HEX5, HEX4P, HEX4,
                                  HEX3P, HEX3, HEX2P, HEX2,
                                  HEX1P, HEX1, HEX0P, HEX0}),
  );

endmodule
```

3

FPGA 周邊控制

3-1　控制 FPGA 的 LED 與七段顯示器

3-2　變化 LED 與七段顯示器顯示間隔時間

3-3　LED 閃爍與七段顯示器顯示數字

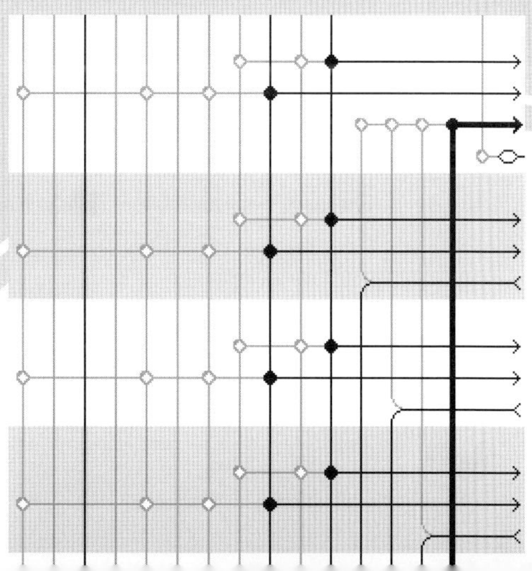

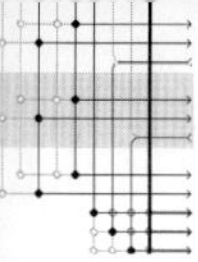

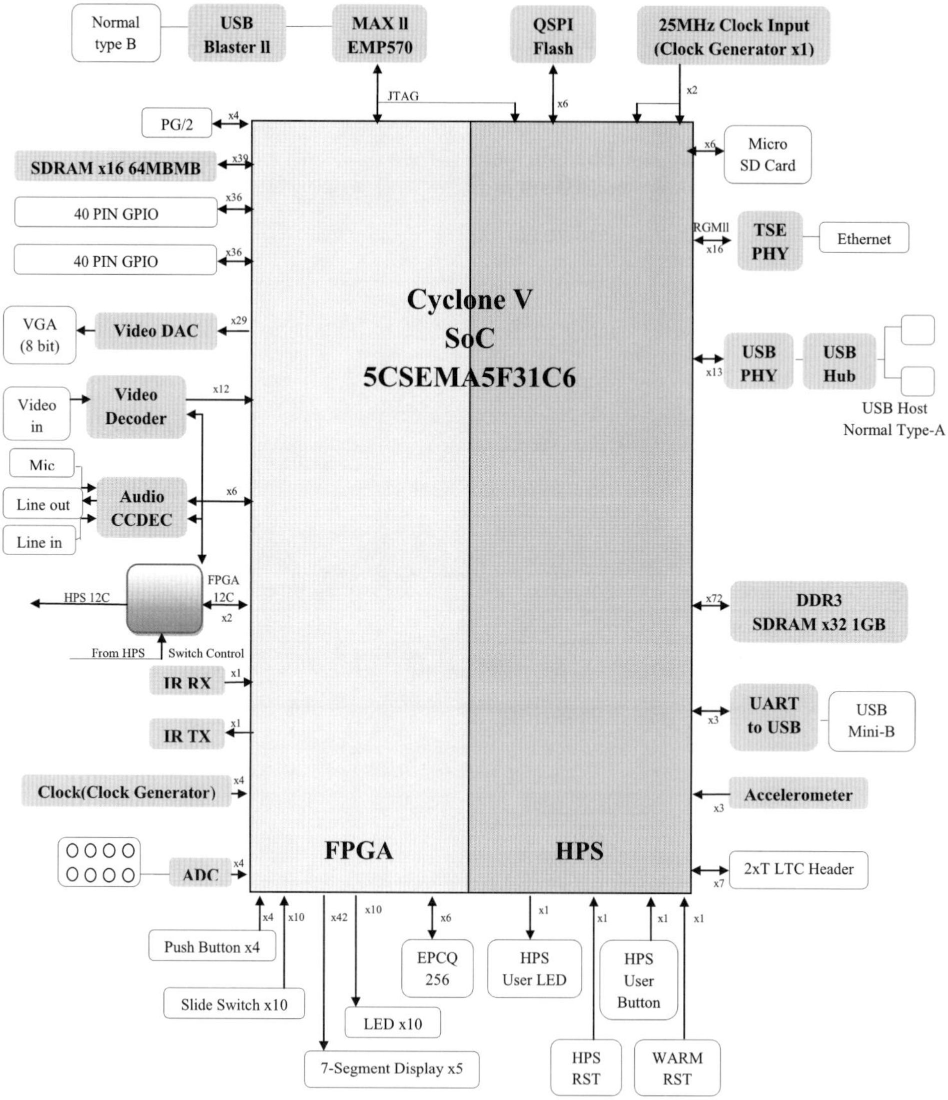

圖 3-1　DE1-SoC 周邊配置圖

DE1-SoC 板子上的 Altera SOC FPGA Cyclone V 整合 FPGA 與含有 ARM 的 HPS ，在 HPS 上搭載 Linux 作業系統，並可由 Linux 應用程式控制連接至 FPGA 端的元件。

DE1-SoC 板子周邊連結如圖 3-1 所示。本章節介紹 DE1-SoC 光碟中的範例 "HPS_LED_HEX" 專案，由在 DE1-SoC 的 Linux 作業系統執行應用程式，控制連接在 FPGA 的 10 個紅色 LED 與 6 個七段顯示器。

本範例呈現 HPS 的架構並且讓 HPS 與 FPGA 之間透過 AXI Bridges 界面溝通，Altera SoC 架構如圖 3-2 所示，透過 HPS to FPGA 界面，能由搭載在 ARM 上的 Linux 系統執行應用程式控制 FPGA 之周邊。

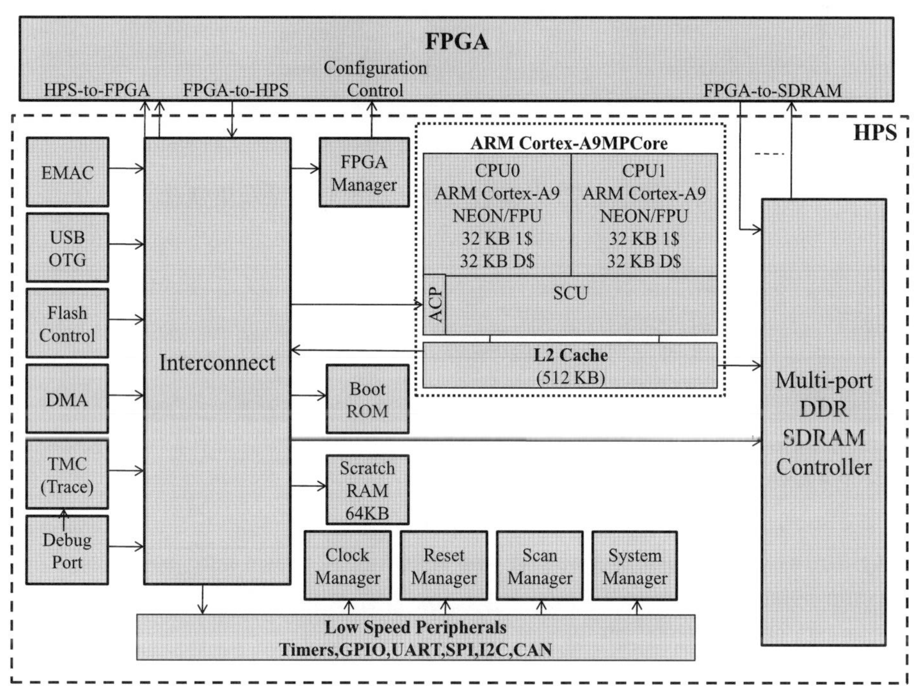

圖 3-2　Altera SoC 架構

本章範例之系統架構如圖 3-3 所示。透過 HPS 內其中一個 ARMCortex-A9 透過 Lightweight AXI（LWAXI）Bridge 傳送資料到 FPGA，再轉換到 Avalon-MM master 界面控制 FPGA 周邊的七段顯示器與 LED 燈。Lightweight HPS-to-FPGA

Bridge 是一項 HPS 周邊。在 Linx 上執行的軟體並不能直接對 HPS 周邊的物理位置存取。並需要先映對物理位址到使用者空間，才能存取周邊。圖 3-3 中的 FPGA/Qsys 的設定可以開啓 Quartus II 專案的「soc_system.qsys」檔觀看，如圖 3-4 所示。

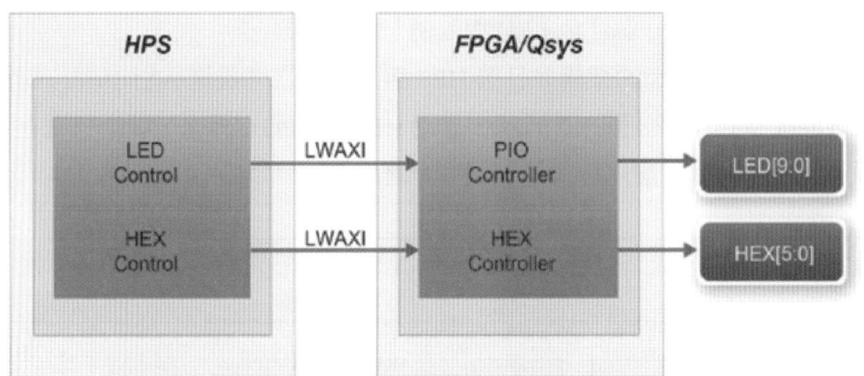

圖 3-3　控制 LED 燈與七段顯示器專案之系統架構圖

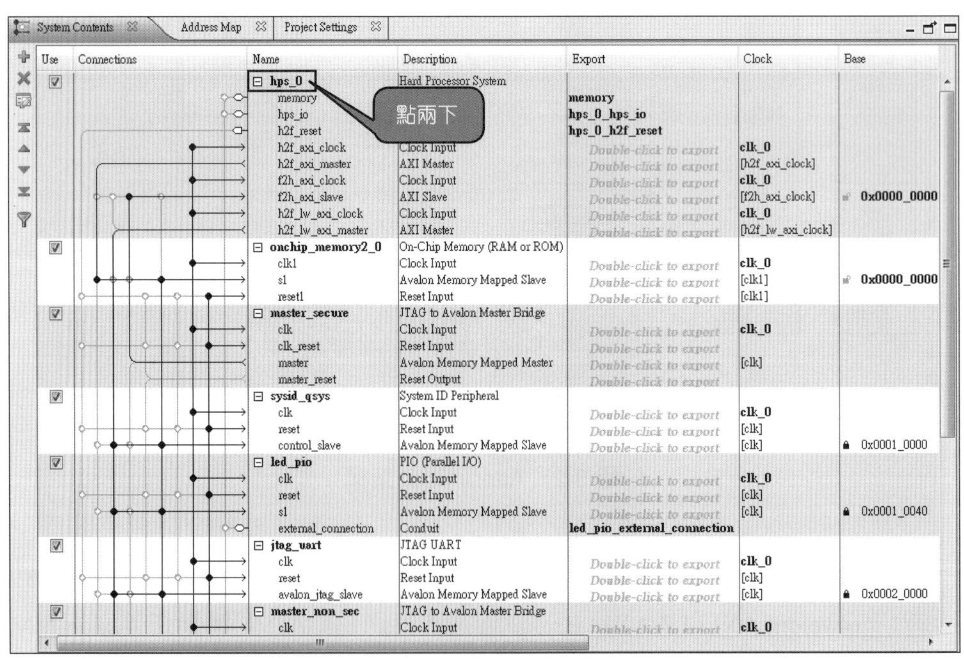

圖 3-4　開啓 Quartus II 專案的 "soc_system.qsys" 檔

本專案之 HPS 設定（組件名稱爲 hps_0），在 QSYS 中的 FPGA Interfaces 處的 AXI Bridges 下可以看到有「Lightweight HPS-to-FPGA interface width:」設定爲 32 位元，如圖 3-5 所示。

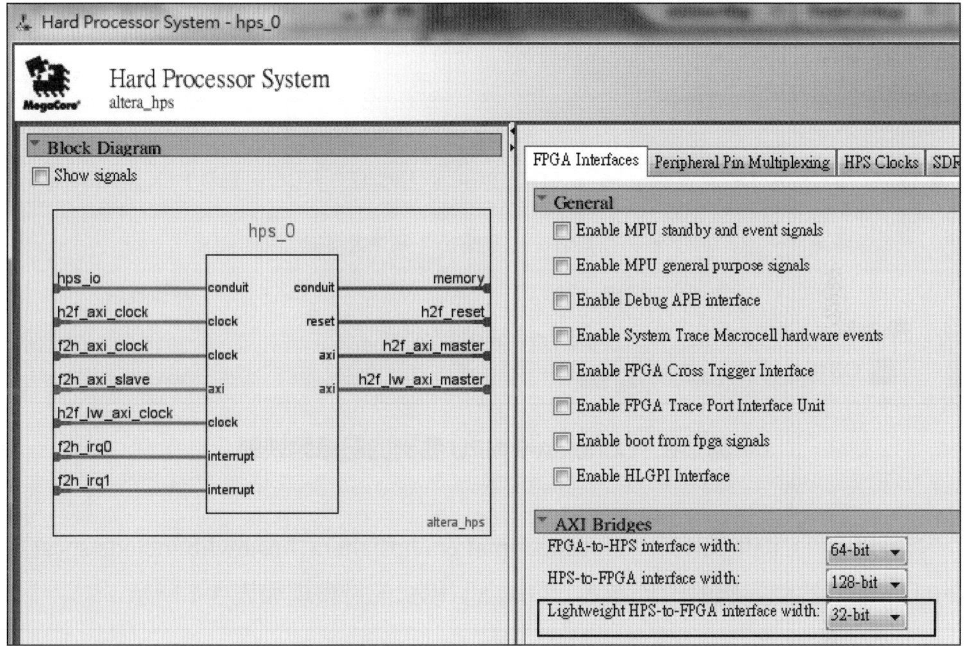

圖 3-5 「HPS_LED_HEX」專案之周邊專案 FPGA interface 設定

由 Cortex A-9 MPU 看到的記憶體映射，如圖 3-6 所示。FPGA slaves 連接到高頻寬的 HPS2FPGA bridge ，映射從 0xC000 _0000（3GB）開始，範圍有 960MB。Onchip RAM 是連接到這 bridge。HPS 周邊是映射從 0xFC00_0000 開始，範圍有 64MB 。sysid_qsys 、led_pio 與 SEG7_IF 等 FPGA 周邊是被連接到低頻寬的 LWHP2FPGA bridge。這 bridge 是被映射從 0xFF20_0000 開始，範圍是 2MB。

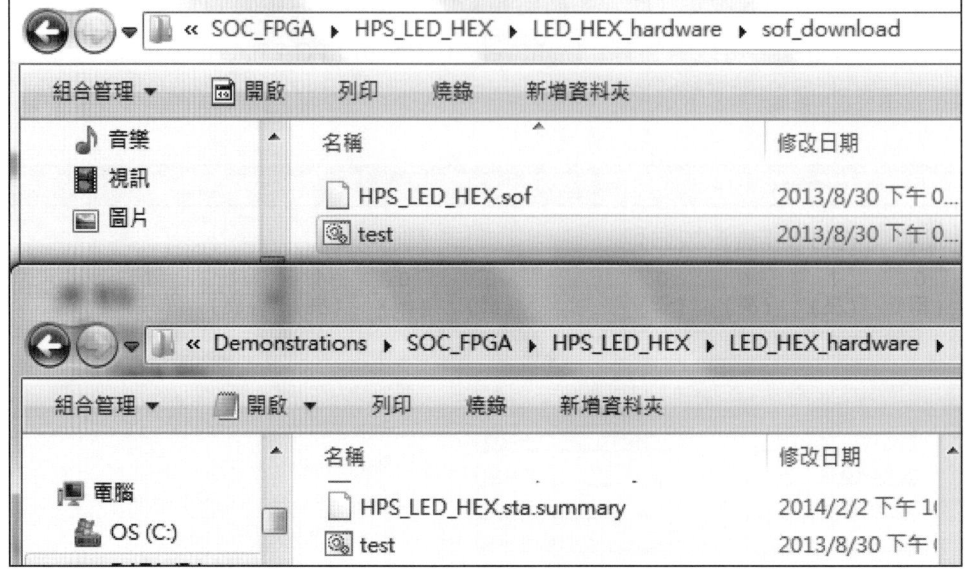

圖 3-6　Cortex A-9 MPU 看到的記憶體映射

可以在「C:\altera\13.1\embedded\ip\altera\hps\altera_hps\hwlib\include\socal」的「hps.h」找到對應的位址定義。「hps.h」程式部份整理如表 3-1 所示。

表 3-1　「hps.h」程式部份

```
#define ALT_STM_OFST        0xfc000000
#define ALT_DAP_OFST        0xff000000
#define ALT_LWFPGASLVS_OFST        0xff200000
```

在此專案中的 FPGA Slave 周邊相對於 LWHPS2FPGA bridge 基底位址的 offset 位址從圖 3-6 中可以看到（在 Qsys 中有設定），例如，LWHPS2FPGA bridge 是映射到 0xFF20_0000 而 led_pio 是從 LWHPS2FPGA bridge 基底 offset 0x0001_0040。而 SEG7_IF 是從 LWHPS2FPGA bridge 基底 offset 0x0001_0020，如圖 3-7 所示。

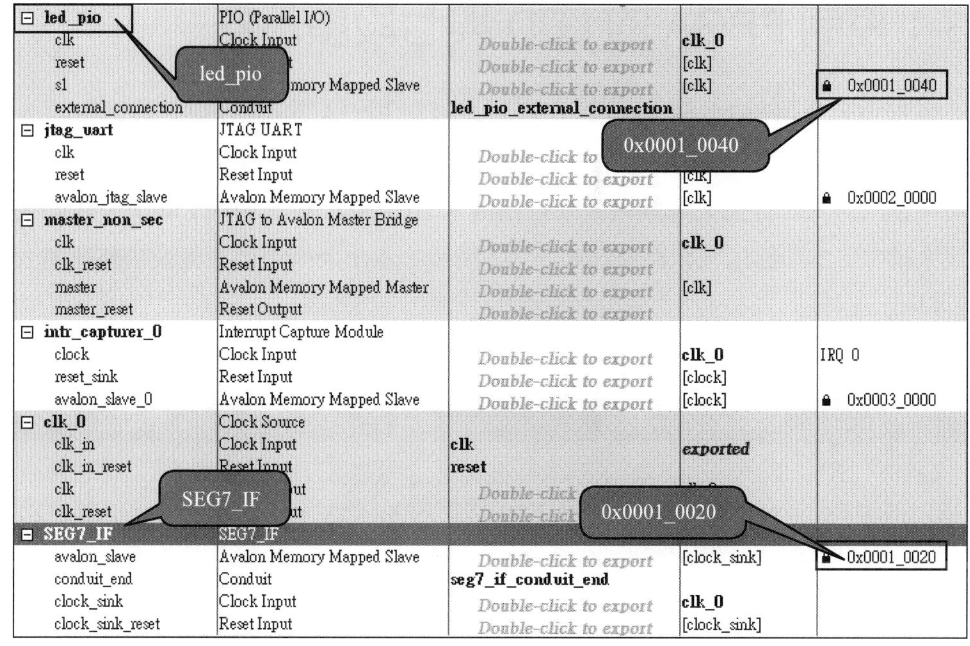

圖 3-7　Qsys 設定各 FPGA 周邊之 offset 位址

以下將在3-1小節介紹透過網路將可執行檔案傳送至板子中的Linux目錄中，並在 Linux 執行程式控制連接在 FPGA 的 LED 與七段顯示器。3-2 小節介紹修改 LED 與七段顯示器變化的時間間隔。本章會使用到的硬體設備如表 3-2 所示。

表 3-2　所需硬體

需要硬體	說明
個人電腦或筆電	用來燒錄 FPGA 與編譯程式。
DE1-SoC	開發板
MSEL 開關	SW10[4:0]=10010
Micro SD 卡	4G 以上
IP 分享器	連接網路
網路線	板子需使用網路線連接至 IP 分享器
Type A to B USB 線	連接電腦與 DE1-SoC 板之 USB-Blaster II 接口
Type A to Mini B USB 線	連接電腦與 DE1-SoC 板之 UART to USB 接口

3-1 控制 FPGA 的 LED 與七段顯示器

本小節介紹在 Linux 執行程式控制連接在 FPGA 的 LED 與七段顯示器，DE1-SoC 光碟片中已有範例，包括原始的 C 檔與執行檔。本小節介紹使用網路傳輸檔案方式，從個人電腦傳送執行檔傳至 DE1-SoC 板子中的 Linux 系統的檔案系統中。本小節所需軟體整理如表 3-3 所示。本小節所需檔案與說明整理如表 3-4 所示。

表 3-3　本小節所需軟體

程式	說明
Qaurtus II 13.1 以上	產生 sof 檔
\DE1-SoC\Demonstrations\SOC_FPGA\HPS_LED_HEX\quickfile\HPS_LED_HEX\sof_download\test.bat	快速執行燒錄
PuTTY.exe	遠端登入程式
PSCP.exe	網路傳輸檔案程式

本小節控制 FPGA 的 LED 與七段顯示器專案名稱與實驗設計使用的輸出入腳分別說明如表 3-4 與表 3-5 所示。

表 3-4　專案目錄中的檔案與說明

檔案	說明	所在目錄
HPS_LED_HEX.qpf	專案檔	D:/DE1_SoC/Demonstrations/SOC_FPGA/HPS_LED_HEX/LED_HEX_hardware/
HPS_LED_HEX.v	Verilog HDL 檔	D:/DE1_SoC/Demonstrations/SOC_FPGA/HPS_LED_HEX/LED_HEX_hardware/
soc_system.qsys	Qsys 檔	D:/DE1_SoC/Demonstrations/SOC_FPGA/HPS_LED_HEX/LED_HEX_hardware/
HPS_LED_HEX.sof	硬體燒錄檔	D:/DE1-SoC/Demonstrations/SOC_FPGA/HPS_LED_HEX/LED_HEX_hardware
test.bat	執行燒錄	D:/DE1-SoC/Demonstrations/SOC_FPGA/HPS_LED_HEX/LED_HEX_hardware/sof_download
HPS_LED_HEX	在 DE1-SoC 板中 linux 系統的可執行檔	D:/DE1-SoC/Demonstrations/SOC_FPGA/HPS_LED_HEX/quickfile/HPS_LED_HEX/

表 3-5　控制 FPGA 的 LED 與七段顯示器專案之主要輸出入埠

訊號名稱	型態	說明
CLOCK_50	輸入	50MHz 時脈輸入
LEDR[9..0]	輸出	接十個紅色 LED 燈
HEX5	輸出	接七段顯示器
HEX4	輸出	接七段顯示器
HEX3	輸出	接七段顯示器
HEX2	輸出	接七段顯示器
HEX1	輸出	接七段顯示器
HEX0	輸出	接七段顯示器

本小節設計流程如圖 3-8 所示，先取得 DE1-SoC 之 IP 位址，再從個人電腦透過 PSCP 傳輸方式，將執行檔「HPS_LED_HEX」傳送到 DE1-SoC 板子上的 Linux 檔案系統中。最後執行「HPS_LED_HEX」，控制板子上 10 個紅色 LED 燈與 6 個七段顯示器（HEX5~HEX0）。

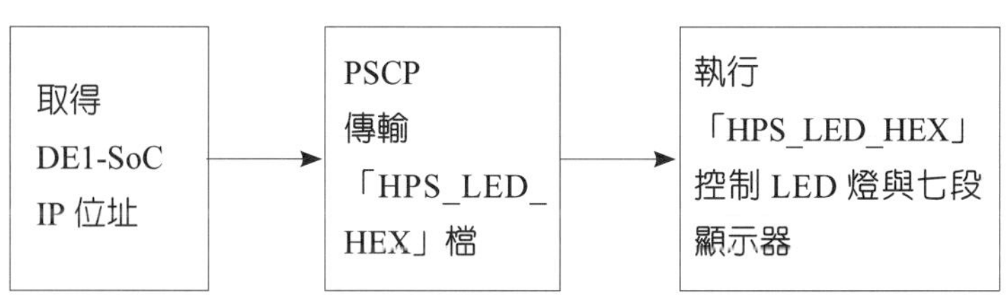

圖 3-8　控制 FPGA 的 LED 與七段顯示器專案設計流程

控制 FPGA 的 LED 與七段顯示器專案詳細步驟介紹如下：

1. 連接裝置：將電腦（Host）端連接 DE1-SoC 板子（Target）上的 USB Blaster II 透過 Type A to B USB 線連接，將 DE1-SoC 板子接上電源與網路線，注意您使用的電腦與板子需使用同一個 IP 分享器，如圖 3-9 所示。再將前一章已製作好的 SD 卡開機片放入 DE1-SoC 板子上的 Micro SD 卡插槽後，開啓 DE1-SoC 開發板電源。

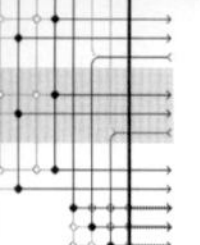

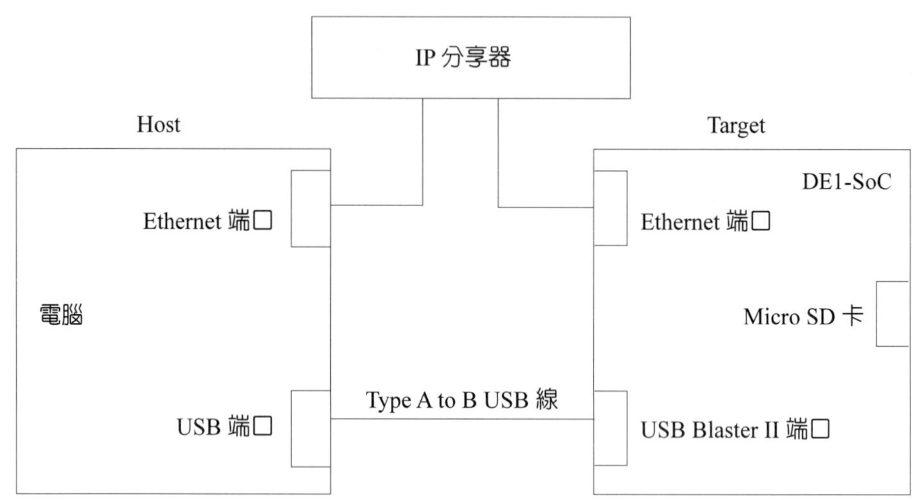

圖 3-9　連接裝置配置圖

2. 燒錄硬體：前一章有介紹燒錄「HPS_LED_HEX.sof」於 DE1-SoC 板子中 FPGA 的方法。讀者可以使用前一章介紹的方法，或是使用 DE1-SoC 光碟提供的「test.bat」檔，提供快速燒錄「HPS_LED_HEX.sof」的方法。以下介紹「test.bat」的使用方式：先從「DE1-SoC 光碟目錄 /Demonstrations/SOC_FPGA/HPS_LED_HEX/LED_HEX_hardware/sof_download」複製「test.bat」檔到「DE1-SoC 光碟目錄」/Demonstrations/SOC_FPGA/HPS_LED_HEX/LED_HEX_hardware/ 下，如圖 3-10 所示。可以連擊兩下「test.bat」執行 FPGA 燒錄，執行完成畫面如圖 3-11 所示。

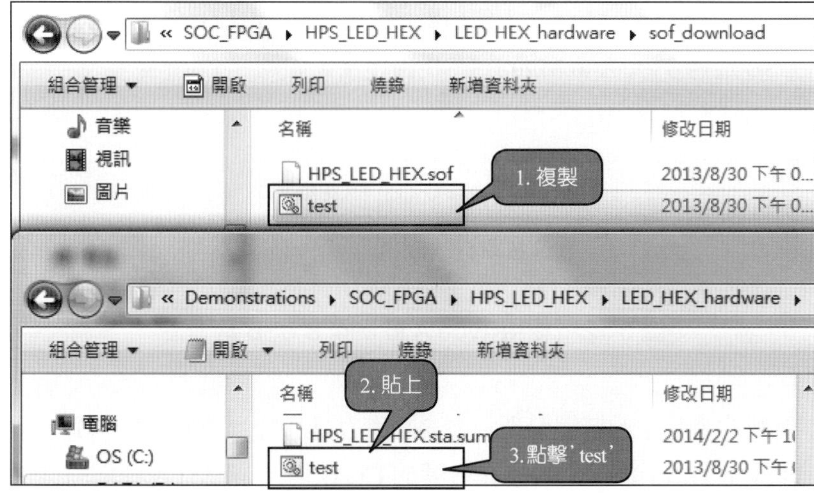

圖 3-10　DE1-Soc 光碟中的「HPS_LED_HEX.sof」檔

圖 3-11　執行 test.bat 檔畫面

3. 連接 Type A to Mini B USB 線：將電腦與 DE1-SoC 板子上的 UART to USB 透過 Type A to Mini B USB 線連接，如圖 3-12 所示。

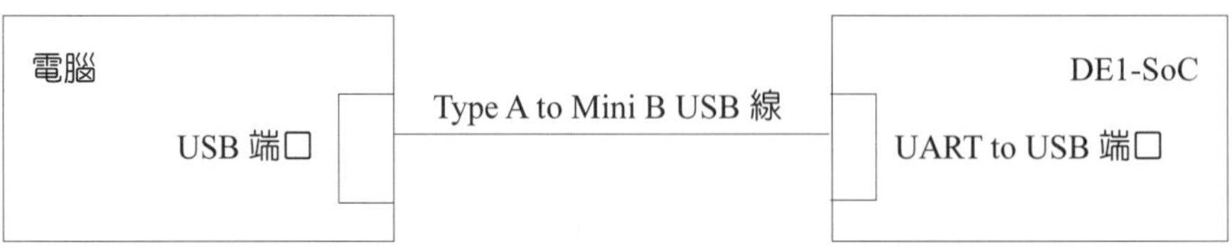

圖 3-12　使用 Type A to Mini B USB 線連接

至我的電腦中的裝置管理員看是否有在連接埠（COM 和 LPT）下看到有出現 USB to UART 橋接在幾號的 COM 埠。若沒有看到則需從 FT232R USB UART 驅動程式在 http://www.ftdichip.com/Drivers/VCP.htm 下載，再重新更新驅動程式，成功安裝之範例如圖 3-13 所示，是接在連接埠 COM7。

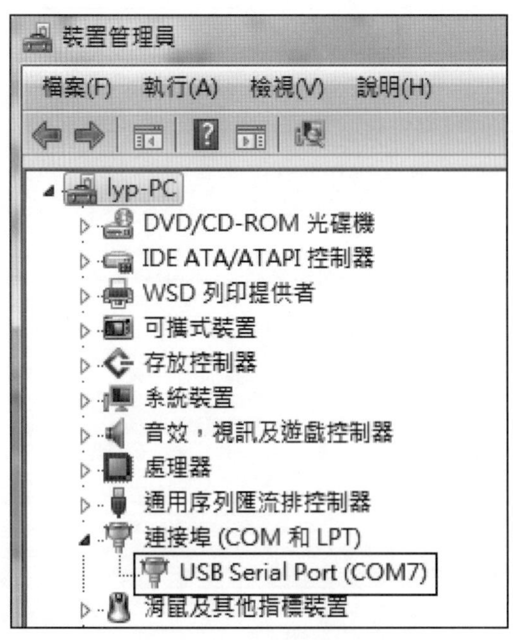

圖 3-13　USB to UART 橋接在 COM7

4. 執行 putty.exe：至網路下載 PuTTY 軟體，下載完後點擊兩下 putty.exe。開啓 putty 之視窗，設定如圖 3-14 所示。

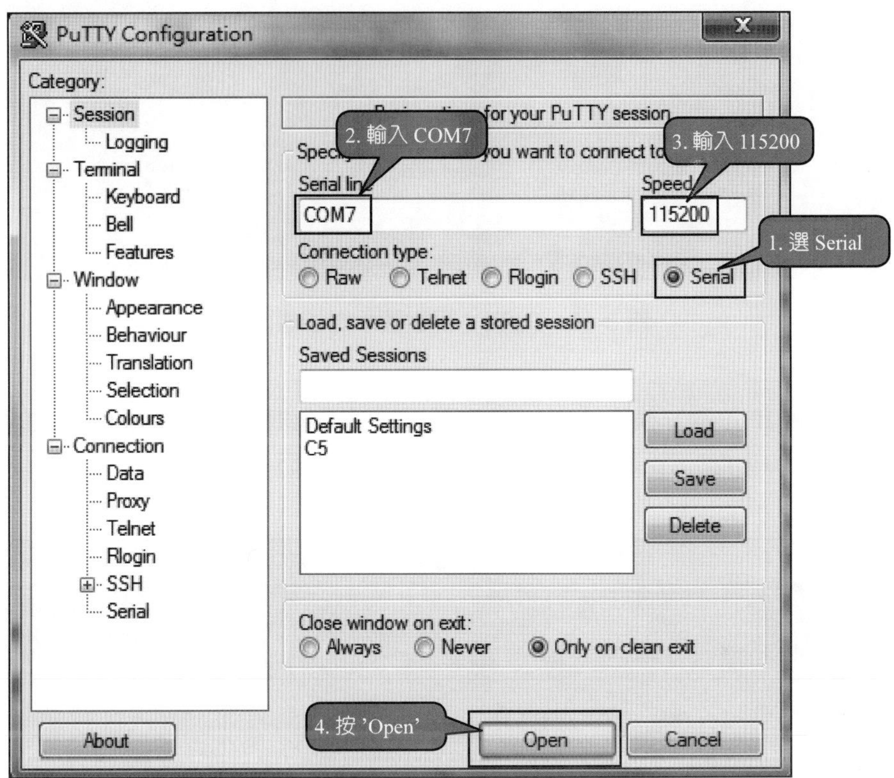

圖 3-14　PuTTY 設定

5. 按 Warm Reset 鍵：確認 micro SD 卡已插在板子上的插槽中。按 Warm Reset 鍵，會看到有 Linux 重開機的畫面出現，依序讀取 boot ROM firmware、preloader、U-boot boot loader 與 Linux kernel。
6. 輸入帳號爲「root」。更改帳戶密碼則輸入「passwd」，再輸入新密碼「1234」，再重新確認新密碼，輸入「1234」，如圖 3-15 所示。

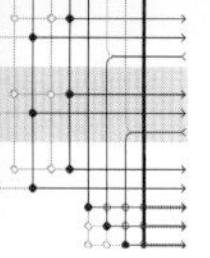

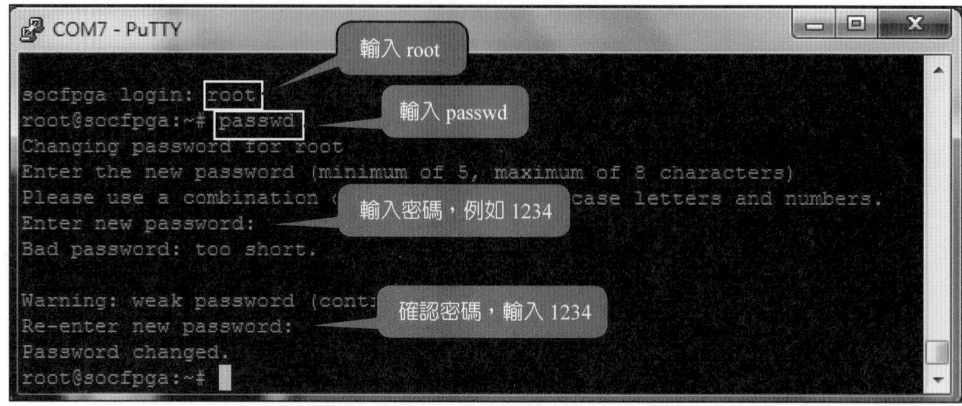

圖 3-15　PuTTY 視窗顯示開機畫面

7. 檢視 IP 位址：輸入「ifconfig」可以知道目前取得 DE1-SoC 開發板的 IP 位址，如圖 3-16 所示。圖中顯示 IP 位址為 192.168.1.55。

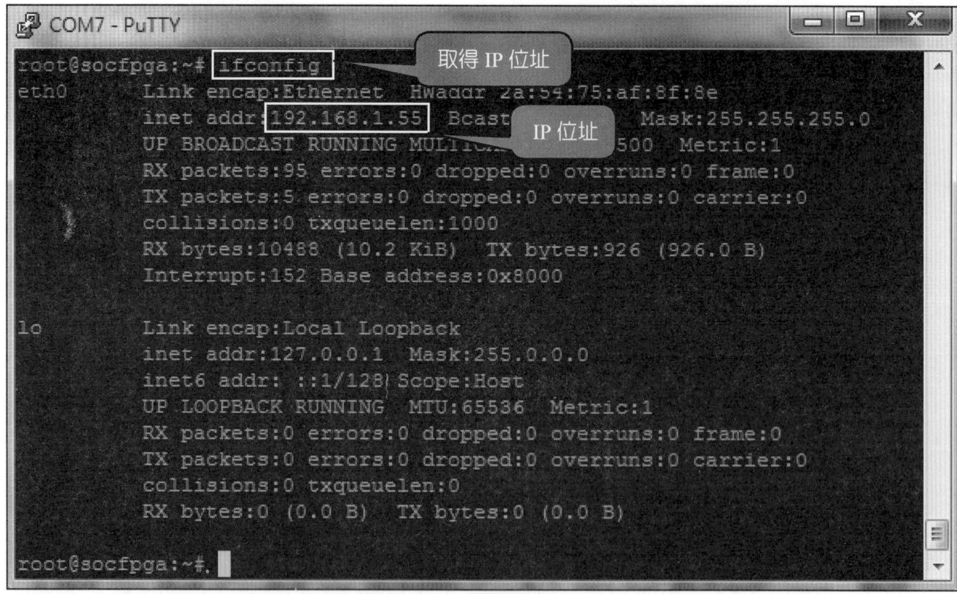

圖 3-16　檢視 IP 位址

8. 使用 SSH 連線：可以使用 SSH 透過網路可以登入 DE1-SoC 板子中的 Linux ，執行 putty.exe ，若是 DE1-SoC 板子取得的 IP 是 192.168.1.55，則 putty 設定如圖 3-17 所示。若沒有偵測到金鑰會出現安全提示視窗，按「Y」，如圖 3-18 所示。

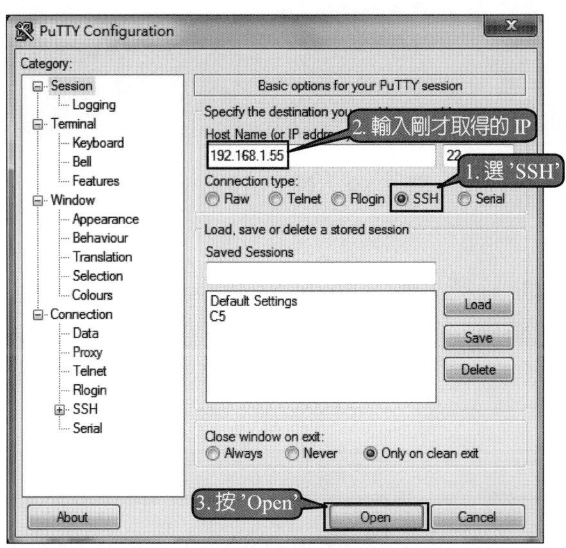

圖 3-17　使用 SSH 連線

圖 3-18　安全提示

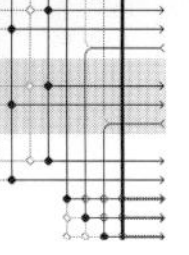

SSH 連線成功後，在 PuTTY 視窗接著輸入 root 的密碼，例如，1234，如圖 3-19 所示。

圖 3-19　輸入 root 的密碼

9. 建立 example 目錄：輸入 mkdir example ，創造 example 資料夾，並輸入 ls -l 觀看目錄屬性，從圖 3-20 中可以看到該目錄屬性為使用者 root 可讀可寫可執行。

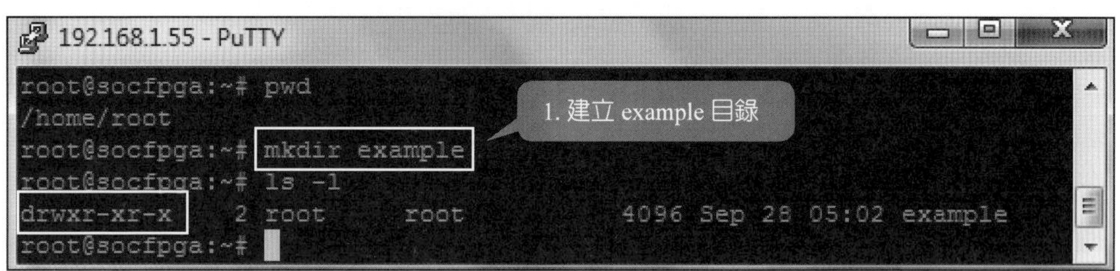

圖 3-20　建立與觀看 example 資料夾屬性

10. 利用 PSCP 將檔案傳送至 linux: 從 PuTTY 官方下載 putty.exe 以及 pscp.exe 檔案全都放置於同一個資料夾下。例如，於 d:\ 下建立一個 putty 資料夾，並把相關檔案放置於其下，如圖 3-21 所示。（因此 putty 資料夾所在的路徑為：d:\putty）。

圖 3-21　putty 資料夾

11. 設定 Windows 的環境變數：將 putty 資料夾所在的路徑加入到系統變數的 Path 中。方法為開啓「開始」，在「電腦」旁按右鍵，然後點選「內容」，接著會跳出「系統」的視窗，在左方的頁籤中選擇「進階系統設定」，然後點選下方的「環境變數」，如圖 3-22 所示。

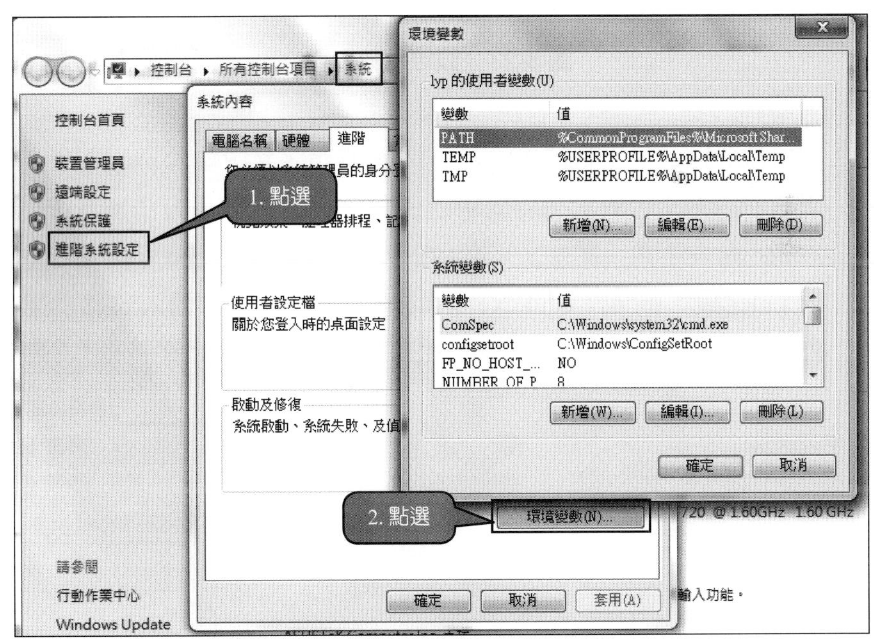

圖 3-22　進階系統設定

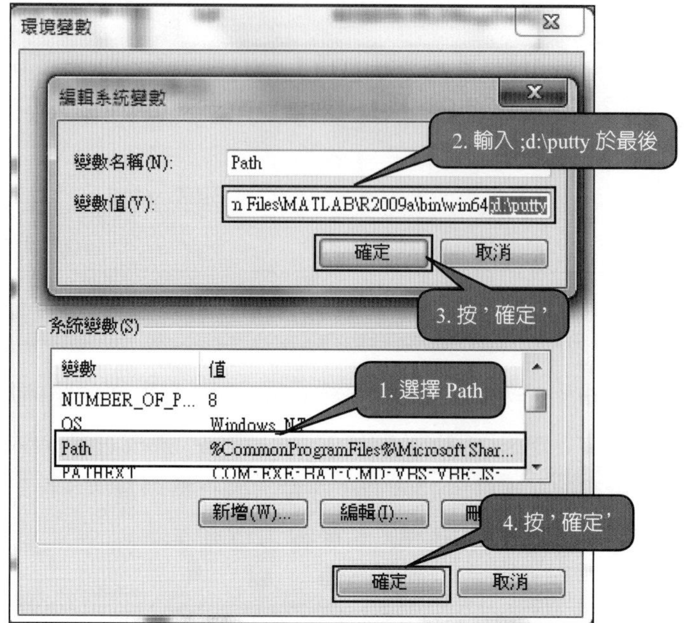

圖 3-23　設定系統變數

12. 開啓命令提示字元測試 PSCP：於命令提示字元中輸入 pscp 以測試環境變數的設定是否成功，若成功則會顯示 pscp 的使用方法。方法爲點選 Windows 左下角「開始」，於「搜尋程式及檔案」空格處輸入 cmd ，再按 Enter 鍵，會開啓 cmd.exe。再於命令提示字元中輸入 pscp ，若設定 PSCP 成功會顯示出 pscp 相關使用方式，如圖 3-24 所示。

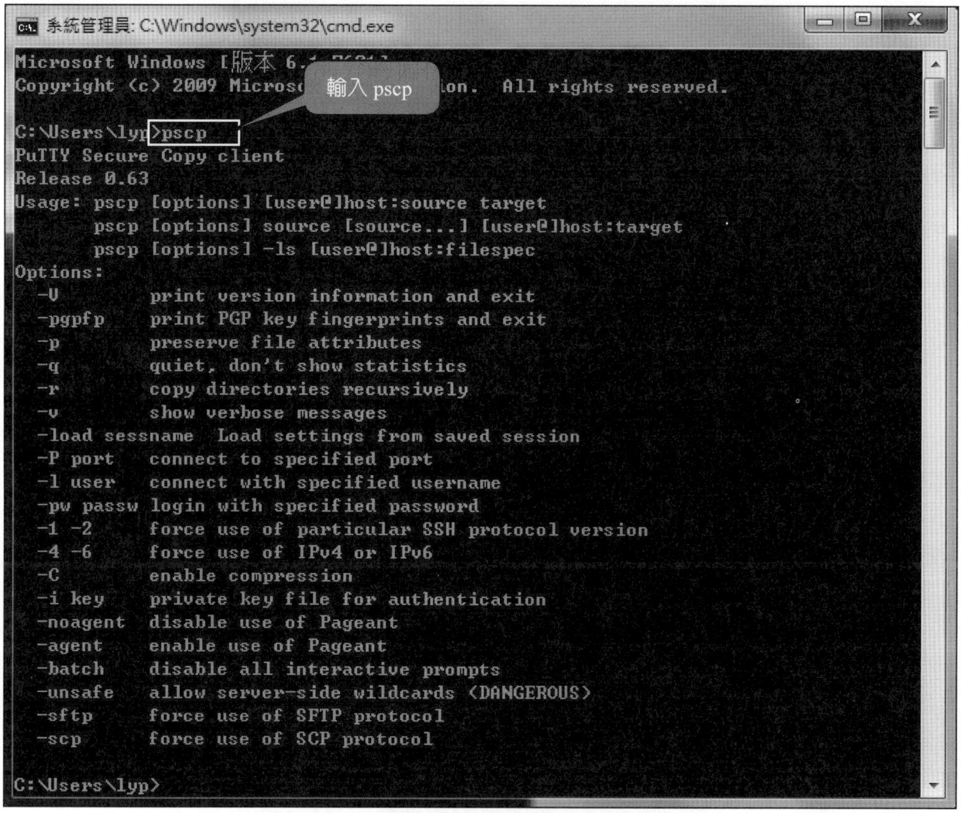

```
系統管理員: C:\Windows\system32\cmd.exe
Microsoft Windows [版本 6.
Copyright (c) 2009 Micros                ion.  All rights reserved.

C:\Users\lyp>pscp
PuTTY Secure Copy client
Release 0.63
Usage: pscp [options] [user@]host:source target
       pscp [options] source [source...] [user@]host:target
       pscp [options] -ls [user@]host:filespec
Options:
  -V        print version information and exit
  -pgpfp    print PGP key fingerprints and exit
  -p        preserve file attributes
  -q        quiet, don't show statistics
  -r        copy directories recursively
  -v        show verbose messages
  -load sessname  Load settings from saved session
  -P port   connect to specified port
  -l user   connect with specified username
  -pw passw login with specified password
  -1 -2     force use of particular SSH protocol version
  -4 -6     force use of IPv4 or IPv6
  -C        enable compression
  -i key    private key file for authentication
  -noagent  disable use of Pageant
  -agent    enable use of Pageant
  -batch    disable all interactive prompts
  -unsafe   allow server-side wildcards (DANGEROUS)
  -sftp     force use of SFTP protocol
  -scp      force use of SCP protocol

C:\Users\lyp>
```

輸入 pscp

圖 3-24　開啓命令提示字元測試 PSCP

13 使用 PSCP 傳檔案：輸入「pscp d:\ DE1-SoC\Demonstrations\SOC_FPGA\HPS_LED_HEX\quickfile\HPS_LED_HEX root@192.168.1.55:/home/root/example」於命令列提示字元中，代表將於 Windows 之 d 槽下的一「DE1-SoC\Demonstrations\SOC_FPGA\HPS_LED_HEX\quickfile\HPS_LED_HEX」檔案，傳送至 IP 爲 192.168.1.55 的 Linux 中的 /home/root/example 資料夾下。過程中需要輸入密碼 1234。執行完成畫面如圖 3-25 所示。

圖 3-25　使用 PSCP 傳檔案

14. 更改檔案屬性爲可執行：在 PuTTY 視窗的 SSH 遠端登錄的畫面中，檢視 /home/root/example 資料夾下的 HPS_LED_HEX 檔，用 ls –l 觀看檔案屬性爲不可執行，利用 chmod 755 HPS_LED_HEX ，更改 HPS_LED_HEX 檔屬性，執行結果如圖 3-26 所示。

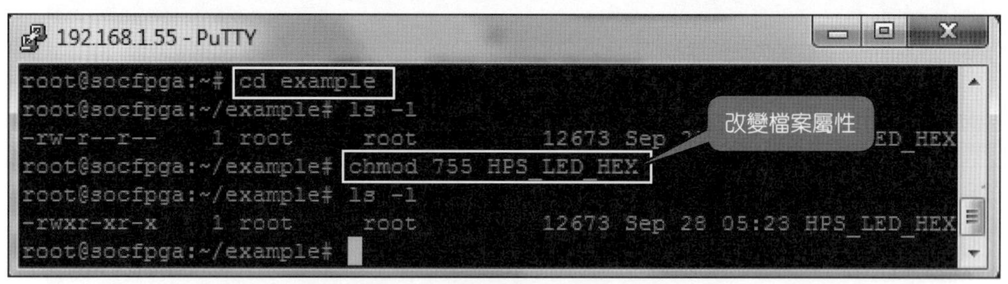

圖 3-26　更改檔案屬性為可執行

15. 執行 HPS_LED_HEX: 繼續輸入執行程式的指令 ./HPS_LED_HEX ，如圖 3-27 所示，執行結果會在終端機上出現文字，且板子上的 10 顆紅色 LED 燈會呈現流水燈變化，6 個七段顯示器會從 0 變化到 F 不斷循環。實驗結果整理於表 3-6 所示。

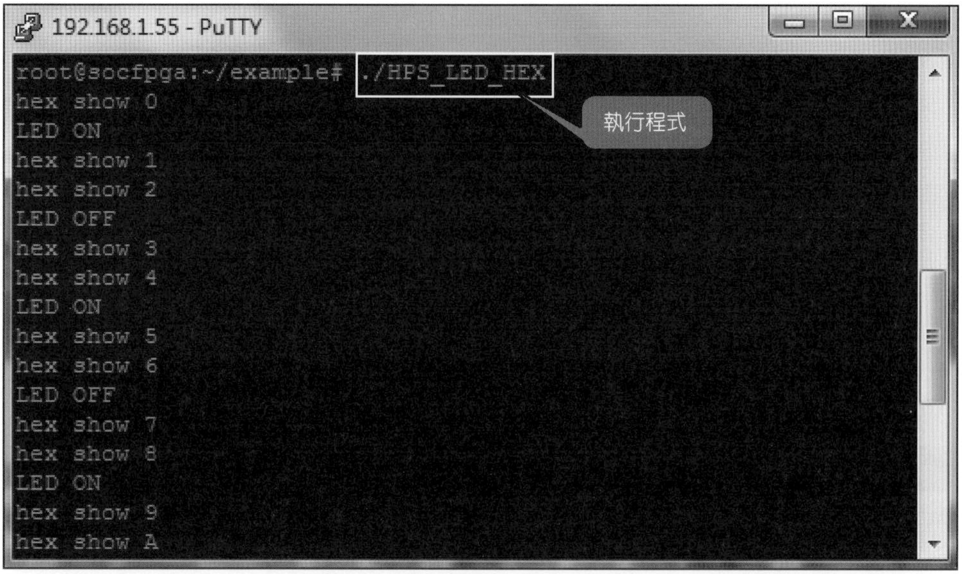

192.168.1.55 - PuTTY

```
root@socfpga:~/example# ./HPS_LED_HEX
hex show 0
LED ON
hex show 1
hex show 2
LED OFF
hex show 3
hex show 4
LED ON
hex show 5
hex show 6
LED OFF
hex show 7
hex show 8
LED ON
hex show 9
hex show A
```

執行程式

圖 3-27　執行 HPS_LED_HEX

表 3-6　實驗結果整理

周邊	實驗結果
LEDR[9..0]	LED 燈從 LEDR0 先亮起，間隔 0.1 秒再亮起 LEDR1，再依序亮起 LEDR2 到 LEDR9。 LED 燈從 LEDR9 先滅，間隔 0.1 秒再滅 LEDR8，再依序 LEDR7 到 LEDR0 滅。
HEX5-HEX0	從 0 變化到 F 不斷循環，數字變化間隔時間為 0.5 秒
終端畫面	輸出字元

3-2 變化 LED 與七段顯示器顯示間隔時間

前一小節我們執行了 DE1-SoC 提供的範例執行檔，看到在 DE1-SoC 板子上控制了 LED 的閃滅與七段顯示器數字顯示。本小節設計流程如圖 3-28 所示，先修改程式碼變化數字變化之間隔時間，並重新編譯產生 HPS_LED_HEX 執行檔，再透過網路從電腦端傳入 DE1-SoC 板子中檔案系統，並執行 HPS_LED_HEX 觀看板子上的實驗結果，預期實驗結果如表 3-7 所示。

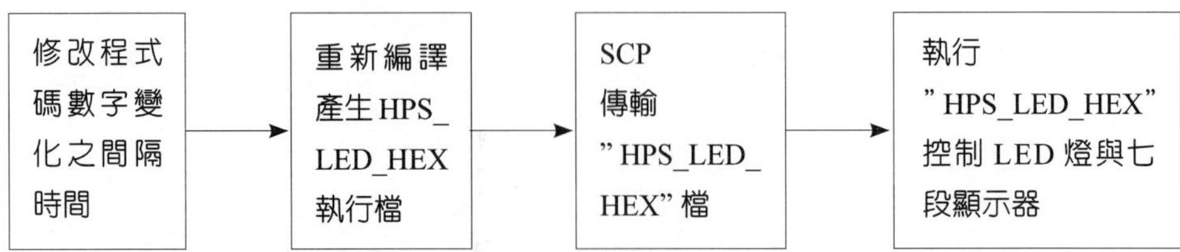

圖 3-28　變化 LED 與七段顯示器顯示間隔時間設計流程

表 3-7　預期實驗結果

周邊	預期實驗結果
紅色 LED 燈 LEDR[9..0]	LED 燈從 LEDR0 先亮起，間隔 0.5 秒再亮起 LEDR1，再依序亮起 LEDR2 到 LEDR9。 LED 燈從 LEDR9 先滅，間隔 0.5 秒再滅 LEDR8，再依序 LEDR7 到 LEDR0 滅。
七段顯示器 HEX5-HEX0	從 0 變化到 F 不斷循環，數字變化間隔時間為 0.1 秒
終端畫面	輸出字元
電腦鍵盤	按 Ctrl+C 跳出

本範例變化 LED 與七段顯示器顯示間隔時間實驗所需軟體如表 3-8 所示。

表 3-8　變化 LED 與七段顯示器顯示間隔時間實驗所需軟體

軟體	說明
SoC EDS 13.1 以上	編譯程式產生應用程式
Quartus II 13.1 以上	燒錄 sof 檔
DE1-SoC\Demonstrations\SOC_FPGA\HPS_LED_HEX\HPS_LED_HEX/LED_HEX_hardware\test.bat	執行燒錄
DE1-SoC\Demonstrations\SOC_FPGA\HPS_LED_HEX\HPS_LED_HEX/LED_HEX_hardware\HPS_LED_HEX.sof	sof 檔
PuTTY	與 UART 界面將電腦與板子連線或是可使用 SSH 透過網路遠端連線

本範例變化 LED 與七段顯示器顯示間隔時間專案所需檔案如表 3-9 所示。

表 3-9　變化 LED 與七段顯示器顯示間隔時間專案所需檔案

檔案	說明	所在目錄
main.c	應用程式原始檔主程式	D:/DE1_SoC/Demonstrations/SOC_FPGA/HPS_LED_HEX/LED_HEX_software/HPS_LED_HEX
seg7.c	應用程式原始檔七段顯示器控制函數程式庫	D:/DE1_SoC/Demonstrations/SOC_FPGA/HPS_LED_HEX/LED_HEX_software/HPS_LED_HEX
seg7.h	應用程式原始檔七段顯示器控制函數程式庫	D:/DE1_SoC/Demonstrations/SOC_FPGA/HPS_LED_HEX/LED_HEX_software/HPS_LED_HEX
seg7.c	應用程式原始檔七段顯示器控制函數程式庫	D:/DE1_SoC/Demonstrations/SOC_FPGA/HPS_LED_HEX/LED_HEX_software/HPS_LED_HEX
led.c	應用程式原始檔 LED 控制函數程式庫	D:/DE1_SoC/Demonstrations/SOC_FPGA/HPS_LED_HEX/LED_HEX_software/HPS_LED_HEX
led.h	應用程式原始檔 LED 控制函數程式庫	D:/DE1_SoC/Demonstrations/SOC_FPGA/HPS_LED_HEX/LED_HEX_software/HPS_LED_HEX
hps_0.h	Qsys 中各組件的位址等資訊	D:/DE1_SoC/Demonstrations/SOC_FPGA/HPS_LED_HEX/LED_HEX_software/HPS_LED_HEX
Makefile	Makefile	D:/DE1_SoC/Demonstrations/SOC_FPGA/HPS_LED_HEX/LED_HEX_software/HPS_LED_HEX
HPS_LED_HEX	可執行檔	D:/DE1_SoC/Demonstrations/SOC_FPGA/HPS_LED_HEX/LED_HEX_software/HPS_LED_HEX

變化 LED 與七段顯示器顯示間隔時間專案程式重點說明如表 3-10 所示。

表 3-10　變化 LED 與七段顯示器顯示間隔時間專案程式重點說明

函數	說明	範例
open	可以打開或創建一個文件。 返回值：成功返回新分配的文件描述符，出錯返回 -1。	open("/dev/mem", (O_RDWR | O_SYNC)); 可讀可寫打開，確認檔案寫入完成

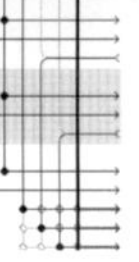

函數	說明	範例
mmap	Linux 提供了記憶體映射函數 mmap，把文件內容映射到一段記憶體上，如此可以產生一個在檔案資料及記憶體資料一對一的對映，，加速檔案存取速度。 mmap(void *start, size_t length, int prot , int flags, int fd, off_t offset); 參數 start：指向欲映射的核心起始位址，通常設為 NULL，代表讓系統自動選定位址，核心會自己在進程位址空間中選擇合適的位址建立映射。 參數 length：代表映射的大小。將文件的多大長度映射到記憶體。length 為長度，offset 指定檔案要在那裡開始對映，通常都是用 0。 參數 prot：映射區域的保護方式。 參數 flags：影響映射區域的各種特性。在調用 mmap() 時必須要指定 MAP_SHARED 或 MAP_PRIVATE。 參數 fd：由 open 返回的文件描述符，代表要映射到核心中的文件。 參數 offset：從文件映射開始處的偏移量，通常為 0，代表從文件最前方開始映射。	mmap(NULL, HW_REGS_SPAN, (PROT_READ | PROT_WRITE), MAP_SHARED, fd, HW_REGS_BASE); 映射大小為 HW_REGS_SPAN。 映射區域可被讀取或可被寫入 (PROT_READ | PROT_WRITE)。 允許其他映射該文件的行程共享 (MAP_SHARED)，對映射區域的寫入數據會複製回文件。 從文件開始處的偏移量 HW_REGS_BASE 開始映射。
pthread_create	pthread_create 函數建立一個 thread。 Thread 通常被稱做輕量級的行程（Lightweight process：LWP），thread 實質上就是一個程式計數器、一個堆疊再加上一組暫存器。得到多重處理的效能。 pthread_create(thread 變數 , thread 特性 , 一個描述 thread 行為的函數 , 這個函數所需的參數)。	pthread_t id; pthread_create(&id,NULL,(void *)led_blink,NULL); thread 變數為 id, thread 行為的函數為 led_blink

函數	說明	範例

led_blink	LED 燈控制函數，寫入變化的數值至 LED 暫存器映射空間。
	在使用者空間使用 h2p_lw_led_addr 位址對應 LED_PIO_BASE 位址。
	alt_write_word(h2p_lw_led_addr,0x3FF);//0:ligh,1:unlight
		void led_blink(void)
		{
		int i=0;
		while(1){
		printf(“LED ON \r\n”);
		for(i=0;i<=10;i++){
		LEDR_LightCount(i);
		usleep(100*1000);
		}
		printf(“LED OFF \r\n”);
		for(i=0;i<=10;i++){
		LEDR_OffCount(i);
		usleep(100*1000);
		}
		}
		}

pthread_joint	阻塞當前的 thread ，等待另一個 thread 結束。	pthread_join(id,NULL); 等待 id 執行結束才會結束。

SEG7_All_Number	6 個七段顯示器控制函數，寫入變化的數值至映射空間。
	在使用者空間使用 h2p_lw_hex_addr 位址對應 SEG7_IF_BASE 位址。
	
	alt_write_word(h2p_lw_hex_addr+index,seg_mask)
		void SEG7_All_Number(void){
		int i,j;
		for(j=0;j<16;j++)
		{
		printf(“hex show %X\r\n”,j);
		for(i=0;i<SEG7_NUM;i++){
		SEG7_SET(i, szMap[j]);
		}
		usleep(500*1000);
		}
		}

munmap	int munmap(void *start, size_t length); 取消參數 start 所指的映射記憶體起始位址，參數 length 是欲取消的記憶體大小。	munmap(virtual_base,HW_REGS_SPAN); 取消 virtual_base 所指的映射記憶體起始位址，儲存大小為 HW_REGS_SPAN。
close	成功回傳 0，出錯回傳 -1 並設置 errno。	close(fd); 用 close 關閉文件 fd。

本小節修改前一小節之範例程式，本專案主程式流程如表 3-11 所示。

表 3-11　變化 LED 與七段顯示器顯示間隔時間專案主程式流程

流程	說明
1	用 open 創建一個文件回傳值至 fd
2	用 mmap 把文件內容映射至一段記憶體上，回傳映射開始的地址指標。
3	計算 LED_PIO_BASE 對應在使用者空間之位址 h2p_lw_led_addr。
4	計算 SEG7_IF_BASE 對應在使用者空間之位址 h2p_lw_hex_addr。
5	建立另一行程呼叫 led_blink 函數
6	在原行程無限次呼叫 SEG7_All_Number
7	用 munmap 關閉記憶體映射
8	用 close 關閉文件 fd

修改「SEG7_All_Number」函數的程式內容（seg7.c 中）如表 3-12 所示。

表 3-12　修改 SEG7_All_Number 函數的程式內容

程式	說明
void SEG7_All_Number(void){	SEG7_All_Number 函數
int i,j;	宣告 i, j 為整數型別。
for(j=0;j<16;j++)	j 從 0 遞增到 10。
{	
printf("hex show %X\r\n",j);	印出 hex show 與 j 的 16 進制值。
for(i=0;i<SEG7_NUM;i++){	i 從 0 遞增到 10。
SEG7_SET(i, szMap[j]);	呼叫 SEG7_SET(i, szMap[j])
}	
// usleep(500*1000);// 原來的程式 0.5sec	// 原來的程式暫停時間為 0.1sec
usleep(100*1000);// 修正的程式 0.1sec	暫停時間為 0.5sec
}	

本小節修改 led_blink 函數內容（在 main.c 中）整理如表 3-13 所示。

表 3-13　修改 led_blink 函數內容與說明

程式	說明
void led_blink(void)	led_blink 函數
{	
int i=0;	
while(1){	重複執行
printf("LED ON \r\n");	印出 LED ON 的字
for(i=0;i<=10;i++){	i 從 0 遞增到 10。
LEDR_LightCount(i);	呼叫 LEDR_LightCount(i)
// usleep(100*1000);	// 原來的程式暫停時間為 0.1sec
usleep(500*1000); // 修正的程式 0.5sec	暫停時間為 0.5sec
}	
printf("LED OFF \r\n");	印出 LED ON 的字
for(i=0;i<=10;i++){	i 從 0 遞增到 10。
LEDR_OffCount(i);	呼叫 LEDR_OffCount (i)
// usleep(100*1000);	// 原來的程式暫停時間為 0.1sec
usleep(500*1000); // 原來的程式 0.5sec	暫停時間為 0.5sec
}	
}	
}	

修改之主程式「main.c」內容如表 3-14 所示。

表 3-14　修改之主程式「main.c」內容

```
// 程式庫宣告

#include <stdio.h>
#include <stdlib.h>
#include <unistd.h>
#include <fcntl.h>
#include <time.h>
#include <sys/mman.h>
#include "hwlib.h"
#include "socal/socal.h"
```

```
#include "socal/hps.h"
#include "socal/alt_gpio.h"
#include "hps_0.h"
#include "led.h"
#include "seg7.h"
#include <stdbool.h>
#include <pthread.h>

// 參數定義 #define HW_REGS_BASE ( ALT_STM_OFST )      ← 0xfc000000
#define HW_REGS_SPAN ( 0x04000000 )
#define HW_REGS_MASK ( HW_REGS_SPAN - 1 )

// 基底位址變數宣告
volatile unsigned long *h2p_lw_led_addr=NULL;
volatile unsigned long *h2p_lw_hex_addr=NULL;

// led_blink 函數
void led_blink(void)
{
        int i=0;
        while(1){
        printf("LED ON \r\n");
        for(i=0;i<=10;i++){
                        LEDR_LightCount(i);
                        usleep(500*1000);      ← 0.5sec
                }
        printf("LED OFF \r\n");
        for(i=0;i<=10;i++){
                        LEDR_OffCount(i);
                        usleep(500*1000);      ← 0.5sec
                }
        }
}
// 主程式
int main(int argc, char **argv)
{
        pthread_t id;
        int ret;
        void *virtual_base;
```

```
        int fd;
// 創建一個文件回傳值至 fd
        if( ( fd = open( "/dev/mem", ( O_RDWR | O_SYNC ) ) ) == -1 ) {
                printf( "ERROR: could not open \"/dev/mem\"...\n" );
                return( 1 );
        }
// 把文件內容映射至一段記憶體上，回傳映射開始的地址指標。
        virtual_base = mmap( NULL, HW_REGS_SPAN, ( PROT_READ | PROT_WRITE ),
MAP_SHARED, fd, HW_REGS_BASE );
        if( virtual_base == MAP_FAILED ) {
                printf( "ERROR: mmap() failed...\n" );
                close( fd );
                return(1);
        }
// 計算 LED_PIO_BASE 對應在使用者空間之位址 h2p_lw_led_addr。
        h2p_lw_led_addr=virtual_base + ( ( unsigned long  )( ALT_LWFPGASLVS_OFST +
LED_PIO_BASE ) & ( unsigned long)( HW_REGS_MASK ) );
// 計算 SEG7_IF_BASE 對應在使用者空間之位址 h2p_lw_hex_addr。
        h2p_lw_hex_addr=virtual_base + ( ( unsigned long  )( ALT_LWFPGASLVS_OFST +
SEG7_IF_BASE ) & ( unsigned long)( HW_REGS_MASK ) );

// 創立一個行程執行 led_blink 函數控制 LED 燈。
        ret=pthread_create(&id,NULL,(void *)led_blink, NULL);
        if(ret!=0){
                printf("Creat pthread error!\n");
                exit(1);
        }
        while(1)
        {
// 呼叫 SEG7_All_Number 函數
                SEG7_All_Number();
        }
// 等待 id 的 thread 結束後才會 return
        pthread_join(id,NULL);
// 取消 virtual_base 所指的映射記憶體起始位址，儲存大小為 HW_REGS_SPAN
        if( munmap( virtual_base, HW_REGS_SPAN ) != 0 ) {
                printf( "ERROR: munmap() failed...\n" );
                close( fd );
                return( 1 );
```

```
        }
// 用 close 關閉文件 fd
        close( fd );
        return 0;
}
```

變化 LED 與七段顯示器顯示間隔時間專案詳細步驟如下：

1. 修改 LED 變化間隔時間：用文字編輯器開啟「DE1-SoC/Demonstrations/SOC_FPGA/HPS_LED_HEX/LED_HEX_software/HPS_LED_HEX/main.c」。修改「led_blink」函數的程式內容，修改說明如表 3-15 所示。

表 3-15　修改 led_blink 函數內容

```
void led_blink(void)
{
        int i=0;
        while(1){
        printf("LED ON \r\n");
        for(i=0;i<=10;i++){
                        LEDR_LightCount(i);
                //      usleep(100*1000); // 原來的程式 0.1sec
                        usleep(500*1000); // 修正的程式 0.5sec

                }
        printf("LED OFF \r\n");
        for(i=0;i<=10;i++){
                        LEDR_OffCount(i);
                        usleep(100*1000);
          //    usleep(100*1000); // 原來的程式 0.1sec
                usleep(500*1000);  // 修正的程式 0.5sec
                }
        }
}
```

2. 修改七段顯示器變化間隔時間：用文字編輯器開啓「DE1-SoC/Demonstrations/SOC_FPGA/HPS_LED_HEX/LED_HEX_software/HPS_LED_HEX/seg7.c」。修改「SEG7_All_Number」函數的程式內容，修改說明如表 3-16 所示。

表 3-16　修改 SEG7_All_Number 函數的程式內容

```
void SEG7_All_Number(void){
   int i,j;
   for(j=0;j<16;j++)
   {
           printf( "hex show %X\r\n" ,j);
     for(i=0;i<SEG7_NUM;i++){
      SEG7_SET(i, szMap[j]);
}
//  usleep(500*1000);// 原來的程式 0.5sec
usleep(100*1000);// 修正的程式 0.1sec

   }
```

3. 編譯程式：在個人電腦端，可以使用第一章介紹的 SoC EDS 軟體編譯修正過的程式。開啓 Altera 軟體安裝目錄下的「\embedded\Embedded_Command_Shell」檔，如圖 3-29 所示。

圖 3-29　開啓 Embedded Command Shell

4. 切換目錄：切換至「DE1_SoC/Demonstrations/SOC_FPGA/HPS_LED_HEX/LED_HEX_software/HPS_LED_HEX」目錄，執行 make 指令。執行結果如圖 3-30 所示。最後會更新原來目錄中的 HPS_LED_HEX 檔，可以至資料夾觀察更新時間。

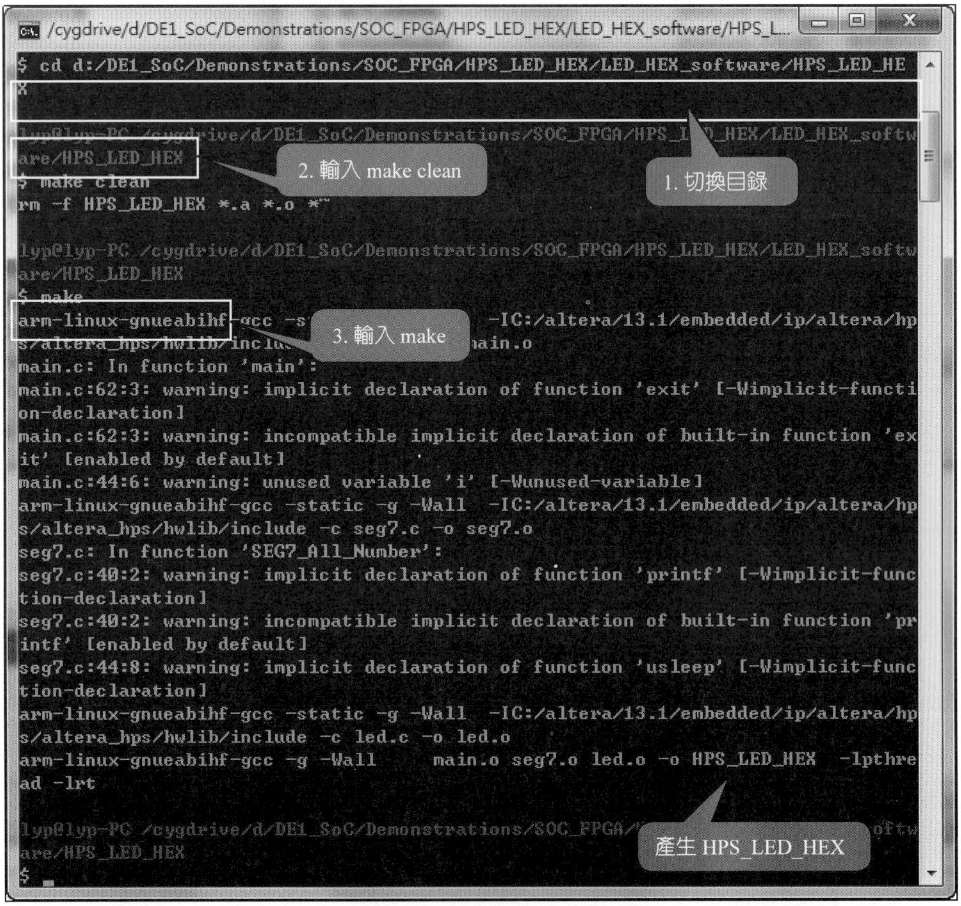

```
/cygdrive/d/DE1_SoC/Demonstrations/SOC_FPGA/HPS_LED_HEX/LED_HEX_software/HPS_L...
$ cd d:/DE1_SoC/Demonstrations/SOC_FPGA/HPS_LED_HEX/LED_HEX_software/HPS_LED_HE
X

lyp@lyp-PC /cygdrive/d/DE1_SoC/Demonstrations/SOC_FPGA/HPS_LED_HEX/LED_HEX_softw
are/HPS_LED_HEX
$ make clean
rm -f HPS_LED_HEX *.a *.o *~

lyp@lyp-PC /cygdrive/d/DE1_SoC/Demonstrations/SOC_FPGA/HPS_LED_HEX/LED_HEX_softw
are/HPS_LED_HEX
$ make
arm-linux-gnueabihf-gcc -s                -IC:/altera/13.1/embedded/ip/altera/hp
s/altera_hps/hwlib/inclu                  main.o
main.c: In function 'main':
main.c:62:3: warning: implicit declaration of function 'exit' [-Wimplicit-functi
on-declaration]
main.c:62:3: warning: incompatible implicit declaration of built-in function 'ex
it' [enabled by default]
main.c:44:6: warning: unused variable 'i' [-Wunused-variable]
arm-linux-gnueabihf-gcc -static -g -Wall  -IC:/altera/13.1/embedded/ip/altera/hp
s/altera_hps/hwlib/include -c seg7.c -o seg7.o
seg7.c: In function 'SEG7_All_Number':
seg7.c:40:2: warning: implicit declaration of function 'printf' [-Wimplicit-func
tion-declaration]
seg7.c:40:2: warning: incompatible implicit declaration of built-in function 'pr
intf' [enabled by default]
seg7.c:44:8: warning: implicit declaration of function 'usleep' [-Wimplicit-func
tion-declaration]
arm-linux-gnueabihf-gcc -static -g -Wall  -IC:/altera/13.1/embedded/ip/altera/hp
s/altera_hps/hwlib/include -c led.c -o led.o
arm-linux-gnueabihf-gcc -g -Wall     main.o seg7.o led.o -o HPS_LED_HEX  -lpthre
ad -lrt

lyp@lyp-PC /cygdrive/d/DE1_SoC/Demonstrations/SOC_FPGA/                     oftw
are/HPS_LED_HEX
$ _
```


圖 3-30　輸入 make

5. 傳送 HPS_LED_HEX 檔至 DE1-SoC：在個人電腦上已重新編譯好一個 HPS_LED_HEX 可執行檔，可以使用 SoC EDS 的 scp 指令利用網路將檔案傳送至 DE1-SoC 板子上，若是 DE1-SoC 板子取得的 IP 是

192.168.1.55，則輸入指令為「scp HPS_LED_HEX root@192.168.1.55:/home/root/example」於命令列提示中，代表將於目前目錄下的 HPS_LED_HEX 檔傳送 IP 為 192.168.1.55 的 /home/root/example 目錄下，以 root 登入。若執行 scp 出現訊息為「scp: /home/root/example/HPS_LED_HEX: Text file busy」，就要看看是否之前的執行程式還未中斷，可以至 DE1-SoC 終端畫面，輸入按鍵盤上的「Ctrl+C」中斷執行程式，再重新於 SoC EDS 命令列中輸入「scp HPS_LED_HEX root@192.168.1.55:/home/root/example」於命令列提示中，檔案傳送成功之結果如圖 3-31 所示。

圖 3-31　傳送 HPS_LED_HEX 檔至 DE1-SoC

6. 執行 HPS_LED_HEX：在 PuTTY 視窗先注意之前執行程式是否已終結，按 Crtl+C 可跳出執行程式。在 PuTTY 視窗輸入執行程式的指令 ./HPS_LED_HEX，如圖 3-32 所示，執行結果會在終端機上出現文字，且板子上的 10 顆紅色 LED 燈會呈現流水燈變化，6 個七段顯示器會從 0 變化到 F 不斷循環。將實驗結果整理於表 3-17 所示。

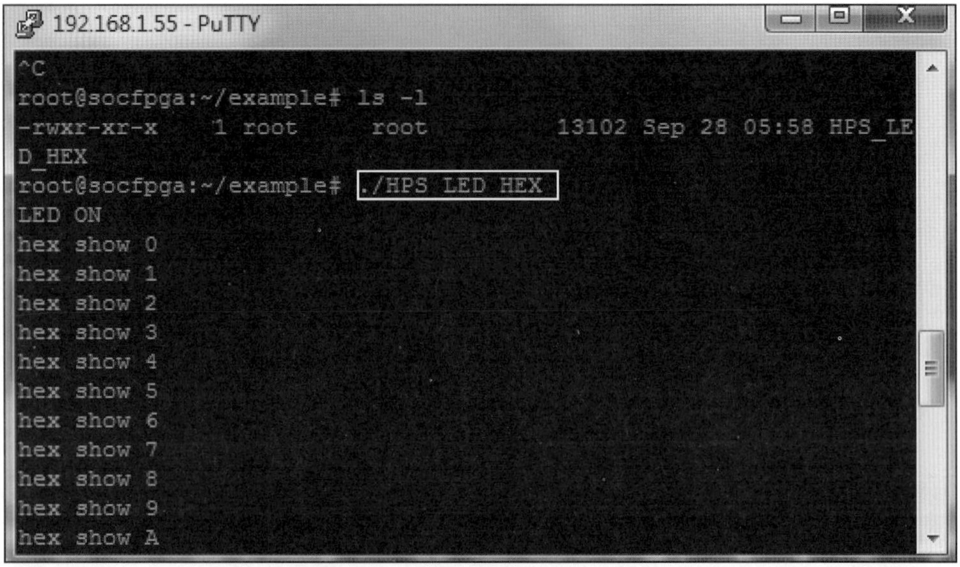

```
192.168.1.55 - PuTTY
^C
root@socfpga:~/example# ls -l
-rwxr-xr-x    1 root     root         13102 Sep 28 05:58 HPS_LE
D_HEX
root@socfpga:~/example# ./HPS_LED_HEX
LED ON
hex show 0
hex show 1
hex show 2
hex show 3
hex show 4
hex show 5
hex show 6
hex show 7
hex show 8
hex show 9
hex show A
```

圖 3-32　執行 HPS_LED_HEX

表 3-17　實驗結果

周邊	實驗結果
LEDR[9..0]	LED 燈從 LEDR0 先亮起，間隔 0.5 秒再亮起 LEDR1，再依序亮起 LEDR2 到 LEDR9。 LED 燈從 LEDR9 先滅，間隔 0.5 秒再滅 LEDR8，再依序 LEDR7 到 LEDR0 滅。
HEX5-HEX0	從 0 變化到 F 不斷循環，數字變化間隔時間為 0.1 秒
終端畫面	輸出字元
電腦鍵盤	按 Ctrl+C 跳出

3-3 LED 閃爍與七段顯示器顯示數字

前一小節我們執行了 DE1-SoC 提供的範例執行檔，看到在 DE1-SoC 板子上控制了 LED 的閃滅與七段顯示器數字顯示。本小節設計流程如圖 3-33 所示，修改爲 LED 燈同時閃滅與將 255 顯示在七段顯示器上，並重新編譯產生 HPS_

LED_HEX 執行檔，再透過網路從電腦端傳入 DE1-SoC 板子中檔案系統，並執行 HPS_LED_HEX 觀看板子上的實驗結果，預期實驗結果如表 3-18 所示。

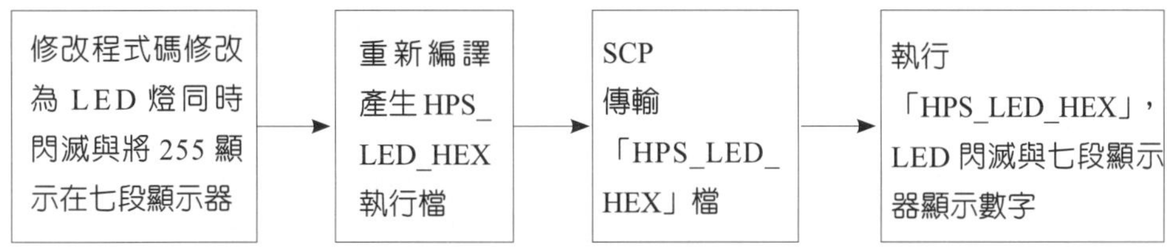

圖 3-33　LED 閃爍與七段顯示器顯示數字設計流程

表 3-18　LED 閃爍與七段顯示器顯示數字預期實驗結果

周邊	預期實驗結果
紅色 LED 燈 LEDR[9..0]	LEDR9~LEDR0 全亮與全滅交替間隔 0.5 秒，重複 5 次。 LEDR0 亮與滅交替，間隔 0.5 秒，重複 5 次。 LEDR9 亮與滅交替，間隔 0.5 秒，重複 5 次。 一直循環
七段顯示器 HEX5-HEX0	顯示 255，維持 0.5 秒。 顯示 FF，維持 0.5 秒。 一直循環
終端畫面	輸出字元
電腦鍵盤	按 Ctrl+C 跳出

本範例 LED 閃爍與七段顯示器顯示數字所需軟體如表 3-19

表 3-19　LED 閃爍與七段顯示器顯示數字實驗所需軟體

軟體	說明
SoC EDS 13.1 以上	編譯程式產生應用程式
Quartus II 13.1 以上	燒錄 sof 檔
DE1-SoC\Demonstrations\SOC_FPGA\HPS_LED_HEX\HPS_LED_HEX/LED_HEX_hardware\test.bat	執行燒錄
DE1-SoC\Demonstrations\SOC_FPGA\HPS_LED_HEX\HPS_LED_HEX/LED_HEX_hardware\HPS_LED_HEX.sof	sof 檔
PuTTY	與 UART 界面將電腦與板子連線或是可使用 SSH 透過網路遠端連線

本範例 LED 閃爍與七段顯示器顯示數字專案所需檔案如表 3-20 所示。

表 3-20　LED 閃爍與七段顯示器顯示數字專案所需檔案

檔案	說明	所在目錄
main.c	應用程式原始檔主程式	D:/DE1_SoC/Demonstrations/SOC_FPGA/HPS_LED_HEX/LED_HEX_software/HPS_LED_HEX
seg7.c	應用程式原始檔七段顯示器控制函數程式庫	D:/DE1_SoC/Demonstrations/SOC_FPGA/HPS_LED_HEX/LED_HEX_software/HPS_LED_HEX
seg7.h	應用程式原始檔七段顯示器控制函數程式庫	D:/DE1_SoC/Demonstrations/SOC_FPGA/HPS_LED_HEX/LED_HEX_software/HPS_LED_HEX
seg7.c	應用程式原始檔七段顯示器控制函數程式庫	D:/DE1_SoC/Demonstrations/SOC_FPGA/HPS_LED_HEX/LED_HEX_software/HPS_LED_HEX
led.c	應用程式原始檔 LED 控制函數程式庫	D:/DE1_SoC/Demonstrations/SOC_FPGA/HPS_LED_HEX/LED_HEX_software/HPS_LED_HEX
led.h	應用程式原始檔 LED 控制函數程式庫	D:/DE1_SoC/Demonstrations/SOC_FPGA/HPS_LED_HEX/LED_HEX_software/HPS_LED_HEX
hps_0.h	Qsys 中各組件的位址等資訊	D:/DE1_SoC/Demonstrations/SOC_FPGA/HPS_LED_HEX/LED_HEX_software/HPS_LED_HEX
Makefile	Makefile	D:/DE1_SoC/Demonstrations/SOC_FPGA/HPS_LED_HEX/LED_HEX_software/HPS_LED_HEX
HPS_LED_HEX	可執行檔	D:/DE1_SoC/Demonstrations/SOC_FPGA/HPS_LED_HEX/LED_HEX_software/HPS_LED_HEX

LED 閃爍與七段顯示器顯示數字專案有使用到「alt_setbits_word」、「alt_clrbits_word」與「alt_read_word」函數，定義在「socal.h」中，檔案路徑在「quartus II 安裝路徑 \embedded\ip\altera\hps\altera_hps\hwlib\include\socal」下。「socal.h」中定義了多種的記憶體的讀與寫函數，讀寫函數區分成 Byte（8 位元）、Half Word（16 位元）、Word（32 位元）與 Double Word（64 位元）。表 3-21 整理出本範例有使用到「socal.h」中定義的函數。

表 3-21　本專案使用到 "socal.h" 中定義的函數說明

函數定義	說明
#define alt_write_word(dest, src) (*ALT_CAST(volatile uint32_t *, (dest)) = (src))	將 32 位元資料寫至 目標元件記憶體位址 參數 dest – 寫入目標指標位址 參數 src -- 寫入到記憶體 的 16 位元資料
#define alt_read_word(src) (*ALT_CAST(volatile uint32_t *, (src)))	從來源記憶體位址讀回 32 位元資料 參數 src 讀取來源指標位址 回傳 32 位元值
#define alt_setbits_word(dest, bits) (alt_write_word(dest, alt_read_word(dest) | (bits)))	設定在目標原建記憶體位址三十二位元其中之一的位址 參數 dest – 目標指標位址 參數 bits – 要被設定的位元
#define alt_clrbits_word(dest, bits) (alt_write_word(dest, alt_read_word(dest) & ~(bits)))	清除在目標原建記憶體位址三十二位元其中之一的位址 參數 dest – 目標指標位址 參數 bits – 要被清除的位元

本小節新增 LEDR 亮滅控制函數 LEDR_TOGGLE，LEDR_TOGGLE 函數內容（在 main.c 中）整理如表 3-22 所示。

表 3-22　LEDR_TOGGLE 函數內容與說明

程式	說明

void LEDR_TOGGLE(void)
{
uint32_t Mask ;
int i=0;
printf("LED TOGGLE \r\n");
while (1)
{
for(i=0;i<5;i++){
Mask =alt_read_word(h2p_lw_led_addr);
Mask = ~Mask;
alt_write_word(h2p_lw_led_addr, Mask);
usleep(500*1000);
}
for(i=0;i<5;i++){
	LEDR_TOGGLE 函數
	
	印出 LED TOGGLE 的字
	重複執行
	
	i 從 0 遞增到 4。
	讀出 LED 目前狀態存至 Mask
	將 Mask 轉態
	寫 Mask 值於映射至 LED 的位址

程式	說明
alt_setbits_word(h2p_lw_led_addr, 0x00000001);	暫停時間為 0.5sec
//00_0000_0001	
usleep(500*1000);	i 從 0 遞增到 4。
alt_clrbits_word(h2p_lw_led_addr, 0x00000001);	設定 LEDR0 燈亮
//00_0000_0001	
usleep(500*1000);	暫停時間為 0.5sec
} //end for	設定 LEDR0 燈滅
for(i=0;i<5;i++){	
alt_setbits_word(h2p_lw_led_addr, 0x200);	暫停時間為 0.5sec
//10_0000_0000	i 從 0 遞增到 4。
usleep(500*1000);	設定 LEDR9 燈亮
alt_clrbits_word(h2p_lw_led_addr, 0x200); //10_0000_0000	
usleep(500*1000);	暫停時間為 0.5sec
} //end for	設定 LEDR9 燈滅
} //end while	
}	暫停時間為 0.5sec

本小節修改前一小節之範例程式，LED 閃爍與七段顯示器顯示數字專案主程式流程如表 3-23 所示。

表 3-23　LED 閃爍與七段顯示器顯示數字專案主程式流程

流程	說明
1	用 open 創建一個文件回傳值至 fd
2	用 mmap 把文件內容映射至一段記憶體上，回傳映射開始的地址指標。
3	計算 LED_PIO_BASE 對應在使用者空間之位址 h2p_lw_led_addr。
4	計算 SEG7_IF_BASE 對應在使用者空間之位址 h2p_lw_hex_addr。
5	建立另一行程呼叫 LEDR_TOGGLE 函數
6	在原行程無限次呼叫 SEG7_Decimal 函數與 SEG7_HEX
7	用 munmap 關閉記憶體映射
8	用 close 關閉文件 fd

LED 閃爍與七段顯示器顯示數字專案主程式「main.c」內容如表 3-24 所示。

表 3-24　LED 閃爍與七段顯示器顯示數字專案主程式「main.c」內容

```
// 程式庫宣告
#include <stdio.h>
#include <unistd.h>
#include <fcntl.h>
#include <sys/mman.h>
#include "hwlib.h"
#include "socal/socal.h"
#include "socal/hps.h"
#include "socal/alt_gpio.h"
#include "hps_0.h"
#include "led.h"
#include "seg7.h"
#include <stdbool.h>
#include <pthread.h>

// 參數定義
#define HW_REGS_BASE ( ALT_STM_OFST )
#define HW_REGS_SPAN ( 0x04000000 )
#define HW_REGS_MASK ( HW_REGS_SPAN - 1 )

// 基底位址變數宣告
volatile unsigned long *h2p_lw_led_addr=NULL;
volatile unsigned long *h2p_lw_hex_addr=NULL;
/////////////////////////////////
 volatile     int cnt=0;
 volatile     int   num =10;

// led_blink 函數宣告
void led_blink(void)
{
          int i=0;
//        while(1){
     while((max_cnt == 0 || cnt < max_cnt))
     {
//        printf( "LED ON \r\n" );
          for(i=0;i<=10;i++){
                              LEDR_LightCount(i);
```

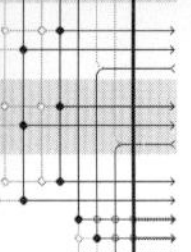

```
        usleep(500*1000);
                    }
//          printf( "LED OFF \r\n" );
            for(i=0;i<=10;i++){
                            LEDR_OffCount(i);
        usleep(500*1000);
                    }
            }
}

// LEDR_TOGGLE 函數宣告
void LEDR_TOGGLE(void)
{
 uint32_t Mask ;
 int i=0;
 printf("LED TOGGLE \r\n");
 while (1)
 {
  for(i=0;i<5;i++){
   Mask =alt_read_word(h2p_lw_led_addr);
   Mask = ~Mask;
   alt_write_word(h2p_lw_led_addr, Mask);
   usleep(500*1000);
  }



 for(i=0;i<5;i++){
   alt_setbits_word(h2p_lw_led_addr, 0x00000001); //00_0000_0001
   usleep(500*1000);
   alt_clrbits_word(h2p_lw_led_addr, 0x00000001); //00_0000_0001
   usleep(500*1000);
 } //end for
```

新增 LEDR_TOGGLE 函數

LEDR 閃滅 5 次

LEDR0 閃滅 5 次

```
for(i=0;i<5;i++){
   alt_setbits_word(h2p_lw_led_addr, 0x200);  //10_0000_0000
   usleep(500*1000);
   alt_clrbits_word(h2p_lw_led_addr, 0x200);  //10_0000_0000
   usleep(500*1000);
  } //end for
 } //end while
}
```

LEDR9 閃滅 5 次

```
// 主程式
int main(int argc, char **argv)
{
        pthread_t id;
        int ret;
        void *virtual_base;
        int fd;
        int i;

     if (argc == 2){
        num = atoi(argv[1]);
     }
    ////////////////////////////////////////

        if( ( fd = open( "/dev/mem", ( O_RDWR | O_SYNC ) ) ) == -1 ) {
              printf( "ERROR: could not open \" /dev/mem\" ...\n" );
              return( 1 );
        }
        virtual_base = mmap( NULL, HW_REGS_SPAN, ( PROT_READ | PROT_WRITE ),
MAP_SHARED, fd, HW_REGS_BASE );
        if( virtual_base == MAP_FAILED ) {
              printf( "ERROR: mmap() failed...\n" );
              close( fd );
              return(1);
        }
        h2p_lw_led_addr=virtual_base + ( ( unsigned long  )( ALT_LWFPGASLVS_OFST +
LED_PIO_BASE ) & ( unsigned long)( HW_REGS_MASK ) );
        h2p_lw_hex_addr=virtual_base + ( ( unsigned long  )( ALT_LWFPGASLVS_OFST +
TERASIC_HEX_BASE ) & ( unsigned long)( HW_REGS_MASK ) );
```

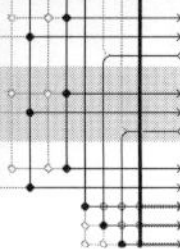

```
ret=pthread_create(&id, NULL, (void *)LEDR_TOGGLE, NULL);
if(ret!=0){
                printf( "Creat pthread error!\n" );
                exit(1);
    }
    while(1)
    {
            // 七段顯示器顯示 255 之 10 進制
            SEG7_Decimal(255,0);
            // 暫停 0.5 秒
            usleep(500*1000);
            // 七段顯示器顯示 255 之 16 進制
            SEG7_Hex(255,0);
            // 暫停 0.5 秒
            usleep(500*1000);
        }
        pthread_join(id, NULL);
        if( munmap( virtual_base, HW_REGS_SPAN ) != 0 ) {
                printf( "ERROR: munmap() failed...\n" );
                close( fd );
                return( 1 );
        }
        close( fd );
        return 0;
}
```

創造 thread 呼叫 LEDR_TOGGLE

七段顯示器顯示 255

七段顯示器顯示 FF

LED 閃爍與七段顯示器顯示數字專案詳細步驟如下：

1. 修改「main.c」：用文字編輯器開啓「DE1-SoC/Demonstrations/SOC_FPGA/HPS_LED_HEX/LED_HEX_software/HPS_LED_HEX/main.c」。修改 main.c 如表 3-24 所示。
2. 編譯程式：在個人電腦端，可以使用第一章介紹的 SoC EDS 軟體編譯修正過的程式。開啓 Altera 軟體安裝目錄下的「\embedded\Embedded_Command_Shell」檔，如圖 3-34 所示。

圖 3-34　開啓 Embedded Command Shell

3. 切換目錄：切換至「DE1_SoC/Demonstrations/SOC_FPGA/HPS_LED_HEX/LED_HEX_software/HPS_LED_HEX」目錄，執行 make 指令。執行結果如圖 3-35 所示。最後會更新原來目錄中的 HPS_LED_HEX 檔，可以至資料夾觀察更新時間。

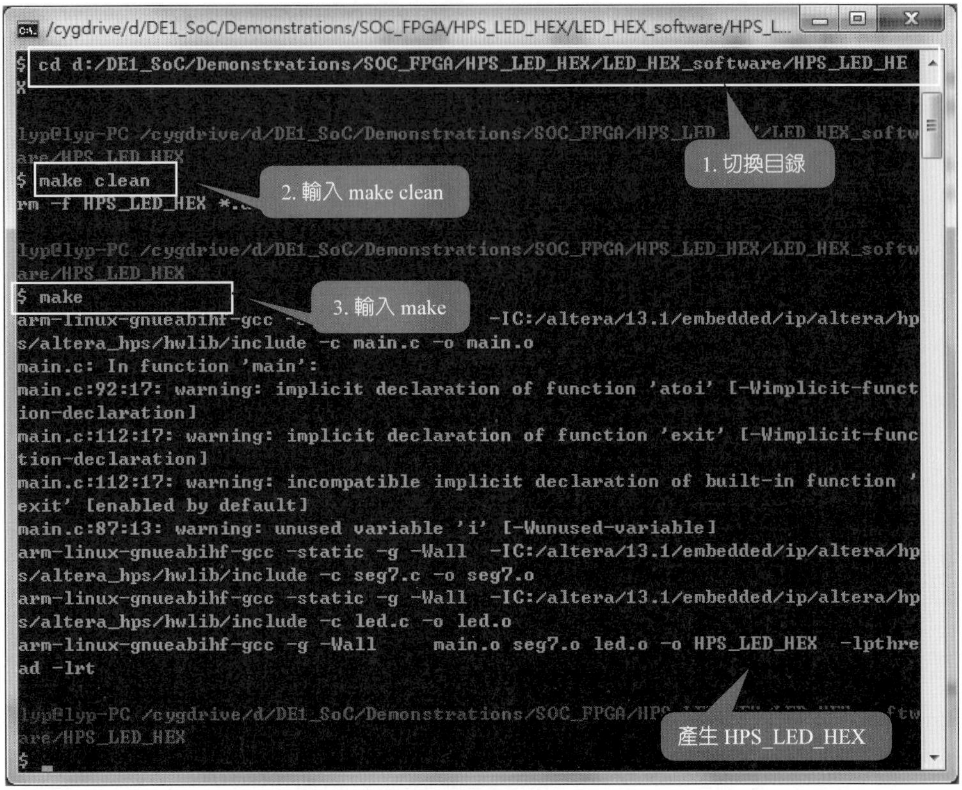

```
/cygdrive/d/DE1_SoC/Demonstrations/SOC_FPGA/HPS_LED_HEX/LED_HEX_software/HPS_L...
$ cd d:/DE1_SoC/Demonstrations/SOC_FPGA/HPS_LED_HEX/LED_HEX_software/HPS_LED_HE
X

lyp@lyp-PC /cygdrive/d/DE1_SoC/Demonstrations/SOC_FPGA/HPS_LED    /LED_HEX_softw
are/HPS_LED_HEX
$ make clean
rm -f HPS_LED_HEX *.

lyp@lyp-PC /cygdrive/d/DE1_SoC/Demonstrations/SOC_FPGA/HPS_LED_HEX/LED_HEX_softw
are/HPS_LED_HEX
$ make
arm-linux-gnueabihf-gcc                -IC:/altera/13.1/embedded/ip/altera/hp
s/altera_hps/hwlib/include -c main.c -o main.o
main.c: In function 'main':
main.c:92:17: warning: implicit declaration of function 'atoi' [-Wimplicit-funct
ion-declaration]
main.c:112:17: warning: implicit declaration of function 'exit' [-Wimplicit-func
tion-declaration]
main.c:112:17: warning: incompatible implicit declaration of built-in function '
exit' [enabled by default]
main.c:87:13: warning: unused variable 'i' [-Wunused-variable]
arm-linux-gnueabihf-gcc -static -g -Wall  -IC:/altera/13.1/embedded/ip/altera/hp
s/altera_hps/hwlib/include -c seg7.c -o seg7.o
arm-linux-gnueabihf-gcc -static -g -Wall  -IC:/altera/13.1/embedded/ip/altera/hp
s/altera_hps/hwlib/include -c led.c -o led.o
arm-linux-gnueabihf-gcc -g -Wall     main.o seg7.o led.o -o HPS_LED_HEX  -lpthre
ad -lrt

lyp@lyp-PC /cygdrive/d/DE1_SoC/Demonstrations/SOC_FPGA/HP
are/HPS_LED_HEX
$ _
```


圖 3-35　輸入 make

4. 送 HPS_LED_HEX 檔至 DE1-SoC：在個人電腦上已重新編譯好一個 HPS_LED_HEX 可執行檔，可以使用 SoC EDS 的 scp 指令利用網路將檔案傳送至 DE1-SoC 板子上，若是 DE1-SoC 板子取得的 IP 是 192.168.1.55，則輸入指令為「scp HPS_LED_HEX root@192.168.1.55:/home/root/example」於命令列提示中，代表將於目前目錄下的 HPS_LED_HEX 檔傳送 IP 為 192.168.1.55 的 /home/root/example 目錄下，以 root 登入。若執行 scp 出現訊息為「scp: /home/root/example/HPS_LED_HEX: Text file busy」，就要看看是否之前的執行程式還未中斷，可以至 DE1-SoC 終端畫面，輸入按鍵盤上的「Ctrl+C」中斷執行程式，再重新於 SoC EDS 命令列中輸入「scp HPS_LED_HEX root@192.168.1.55:/home/root/example」於命令列提示中，檔案傳送成功之結果如圖 3-36 所

示。

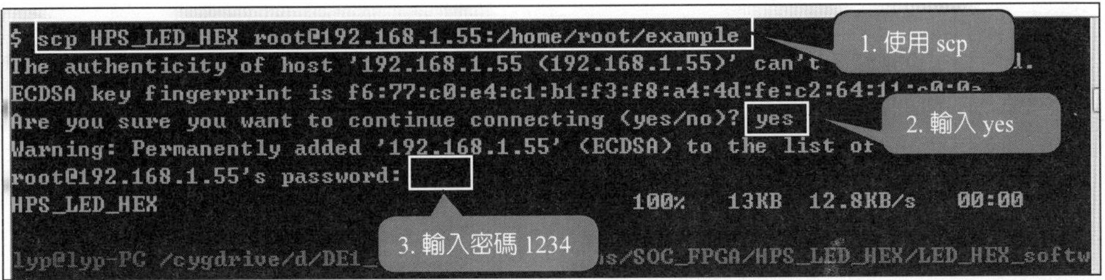

圖 3-36 傳送 HPS_LED_HEX 檔至 DE1-SoC

5. 執行 HPS_LED_HEX: 在 PuTTY 視窗先注意之前執行程式是否已終結，按 Crtl+C 可跳出執行程式。在 PuTTY 視窗輸入執行程式的指令 ./HPS_LED_HEX ，執行結果會在終端機上出現文字，且板子上的 10 顆紅色 LED 燈會閃滅 5 次，再 LEDR0 單獨閃滅 5 次，LEDR9 單獨閃滅 5 次，七段顯示器則是 255 與 FF 交替出現，LED 閃爍與七段顯示器顯示數字專案實驗結果整理於表 3-25 所示。

表 3-25 LED 閃爍與七段顯示器顯示數字專案實驗結果

周邊	實驗結果
LEDR[9..0]	LEDR9~LEDR0 全亮與全滅交替間隔 0.5 秒，重複 5 次。 LEDR0 亮與滅交替，間隔 0.5 秒，重複 5 次。 LEDR9 亮與滅交替，間隔 0.5 秒，重複 5 次。 一直循環
HEX5-HEX0	顯示 255，維持 0.5 秒。 顯示 FF，維持 0.5 秒。 一直循環
終端畫面	輸出字元
電腦鍵盤	按 Ctrl+C 跳出

控制 HPS 周邊

4

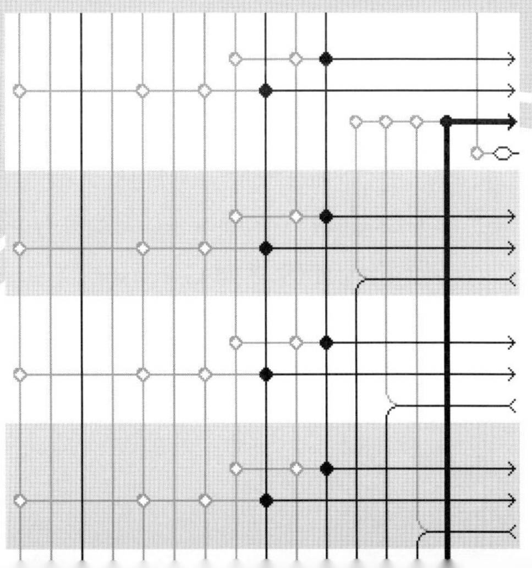

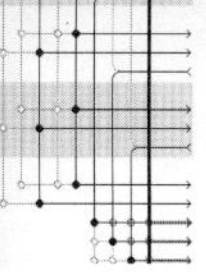

DE1-SoC 板上的 Cyclone V 中的 HPS 周邊配置圖如圖 4-1 所示。本章介紹 DE1-SoC 板子上的 HPS 連接的一個壓按開關、一個 LED 燈與加速度計的控制範例。

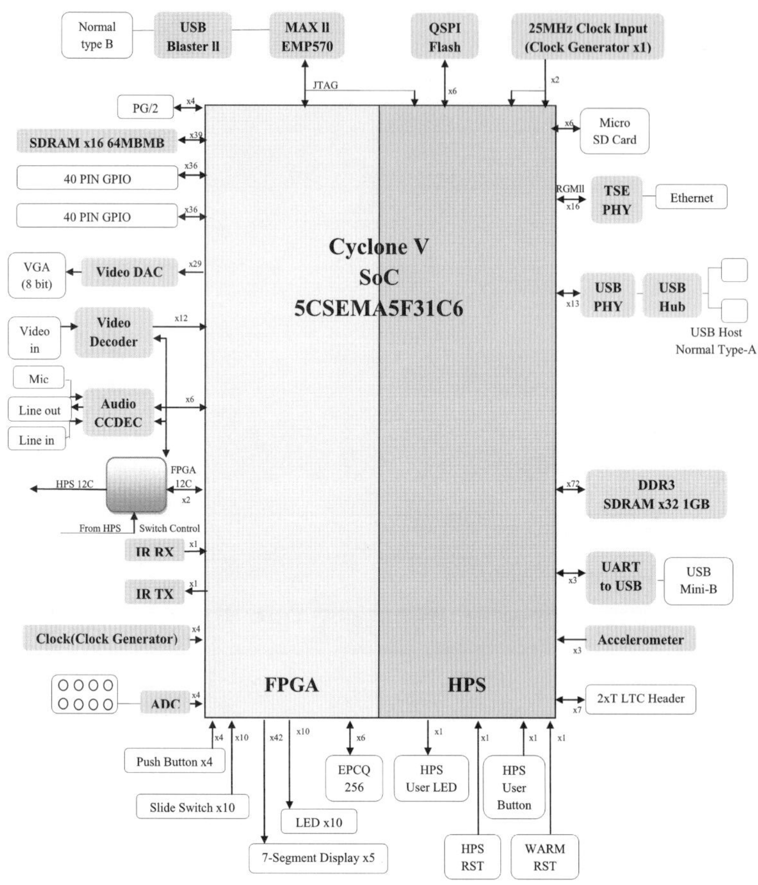

圖 4-1　DE1-SoC 周邊配置圖

4-1 小節介紹控制 HPS 界面 LED 與按鍵方法，4-2 小節介紹由 HPS 透過 I2C 界面偵測 G-sensor 數值使用方式。4-3 小節介紹由 FPGA 周邊 LED 與七段顯示器顯示 HPS 界面 G-sensor 數值。4-4 小節介紹由 DE1-SoC 板在 X 方向的傾斜角度控制 LED 燈顯示。

本小節實作所需要使用到的實驗器材整理如表 4-1 所示。

表 4-1　實驗器材

需要硬體	說明
個人電腦或筆電	用來燒錄 FPGA 與編譯程式。
DE1-SoC	開發板
MSEL 開關	SW10[4:0]=10010
Micro SD 卡	4G 以上
IP 分享器	連接網路
網路線	板子需使用網路線連接至 IP 分享器
Type A to B USB 線	連接電腦與 DE1-SoC 板之 USB-Blaster II 接口
Type A to Mini B USB 線	連接電腦與 DE1-SoC 板之 UART to USB 接口

本小節實作所需要使用到的軟體工具與說明整理如表 4-2 所示。

表 4-2　軟硬體工具

名稱	類型	說明
SoC EDS 13.1 以上	軟體	編譯程式產生應用程式
Qaurtus II 13.1 以上	軟體	燒錄 sof 檔
DE1-SoC\Demonstrations\SOC_FPGA\HPS_LED_HEX\HPS_LED_HEX/LED_HEX_hardware\HPS_LED_HEX.qpf	專案檔	Quartus II 專案檔
DE1-SoC\Demonstrations\SOC_FPGA\HPS_LED_HEX\HPS_LED_HEX/LED_HEX_hardware\test.bat	檔案	執行燒錄
DE1-SoC\Demonstrations\SOC_FPGA\HPS_LED_HEX\HPS_LED_HEX/LED_HEX_hardware\HPS_LED_HEX.sof	檔案	sof 檔
PuTTY	軟體	與 UART 界面將電腦與板子連線或是可使用 SSH 透過網路遠端連線

4-1 控制 HPS 界面 LED 與按鍵專案

本小節介紹 DE1-SoC 開發板光碟中的 Altera SoC Linux 之 C 程式範例，控制連接到 DE1-SoC 板子上 HPS 界面 LED 與按鍵。本範例專案目錄下的檔案說明如表 4-2 所示。本小節專案使用來控制 LED 與按鍵的輸出入腳說明如表 4-3 所示。

表 4-2　控制 HPS 界面 LED 與按鍵專案目錄中的檔案與說明

檔案	說明	所在目錄
HPS_LED_HEX.qpf	專案檔	D:/DE1_SoC/Demonstrations/SOC_FPGA/HPS_LED_HEX/LED_HEX_hardware/
HPS_LED_HEX.sof	硬體燒錄檔	D:/DE1_SoC/Demonstrations/SOC_FPGA/HPS_LED_HEX/LED_HEX_hardware/
HPS_LED_HEX.v	頂層電路	D:/DE1_SoC/Demonstrations/SOC_FPGA/HPS_LED_HEX/LED_HEX_hardware/
main.c	應用程式原始檔主程式	D:/DE1_SoC/Demonstrations/SoC/hps_gpio
Makefile	Makefile	D:/DE1_SoC/Demonstrations/SoC/hps_gpio
hps_gpio	可執行檔	D:/DE1_SoC/Demonstrations/SoC/hps_gpio

表 4-3　控制 HPS 界面 LED 與按鍵專案之輸出入埠

訊號名稱	型態	說明
HPS_KEY	輸出入	接壓按開關
HPS_LED	輸出入	接 LED 燈

控制 HPS 界面 LED 與按鍵專案之功能區塊圖如圖 4-2 所示。DE1-SoC 板子上有一個 LED 與壓按開關（KEY）連接到 HPS 中的 GPIO1 。透過 memory-mapped 元件 driver ，改變 GPIO 控制器。這個 memory-mapped 元件 driver 允許程式開發者去控制系統的實體記憶體。

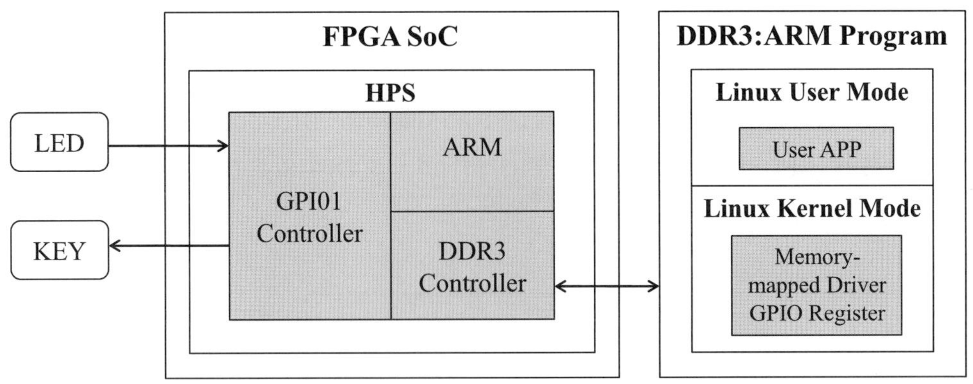

圖 4-2　控制 HPS 界面 LED 與按鍵專案之功能區塊圖

GPIO1 的控制是由在 GPIO 控制器中的暫存器控制。而暫存器則是由應用軟體透過 memory-mapped 元件存取，memory-mapped 元件驅動程式已內建在 Altera SoC Linux 中。由圖 4-3 中可以看到 DE1-SoC 的周邊配置，壓按開關 HPS_KEY 連接至 GPIO[54]，壓按開關 HPS_LED 連接至 GPIO[53]。

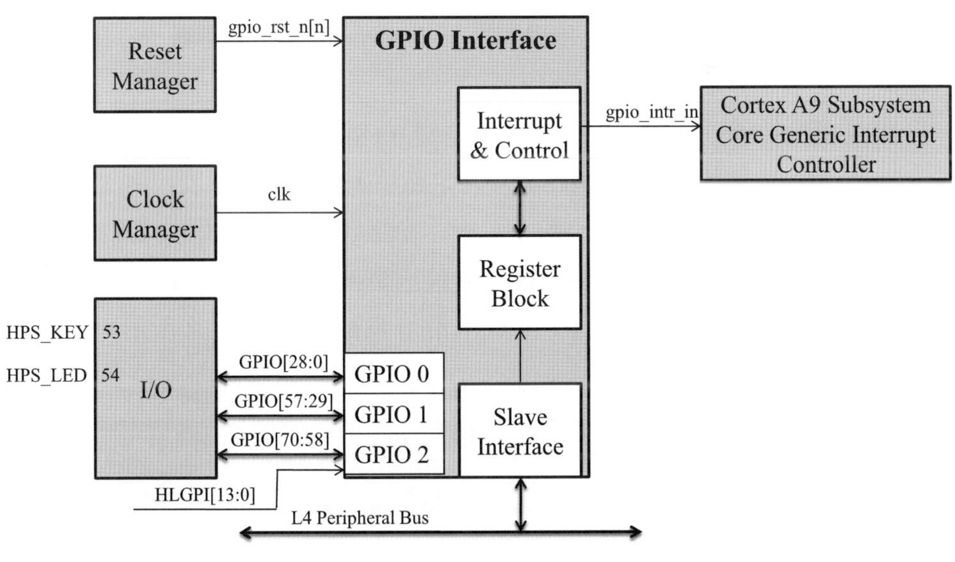

圖 4-3　HPS 中的 GPIO 界面

圖 4-4 說明 GPIO1 控制器中的 gpio_swporta_ddr 暫存器。GPIO1 控制器中的 gpio_swporta_ddr 暫存器控制 HPS_GPIO[29] 至 HPS_GPIO[57] 的方向，對應方式如圖 4-4 所示。其中 Bit-24 控制 GPIO[53] 腳，在 DE1-SoC 板是將 GPIO[53] 腳接至 HPS_LED 燈；Bit-25 控制 GPIO[54] 腳，在 DE1-SoC 板是將 GPIO[54] 腳接至 HPS_KEY 壓按開關。

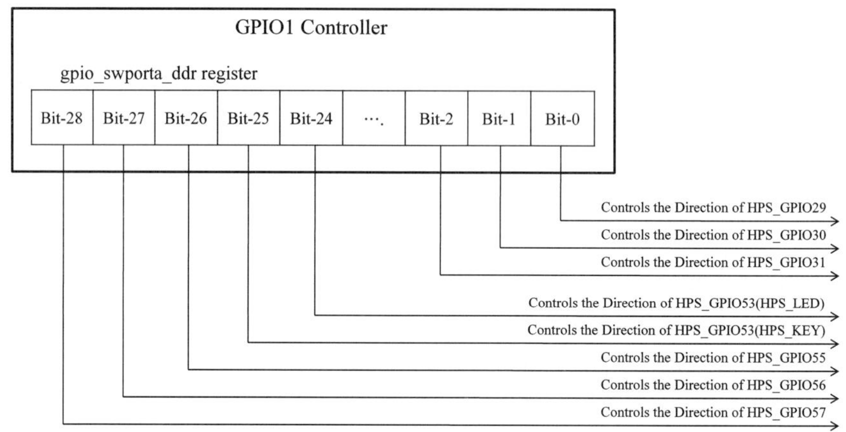

圖 4-4　GPIO1 控制器中的 gpio_swporta_ddr 暫存器

從以上說明可以了解到，使用軟體控制 IO 腳的方向方式是控制 gpio_swportx_ddr 暫存器中的數值。當 IO 腳被設定爲輸入模式，就可以藉由讀取 gpio_ext_porta 之値而讀到這個輸入端的值。當被設定成輸出模式，將資料寫入到 gpio_swporta_dr 暫存器就能驅動 IO 腳的輸出緩衝器。本範例將設定 gpio_swporta_ddr 暫存器的 bit[24] 値爲 1，則 GPIO[53] 爲輸出，如表 4-4 所示。

表 4-4　設定 gpio_swporta_ddr 暫存器的 bit[24] 値為 1

gpio_swporta_ddr	bit [28]	bit[27.. 24]	bit[23.. 20]	bit[19.. 16]	bit[15.. 12]	bit[11.. 8]	bit[7.. 4]	bit[3.. 0]
二進制	0	0001	0000	0000	0000	0000	0000	0000
十六進制	0	1	0	0	0	0	0	0

本範例將設定 gpio_swporta_dr 暫存器的 bit[24] 值為 1，則 GPIO[53] 值為 1，如表 4-5 所示。

表 4-5　設定 gpio_swporta_dr 暫存器的 bit[24] 值為 1

gpio_swporta_ddr	bit [28]	bit[27.. 24]	bit[23.. 20]	bit[19.. 16]	bit[15: 12]	bit[11.. 8]	bit[7.. 4]	bit[3.. 0]
二進制	0	0001	0000	0000	0000	0000	0000	0000
十六進制	0	1	0	0	0	0	0	0

gpio_swporta_dr Bit[24] 為 1 設定為 GPIO[53] 值為 1

gpio_swporta_ddr	bit [28]	bit[27.. 24]	bit[23.. 20]	bit[19.. 16]	bit[15: 12]	bit[11.. 8]	bit[7.. 4]	bit[3.. 0]
二進制	0	0010	0000	0000	0000	0000	0000	0000
十六進制	0	2	0	0	0	0	0	0
說明		Bit[25] 為 1 設定為選擇						

控制 HPS 界面 LED 與按鍵專案目錄下主程式流程如表 4-6 所示。

表 4-6　控制 HPS 界面 LED 與按鍵專案主程式流程

流程	主程式流程
1	程式庫宣告
2	參數定義
3	用 open 創建一個文件回傳值至 fd
4	用 mmap 把文件內容映射至一段記憶體上，回傳映射開始的地址指標。
5	設定 gpio_swporta_ddr Bit[24] 為 1 則 GPIO[53] 值為輸出（接 LED）
6	LED 燈亮滅動作重複兩次
7	一直重複執行偵測按鍵壓下時 LED 燈亮，放開時 LED 燈滅
8	用 munmap 關閉記憶體映射
9	用 close 關閉文件 fd

控制 HPS 界面 LED 與按鍵專案「main.c」內容如表 4-7 所示。

表 4-7　控制 HPS 界面 LED 與按鍵專案「main.c」內容

```
// 程式庫宣告
#include <stdio.h>
#include <unistd.h>
#include <fcntl.h>
#include <sys/mman.h>
#include “hwlib.h”
#include “socal/socal.h”
#include “socal/hps.h”
#include “socal/alt_gpio.h”

// 參數定義
#define HW_REGS_BASE (ALT_STM_OFST)
#define HW_REGS_SPAN (0x04000000)
#define HW_REGS_MASK (HW_REGS_SPAN-1)
#define USER_IO_DIR (0x01000000)
#define BIT_LED (0x01000000)
#define BUTTON_MASK (0x02000000)

// 主程式
int main(int argc, char **argv){
		void *virtual_base;
		int fd;
		uint32_t scan_input;
		int i;
 // 用 open 創建一個文件回傳值至 fd
if((fd=open( “/dev/mem” ,(O_RDWR|O_SYNC)))==-1){
		printf( “ERROR:couldnotopen\” /dev/mem\” ...\n” );
		return(1);
}

// 用 mmap 把文件內容映射至一段記憶體上，回傳映射開始的地址指標
virtual_base=mmap(NULL,HW_REGS_SPAN,(PROT_READ|PROT_WRITE),MAP_
SHARED,fd,HW_REGS_BASE);

if(virtual_base==MAP_FAILED){
printf( “ERROR:mmap()failed...\n” );
```

```
close(fd);
return(1);
}
            //initializethepiocontroller
            //led:setthedirectionoftheHPSGPIO1bitsattachedtoLEDstooutput
// 設定 gpio_swporta_ddr Bit[24] 為 1 則 GPIO[53] 值為輸出 ( 接 LED)
alt_setbits_word((virtual_base+((uint32_t)(ALT_GPIO1_SWPORTA_DDR_ADDR)&(uint32_t)(HW_
REGS_MASK))), USER_IO_DIR );          0x01000000
printf("ledtest\r\n");
printf( "theledflash2times\r\n" );

// 重複兩次
//LED 燈亮滅動作重複兩次
for(i=0;i<2;i++)
{
// 設定 LED 燈亮 ( 設定 gpio_swporta_dr Bit[24] 為 1 則 GPIO[53] 值為 1)
alt_setbits_word((virtual_base+((uint32_t)(ALT_GPIO1_SWPORTA_DR_ADDR)&(uint32_t)(HW_
REGS_MASK))),BIT_LED);
usleep(500*1000);
// 設定 LED 燈暗 ( 設定 gpio_swporta_dr Bit[24] 為 0 則 GPIO[53] 值為 0)
alt_clrbits_word((virtual_base+((uint32_t)(ALT_GPIO1_SWPORTA_DR_ADDR)&(uint32_t)(HW_
REGS_MASK))),BIT_LED);
usleep(500*1000);
}
// 重複結束
printf( "userkeytest\r\n" );
printf( "presskeytocontrolled\r\n" );

// 一直重複執行 偵測按鍵壓下時 LED 燈亮，放開時 LED 燈滅
while(1){
// 讀取 GPIO1 之 gpio_ext_porta 值
scan_input=alt_read_word((virtual_base+((uint32_t)(ALT_GPIO1_EXT_PORTA_ADDR)&(uint32_
t)(HW_REGS_MASK))));

//usleep(1000*1000);

// 若有按鍵輸入
// 設定 LED 燈亮 ( 設定 gpio_swporta_dr Bit[24] 為 1 則 GPIO[53] 值為 1)
if(~scan_input & BUTTON_MASK)
```

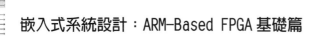

```
alt_setbits_word((virtual_base+((uint32_t)(ALT_GPIO1_SWPORTA_DR_ADDR)&(uint32_t)(HW_
REGS_MASK))), BIT_LED );      0x01000000

// 不然的話，LED 滅
else alt_clrbits_word((virtual_base+((uint32_t)(ALT_GPIO1_SWPORTA_DR_ADDR)&(uint32_t)
(HW_REGS_MASK))),BIT_LED);
            }
            //cleanupourmemorymappingandexit

// 用 munmap 關閉記憶體映射
if(munmap(virtual_base,HW_REGS_SPAN)!=0){
printf( "ERROR:munmap()failed...\n" );
close(fd);
return(1);
}
// 用 close 關閉文件 fd
close(fd);
return(0);
}
```

在本專案程式有使用到「alt_setbits_word」、「alt_clrbits_word」與「alt_read_word」函數，定義在「socal.h」中，檔案路徑在「quartus II 安裝路徑 \embedded\ip\altera\hps\altera_hps\hwlib\include\socal」下。「socal.h」中定義了多種的記憶體的讀與寫函數，讀寫函數區分成 Byte（8 位元）、Half Word（16 位元）、Word（32 位元）與 Double Word（64 位元）。「socal.h」中定義的函數說明整理表 4-8。

表 4-8 「socal.h」中定義的函數說明

函數定義	說明
#define alt_write_byte(dest, src) (*ALT_CAST(volatile uint8_t *, (dest)) = (src))	將 8 位元資料寫至 目標元件記憶體位址 參數 dest – 寫入目標指標位址 參數 src -- 寫入到記憶體 的 8 位元資料
#define alt_read_byte(src) (*ALT_CAST(volatile uint8_t *, (src)))	從來源記憶體位址讀回 8 位元資料 參數 src 讀取來源指標位址 回傳 8 位元值

函數定義	說明
#define alt_write_hword(dest, src) (*ALT_CAST(volatile uint16_t *, (dest)) = (src))	將 16 位元資料寫至 目標元件記憶體位址 參數 dest – 寫入目標指標位址 參數 src -- 寫入到記憶體 的 16 位元資料
#define alt_read_hword(src) (*ALT_CAST(volatile uint16_t *, (src)))	從來源記憶體位址讀回 16 位元資料 參數 src 讀取來源指標位址 回傳 16 位元值
#define alt_write_word(dest, src) (*ALT_CAST(volatile uint32_t *, (dest)) = (src))	將 32 位元資料寫至 目標元件記憶體位址 參數 dest – 寫入目標指標位址 參數 src -- 寫入到記憶體 的 16 位元資料
#define alt_read_word(src) (*ALT_CAST(volatile uint32_t *, (src)))	從來源記憶體位址讀回 32 位元資料 參數 src 讀取來源指標位址 回傳 32 位元值
#define alt_write_dword(dest, src) (*ALT_CAST(volatile uint64_t *, (dest)) = (src))	將 64 位元資料寫至 目標元件記憶體位址 參數 dest – 寫入目標指標位址 參數 src -- 寫入到記憶體 的 16 位元資料
#define alt_read_dword(src) (*ALT_CAST(volatile uint64_t *, (src)))	從來源記憶體位址讀回 64 位元資料 參數 src 讀取來源指標位址 回傳 64 位元值
#define alt_setbits_byte(dest, bits) (alt_write_byte(dest, alt_read_byte(dest) | (bits)))	設定在目標原建記憶體位址八位元其中之一的位址 參數 dest – 目標指標位址 參數 bits – 要被設定的位元
#define alt_clrbits_byte(dest, bits) (alt_write_byte(dest, alt_read_byte(dest) & ~(bits)))	清除在目標原建記憶體位址八位元其中之一的位址 參數 dest – 目標指標位址 參數 bits – 要被清除的位元

函數定義	說明
#define alt_xorbits_byte(dest, bits) (alt_write_byte(dest, alt_read_byte(dest) ^ (bits)))	改變在目標原建記憶體位址八位元其中之一的位址 參數 dest – 目標指標位址 參數 bits – 要被改變的位元
#define alt_replbits_byte(dest, msk, src) (alt_write_byte(dest,(alt_read_byte(dest) & ~(msk)) | ((src) & (msk))))	置換在目標原建記憶體位址八位元其中之一的位址 參數 dest – 目標指標位址 參數 msk – 要被置換的位元 參數 src– 寫入到位元到目標 8 位元中被清除的位元
#define alt_setbits_hword(dest, bits) (alt_write_hword(dest, alt_read_hword(dest) | (bits)))	設定在目標原建記憶體位址十六位元其中之一的位址 參數 dest – 目標指標位址 參數 bits – 要被設定的位元
#define alt_clrbits_hword(dest, bits) (alt_write_hword(dest, alt_read_hword(dest) & ~(bits)))	清除在目標原建記憶體位址十六位元其中之一的位址 參數 dest – 目標指標位址 參數 bits – 要被清除的位元
#define alt_xorbits_hword(dest, bits) (alt_write_hword(dest, alt_read_hword(dest) ^ (bits)))	改變在目標原建記憶體位址十六位元其中之一的位址 參數 dest – 目標指標位址 參數 bits – 要被改變的位元
#define alt_replbits_hword(dest, msk, src) (alt_write_hword(dest,(alt_read_hword(dest) & ~(msk)) | ((src) & (msk))))	置換在目標原建記憶體位址十六位元其中之一的位址 參數 dest – 目標指標位址 參數 msk – 要被置換的位元 參數 src– 寫入到位元到目標十六位元中被清除的位元
#define alt_setbits_word(dest, bits) (alt_write_word(dest, alt_read_word(dest) | (bits)))	設定在目標原建記憶體位址三十二位元其中之一的位址 參數 dest – 目標指標位址 參數 bits – 要被設定的位元

函數定義	說明
#define alt_clrbits_word(dest, bits) (alt_write_word(dest, alt_read_word(dest) & ~(bits)))	清除在目標原建記憶體位址三十二位元其中之一的位址 參數 dest – 目標指標位址 參數 bits – 要被清除的位元
#define alt_xorbits_word(dest, bits) (alt_write_word(dest, alt_read_word(dest) ^ (bits)))	改變在目標原建記憶體位址三十二位元其中之一的位址 參數 dest – 目標指標位址 參數 bits – 要被改變的位元
#define alt_replbits_word(dest, msk, src) (alt_write_word(dest,(alt_read_word(dest) & ~(msk)) | ((src) & (msk))))	置換在目標原建記憶體位址三十二位元其中之一的位址 參數 dest – 目標指標位址 參數 msk – 要被置換的位元 參數 src– 寫入到位元到目標三十二位元中被清除的位元
#define alt_setbits_dword(dest, bits) (alt_write_dword(dest, alt_read_dword(dest) | (bits)))	設定在目標原建記憶體位址六十四位元其中之一的位址 參數 dest – 目標指標位址 參數 bits – 要被設定的位元
#define alt_clrbits_dword(dest, bits) (alt_write_dword(dest, alt_read_dword(dest) & ~(bits)))	清除在目標原建記憶體位址六十四位元其中之一的位址 參數 dest – 目標指標位址 參數 bits – 要被清除的位元
#define alt_xorbits_dword(dest, bits) (alt_write_dword(dest, alt_read_dword(dest) ^ (bits)))	改變在目標原建記憶體位址六十四位元其中之一的位址 參數 dest – 目標指標位址 參數 bits – 要被改變的位元
#define alt_replbits_dword(dest, msk, src) (alt_write_dword(dest,(alt_read_dword(dest) & ~(msk)) | ((src) & (msk))))	置換在目標原建記憶體位址六十四位元其中之一的位址 參數 dest – 目標指標位址 參數 msk – 要被置換的位元 參數 src– 寫入到位元到目標六十四位元中被清除的位元

函數定義	說明
#define alt_indwrite_byte(dest, tmptr, src) {(tmptr)=ALT_CAST(uint8_t*,(dest));(*ALT_CAST(volatile uint8_t*,(tmptr))=(src));}	寫入八位元到目標元件記憶體位址 參數 dest – 寫入目標指標位址 參數 tmptr– 指標指向八位元資料 參數 src– 寫入到記憶體的八位元資料
#define alt_indread_byte(dest, tmptr, src) {(tmptr)=ALT_CAST(uint8_t*,(src));(*ALT_CAST(volatile uint8_t*,(dest))=*(tmptr));}	寫入八位元到目標元件記憶體位址 參數 dest – 寫入目標指標位址 參數 tmptr– 指標指向八位元資料 參數 src– 讀取目標指標位址
#define alt_indwrite_hword(dest, tmptr, src) {(tmptr)=ALT_CAST(uint16_t*,(dest));(*ALT_CAST(volatile uint16_t*,(tmptr))=(src));}	寫入十六位元到目標元件記憶體位址 參數 dest – 寫入目標指標位址 參數 tmptr– 指標指向十六位元資料 參數 src– 寫入到記憶體的十六位元資料
#define alt_indread_hword(dest, tmptr, src) {(tmptr)=ALT_CAST(uint16_t*,(src));(*ALT_CAST(volatile uint16_t*,(dest))=*(tmptr));}	寫入十六位元到目標元件記憶體位址 參數 dest – 寫入目標指標位址 參數 tmptr– 指標指向十六位元資料 參數 src– 讀取目標指標位址
#define alt_indwrite_word(dest, tmptr, src) {(tmptr)=ALT_CAST(uint32_t*,(dest));(*ALT_CAST(volatile uint32_t*,(tmptr))=(src));}	寫入三十二位元到目標元件記憶體位址 參數 dest – 寫入目標指標位址 參數 tmptr– 指標指向三十二位元資料 參數 src– 寫入到記憶體的三十二位元資料
#define alt_indread_word(dest, tmptr, src) {(tmptr)=ALT_CAST(uint32_t*,(src));(*ALT_CAST(volatile uint32_t*,(dest))=*(tmptr));}	寫入三十二位元到目標元件記憶體位址 參數 dest – 寫入目標指標位址 參數 tmptr– 指標指向三十二位元資料 參數 src– 讀取目標指標位址
#define alt_indwrite_dword(dest, tmptr, src) {(tmptr)=ALT_CAST(uint64_t*,(dest));(*ALT_CAST(volatile uint64_t*,(tmptr))=(src));}	寫入六十四位元到目標元件記憶體位址 參數 dest – 寫入目標指標位址 參數 tmptr– 指標指向六十四位元資料 參數 src– 寫入到記憶體的六十四位元資料
#define alt_indread_dword(dest, tmptr, src) {(tmptr)=ALT_CAST(uint64_t*,(src));(*ALT_CAST(volatile uint64_t*,(dest))=*(tmptr));}	寫入六十四位元到目標元件記憶體位址 參數 dest – 寫入目標指標位址 參數 tmptr– 指標指向六十四位元資料 參數 src– 讀取目標指標位址

函數定義	說明
#define alt_cat_compile_assert_text(txta, txtb) txta##txtb	文字串連 參數 txta – 要整合的第一個文字片段 參數 txtb – 要整合的第二個文字片段

控制 HPS 界面 LED 與按鍵專案所需連接之裝置整理如表 4-9 所示。

表 4-9　控制 HPS 界面 LED 與按鍵專案所需之裝置

裝置	說明
電源線	提供 DE1-SoC 板電源
USB 線連接 USB-Blaster II 端口與電腦	提供燒錄
USB 線連接 USB to UART 端口	提供串列通訊
網路線連接網路線插槽	與電腦同一網域
MSEL 開關 SW10[4:0]=10010	DE1-SoC 開發板背面指撥開關

本小節設計流程如圖 4-5 所示，先取得 DE1-SoC 之 IP 位址，再重新編譯產生「hps_gpio」執行檔，再執行檔「hps_gpio」檔傳送到 DE1-SoC 板子上的 Linux 檔案系統中。最後執行「hps_gpio」，控制板子上連接 HPS 的一個壓按開關與一個 LED 燈。

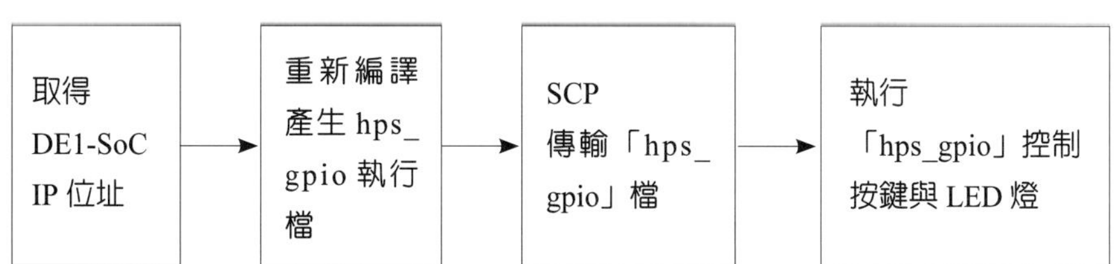

圖 4-5　控制 HPS 界面 LED 與按鍵專案設計流程

控制 HPS 界面 LED 與按鍵專案實作詳細操作步驟如下：

1. 連接裝置：控制 HPS 界面 LED 與按鍵專案所需連接的設備整理如表 4-10 所示。

表 4-10　控制 HPS 界面 LED 與按鍵專案需連接之裝置

確認連接	裝置	說明
✓	電源線	提供 DE1-SoC 板電源
✓	USB 線連接 USB-Blaster II 端口與電腦	提供燒錄
✓	USB 線連接 USB to UART 端口	提供串列通訊
✓	網路線連接網路線插槽	自動取得 IP
✓	MSEL 開關 SW10[4:0]=10010	DE1-SoC 開發板背面指撥開關

2. 檢視連接 COM 埠：至我的電腦中的裝置管理員看是否有在連接埠（COM 和 LPT）下看到有出現 USB to UART 橋接在幾號的 COM 埠。若沒有看到則需在 http://www.ftdichip.com/Drivers/VCP.htm 下載，再重新更新驅動程式，成功安裝之範例如圖 4-6 所示，是接在連接埠 COM7。

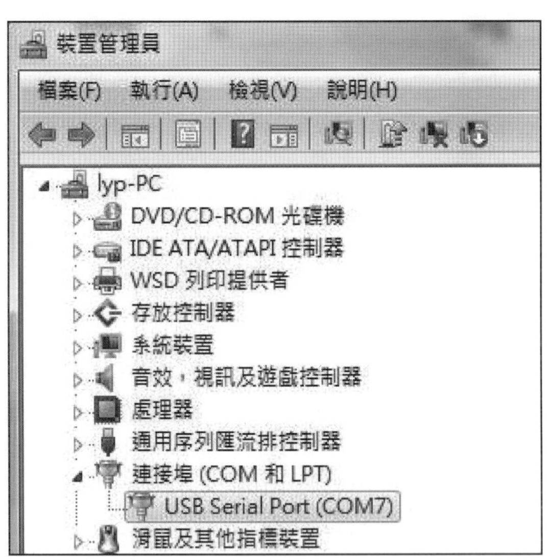

圖 4-6　USB to UART 橋接在 COM7

3. 執行 putty.exe：至網路下載 PuTTY 軟體，下載完後點擊兩下 putty.exe。開啓 putty 之視窗，Serial ，COM7 與 115200 設定與板子之連線，設定如圖 4-7 所示。

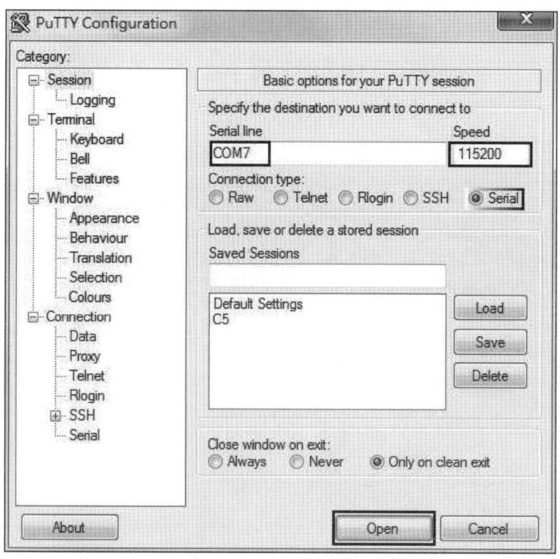

圖 4-7　PuTTY 設定

4. 按 Warm Reset 鍵：確認 micro SD 卡有插在板子上的插槽中。按 Warm Reset 鍵，會看到有 Linux 重開機畫面出現，依序讀取 boot ROM firmware、preloader、U-boot boot loader 與 Linux kernel。Putty 視窗畫面如圖 4-8 所示。

COM7 - PuTTY

```
Freeing unused kernel memory: 340K (806ee000 - 80743000)
usb 1-1: new high-speed USB device number 2 using dwc2
INIT: version 2.88 booting
usb 1-1: New USB device found, idVendor=0424, idProduct=2512
usb 1-1: New USB device strings: Mfr=0, Product=0, SerialNumber=0
hub 1-1:1.0: USB hub found
hub 1-1:1.0: 2 ports detected
Starting Bootlog daemon: bootlogd.
Configuring network interfaces... eth0: device MAC address 66:90:05:1f:41:23
done.
Starting portmap daemon...
Sun Feb 16 09:13:00 UTC 2014
INIT: Entering runlevel: 5
Starting OpenBSD Secure Shell server: sshd
done.
Starting syslogd/klogd: done
Starting Lighttpd Web Server: lighttpd.
Starting blinking LED server
Stopping Bootlog daemon: bootlogd.

Poky 8.0 (Yocto Project 1.3 Reference Distro) 1.3 socfpga ttyS0

socfpga login: libphy: stmmac-0:01 - Link is Up - 10/Full
```

圖 4-8　開機畫面

5. 取得 IP 位址：輸入「ifconfig」可以知道目前取得 DE1-SoC 的 IP 位址，如圖 4-9 所示。圖中顯示 IP 位址為 192.168.1.95。

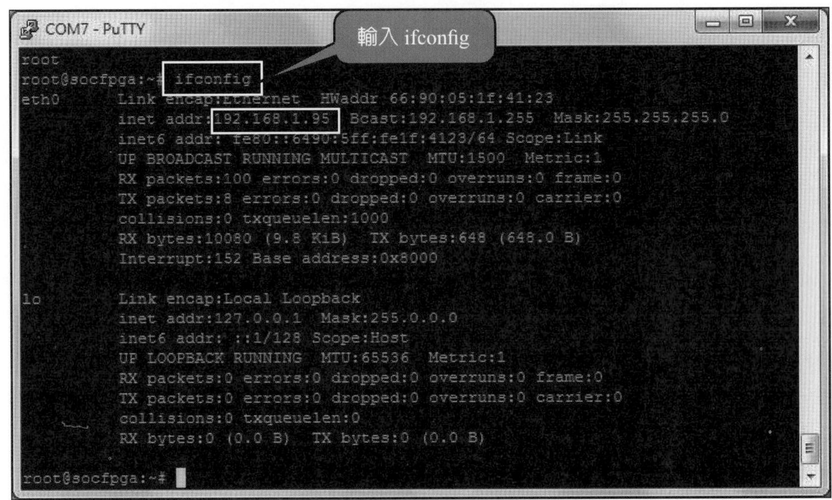

圖 4-9　檢視 IP 位址

6. 編譯程式：在個人電腦端，可以使用 SoC EDS 軟體編譯程式。開啓 Altera 軟體安裝目錄下的「\embedded\Embedded_Command_Shell」檔，如圖 4-10 所示。

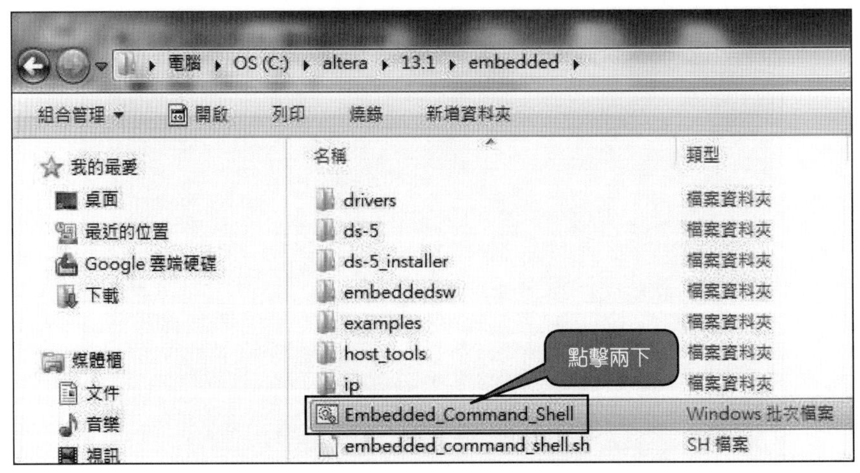

圖 4-10　開啓 Embedded Command Shell

切換至「DE1-SoC/Demonstrations/SoC/hps_gpio/」目錄，先執行 make clean 指令，再執行 make 指令。執行結果如圖 4-11 所示。最後會更新原來目錄中的 hps_gpio 檔，可以至資料夾觀察更新時間。

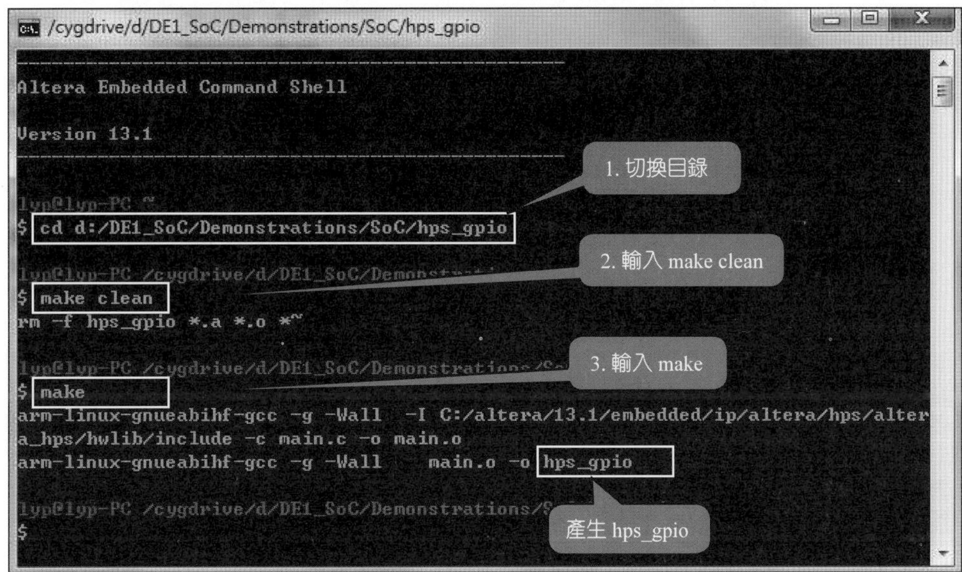

圖 4-11　輸入 make 產生 hps_gpio 檔

7. 傳送 hps_gpio 檔至 DE1-SoC: 在個人電腦上已重新編譯好一個 hps_gpio 可執行檔，可以使用 SoC EDS 的 scp 指令利用網路將檔案傳送至 DE1-SoC 板子上，傳送方式說明如圖 4-12 所示。

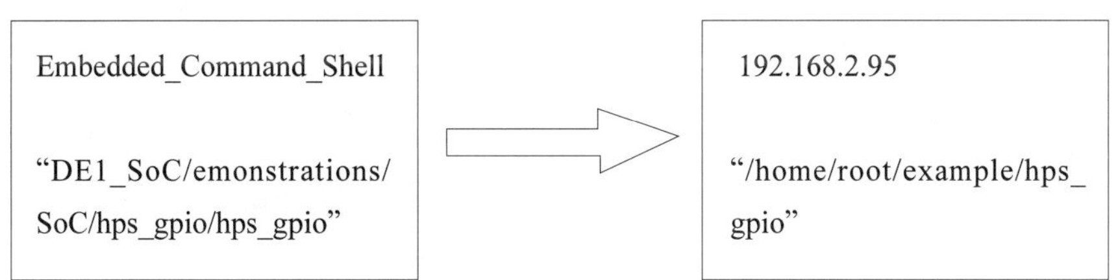

圖 4-12　scp hps_gpio 檔至板子「/home/root/example」目錄下

請先確認 DE1-SoC 板上之系統已有「/home/root/example」目錄（若無請在 PuTTY 視窗用 mkdir /home/root/example 指令）。若是 DE1-SoC 板子取得的 IP 是 192.168.1.95，則輸入指令為「scp hps_gpio root@192.168.1.95:/home/root/example」於命令列提示中，代表將於目前目錄下的 hps_gpio 檔傳送 IP 為 192.168.1.95 的 /home/root/example 目錄下，以 root 登入。若執行 scp 出現訊息為「… Text file busy」，就要看看是否之前的執行程式還未中斷，可以至 DE1-SoC 終端畫面，輸入按鍵盤上的「Ctrl+C」中斷執行程式，再重新於 SoC EDS 命令列中輸入「scp hps_gpio root@192.168.1.95:/home/root/example」於命令列提示中，檔案傳送成功之結果如圖 4-13 所示。

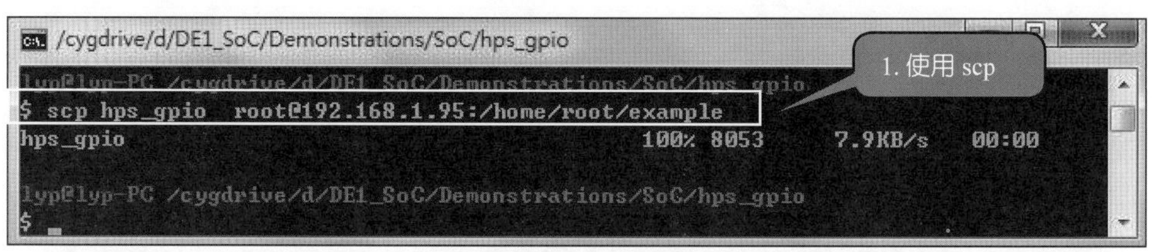

圖 4-13　傳送 hps_gpio 檔至 DE1-SoC

8. 更改板子上 hps_gpio 檔案屬性 : 在 PuTTY 視窗，將 hps_gpio 檔案屬性改為 755，如圖 4-14 所示。

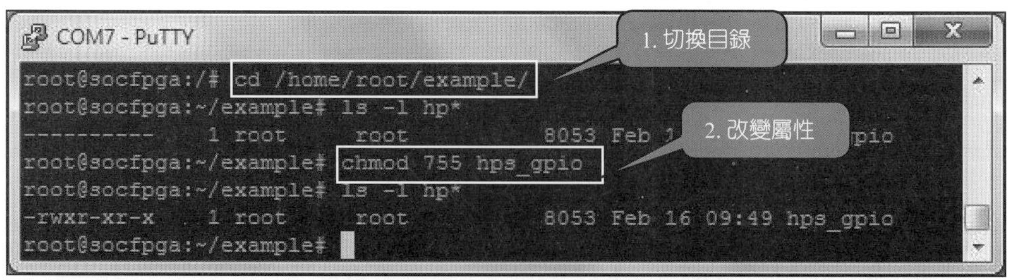

圖 4-14　改變 hps_gpio 檔案屬性 755

9. 執行 hps_gpio：繼續輸入執行程式的指令 ./hps_gpio ，如圖 4-15 所示，執行結果會在終端機上出現文字。

圖 4-15 執行 hps_gpio

HPS_LED 與 HPS_KEY 在 DE1-SoC 板位置如圖 4-16 所示。

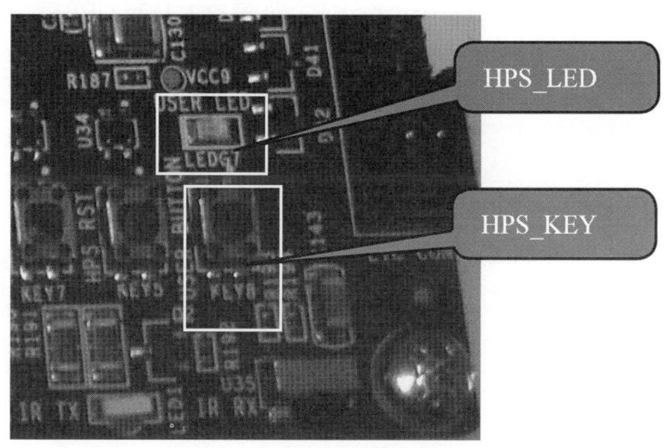

圖 4-16 DE1-SoC 板子上的位置

10. 觀察實驗結果：控制 HPS 界面 LED 與按鍵實驗結果如表 4-11 所示。

表 4-11 控制 HPS 界面 LED 與按鍵實驗結果

周邊	實驗結果
HPS_LED	HPS_LED 燈先亮起 0.5 秒後滅，0.5 秒後再亮起 HPS_LED ，持續 0.5 秒再滅。等待壓下 HPS_KEY 時，HPS_LED 燈會亮。放開 HPS_KEY 時，HPS_LED 滅。
HPS_KEY	HPS_KEY 壓下為 0，壓下 HPS_KEY 時 HPS_LED 亮。放開 HPS_KEY 時，HPS_LED 滅。
終端畫面	輸出字元。 led test the led flash 2 times user key test press key to control led
電腦鍵盤	按 Ctrl+C 跳出

11. 跳出程式：按 Ctrl + C 會跳出應用程式。

4-2 HPS 之 G-sensor 控制專案

本小節介紹 DE1-SoC 開發板光碟中的 Altera SoC Linux 之 C 程式範例，由 HPS 透過 I2C 界面偵測 G-sensor 數值使用方式。透過 Altera Soc Yocto Embedded Linux 內建的 I2C 驅動程式，可以存取 G-sensor 的暫存器。HPS 之 G-sensor 控制專案目錄下的檔案說明如表 4-12 所示。

表 4-12　HPS 之 G-sensor 控制專案目錄中的檔案與說明

檔案	說明	所在目錄
main.c	應用程式原始檔主程式	D:/DE1_SoC/Demonstrations/SoC/hps_gsensor
ADX345.c	Gsensor 相關函式	D:/DE1_SoC/Demonstrations/SoC/hps_gsensor
ADX345.h	Gsensor 相關宣告	D:/DE1_SoC/Demonstrations/SoC/hps_gsensor
Makefile	Makefile	D:/DE1_SoC/Demonstrations/SoC/hps_gsensor
hps_gsensor	可執行檔	D:/DE1_SoC/Demonstrations/SoC/hps_gsensor

HPS 之 G-sensor 控制專案使用來控制 G-sensor 的腳位說明如表 4-13 所示。

表 4-13　HPS 之 G-sensor 控制專案之輸出入埠

訊號名稱	型態	說明
HPS_I2C1_SCLK	輸出入	接 G-sensor 時脈
HPS_I2C1_SDAT	輸出入	接 G-sensor 資料

HPS 之 G-sensor 控制專案之功能區塊圖如圖 4-17 所示。

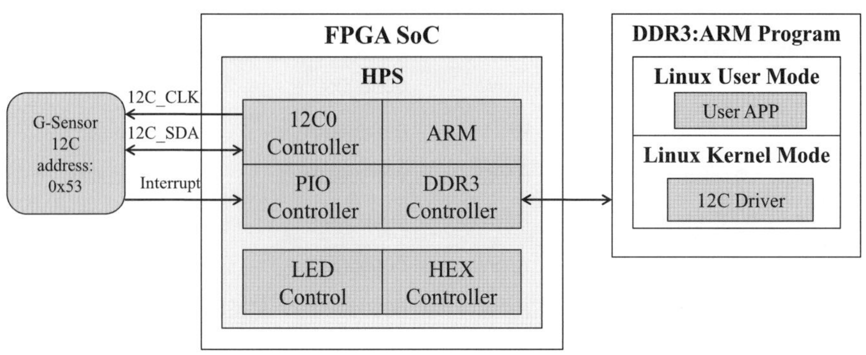

圖 4-17　HPS 之 G-sensor 控制專案區塊圖

4-2-1 G-sensor 控制說明

DE1-SoC 開發板上有配一個 G-sensor ，在 DE1-SoC 光碟中的 /Datasheet/G-Sensor/ 目錄下有這 G-Sensor 的規格書，G-sensor 元件 T 名稱爲 ”ADI ADXL345”，此元件有提供 I2C 與 SPI 界面。在 DE1-SoC 板子上是接在 HPS 的 I2C 接腳上。ADI ADXL345 G-sensor 可供使用者調整解析度最高到 13-bit ± 16g。可以藉由設定 DATA_FORAMT（0x31）暫存器去設定解析度。G-sensor 的 X/Y/Z 値可以從 ADI ADXL345 元件上的暫存器編號 0x32（DATAX0），0x33（DATAX1），0x34（DATAY0），0x35（DATAY1），0x36（DATAZ0）與 0x37（DATAX1）取得。ADI ADXL345 暫存器對應到的設定整理如表 4-14 所示。

表 4-14　ADI ADXL345 暫存器對應到的設定

Address	Name	Type	Reset Value	說明
0x00	Device	R	11100101	元件 ID
0x01 到 0x1C	保留			不能存取
0x1D	THRESH_TAP	R/¯W	00000000	Tap 門檻値
0x1E	OFSX	R/¯W	00000000	X- 軸偏移量
0x1F	OFSY	R/¯W	00000000	Y- 軸偏移量
0x20	OFSZ	R/¯W	00000000	Z- 軸偏移量
0x21	DUR	R/¯W	00000000	Tap 持續時間

Address	Name	Type	Reset Value	說明
0x22	Latent	R/¯W	00000000	Tap 延遲
0x23	Window	R/¯W	00000000	Tap 窗
0x24	THRESH_ACT	R/¯W	00000000	活動臨界值
0x25	THRESH_INACT	R/¯W	00000000	不活動臨界值
0x26	TIME_INACT	R/¯W	00000000	不動作時間
0x27	ACT_INACT_CTL	R/¯W	00000000	對於動作與不活動偵測致能控制
0x28	THRESH_FF	R/¯W	00000000	自由掉落臨界值
0x29	TIME_FF	R/¯W	00000000	自由掉落時間
0x2A	TAP_AXES	R/¯W	00000000	對於單一 tap/ 雙 tap 的軸控制
0x2B	ACT_TAP_STATUS	R	00000000	對於單一 tap/ 雙 tap 的來源
0x2C	BW_RATE	R/¯W	00001010	資料數率與電源模式控制
0x2D	POWER_CTL	R/¯W	00000000	電源節能控制
0x2E	INT_ENABLE	R/¯W	00000000	中斷致能控制
0x2F	INT_MAP	R/¯W	00000000	中斷映對控制
0x30	INT_SOURCE	R	00000010	中斷來源
0x31	DATA_FORMAT	R/¯W	00000000	資料格式控制
0x32	DATAX0	R	00000000	X- 軸 Data0
0x33	DATAX1	R	00000000	X- 軸 Data 1
0x34	DATAY0	R	00000000	Y- 軸 Data0
0x35	DATAY1	R	00000000	X- 軸 Data1
0x36	DATAZ0	R	00000000	Z- 軸 Data0
0x37	DATAZ1	R	00000000	Z- 軸 Data1
0x38	FIFO_CTL	R/¯W	00000000	FIFO 控制
0x39	FIFO_STATUS	R	00000000	FIFO 狀態

建議使用「multiple-byte」讀取所有 TAY 暫存器防止在循序讀取資料時資料會改變.Developer can use the following statement to read 6 bytes of X, Y, or Z value。

圖 6-7 顯示本範例之功能區塊圖。G-sensor 在 DE1_SoC 板是被連接至 HPS 的 I2C0 控制器。這個 G-Sensor I2C 七位元元件位址是 0x53 。此系統 I2C 位元匯

流排驅動器是被用來存取在 G-sensor 中的暫存器檔案。這些 G-sensor 中斷訊號是被連接到 PIO 控制器。在此範例中 . 使用輪循（polling）方法去讀暫存器資料。

這裡列出從 G-sensor 暫存器檔案讀取值的程序藉著使用系統的 I2C 匯流排驅動器：

1. 開啓 I2C 匯流排驅動器「/dev/i2c-0」: file = open（「/dev/i2c-0」, O_RDWR）;
2. 指明 G-sensor 的 I2C 位址 0x53: ioctl（file, I2C_SLAVE, 0x53）;
3. 指明 g-sensor 中的暫存器 : write（file, &Addr8, sizeof（unsigned char））;
4. 讀取一個八位元暫存器值 : read（file, &Data8, sizeof（unsigned char））;

因爲 G-sensor I2C 匯流排是被連接到 I2C0 控制器所以驅動器的名字是「/dev/i2c-0」，關於 I2C0 控制器在 HPS 之設定如圖 4-18 所示。I2C 控制器在系統接腳有 SCL 與 SDA 兩支腳位，如圖 4-19 所示。

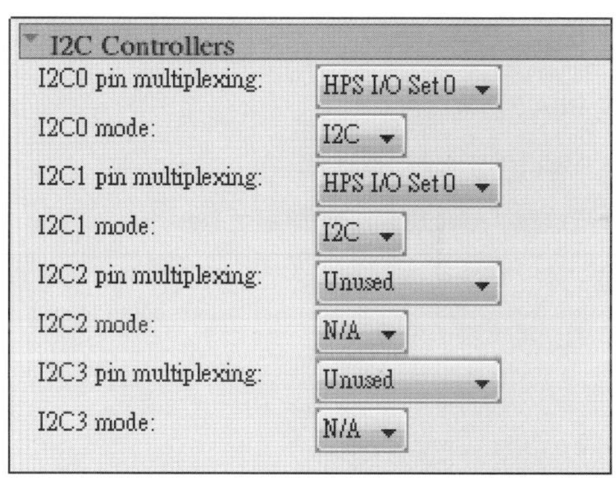

圖 4-18　I2C0 控制器在 HPS 之設定

```
.hps_0_hps_io_hps_io_i2c0_inst_SDA      ( HPS_I2C1_SDAT    ),
.hps_0_hps_io_hps_io_i2c0_inst_SCL      ( HPS_I2C1_SCLK    ),

.hps_0_hps_io_hps_io_i2c1_inst_SDA      ( HPS_I2C2_SDAT    ),
.hps_0_hps_io_hps_io_i2c1_inst_SCL      ( HPS_I2C2_SCLK    ),
```

圖 4-19　系統 I2C 的腳位圖

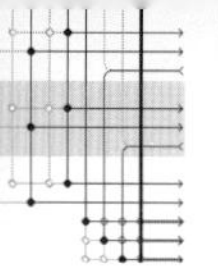

其他 G-sensor 讀取範例整理如表 4-15 所示。

表 4-15　G-sensor 讀取範例

程式	說明
write (file, &Data8, sizeof (unsigned char));	寫入一個數值到一個暫存器
read (file, &szData8, sizeof (szData8));	讀取多位元組值 szData 是陣列
write (file, &szData8, sizeof (szData8));	寫入多位元組值 szData 是陣列

4-2-2 HPS 之 G-sensor 控制專案程式設計

本小節 HPS 之 G-sensor 控制專案目錄下主程式流程如表 4-16 所示。

表 4-16　HPS 之 G-sensor 控制專案主程式流程

流程	主程式流程
1	程式庫宣告
2	ADXL345_REG_WRITE 函數宣告
3	ADXL345_REG_READ 函數宣告
4	ADXL345_REG_MULTI_READ 函數宣告
5	用 open 創建一個檔案「/dev/i2c-0」回傳值至 file
6	若是有輸入兩個字串，將第二個字串轉成整數指定到 max_cnt 變數
7	指定要使用 I2C 通訊的元件的位址
8	初始化 G-sensor
9	讀取 G-sensor 的 ID (ID = E5)
10	印出 G-sensor 的 ID
11	讀回 G-sensor X Y Z 值
12	印出 X 方向數值（szXYZ[0]*4），Y 方向數值（szXYZ[1]*4），Z 方向數值（szXYZ[0]*4）
13	用 close 關閉 file

HPS 之 G-sensor 控制專案「main.c」內容如表 4-17 所示。

表 4-17　HPS 之 G-sensor 控制專案「main.c」內容

```
// 程式庫宣告
#include <errno.h>
#include <string.h>
#include <stdio.h>
#include <stdlib.h>
#include <unistd.h>
#include <linux/i2c-dev.h>
#include <sys/ioctl.h>
#include <sys/types.h>
#include <sys/stat.h>
#include <fcntl.h>
#include "hwlib.h"
#include "ADXL345.h"

// 函數宣告
// ADXL345_REG_WRITE 函數宣告
bool ADXL345_REG_WRITE(int file, uint8_t address, uint8_t value){
        bool bSuccess = false;
        uint8_t szValue[2];

        //writetodefineregister
        szValue[0]=address;
        szValue[1]=value;
        if( write(file,&szValue,sizeof(szValue) )==sizeof(szValue)){
        bSuccess=true;
        }                              寫入數值到一個暫存器
        return bSuccess;
}

// 函數宣告
// ADXL345_REG_READ 函數宣告

bool ADXL345_REG_READ(int file,uint8_t  address, uint8_t *value){
        bool bSuccess=false;
        uint8_t Value;                   寫入數值到一個暫存器

        //writetodefineregister
        if( write(file,&address,sizeof(address) )==sizeof(address)){
```

```
		//readbackvalue
		if( read(file,&Value,sizeof(Value) )==sizeof(Value)){
		*value=Value;
		bSuccess=true;                    讀回值
		}
		}


		return bSuccess;
}

// 函數宣告
// ADXL345_REG_MULTI_READ 函數宣告

bool ADXL345_REG_MULTI_READ(int file,uint8_t readaddr,uint8_t readdata[],uint8_t len){
		bool bSuccess=false;             寫入數值到一個暫存器
		//writetodefineregister
		if( write(file,&readaddr,sizeof(readaddr) )==sizeof(readaddr)){
				//readbackvalue
				if( read(file,readdata,len )==len){
				bSuccess=true;
		}                                      讀回值
		}
		return bSuccess;
}
// 主程式
int main(int argc, char *argv[]){

		int file;
		const char *filename="/dev/i2c-0";       宣告檔案名為 I2C-0 驅動程式
		uint8_t id;
		bool bSuccess;
		const int mg_per_digi=4;
		uint16_t szXYZ[3];
		int cnt=0,max_cnt=0;

		printf( "=====gsensortest=====\r\n" );
// 若是有輸入兩個字串，將第二個字串轉成整數指定到 max_cnt 變數
```

```
        if(argc==2){
                max_cnt=atoi(argv[1]);        將輸入字串存入變數 max_cnt
        }
                                              用 open 創建一個檔案 "/
                                              dev/i2c-0" 回傳值至 file

        //openbus
// 用 open 創建一個檔案" /dev/i2c-0" 回傳值至 file
        if((file=open(filename,O_RDWR))<0){
        /*ERROR HANDLING:you can check err no to see what went wrong*/
        perror("Failedtoopenthei2cbusofgsensor");
        exit(1);
        }

        //init
        //gsensor i2c address:101_0011
    //gsensor i2c 位址 0x53
        int addr=0b01010011;  //0x53          宣告變數 addr 為 0x53

                                              指明 G-sensor 的 I2C 位
// 指定要使用 I2C 通訊的元件的位址               址 0x53

        if( ioctl(file,I2C_SLAVE,addr ) <0)
    {
        printf("Failed to acquire bus access and/or talk to slave.\n");
        /*ERROR HANDLING;you can check err no to see what went wrong*/
        exit(1);
        }

//configure accelerometer as+-2 g and start measure
// 初始化 G-sensor
bSuccess=ADXL345_Init( file );               初始化 G-sensor
if(bSuccess){
//dump chip id
// 讀取 G-sensor 的 ID (ID = E5)
bSuccess=ADXL345_IdRead( file, &id );        讀取 G-sensor 的 ID
if(bSuccess)
printf("id=%02Xh\r\n", id );                 印出 G-sensor 的 ID
}
//
```

```
while(bSuccess&&(max_cnt==0| | cnt<max_cnt)){
if(ADXL345_IsDataReady(file)){
bSuccess=ADXL345_XYZ_Read( file, szXYZ );
if(bSuccess){
        cnt++;                          讀回 X Y Z 值

// 印出 X, Y, Z 方向 G-sensor 數值
 szXYZ[0] 為 X 方向數值，szXYZ[1] 為 Y 方向數值，szXYZ[0] 為 Z 方向數值
printf( "[%d]X=%dmg,Y=%dmg,Z=%dmg\r\n" ,cnt,(int16_t)szXYZ[0]*mg_per_digi,(int16_t)
szXYZ[1]*mg_per_digi,(int16_t)szXYZ[2]*mg_per_digi);

//show raw data,
//printf( "X=%04x,Y=%04x,Z=%04x\r\n" ,(alt_u16)szXYZ[0],(alt_u16)szXYZ[1],(alt_u16)
szXYZ[2]);
usleep(1000*1000);
}
}
}

if(!bSuccess)
printf( "Failed to access accelerometer\r\n" );

// 用 close 關閉 file
if(file)
        close(file);        用 close 關閉 file

printf( "gsensor,bye!\r\n" );
return 0;

}
```

本小節設計流程如圖 4-20 所示，先取得 DE1-SoC 之 IP 位址，再重新編譯產生「gsensor」執行檔，再執行檔「gsensor」檔傳送到 DE1-SoC 板子上的 Linux 檔案系統中。最後執行「gsensor」，控制板子上連接 HPS 的一個 G-sensor。

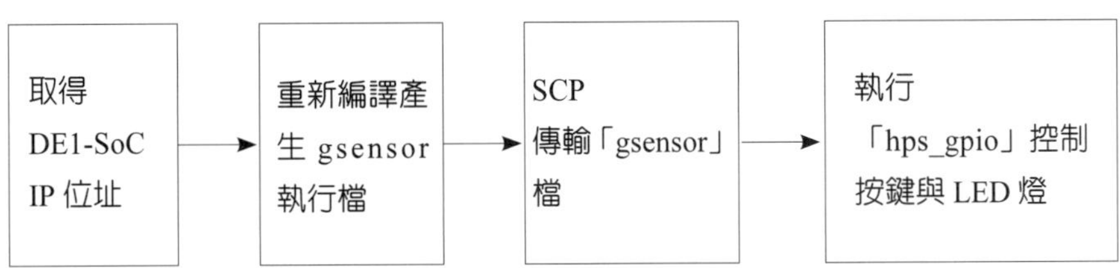

圖 4-20　HPS 之 G-sensor 控制專案設計流程

HPS 之 G-sensor 控制專案實作詳細操作步驟如下：

1. 連接裝置：HPS 之 G-sensor 控制專案所需連接的設備整理如表 4-18 所示。

表 4-18　HPS 之 G-sensor 控制專案需連接之裝置

確認連接	裝置	說明
✓	電源線	提供 DE1-SoC 板電源
✓	USB 線連接 USB-Blaster II 端口與電腦	提供燒錄
✓	USB 線連接 USB to UART 端口	提供串列通訊
✓	網路線連接網路線插槽	自動取得 IP
✓	MSEL 開關 SW10[4:0]=10010	DE1-SoC 開發板背面指撥開關

2. 檢視連接 COM 埠：至我的電腦中的裝置管理員看是否有在連接埠（COM 和 LPT）下看到有出現 USB to UART 橋接在幾號的 COM 埠。若沒有看到則需從 FT232R USB UART 驅動程式在 http://www.ftdichip.com/Drivers/VCP.htm 下載，再重新更新驅動程式，在此以接在連接埠 COM7 爲例。
3. 執行 putty.exe：至網路下載 PuTTY 軟體，下載完後點擊兩下 putty.exe。開啓 putty 之視窗，以 Serial，COM7 與 115200 設定與板子之連線。
4. 按 Warm Reset 鍵：確認 micro SD 卡有插在板子上的插槽中。按 Warm Reset 鍵，會看到有 Linux 重開機畫面出現，依序讀取 boot ROM firmware、preloader、U-boot boot loader 與 Linux kernel。
5. 取得 IP 位址：輸入「ifconfig」可以知道目前取得 DE1-SoC 的 IP 位址，本範例之 IP 位址爲 192.168.1.95。
6. 編譯程式：在個人電腦端，可以使用 SoC EDS 軟體編譯程式。開啓 Al-

tera 軟體安裝目錄下的「\embedded\Embedded_Command_Shell」檔。切換至「DE1-SoC/Demonstrations/SoC/hps_gsensor/」目錄，先執行 make clean 指令，再執行 make 指令，如圖 4-21 所示。最後會更新原來目錄中的 gsensor 檔，可以至資料夾觀察更新時間。

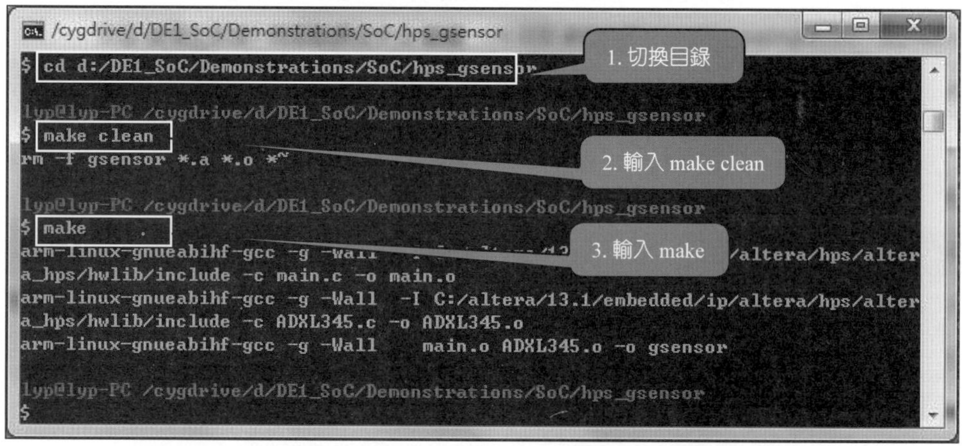

圖 4-21　切換至 HPS 之 G-sensor 控制專案目錄執行 make

7. 傳送 gsensor 檔至 DE1-SoC：在個人電腦上已重新編譯好一個 gsensor 執行檔，可以使用 SoC EDS 的 scp 指令利用網路將檔案傳送至 DE1-SoC 板子上，傳送方式說明如圖 4-22 所示。

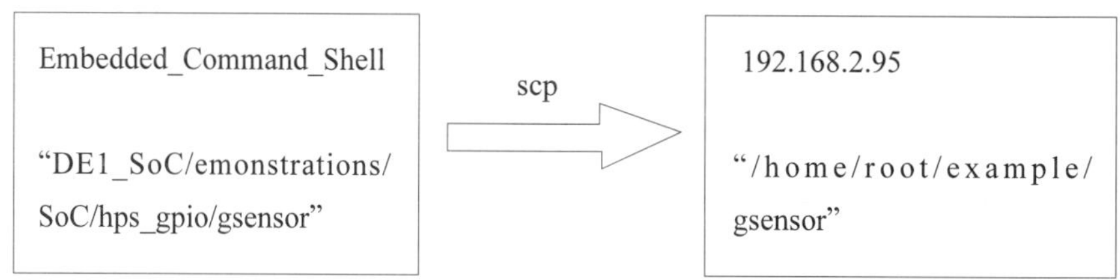

圖 4-22　scp gsensor 檔至板子「/home/root/example」目錄下

請先確認 DE1-SoC 板上之系統已有「/home/root/example」目錄（若無請在 PuTTY 視窗用 mkdir /home/root/example 指令）。若是 DE1-SoC 板子取得的 IP 是 192.168.1.95，則輸入指令為「scp gsensor root@192.168.1.95:/

home/root/example」於命令列提示中，代表將於目前目錄下的 gsensor 檔傳送 IP 為 192.168.1.95 的 /home/root/example 目錄下，以 root 登入。若執行 scp 出現訊息為「… Text file busy」，就要看看是否之前的執行程式還未中斷，可以至 DE1-SoC 終端畫面，輸入按鍵盤上的「Ctrl+C」中斷執行程式，再重新於 SoC EDS 命令列中輸入「scp gsensor root@192.168.1.95:/home/root/example」於命令列提示中，檔案傳送成功之結果如圖 4-23 所示。

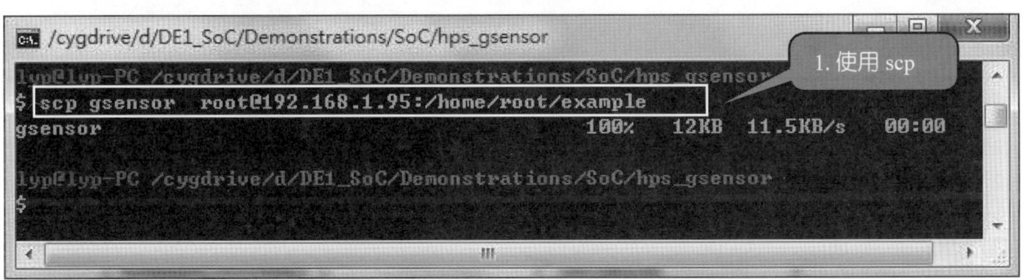

圖 4-23 傳送 gsensor 檔至 DE1-SoC

8. 更改板子上 gsensor 檔案屬性 : 在 PuTTY 視窗，將 gsensor 檔案屬性改為 755，如圖 4-24 所示。

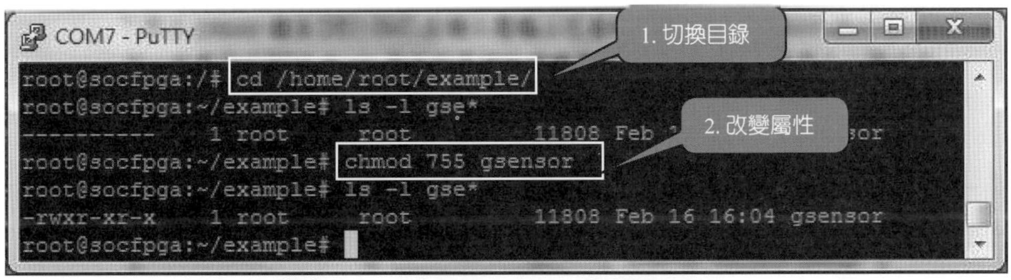

圖 4-24 改變 gsensor 檔案屬性 755

9. 執行 gsensor: 繼續輸入執行程式的指令 ./gsensor ，如圖 4-25 所示，執行結果會在終端機上出現文字。

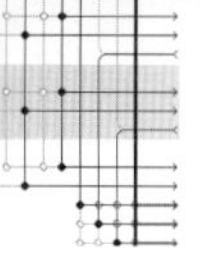

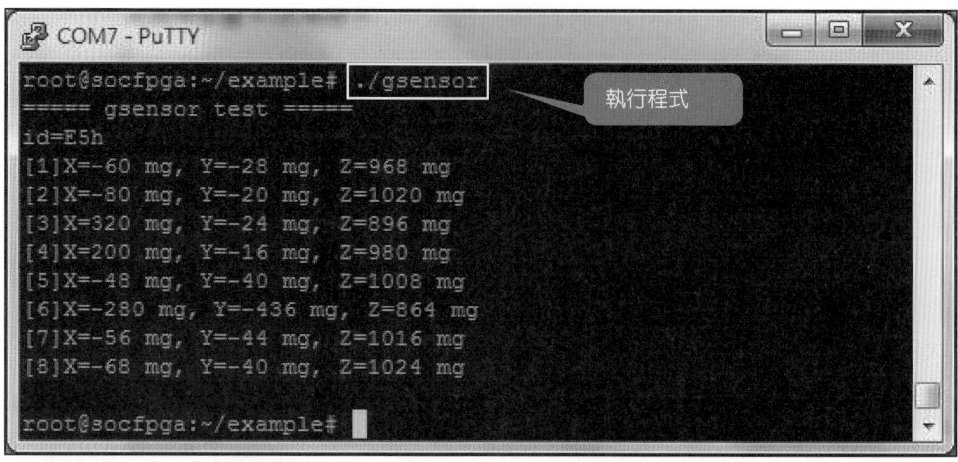

圖 4-25　HPS 之 G-sensor 控制專案執行結果

實驗結果整理於表 4-19 所示。按 Ctrl + C 會跳出應用程式。

表 4-19　HPS 之 G-sensor 控制專案實驗結果

周邊	實驗結果
終端畫面	輸出字元。 ===== gsensor test ===== Id=E5h 將板子往左擺再往右擺，輸出字元會改變 X, Y, Z 的值
電腦鍵盤	按 Ctrl+C 跳出

4-3 由 FPGA 周邊 LED 與七段顯示器顯示 HPS 界面 G-sensor 數值

本小節結合 4-2 的 Gsensor 範例與 3-1 小節的 FPGA 的周邊 6 個七段顯示器與十個 LED，設計使在 HPS 周邊的 Gsensor 之數值透過 AXI 界面顯示在 FPGA 端的七段顯示器，10 個 LED 燈也會隨著 Gsensor 位置而有不同的狀態。七段顯示器預期實驗成果如表 4-20 所示。LED 燈預期實驗成果如表 4-21 與表 4-22 所示。

表 4-20　由 FPGA 周邊七段顯示器顯示 HPS 界面 G-sensor 數值

Gsensor			七段顯示器					
X	Y	Z	HEX_5	HEX_4	HEX_3	HEX_2	HEX_1	HEX_0
Xmg	Ymg	Zmg	X 值的十六進制					

表 4-21　使用 HPS 界面 G-sensor 控制 FPGA 周邊 LED

Gsensor	LEDR									
X	[9]	[8]	[7]	[6]	[5]	[4]	[3]	[2]	[1]	[0]
X>=900 (左邊提高)	1 (亮)	0 (暗)	0 (暗)	0 (暗)	0 (暗)	0 (暗)	0 (暗)	0 (暗)	0 (暗)	0 (暗)
900>X>=800	1 (亮)	1 (亮)	0 (暗)	0 (暗)	0 (暗)	0 (暗)	0 (暗)	0 (暗)	0 (暗)	0 (暗)
800>X>=700	0 (暗)	1 (亮)	0 (暗)	0 (暗)	0 (暗)	0 (暗)	0 (暗)	0 (暗)	0 (暗)	0 (暗)
700>X>=600	0 (暗)	1 (亮)	1 (亮)	0 (暗)	0 (暗)	0 (暗)	0 (暗)	0 (暗)	0 (暗)	0 (暗)
600>X>=500	0 (暗)	0 (暗)	1 (亮)	0 (暗)	0 (暗)	0 (暗)	0 (暗)	0 (暗)	0 (暗)	0 (暗)
500>X>=400	0 (暗)	0 (暗)	1 (亮)	1 (亮)	0 (暗)	0 (暗)	0 (暗)	0 (暗)	0 (暗)	0 (暗)
400>X>=300	0 (暗)	0 (暗)	0 (暗)	1 (亮)	0 (暗)	0 (暗)	0 (暗)	0 (暗)	0 (暗)	0 (暗)
300>X>=200	0 (暗)	0 (暗)	0 (暗)	1 (亮)	1 (亮)	0 (暗)	0 (暗)	0 (暗)	0 (暗)	0 (暗)
200>X>=100	0 (暗)	0 (暗)	0 (暗)	0 (暗)	1 (亮)	0 (暗)	0 (暗)	0 (暗)	0 (暗)	0 (暗)
100>X>=0	0 (暗)	0 (暗)	0 (暗)	0 (暗)	1 (亮)	1 (亮)	0 (暗)	0 (暗)	0 (暗)	0 (暗)

表 4-22　使用 HPS 界面 G-sensor 控制 FPGA 周邊 LED

Gsensor	LEDR									
X	[9]	[8]	[7]	[6]	[5]	[4]	[3]	[2]	[1]	[0]
X<=-900 （右邊提高）	0 （暗）	0 （暗）	0 （暗）	0 （暗）	0 （暗）	0 （暗）	0 （暗）	0 （暗）	0 （暗）	1 （亮）
-900<X<=-800	0 （暗）	0 （暗）	0 （暗）	0 （暗）	0 （暗）	0 （暗）	0 （暗）	0 （暗）	1 （亮）	1 （亮）
-800<X<=-700	0 （暗）	0 （暗）	0 （暗）	0 （暗）	0 （暗）	0 （暗）	0 （暗）	0 （暗）	1 （亮）	0 （暗）
-700>X<=-600	0 （暗）	0 （暗）	0 （暗）	0 （暗）	0 （暗）	0 （暗）	0 （暗）	1 （亮）	1 （亮）	0 （暗）
-600<X<=-500	0 （暗）	0 （暗）	0 （暗）	0 （暗）	0 （暗）	0 （暗）	0 （暗）	1 （亮）	0 （暗）	0 （暗）
-500<X<=-400	0 （暗）	0 （暗）	0 （暗）	0 （暗）	0 （暗）	0 （暗）	1 （亮）	1 （亮）	0 （暗）	0 （暗）
-400<X<=-300	0 （暗）	0 （暗）	0 （暗）	0 （暗）	0 （暗）	0 （暗）	1 （亮）	0 （暗）	0 （暗）	0 （暗）
-300>X<=-200	0 （暗）	0 （暗）	0 （暗）	0 （暗）	0 （暗）	1 （亮）	1 （亮）	0 （暗）	0 （暗）	0 （暗）
-200<X<=-100	0 （暗）	0 （暗）	0 （暗）	0 （暗）	0 （暗）	1 （亮）	0 （暗）	0 （暗）	0 （暗）	0 （暗）
-100<X<=0	0 （暗）	0 （暗）	0 （暗）	0 （暗）	1 （亮）	1 （亮）	0 （暗）	0 （暗）	0 （暗）	0 （暗）

同時 Gsensor 的 X- 軸的值控制 10 顆 LED 燈，會呈現像水平儀中的泡泡一樣隨著板子傾斜的程度往上方浮現，如圖 4-26 所示。

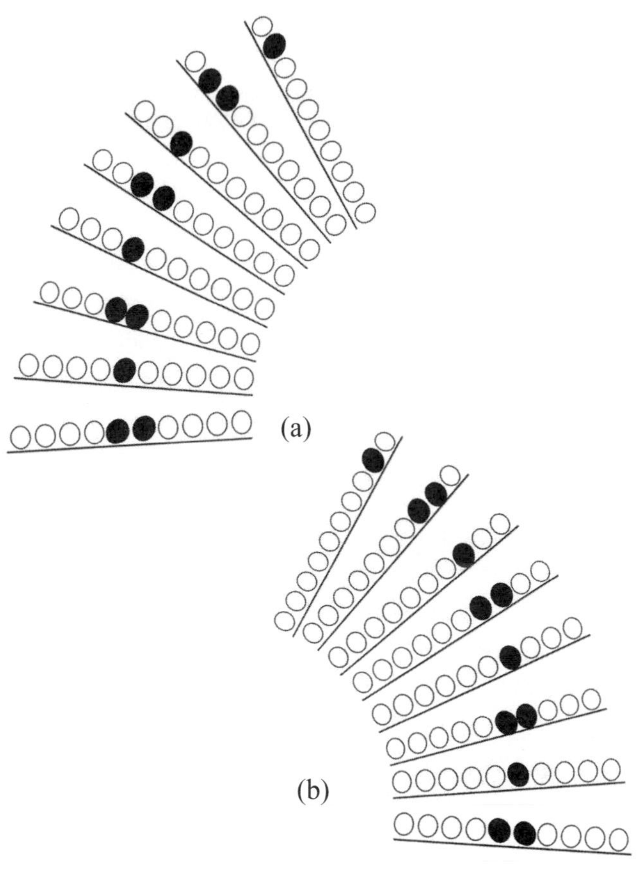

圖 4-26　傾斜程度控制 LED 燈示意圖 (a) 左邊提高 (b) 右邊提高

由 FPGA 周邊 LED 與七段顯示器顯示 HPS 界面 G-sensor 數值專案目錄中檔案說明如表 4-23 所示。

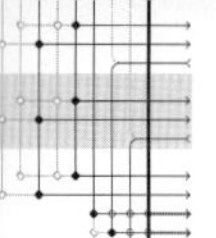

表 4-23　由 FPGA 周邊 LED 與七段顯示器顯示 HPS 界面 G-sensor 數值專案目錄中的檔案與說明

檔案	說明	所在目錄
main.c	應用程式原始檔主程式	D:/DE1_SoC/lyp/Gsensor_LED_HEX/，從"D:/DE1_SoC/Demonstrations/SoC/hps_gsensor/main.c"結合"D:/DE1_SoC/Demonstrations/SOC_FPGA/ HPS_LED_HEX/LED_HEX_software/HPS_LED_HEX/main.c"再修改
seg7.c	應用程式原始檔七段顯示器控制函數程式庫	D:/DE1_SoC/lyp/Gsensor_LED_HEX/，從"D:/DE1_SoC/Demonstrations/SOC_FPGA/HPS_LED_HEX/LED_HEX_software/HPS_LED_HEX"目錄複製 seg7.c
seg7.h	應用程式原始檔七段顯示器控制函數程式庫	D:/DE1_SoC/lyp/Gsensor_LED_HEX/，從"D:/DE1_SoC/Demonstrations/SOC_FPGA/HPS_LED_HEX/LED_HEX_software/HPS_LED_HEX"目錄複製 seg7.h
led.c	應用程式原始檔 LED 控制函數程式庫	D:/DE1_SoC/lyp/Gsensor_LED_HEX/，從"D:/DE1_SoC/Demonstrations/SOC_FPGA/HPS_LED_HEX/LED_HEX_software/HPS_LED_HEX"目錄複製 led.c
led.h	應用程式原始檔 LED 控制函數程式庫	D:/DE1_SoC/lyp/Gsensor_LED_HEX/，從"D:/DE1_SoC/Demonstrations/SOC_FPGA/HPS_LED_HEX/LED_HEX_software/HPS_LED_HEX"目錄複製 led.h
hps_0.h	Qsys 中各組件的位址等資訊	D:/DE1_SoC/lyp/Gsensor_LED_HEX/，從"D:/DE1_SoC/Demonstrations/SOC_FPGA/HPS_LED_HEX/LED_HEX_software/HPS_LED_HEX"目錄複製 hps_0.h
ADXL345.c	G-sensor 相關函式	D:/DE1_SoC/lyp/Gsensor_LED_HEX/，從"D:/DE1_SoC/Demonstrations/SOC/hps_gsensor"目錄複製 ADXL345.c
ADXL345.h	G-sensor 相關宣告	D:/DE1_SoC/lyp/Gsensor_LED_HEX/，從"D:/DE1_SoC/Demonstrations/SOC/hps_gsensor"目錄複製 ADXL345.h
Makefile	Makefile	D:/DE1_SoC/lyp/Gsensor_LED_HEX/，從"D:/DE1_SoC/Demonstrations/SOC_FPGA/HPS_LED_HEX/LED_HEX_software/HPS_LED_HEX"目錄複製 Makefile 再修改
Gsensor_LED_HEX	可執行檔	D:/DE1_SoC/lyp/Gsensor_LED_HEX/

由 FPGA 周邊 LED 與七段顯示器顯示 HPS 界面 G-sensor 數值專案之輸出入埠如表 4-24 所示。

表 4-24　由 FPGA 周邊 LED 與七段顯示器顯示 HPS 界面 G-sensor 數值專案之輸出入埠

訊號名稱	型態	說明
HPS_I2C1_SCLK	輸出入	接 G-sensor 時脈
HPS_I2C1_SDAT	輸出入	接 G-sensor 資料
LEDR[9..0]	輸出	接十個紅色 LED 燈
HEX5	輸出	接七段顯示器
HEX4	輸出	接七段顯示器
HEX3	輸出	接七段顯示器
HEX2	輸出	接七段顯示器
HEX1	輸出	接七段顯示器
HEX0	輸出	接七段顯示器

由 FPGA 周邊 LED 與七段顯示器顯示 HPS 界面 G-sensor 數值專案之功能區塊圖如圖 4-27 所示。

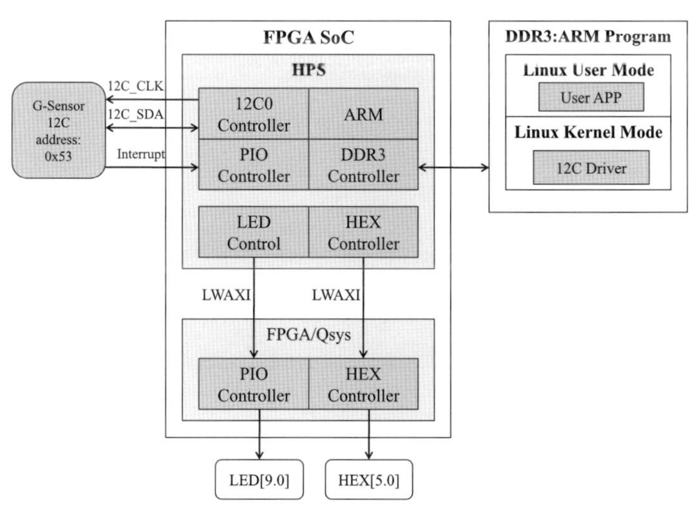

圖 4-27　由 FPGA 周邊 LED 與七段顯示器顯示 HPS 界面 G-sensor 數值專案架構圖

以下將循序漸進結合 3-1 之範例與 4-2 之範例，於 4-3-1 介紹 G-sensor 的 X 值控制 LED 燈全亮或全滅的程式設計。4-3-2 介紹 G-sensor 的 X 值控制 LED 燈如 4-24 圖的泡泡往浮的控制程式。

4-3-1 G-sensor 的 X 值控制 LED 燈全亮或全滅

本範例將 G-sensor 感測數值的 X 方向值顯示在七段顯示器上，並判斷 X 方向的加速度值爲大於 0 時，10 個 LED 燈會亮。本小節動作設計如表 4-25 所示。

表 4-25　G-sensor 的 X 值控制 LED 燈全亮或全滅

動作	LEDR9~LEDR0	七段顯示器
傾斜 DE1-SoC 板	當 X 值 >=0，LEDR 全亮。 當 X 值 <0，LEDR 全滅。	以十六進制顯示 G-sensor 的 X 值

本範例 G-sensor 的 X 值控制 LED 燈全亮或全滅之主程式的程式架構分爲幾個部分，如表 4-26 所示。

表 4-26　G-sensor 的 X 值控制 LED 燈全亮或全滅程式架構

區	程式架構
1	程式庫宣告
2	ADXL345_REG_WRITE 函數宣告
3	ADXL345_REG_READ 函數宣告
4	ADXL345_REG_MULTI_READ 函數宣告
5	參數定義
6	基底位址變數宣告
7	led_blink 函數宣告（LEDR 燈輪流點亮與熄滅函數）
8	LEDR_Bubble 函數宣告
9	主程式

G-sensor 的 X 值控制 LED 燈全亮或全滅專案「main.c」主程式流程如表 4-27 所示。

表 4-27　G-sensor 的 X 值控制 LED 燈全亮或全滅專案主程式流程說明

流程	主程式流程
1	用 open 創建一個檔案回傳值至 fd
2	若是有輸入兩個字串，將第二個字串轉成整數指定到 max_cnt 變數
3	用 open 創建一個檔案 "/dev/i2c-0" 回傳值至 file
4	指定要使用 I2C 通訊的元件的位址
5	初始化 G-sensor
7	讀取 G-sensor 的 ID（ID = E5）
8	印出 G-sensor 的 ID
9	讀回 G-sensor X Y Z 值
10	印出 X 方向數值（szXYZ[0]*4），Y 方向數值（szXYZ[1]*4），Z 方向數值（szXYZ[0]*4），以 10 進制表示。
11	印出 X 方向數值（szXYZ[0]*4），Y 方向數值（szXYZ[1]*4），Z 方向數值（szXYZ[0]*4），以 16 進制表示。
12	七段顯示器顯示 G-sensor X,Y,Z 方向值 , 以 16 進制表示
13	G-sensor X 值控制 LED 燈顯示全亮（當 X 值 >=0 時）或全暗（當 X 值 <0 時）
14	用 close 關閉 file
15	用 munmap 關閉記憶體映射

G-sensor 的 X 值控制 LED 燈全亮或全滅專案重點程式說明如表 4-28 所示。

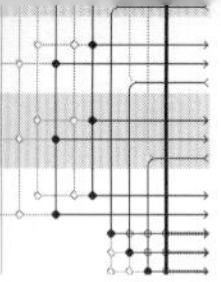

表 4-28　G-sensor 的 X 值控制 LED 燈全亮或全滅專案重點程式說明

<table>
<tr><th>程式</th><th>說明</th></tr>
<tr><td><pre>void LEDR_Bubble(int16_t Gsensor_X)
{
 if (Gsensor_X>=0)
  {
   alt_write_word(h2p_lw_led_addr, 0x3FF);
//0:ligh, 1:unlight
  }
 else
  {
   alt_write_word(h2p_lw_led_addr, 0x000);
//0:ligh, 1:unlight
}
}</pre></td><td>LEDR_Bubble 函式：
當 G-sensor 的 X 值 >=0，寫入全 1 至 LED 燈，LEDR 全亮。

當 G-sensor 的 X 值 <0,，寫入全 0 至 LED 燈，LEDR 滅。</td></tr>
<tr><td>printf("X=%04x, Y=%04x, Z=%04x\r\n", (uint16_t)szXYZ[0]*mg_per_digi, (uint16_t)szXYZ[1]*mg_per_digi,(uint16_t)szXYZ[2]*mg_per_digi);</td><td>列印出 Gsensor 的 X 值與 Y 與 Z 的值，列印格式為 16 進制</td></tr>
<tr><td>SEG7_Hex((uint16_t)szXYZ[0]*mg_per_digi, 0); //X</td><td>呼叫 SEG7_Hex 函數，定義在 seg7.c 中。

將 G-sensor 的 X 數值 *4 以 16 進制顯示在七段顯示器上。</td></tr>
<tr><td>LEDR_Bubble((int16_t)szXYZ[0]*mg_per_digi); //X</td><td>呼叫 LEDR_Bubble 函式，傳入變數值為 Gsensor 的 X 值 (int16_t)szXYZ[0]*mg_per_digi</td></tr>
</table>

G-sensor的X值控制LED燈全亮或全滅專案「main.c」主程式如表4-29所示。

表 4-29　G-sensor 的 X 值控制 LED 燈全亮或全滅專案主程式

```
// 程式庫宣告
#include <errno.h>
#include <string.h>
#include <stdio.h>
#include <stdlib.h>
#include <unistd.h>
#include <linux/i2c-dev.h>
#include <sys/ioctl.h>
#include <sys/types.h>
#include <sys/stat.h>
#include <fcntl.h>
#include "hwlib.h"
#include "ADXL345.h"

#include <time.h>
#include <sys/mman.h>
#include "socal/socal.h"
#include "socal/hps.h"
#include "socal/alt_gpio.h"
#include "hps_0.h"
#include "led.h"
#include "seg7.h"
#include <stdbool.h>
#include <pthread.h>

// ADXL345_REG_WRITE 函數宣告
bool ADXL345_REG_WRITE(int file, uint8_t address, uint8_t value){
        bool bSuccess = false;
        uint8_t szValue[2];

        // write to define register
        szValue[0] = address;
        szValue[1] = value;
        if (write(file, &szValue, sizeof(szValue)) == sizeof(szValue)){
                        bSuccess = true;
        }
        return bSuccess;
```

ADXL345_REG_WRITE 函數宣告

ADXL345_REG_READ 函數宣告

```
}
// ADXL345_REG_READ 函數宣告
bool ADXL345_REG_READ(int file, uint8_t address,uint8_t *value){
        bool bSuccess = false;
        uint8_t Value;

        // write to define register
        if (write(file, &address, sizeof(address)) == sizeof(address)){

                // read back value
                if (read(file, &Value, sizeof(Value)) == sizeof(Value)){
                        *value = Value;
                        bSuccess = true;
                }
        }
        return bSuccess;
}
```

ADXL345_REG_MULTI_READ 函數宣告

```
// ADXL345_REG_MULTI_READ 函數宣告
bool ADXL345_REG_MULTI_READ(int file, uint8_t readaddr,uint8_t readdata[], uint8_t len){
        bool bSuccess = false;

        // write to define register
        if (write(file, &readaddr, sizeof(readaddr)) == sizeof(readaddr)){
                // read back value
                if (read(file, readdata, len) == len){
                        bSuccess = true;
                }
        }
        return bSuccess;
}
```

參數定義

```
// 參數定義
#define HW_REGS_BASE ( ALT_STM_OFST )
#define HW_REGS_SPAN ( 0x04000000 )
#define HW_REGS_MASK ( HW_REGS_SPAN - 1 )
```

基底位址變數宣告

```
// 基底位址變數宣告
volatile unsigned long *h2p_lw_led_addr=NULL;
```

```
volatile unsigned long *h2p_lw_hex_addr=NULL;

// led_blink 函數宣告                led_blink 函數宣告
void led_blink(void)
{
          int i=0;
          while(1){
            printf( "LED ON \r\n" );
            for(i=0;i<=10;i++){
                          LEDR_LightCount(i);
                          usleep(100*1000);
                      }
            printf( "LED OFF \r\n" );
            for(i=0;i<=10;i++){
                          LEDR_OffCount(i);
                          usleep(100*1000);
                      }
          }
}                                      LEDR_Bubble 函數宣告
// LEDR_Bubble 函數宣告
void LEDR_Bubble(int16_t  Gsensor_X)
{
if (Gsensor_X>=0)                  若 G-sensorX 方向值 >=0
  {
   alt_write_word(h2p_lw_led_addr, 0x3FF); //0:ligh, 1:unlight
   }
 else          若 G-sensorX 方向值 <0               LED 燈全亮

{
 alt_write_word(h2p_lw_led_addr, 0x000); //0:ligh, 1:unlight
 }
}                                              LED 燈全滅


// 主程式
int main(int argc, char *argv[ ]){

//gsensor claim
```

```
        int file;
        const char *filename = "/dev/i2c-0" ;
        uint8_t id;
        bool bSuccess;
        const int mg_per_digi = 4;
        uint16_t szXYZ[3];
        int cnt=0, max_cnt=0;

//LED & SEG7

        int ret;
        void *virtual_base;
        int fd;

// 創建一個文件回傳值至 fd
if( ( fd = open( "/dev/mem", ( O_RDWR | O_SYNC ) ) ) == -1 ) {
                printf( "ERROR: could not open \" /dev/mem\" ...\n" );
                return( 1 );
        }
// 把文件內容映射至一段記憶體上，回傳映射開始的地址指標。
        virtual_base = mmap( NULL, HW_REGS_SPAN, ( PROT_READ | PROT_WRITE ),
MAP_SHARED, fd, HW_REGS_BASE );
        if( virtual_base == MAP_FAILED ) {
                printf( "ERROR: mmap() failed...\n" );
                close( fd );
                return(1);
        }
// 計算 LED_PIO_BASE 對應在使用者空間之位址 h2p_lw_led_addr。
h2p_lw_led_addr=virtual_base + ( ( unsigned long  )( ALT_LWFPGASLVS_OFST + LED_PIO_
BASE ) & ( unsigned long)( HW_REGS_MASK ) );
// 計算 SEG7_IF_BASE 對應在使用者空間之位址 h2p_lw_hex_addr。
h2p_lw_hex_addr=virtual_base + ( ( unsigned long  )( ALT_LWFPGASLVS_OFST + SEG7_IF_
BASE ) & ( unsigned long)( HW_REGS_MASK ) );
/////////////////////////////////////////////////////////////////////////////////////////////////////////////

// 若是有輸入兩個字串，將第二個字串轉成整數指定到 max_cnt 變數
        printf( "===== gsensor test =====\r\n" );
```

G-sensor 相關變數宣告

LED 與 SEG7 相關變數宣告

```
        if (argc == 2){
                max_cnt = atoi(argv[1]);
        }

        // open bus
// 用 open 創建一個檔案"/dev/i2c-0" 回傳值至 file
        if ((file = open(filename, O_RDWR)) < 0) {
          /* ERROR HANDLING: you can check errno to see what went wrong */
            perror("Failed to open the i2c bus of gsensor");
        exit(1);
        }



        // init
        // gsensor i2c address: 101_0011
        int addr = 0b01010011;   //0x53
// 指定要使用 I2C 通訊的元件的位址
        if (ioctl(file, I2C_SLAVE, addr) < 0) {
          printf("Failed to acquire bus access and/or talk to slave.\n");
            /* ERROR HANDLING; you can check errno to see what went wrong */
          exit(1);
        }



   // configure accelerometer as +-2g and start measure
// 初始化 G-sensor
   bSuccess = ADXL345_Init(file);
   if (bSuccess){
      // dump chip id
// 讀取 G-sensor ID 值
      bSuccess = ADXL345_IdRead(file, &id);
      if (bSuccess)
// 印出 G-sensor ID 值
         printf("id=%02Xh\r\n", id);
   }


   while(bSuccess && (max_cnt == 0 || cnt < max_cnt)){
      if (ADXL345_IsDataReady(file)){
```

G-sensor 相關程式

```
// 讀取 G-sensor X,Y,Z 方向值 , 儲存在 szXYZ 中
        bSuccess = ADXL345_XYZ_Read(file, szXYZ);
        if (bSuccess){
                cnt++;
// 印出 G-sensor X,Y,Z 方向值 , 以 10 進制表示
// szXYZ[0] 為 X 方向值
// szXYZ[1] 為 Y 方向值
// szXYZ[2] 為 Z 方向值

          printf( "[%d]X=%d mg, Y=%d mg, Z=%d mg\r\n", cnt,(int16_t)szXYZ[0]*mg_per_digi,
(int16_t)szXYZ[1]*mg_per_digi, (int16_t)szXYZ[2]*mg_per_digi);
// show raw data,
// 印出 G-sensor X,Y,Z 方向值 , 以 16 進制表示

            printf( "X=%04x, Y=%04x, Z=%04x\r\n", (uint16_t)szXYZ[0]*mg_per_digi, (uint16_t)
szXYZ[1]*mg_per_digi,(uint16_t)szXYZ[2]*mg_per_digi);
          usleep(1000*1000);



// 七段顯示器顯示 G-sensor X,Y,Z 方向值 , 以 16 進制表示
SEG7_Hex( (uint16_t)szXYZ[0]*mg_per_digi, 0); //X

// G-sensor X 值控制 LED 燈顯示全亮 ( 當 X 值 >=0 時 ) 或全暗 ( 當 X 值 <0 時 )

LEDR_Bubble( (int16_t)szXYZ[0]*mg_per_digi); //X
        }
      }
   }

if (!bSuccess)
      printf( "Failed to access accelerometer\r\n" );
// 關閉 file
          if (file)
          close(file);
// 用 munmap 關閉記憶體映射
          if( munmap( virtual_base, HW_REGS_SPAN ) != 0 ) {
                    printf( "ERROR: munmap() failed...\n" );
```

```
                close( fd );
                return( 1 );
        }
        close( fd );

        printf( "gsensor, bye!\r\n" );

        return 0;

}
```

再將「D:/DE1_SoC/Demonstrations/SOC_FPGA/HPS_LED_HEX /LED_HEX_software/HPS_LED_HEX」目錄複製的 Makefile，修正如表 4-30 所示。

表 4-30　G-sensor 的 X 值控制 LED 燈全亮或全滅專案之 Makefile

```
#
TARGET = Gsensor_LED_HEX                    改成 Gsensor_LED_HEX
#
CROSS_COMPILE = arm-linux-gnueabihf-
CFLAGS = -static -g -Wall  -I${SOCEDS_DEST_ROOT}/ip/altera/hps/altera_hps/hwlib/include
LDFLAGS =  -g -Wall
CC = $(CROSS_COMPILE)gcc
ARCH= arm
#LDFLAGS =  -g -Wall  -Iteraisc_pcie_qsys.so  -ldl
#-ldl must be placed after the file calling lpxxxx funciton
build: $(TARGET)
#-lmpeg2 --> link libmpeg2.a (lib___.a)
$(TARGET): main.o  seg7.o  led.o  ADXL345.o       新增 ADXL345.o
        $(CC) $(LDFLAGS)  $^  -o  $@  -lpthread  -lrt
#       $(CC) $(LDFLAGS)  $^ -o $@  -ldl -lmpeg2  -lmpeg2convert  -lpthread
%.o : %.c
        $(CC) $(CFLAGS) -c  $<  -o  $@

.PHONY: clean
clean:
        rm  -f  $(TARGET)  *.a  *.o  *~
```

本小節設計流程如圖 4-28 所示，先取得 DE1-SoC 之 IP 位址，再重新編譯產生「Gsensor_LED_HEX」執行檔，再執行檔「Gsensor_LED_HEX」檔傳送到 DE1-SoC 板子上的 Linux 檔案系統中。最後執行「Gsensor_LED_HEX」，控制板子上連接 HPS 的一個 G-sensor 與連接 FPGA 的 10 個 LED 燈。

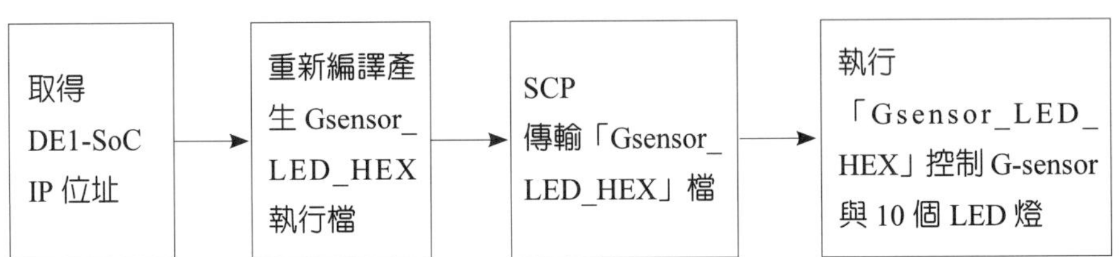

圖 4-28　G-sensor 的 X 值控制 LED 燈全亮或全滅專案設計流程

G-sensor 的 X 值控制 LED 燈全亮或全滅專案實作詳細操作步驟如下：

1. 複製檔案：

從「D:/DE1_SoC/Demonstrations/SOC_FPGA/HPS_LED_HEX/LED_HEX_software/HPS_LED_HEX」目錄複製檔案至「D:/DE1_SoC/lyp/Gsensor_LED_HEX/」，如圖 4-29 所示。

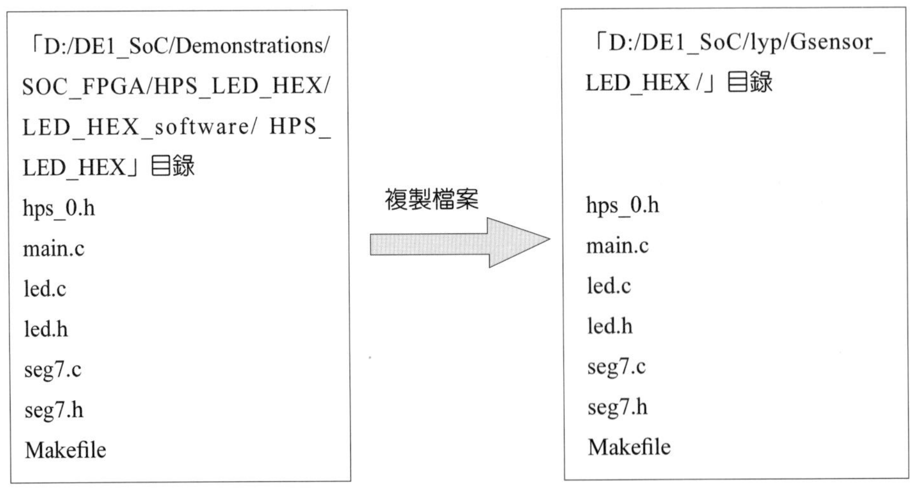

圖 4-29　複製檔案

2. 複製檔案 ADXL345.c：
   從「D:/DE1_SoC/Demonstrations/SOC_FPGA/HPS_LED_HEX/LED_HEX_software/HPS_LED_HEX」目錄，複製檔案「ADXL345.c」與「ADXL345.h」至「D:/DE1_SoC/lyp/Gsensor_LED_HEX/」，如圖 4-30 所示。

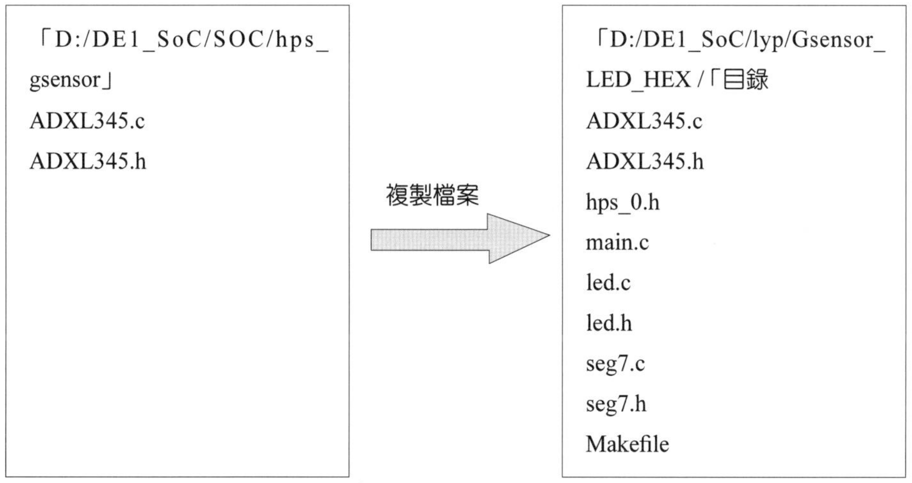

圖 4-30 複製檔案

3. 連接裝置：G-sensor 的 X 值控制 LED 燈全亮或全滅專案所需連接的設備整理如表 4-31 所示。

表 4-31 HPS 之 G-sensor 控制專案需連接之裝置

確認連接	裝置	說明
✓	電源線	提供 DE1-SoC 板電源
✓	USB 線連接 USB-Blaster II 端口與電腦	提供燒錄
✓	USB 線連接 USB to UART 端口	提供串列通訊
✓	網路線連接網路線插槽	自動取得 IP
✓	MSEL 開關 SW10[4:0]=10010	DE1-SoC 開發板背面指撥開關

4. 檢視連接 COM 埠：至我的電腦中的裝置管理員看是否有在連接埠（COM 和 LPT）下看到有出現 USB to UART 橋接在幾號的 COM 埠。若沒有看

到則需從 FT232R USB UART 驅動程式在 http://www.ftdichip.com/Drivers/VCP.htm 下載，再重新更新驅動程式，在此以接在連接埠 COM7 為例。

5. 執行 putty.exe：至網路下載 PuTTY 軟體，下載完後點擊兩下 putty.exe。開啓 putty 之視窗，以 Serial，COM7 與 115200 設定與板子之連線。
6. 按 Warm Reset 鍵：確認 micro SD 卡有插在板子上的插槽中。按 Warm Reset 鍵，會看到有 Linux 重開機畫面出現，依序讀取 boot ROM firmware、preloader、U-boot boot loader 與 Linux kernel。
7. 取得 IP 位址：輸入「ifconfig」可以知道目前取得 DE1-SoC 的 IP 位址，本範例之 IP 位址為 192.168.1.95。
8. 編譯程式：在個人電腦端，可以使用 SoC EDS 軟體編譯程式。開啓 Altera 軟體安裝目錄下的「\embedded\Embedded_Command_Shell」檔。切換至「D:/DE1_SoC/lyp/Gsensor_LED_HEX/」目錄，觀看目錄內容，如圖 4-31 所示。

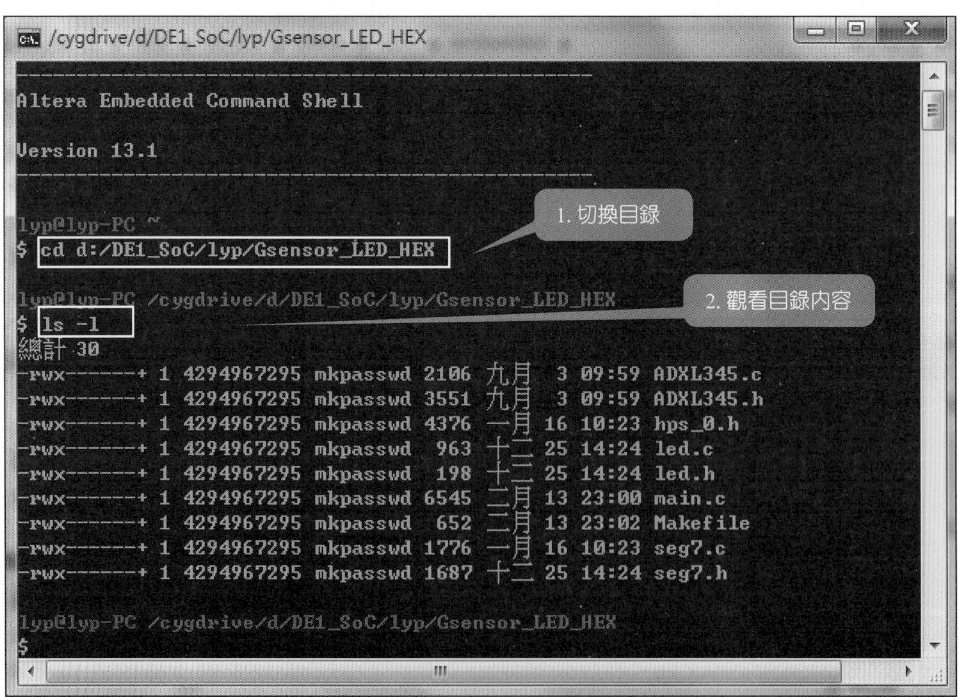

圖 4-31　觀察專案目錄內容

9. 執行 make 指令：執行 make 指令，如圖 4-32 所示。最後會更新原來目錄中的 gsensor 檔，可以至資料夾觀察更新時間。

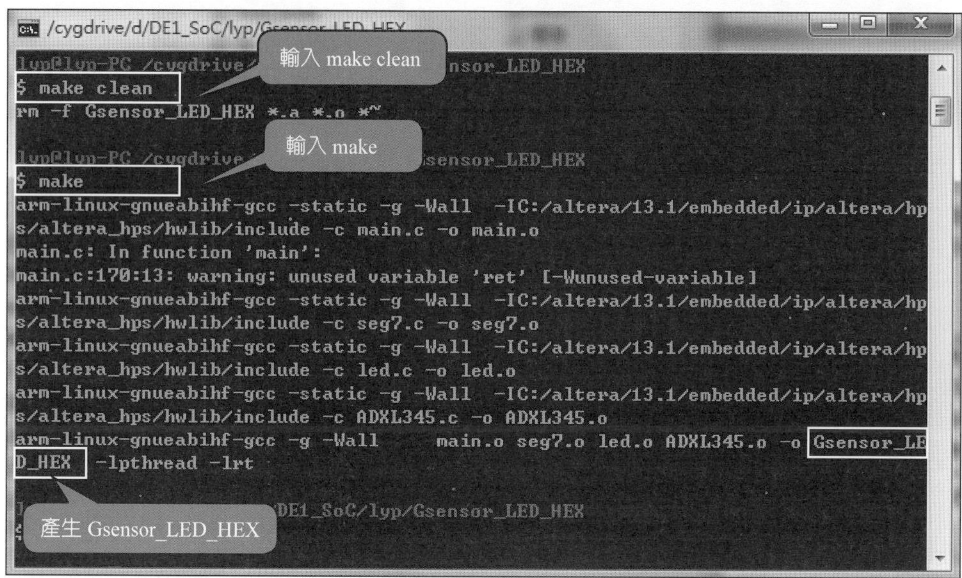

圖 4-32　make 結果產生 Gsensor_LED_HEX 檔

再觀看目錄內容，如圖 4-33 所示。

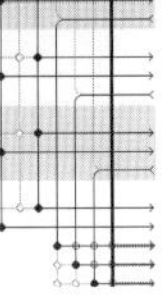

```
/cygdrive/d/DE1_SoC/lyp/Gsensor_LED_HEX
lyp@lyp-PC /cygdrive/          /lyp/Gsensor_LED_HEX
$ ls -l
總計 62
-rwx------+ 1 4294967295 mkpasswd  2106 九月  3 09:59 ADXL345.c
-rwx------+ 1 4294967295 mkpasswd  3551 九月  3 09:59 ADXL345.h
----------+ 1 lyp        mkpasswd  4156 二月 13 23:22 ADXL345.o
----------+ 1 lyp        mkpasswd 17519 二月 13 23:22 Gsensor_LED_HEX
-rwx------+ 1 4294967295 mkpasswd  4376 一月 16 10:23 hps_0.h
-rwx------+ 1 4294967295 mkpasswd   963 十二 25 14:24 led.c
-rwx------+ 1 4294967295 mkpasswd   198 十二 25 14:24 led.h
----------+ 1 lyp        mkpasswd  3732 二月 13 23:22 led.o
-rwx------+ 1 4294967295 mkpasswd  6545 二月 13 23:00 main.c
----------+ 1 lyp        mkpasswd  8192 二月 13 23:22 main.o
-rwx------+ 1 4294967295 mkpasswd   652 二月 13 23:02 Makefile
-rwx------+ 1 4294967295 mkpasswd  1776 一月 16 10:23 seg7.c
-rwx------+ 1 4294967295 mkpasswd  1687 十二 25 14:24 seg7.h
----------+ 1 lyp        mkpasswd  5236 二月 13 23:22 seg7.o

lyp@lyp-PC /cygdrive/d/DE1_SoC/lyp/Gsensor_LED_HEX
$
```

觀看目錄

圖 4-33　觀看目錄

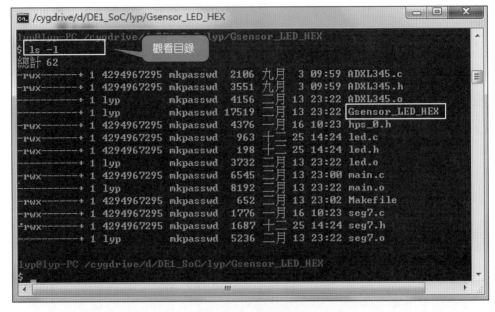

10. 傳送 Gsensor_LED_HEX 檔至 DE1-SoC: 在個人電腦上已重新編譯好一個 Gsensor_LED_HEX 執行檔，可以使用 SoC EDS 的 scp 指令利用網路將檔案傳送至 DE1-SoC 板子上，傳送方式說明如圖 4-34 所示。

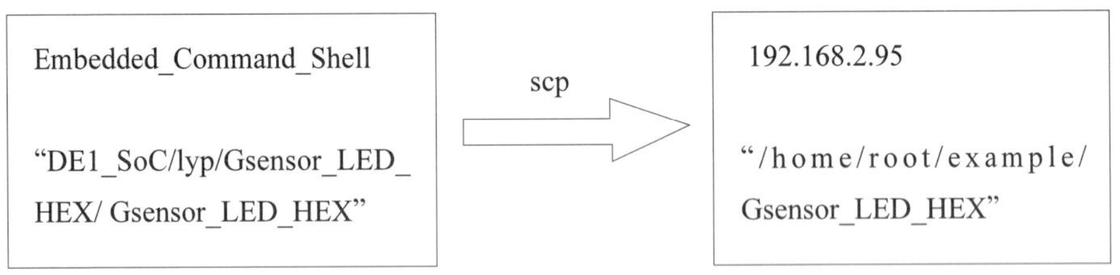

圖 4-34　scp Gsensor_LED_HEX 檔至板子「/home/root/example」目錄下

請先確認 DE1-SoC 板上之系統已有「/home/root/example」目錄（若無請在 PuTTY 視窗用 mkdir /home/root/example 指令）。若是 DE1-SoC 板子取得的 IP 是 192.168.1.95，則輸入指令爲「scp Gsensor_LED_HEX

root@192.168.1.95:/home/root/example」於命令列提示中，代表將於目前目錄下的 Gsensor_LED_HEX 檔傳送 IP 為 192.168.1.95 的 /home/root/example 目錄下，以 root 登入。若執行 scp 出現訊息為「… Text file busy」，就要看看是否之前的執行程式還未中斷，可以至 DE1-SoC 終端畫面，輸入按鍵盤上的「Ctrl+C」中斷執行程式，再重新於 SoC EDS 命令列中輸入「scp Gsensor_LED_HEX root@192.168.1.95:/home/root/example」於命令列提示中，檔案傳送成功之結果如圖 4-35 所示。

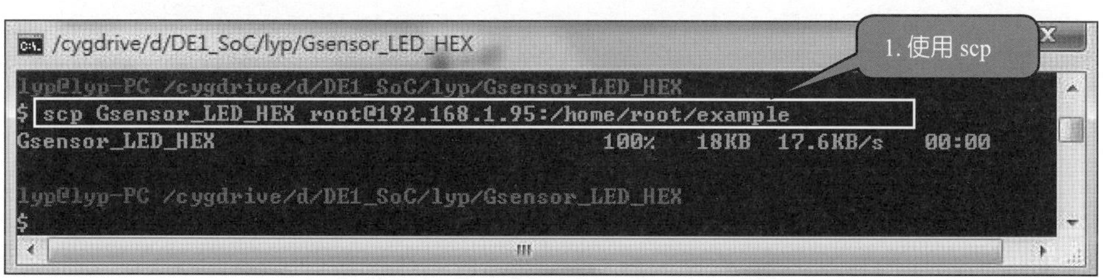

圖 4-35　scp Gsensor_LED_HEX 檔

11. 更改板子上 Gsensor_LED_HEX 檔案屬性 : 在 PuTTY 視窗，將 Gsensor_LED_HEX 檔案屬性改為 755，如圖 4-36 所示。

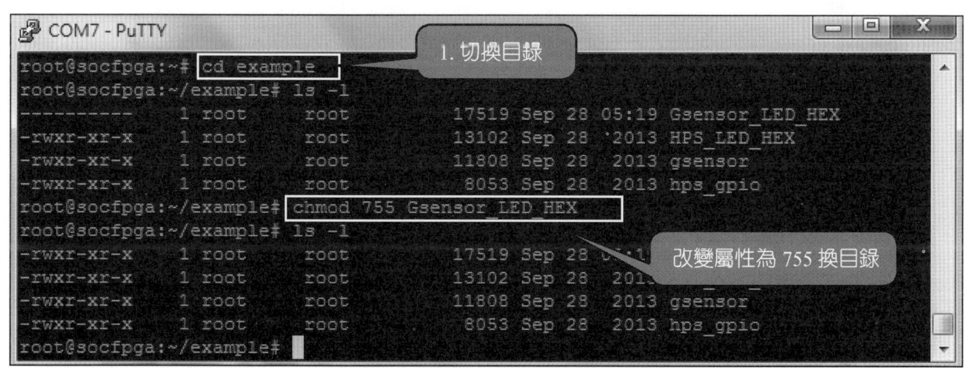

圖 4-36　改變檔案屬性為 755

12. 執行 Gsensor_LED_HEX: 繼續輸入執行程式的指令 ./Gsensor_LED_

HEX，執行結果會在終端機上出現文字，如圖 4-37 所示，將 DE1-SoC 板右邊提高，LEDR 燈全滅，如圖 4-38 所示。

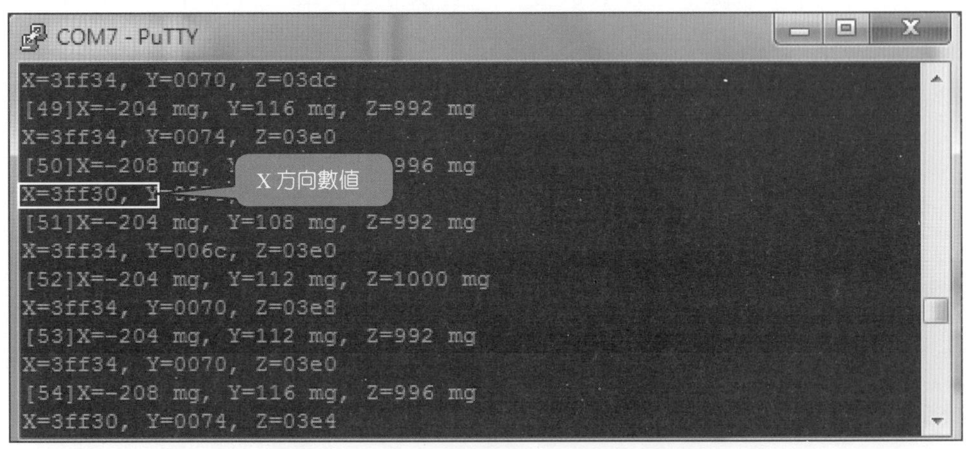

圖 4-37　將 DE1-SoC 板右邊提高

圖 4-38　將 DE1-SoC 板右邊提高（LEDR 燈全滅）

將 DE1-SoC 板左邊提高，LEDR 燈全亮，如圖 4-39 所示。同時終端顯示文字 X 數值顯示在 DE1-SoC 板上的七段顯示器上，如圖 4-40 所示。

圖 4-39　將 DE1-SoC 板左邊提高（LEDR 燈全亮）

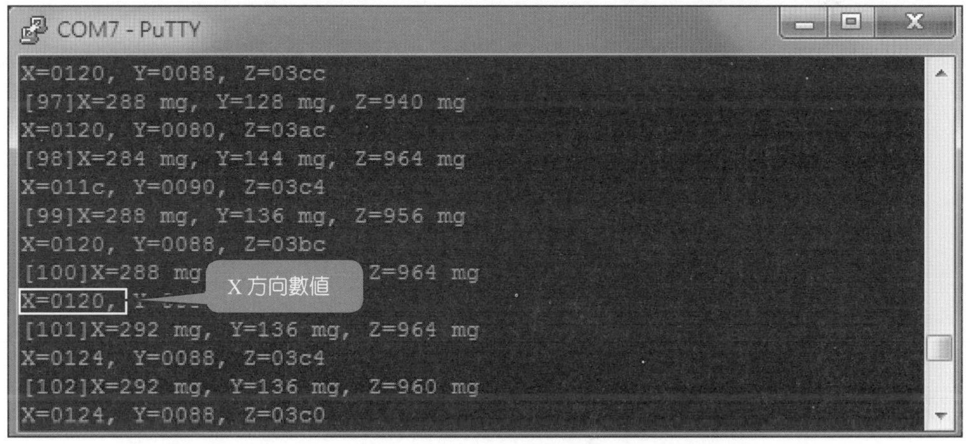

圖 4-40　將 DE1-SoC 板左邊提高終端畫面

4-3-2 G-sensor 的 X 值控制 LED 燈會像泡泡亮燈往提高方向移動

本範例將 G-sensor 感測數值的 X 方向值顯示在七段顯示器上，並判斷 X 方向的加速度值控制 LED 燈像泡泡浮起。本小節動作設計如表 4-32 所示。

表 4-32　G-sensor 的 X 值控制 LED 燈會像泡泡亮燈往提高方向移動

動作	LEDR9~LEDR0	七段顯示器
傾斜 DE1-SoC 板（左邊抬高）	LEDR 隨 G-sensor 的 X 值變化如表 4-33 所示。	以十六進制顯示 G-sensor 的 X 值

表 4-33　LEDR 隨 G-sensor 的 X 值變化方式

Gsensor	LEDR									
X	[9]	[8]	[7]	[6]	[5]	[4]	[3]	[2]	[1]	[0]
X>=900 (左邊抬高)	1 (亮)	0 (暗)	0 (暗)	0 (暗)	0 (暗)	0 (暗)	0 (暗)	0 (暗)	0 (暗)	0 (暗)
900>X>=800	1 (亮)	1 (亮)	0 (暗)	0 (暗)	0 (暗)	0 (暗)	0 (暗)	0 (暗)	0 (暗)	0 (暗)
800>X>=700	0 (暗)	1 (亮)	0 (暗)	0 (暗)	0 (暗)	0 (暗)	0 (暗)	0 (暗)	0 (暗)	0 (暗)
700>X>=600	0 (暗)	1 (亮)	1 (亮)	0 (暗)	0 (暗)	0 (暗)	0 (暗)	0 (暗)	0 (暗)	0 (暗)
600>X>=500	0 (暗)	0 (暗)	1 (亮)	0 (暗)	0 (暗)	0 (暗)	0 (暗)	0 (暗)	0 (暗)	0 (暗)
500>X>=400	0 (暗)	0 (暗)	1 (亮)	1 (亮)	0 (暗)	0 (暗)	0 (暗)	0 (暗)	0 (暗)	0 (暗)
400>X>=300	0 (暗)	0 (暗)	0 (暗)	1 (亮)	0 (暗)	0 (暗)	0 (暗)	0 (暗)	0 (暗)	0 (暗)
300>X>=200	0 (暗)	0 (暗)	0 (暗)	1 (亮)	1 (亮)	0 (暗)	0 (暗)	0 (暗)	0 (暗)	0 (暗)
200>X>=100	0 (暗)	0 (暗)	0 (暗)	0 (暗)	1 (亮)	0 (暗)	0 (暗)	0 (暗)	0 (暗)	0 (暗)
100>X>=0	0 (暗)	0 (暗)	0 (暗)	0 (暗)	1 (亮)	1 (亮)	0 (暗)	0 (暗)	0 (暗)	0 (暗)

G-sensor 的 X 值控制 LED 燈會像泡泡亮燈往提高方向移動之重點程式說明如表 4-34 所示。

表 4-34　G-sensor 的 X 值控制 LED 燈會像泡泡亮燈往提高方向移動之重點程式說明

程式	說明

void LEDR_Bubble(int16_t Gsensor_X)
{
if(Gsensor_X>=900)//0:ligh,1:unlight
alt_write_word(h2p_lw_led_addr,0x200);//10_0000_0000
	LEDR_Bubble 函式：
	當 G-sensor 的 X 值 >=900，則寫入 0x200 至 LED 燈，LEDR[9] 亮。

elseif((Gsensor_X<900)&(Gsensor_X>=800)) alt_write_word(h2p_lw_led_addr,0x300);//11_0000_0000	否則若 G-sensor 的 X 值 >=800 且 <=900，則寫入 0x300 至 LED 燈，LEDR[9] 與 LEDR[8] 亮。
elseif((Gsensor_X<800)&(Gsensor_X>=700)) alt_write_word(h2p_lw_led_addr,0x100);//01_0000_0000	否則若 G-sensor 的 X 值 >=700 且 <=800，則寫入 0x100 至 LED 燈，只有 LEDR[8] 亮。
elseif((Gsensor_X<700)&(Gsensor_X>=600)) alt_write_word(h2p_lw_led_addr,0x180);//01_1000_0000	否則若 G-sensor 的 X 值 >=600 且 <=700，則寫入 0x180 至 LED 燈，只有 LEDR[8] 與 LEDR[7] 亮。
elseif((Gsensor_X<600)&(Gsensor_X>=500)) alt_write_word(h2p_lw_led_addr,0x080);//00_1000_0000	否則若 G-sensor 的 X 值 >=500 且 <=600，則寫入 0x080 至 LED 燈，只有 LEDR[7] 亮。
elseif((Gsensor_X<500)&(Gsensor_X>=400)) alt_write_word(h2p_lw_led_addr,0x0C0);//00_1100_0000	否則若 G-sensor 的 X 值 >=400 且 <=600，則寫入 0x0C0 至 LED 燈，只有 LEDR[7] 與 LEDR[6] 亮。
elseif((Gsensor_X<400)&(Gsensor_X>=300)) alt_write_word(h2p_lw_led_addr,0x040);//00_0100_0000	否則若 G-sensor 的 X 值 >=300 且 <=400，則寫入 0x040 至 LED 燈，只有 LEDR[6] 亮。
elseif((Gsensor_X<300)&(Gsensor_X>=200)) alt_write_word(h2p_lw_led_addr,0x060);//00_0110_0000	否則若 G-sensor 的 X 值 >=200 且 <=300，則寫入 0x060 至 LED 燈，只有 LEDR[6] 與 LEDR[5] 亮。

程式	說明
elseif((Gsensor_X<200)&(Gsensor_X>=100)) alt_write_word(h2p_lw_led_addr,0x020);//00_0010_0000	否則若 G-sensor 的 X 值 >=100 且 <=200，則寫入 0x020 至 LED 燈，只有 LEDR[5] 亮。
elseif((Gsensor_X<100)&(Gsensor_X>=0)) alt_write_word(h2p_lw_led_addr,0x030);//00_0011_0000	否則若 G-sensor 的 X 值 >=0 且 <=100，則寫入 0x030 至 LED 燈，只有 LEDR[5] 與 LEDR[4] 亮。

else
{
alt_write_word(h2p_lw_led_addr,0x000);
}
}
	否則
	寫入 0x000 至 LED 燈全滅。

本小節設計流程如圖 4-41 所示，先修改 LEDR_Bubble 函數，再重新編譯產生「Gsensor_LED_HEX」執行檔，再執行檔「Gsensor_LED_HEX」檔傳送到 DE1-SoC 板子上的 Linux 檔案系統中。最後執行「Gsensor_LED_HEX」，控制板子上連接 HPS 的一個 G-sensor 與連接 FPGA 的 10 個 LED 燈。

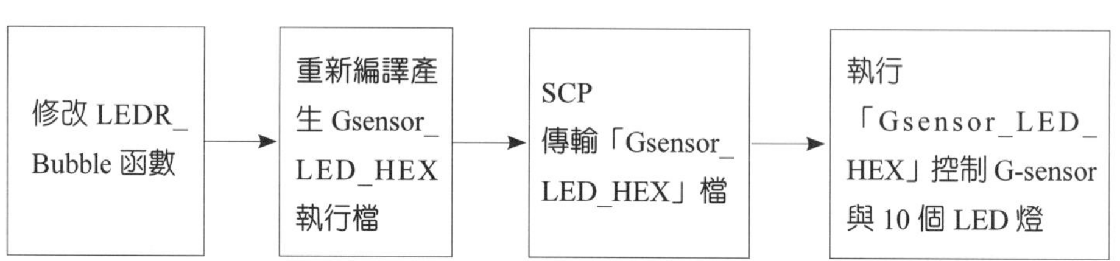

圖 4-41　G-sensor 的 X 值控制 LED 燈全亮或全滅專案設計流程

G-sensor 的 X 值控制 LED 燈會像泡泡亮燈往提高方向移動實作詳細操作步驟如下：

1. 修改 LEDR_Bubble 函數：延續上一小節之專案程式，參考表 4-34 修改 LEDR_Bubble 函數如表 4-35 所示。

表 4-35　修改 LEDR_Bubble 函數

```
voidLEDR_Bubble(int16_tGsensor_X)
{
if(Gsensor_X>=900)//0:ligh,1:unlight
alt_write_word(h2p_lw_led_addr,0x200);//10_0000_0000
elseif((Gsensor_X<900)&(Gsensor_X>=800))
alt_write_word(h2p_lw_led_addr,0x300);//11_0000_0000
elseif((Gsensor_X<800)&(Gsensor_X>=700))
alt_write_word(h2p_lw_led_addr,0x100);//01_0000_0000
elseif((Gsensor_X<700)&(Gsensor_X>=600))
alt_write_word(h2p_lw_led_addr,0x180);//01_1000_0000
elseif((Gsensor_X<600)&(Gsensor_X>=500))
alt_write_word(h2p_lw_led_addr,0x080);//00_1000_0000
elseif((Gsensor_X<500)&(Gsensor_X>=400))
alt_write_word(h2p_lw_led_addr,0x0C0);//00_1100_0000
elseif((Gsensor_X<400)&(Gsensor_X>=300))
alt_write_word(h2p_lw_led_addr,0x040);//00_0100_0000
elseif((Gsensor_X<300)&(Gsensor_X>=200))
alt_write_word(h2p_lw_led_addr,0x060);//00_0110_0000
elseif((Gsensor_X<200)&(Gsensor_X>=100))
alt_write_word(h2p_lw_led_addr,0x020);//00_0010_0000
elseif((Gsensor_X<100)&(Gsensor_X>=0))
alt_write_word(h2p_lw_led_addr,0x030);//00_0011_0000
else
{
alt_write_word(h2p_lw_led_addr,0x000);
}
}
```

2. 修改主程式：將主程式中的「usleep（1000*1000）;」去掉，如表4-36所示。

表 4-36　修改主程式去掉等待時間

```
while (bSuccess&& (max_cnt==0||cnt<max_cnt) ) {
if (ADXL345_IsDataReady (file) ) {
bSuccess=ADXL345_XYZ_Read (file,szXYZ) ;
if (bSuccess) {
cnt++;
printf ( "[%d]X=%dmg,Y=%dmg,Z=%dmg\r\n" ,cnt, (int16_t) szXYZ[0]*mg_per_digi, (int16_t)
szXYZ[1]*mg_per_digi, (int16_t) szXYZ[2]*mg_per_digi) ;
//show raw data,
printf ( "X=%04x,Y=%04x,Z=%04x\r\n" , (uint16_t) szXYZ[0]*mg_per_digi, (uint16_t)
szXYZ[1]*mg_per_digi, (uint16_t) szXYZ[2]*mg_per_digi) ;

//usleep (1000*1000) ;        去掉延遲時間

                SEG7_Hex ( (uint16_t) szXYZ[0]*mg_per_digi,0) ;//X
                LEDR_Bubble ( (int16_t) szXYZ[0]*mg_per_digi) ;//X
}
}
}
```

3. 重新 make：使用 Embedded_Command_Shell 環境執行「make clean」與「make」，更新 Gsensor_LED_HEX 檔。
4. 使用 scp：使用 Embedded_Command_Shell 環境執行 scp Gsensor_LED_HEX root@192.168.1.55:/home/root/example。可完成傳輸檔案至 DE1-SoC 板，如圖 4-42 所示。

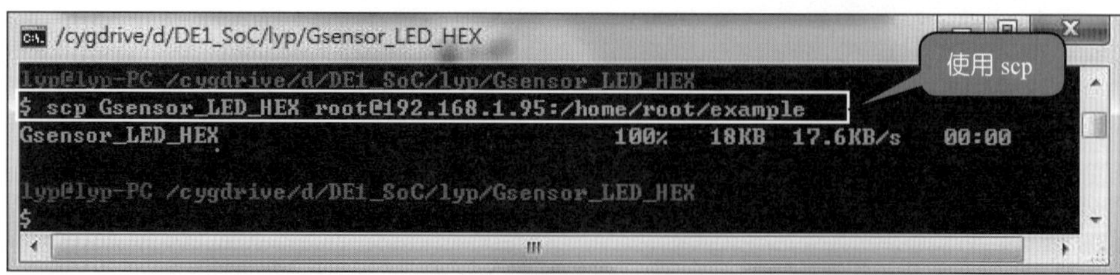

圖 4-42　使用 scp 傳檔案至 DE1-SoC 板中

5. 執行 Gsensor_LED_HEX：在 PuTTY 視窗輸入 ./Gsensor_LED_HEX。
6. 觀察實驗結果：將 DE1-SoC 板左邊（有電源接頭）提高。可以看到 LED 燈會像泡泡亮燈往提高方向移動。如圖 4-43 與圖 4-44 所示。

圖 4-43　將 DE1-SoC 稍微抬高左邊

圖 4-44　將 DE1-SoC 板抬高左邊至快要垂直地面

• 隨堂練習

請修改 LEDR_Bubble 函數：參考表 4-22 修改 LEDR_Bubble 函數，使提高將 DE1-SoC 板右邊時，紅色 LED 會像泡泡一樣往提高方向移動，如圖 4-45 所示。

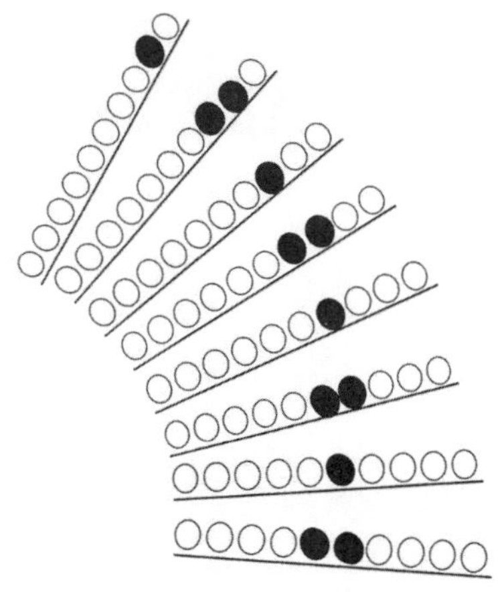

圖 4-45 將板子右邊提高

5 乒乓球遊戲設計—VIP應用

5-1 以 Qsys 整合 VIP 控制 VGA 螢幕

5-2 顯示乒乓球與球拍區塊顯示於 VGA 螢幕

5-3 G-sensor 控制乒乓球之球拍左右移專案

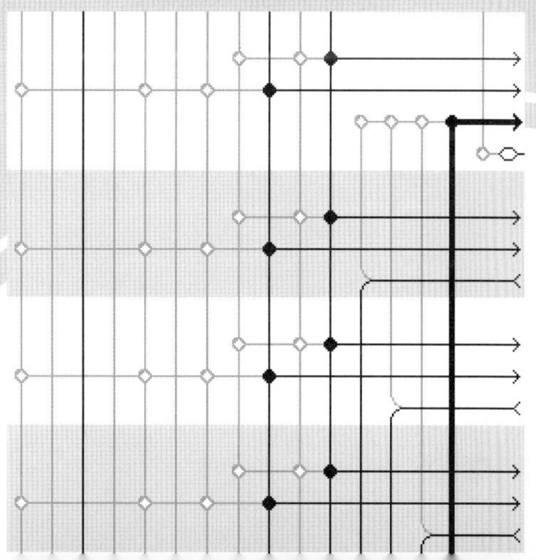

本章介紹 Altera 提供的 VIP（Video and Image Processing）模組的應用。以乒乓球遊戲爲例，使用 Qsys 進行 VIP 整合控制 VGA 螢幕顯示之硬體部分，再由 Linux 系統執行乒乓球控制之應用程式。本章循序漸進，先介紹使用 VIP 控制 VGA 之硬體部分。最後整合 DE1_SoC 之周邊，完成一個乒乓球拍與一個乒乓球，畫面設計如圖 5-1。

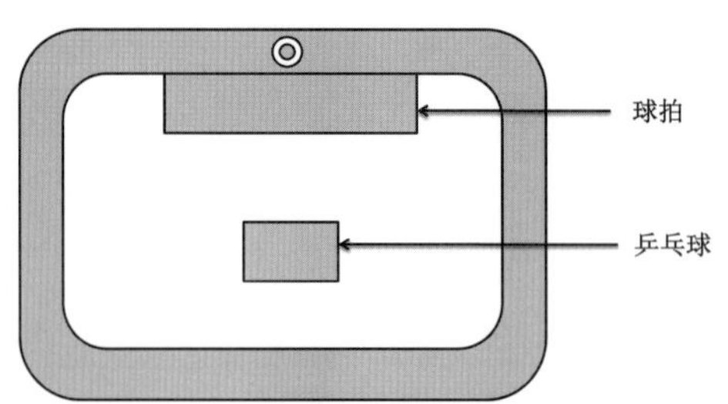

圖 5-1　乒乓球拍與一個乒乓球

本章設計之乒乓球遊戲具有以下功能：

1. 乒乓球拍可由 HPS_G-Sensor 控制方向
2. 乒乓球可由 HPS_KEY 重新發球
3. 乒乓球遊戲有 HEX 計算分數

5-1 小節將介紹以 Qsys 整合 VIP 控制 VGA 螢幕顯示顏色，介紹基本的 VIP 模組的使用。5-2 小節將乒乓球區塊與球拍顯示於 VGA 螢幕，介紹基本的 Linux 應用程式 AXI 控制程式設定各區塊的初始位置與乒乓球反彈運動程式撰寫。5-3 小節使用 G-sensor 之值控制乒乓球之球拍。5-4 小節使用 HPS_KEY 設計重新發球之按鍵。5-5 小節使用七段顯示器顯示球拍接球之分數。

本小節範例將使用 DE1_SoC 板光碟片中的「HPS_LED_HEX」專案已建立具有 ARM-A9 的系統上，再增加 VIP 模組，系統區塊圖如圖 5-2 所示，其中灰色區塊是本小節將新增在 Qsys 之模組。

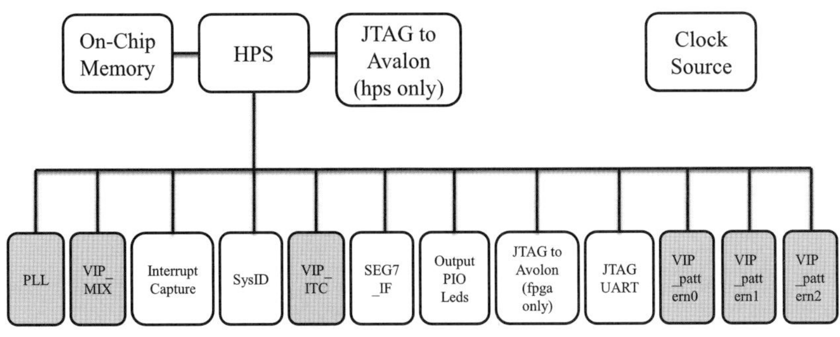

圖 5-2　系統區塊圖

新增之區塊說明如表 5-1 所示。

表 5-1　新增系統各區塊說明

模組	說明	小節
VIP_ITC	VGA 控制器	5-1
VIP_pattern0	圖樣產生器，作為背景圖樣	5-1
PLL	VGA CLK	5-1
VIP_pattern1	圖樣產生器，作為球拍圖樣	5-2
VIP_pattern2	圖樣產生器，作為乒乓球圖樣	5-2
VIP_Mix	將三圖樣合併顯示	5-2

本章循序漸進，於 5-1 先增加 VIP_ITC 模組，與一個測試圖樣 VIP_pattern0 確認 VIP_ITC 設定無誤，能顯示圖樣於螢幕。再於 5-2 小節增加區塊模組 VIP-pattern1 與 VIP_pattern2，分別當成球拍圖形與乒乓球圖形，並新增一個三輸入的 VIP_MIX 模組將三圖樣合併顯示。

5-1 以 Qsys 整合 VIP 控制 VGA 螢幕

本小節將介紹以 Qsys 整合 VIP 控制 VGA 螢幕顯示顏色，介紹基本的 VIP 模組的使用。本範例系統區塊圖如圖 5-3 所示，其中灰色區塊是本小節將新增在 Qsys 之模組。

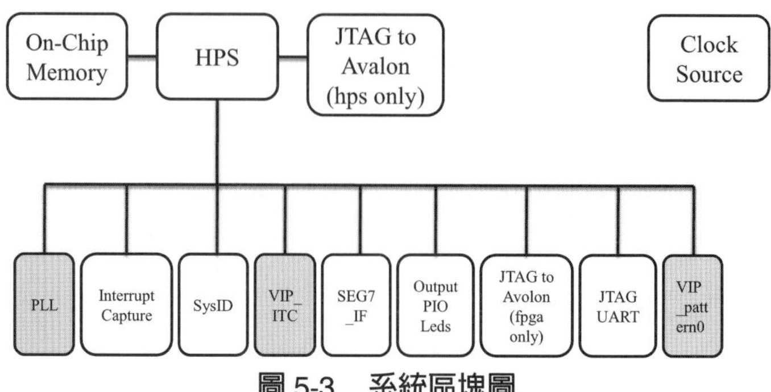

圖 5-3　系統區塊圖

新增之區塊設定與說明如表 5-2 所示。

表 5-2　新增系統各區塊說明

模組	說明	Library	設定
VIP_ITC	VGA 控制器。	DSP -> Video and Image Processing ->Clocked Video Output	訊號格式：VESA 1280x1024@60 Hz (pixel clock 108.0 MHz) Horizontal 時序參數： Front porch:48 Sync pulse:112 Back porch:248 Vertical 時序參數 Front porch:1 Sync pulse:3 Back porch:38
VIP_pattern0	圖樣產生器，作為背景圖樣。	DSP -> Video and Image Processing -> Test Pattern Generator	Width:1280 Height: 1024
pll	產生 108MHz 時脈與 150MHz 時脈	PLL>Altera PLL	設定輸出時脈個數為 2，分別設定為 108MHz 時脈 (outclk0) 與 150MHz 時脈 (outclk1)

本小節以 DE1_SoC 板之光碟片所附之專案「HPS_LED_HEX」做修改。本小節專案名稱表 5-3 所示。

表 5-3　專案目錄中的檔案與說明

檔案	說明	所在目錄
HPS_LED_HEX.qpf	專案檔	D:/DE1_SoC/VIP/HPS_LED_HEX/LED_HEX_hardware/
HPS_LED_HEX.v	Verilog HDL 檔	D:/DE1_SoC/VIP/HPS_LED_HEX/LED_HEX_hardware/
soc_system.qsys	Qsys 檔	D:/DE1_SoC/VIP/HPS_LED_HEX/LED_HEX_hardware/
HPS_LED_HEX.sof 或 HPS_LED_HEX_time_limit.sof	硬體燒錄檔	D:/DE1_SoC/VIP/HPS_LED_HEX/LED_HEX_hardware/

以 Qsys 整合 VIP 控制 VGA 螢幕專案使用到 VGA 螢幕控制，相關腳位說明如表 5-4

表 5-4　新增接腳訊號說明

訊號名稱	型態	說明
clk_108M	接線	108MHz 時脈訊號（配合螢幕解析度為 1280x1024）
VGA_CLK	輸出	接十個紅色 LED 燈
VGA_G	輸出	綠色
VGA_B	輸出	藍色
VGA_R	輸出	紅色
VGA_HS	輸出	VGA Horizontal Sync
VGA_VS	輸出	VGA Vertical Sync
VGA_BLANK_N	輸出	Vertical BLANK
VGA_SYNC_N	輸出	Vertical sync

本小節設計流程如圖 5-4 所示，先複製專案目錄，再開啓 Quartus II 專案與 Qsys ，再於 Qsys 中新增 PLL 組件，接著加入 alt_vip_itc_0，加入 alt_vip_tpg_0 並連接 alt_vip_tpg_0，再產生系統，修改 Quartus II 專案頂層電路後，存檔並組譯，再燒錄硬體配置檔後，在 VGA 螢幕上顯示出青綠色的畫面。

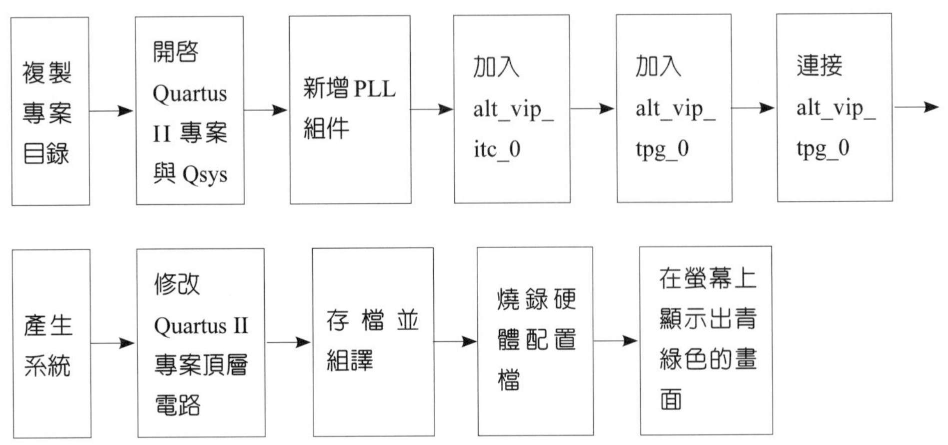

圖 5-4　以 Qsys 整合 VIP 控制 VGA 螢幕專案設計流程

以 Qsys 整合 VIP 控制 VGA 螢幕專案詳細步驟說明如下：

1. 複製專案目錄：將範例光碟中的「Demonstrations/SOC_FPGA/HPS_LED_HEX/」目錄複製至「D:/DE1_SoC/VIP/」下，如圖 5-5 所示。

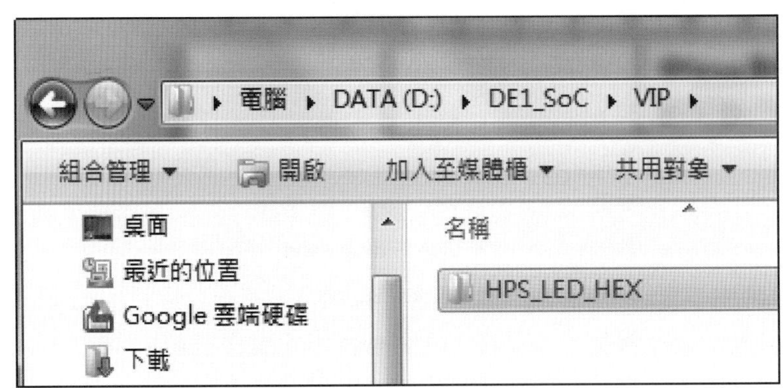

圖 5-5　複製至「D:/DE1_SoC/VIP/」下

2. 開啓專案：開啓 Quartus II 13.1 版以上之軟體，選取視窗選窗 File -> Open Project，選取專案檔「HPS_LED_HEX.qpf」，如圖 5-6 所示。

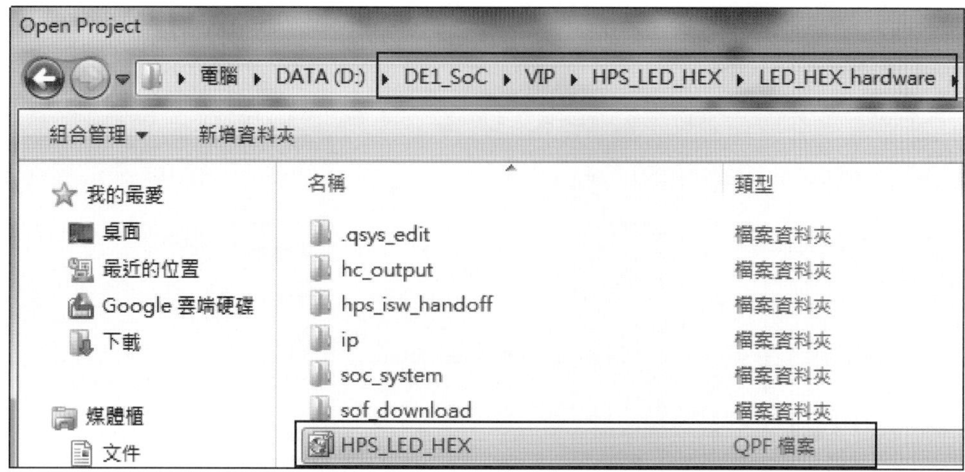

圖 5-6　選取專案檔「HPS_LED_HEX.qpf」開啓專案

3. 開啓 Qsys：選取視窗選窗 Tools ->Qsys ，再開啓 soc_system.qsys 檔，如圖 5-7 所示。

圖 5-7　開啓 Qsys 檔「soc_system.qsys」

4. 觀察 Qsys 系統：從開啓的「soc_system.qsys」中可以觀察到 Qsys 之「System Content」頁面如圖 5-8 所示。

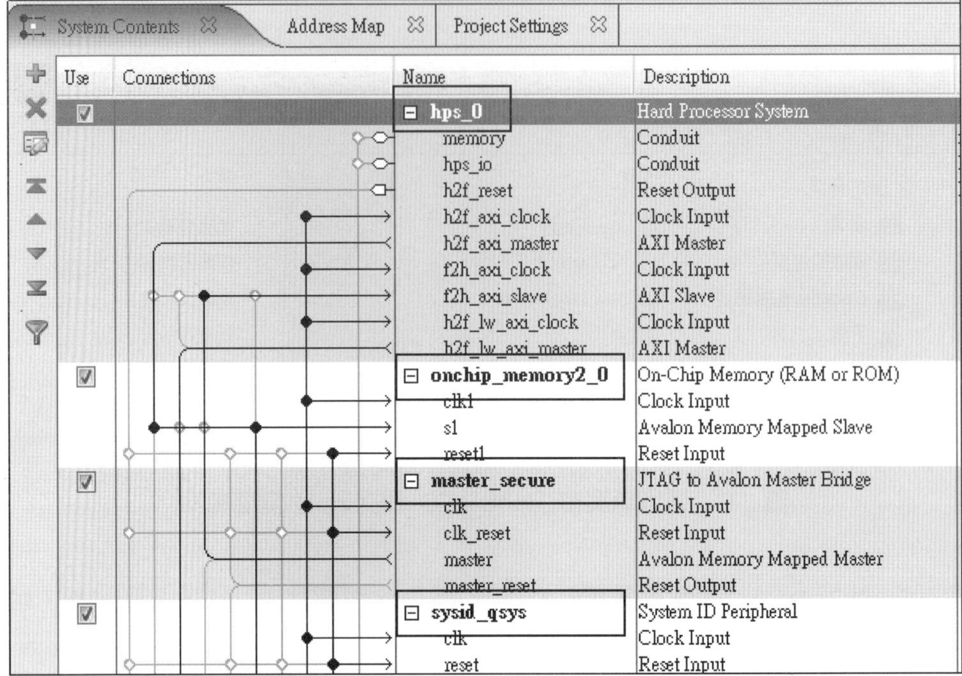

圖 5-8　Qsys 之「System Content」頁面

切至「Address Map」頁面，可以看到各組件在系統上的對應位址如圖 5-9 所示。

System Contents　Address Map　Project Settings

	hps_0.h2f_axi_master	hps_0.h2f_lw_axi_master	master_secure.master	master_non_sec.master
hps_0.f2h_axi_slave			0x0000_0000 - 0xffff_ffff	
onchip_memory2_0.s1	0x0000_0000 - 0x0000_ffff			0x0000_0000 - 0x0000_ffff
sysid_qsys.control_slave		0x0001_0000 - 0x0001_0007		0x0001_0000 - 0x0001_0007
led_pio.s1		0x0001_0040 - 0x0001_004f		0x0001_0040 - 0x0001_004f
jtag_uart.avalon_jtag_slave		0x0002_0000 - 0x0002_0007		0x0002_0000 - 0x0002_0007
intr_capturer_0.avalon_slave_0				0x0003_0000 - 0x0003_0007
SEG7_IF.avalon_slave		0x0001_0020 - 0x0001_003f		

圖 5-9　「Address Map」頁面

5. 新增 PLL 組件：切至「System Content」頁面，展開「Library」下之「PLL」，再點擊「Altera PLL」兩下開啓「Altera PLL-pll_0」視窗檔，設定如圖 5-10 所示。設定好按「Finish」。共設定了 108MHz 的時脈與

154MHz 的時脈。

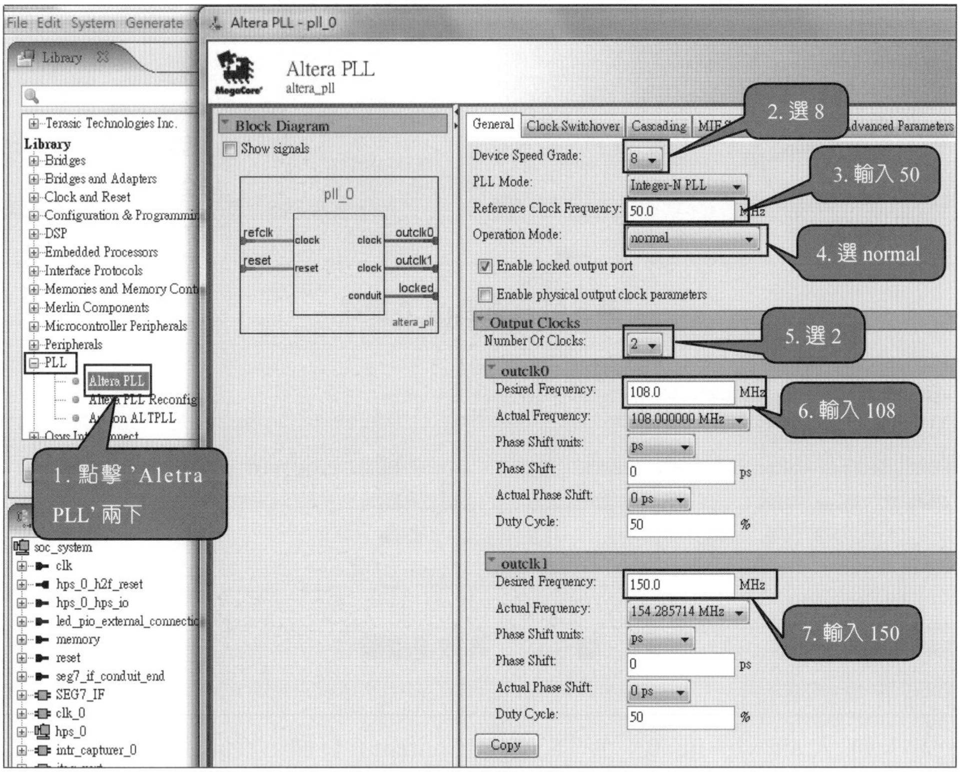

圖 5-10　設定「Altera PLL-pll_0」

6. 連接 pll_0 接線：在「System Content」頁面可以看到剛新增的 pll_0，具有 outclk0 與 outclk1 接腳，pll_0 需連接系統時脈 clk_0 與系統 reset，並設定 outclk0 為一輸出腳 clk_108m，設定方式如圖 5-11 所示，此設定之等效連線如圖 5-12 所示

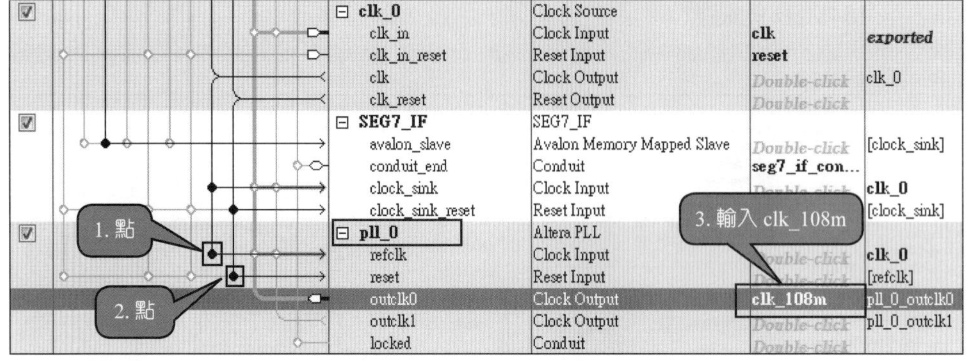

圖 5-11　連接 pll_0 接線

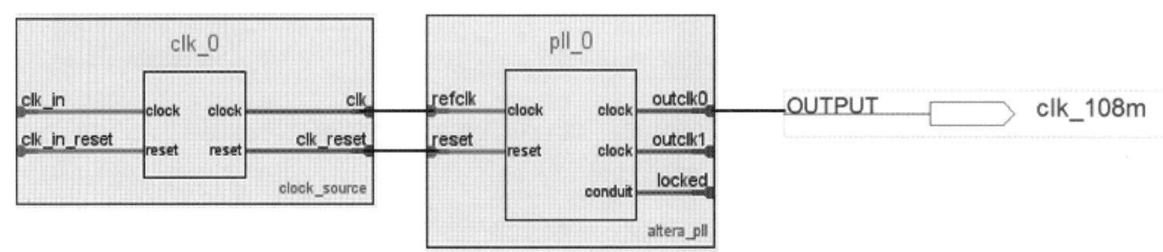

圖 5-12　等效連線圖

7. 加入 alt_vip_itc_0：至「System Content」頁面，展開「Library」下之「DSP」，再點擊「Video and Image Processing」下的「Clocked Video Output」，點兩下開啓「Clocked Video Output –alt_vip_itc_0」視窗檔，設定如表 5-5 所示。設定好按「Finish」。

表 5-5　alt_vip_itc_0 設定

項目	設定值	說明
Image width/Active pixels	1280	影像橫向可視畫素
Image height/Active lines	1024	影像縱向可視畫素
Bits per pixel per color plane	8	每個色彩平面的每個畫素的位元數
Number of color planes	3	色彩平面的數目
Color plane transmission format	Parallel	色彩平面傳送格式

項目	設定值	說明
Syncs signals:	On separate wires	Sync 訊號
Horizontal sync:	112	水平方向 sync
Horizontal front porch:	48	水平方向 front porch
Horizontal back porch:	248	水平方向 back porch
Vertical sync	3	垂直方向 sync
Vertical front porch:	1	垂直方向 front porch
Vertical back porch	38	垂直方向 back porch
Pixel fifo size:	1280	畫素 fifo 大小
Fifo level at which to start output:	1279	開始送出輸出的 Fifo 值

8. 加入 alt_vip_tpg_0：至「System Content」頁面，展開「Library」下之「DSP」，再點擊「Video and Image Processing」下的「Test Pattern Generator」，點兩下開啓「Test Pattern Generator–alt_vip_tpg_0」視窗檔，設定如表 5-6 所示。設定好按「Finish」。

表 5-6　alt_vip_tpg_0 設定

項目	設定值	說明
Maximum image width	1280	VGA 規格 1280x1024 60Hz 的 橫向可視畫素
Maximum image height	1024	VGA 規格 1280x1024 60Hz 的縱向可視畫素
Bits per pixel per color plane	8	每個顏色平面每個畫素的位元數
Colorspace	4:4:4	色彩取樣
Color plane configuration	Parallel	色彩平面配置
Interlacing	Progressive output	Progressive 輸出
Pattern	Uniform background	單一顏色背景
Uniform values:R	128	紅色數值
G	255	綠色數值
B	128	藍色數值

9. 連接 alt_vip_tpg_0 與 alt_vip_itc_0 接線：在「System Content」頁面可以看到剛新增的 alt_vip_itc_0，與 alt_vip_tpg_0，需連接 pll_0 的 outclk1 的時脈，並設定 alt_vip_itc_0 的 clocked_video 為一輸入腳 alt_vip_itc_0_clocked_video，設定方式如圖 5-13 所示，此設定之等效連線如圖 5-14 所示

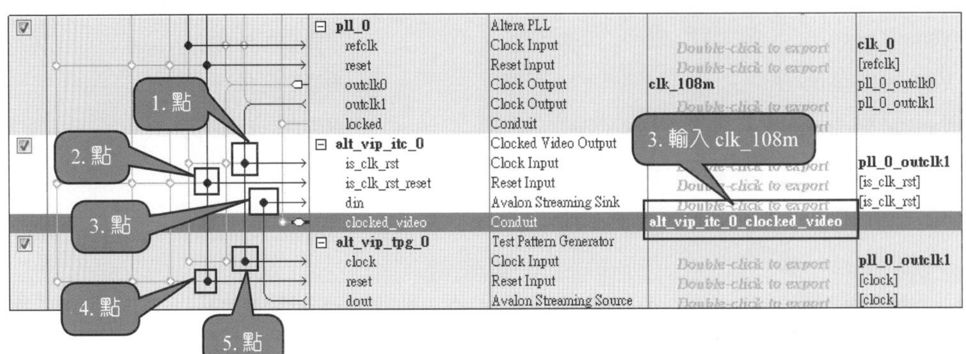

圖 5-13　連接 pll_0 接線

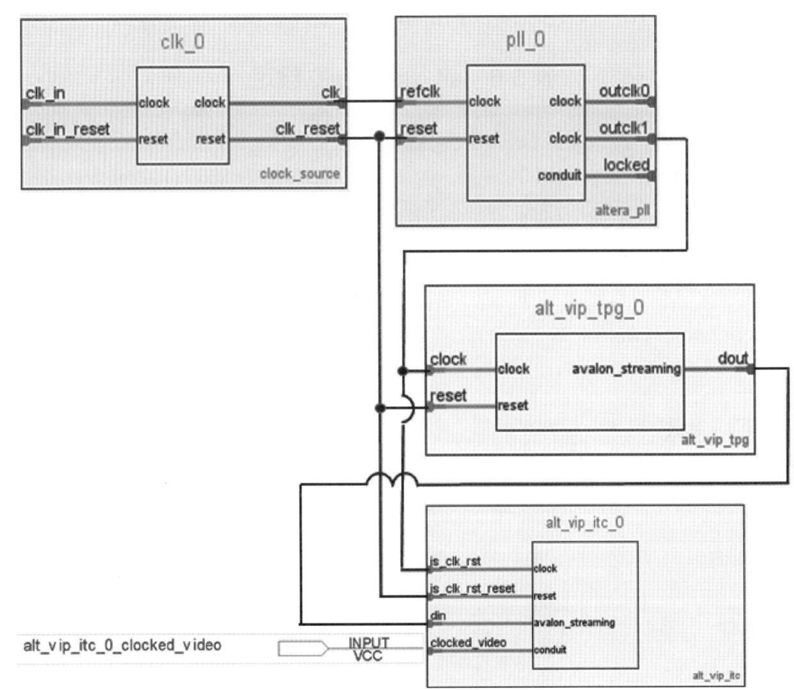

圖 5-14　等效連線圖

10. 儲存 soc_system.qsys：在 Qsys 視窗選單選取 Files -> Save。

11. 產生系統：在 Qsys 視窗選單選取 Generate->Generate。開啓「Generate」視窗，按「Generate」鍵，如圖 5-15 所示，開始產生系統。若是沒有錯誤，就按「Close」，並可關閉 Qsys。

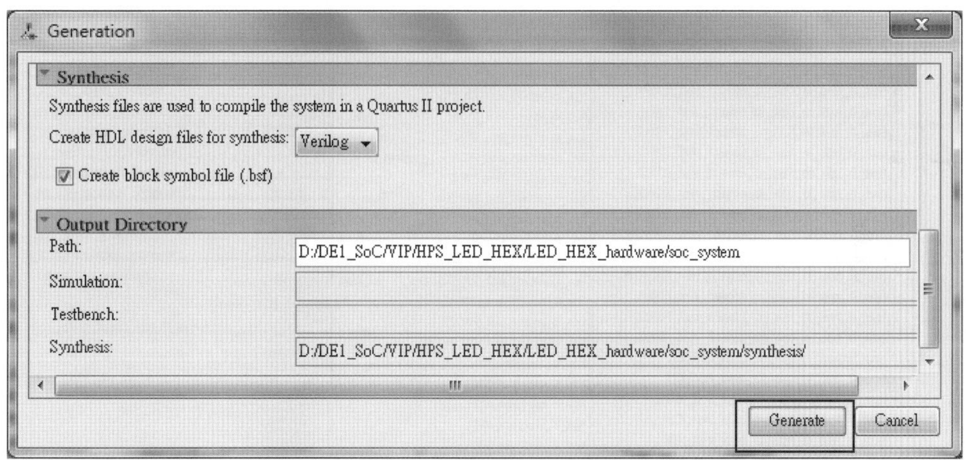

圖 5-15　按「Generate」開始產生系統

12. 觀察 bsf 檔：回到 Quartus II 編輯環境，因爲 Qsys 中因爲新增「pll_0」與「alt_vip_itc_0」組件，而新增的「soc_system」對外的接腳，在 Quartus II 視窗中，選取視窗選單 File -> Open，開啓「soc_system.bsf」，如圖 5-16，可以看到新增了幾個輸入輸出腳，整理與說明如表 5-7 所示。

圖 5-16　開啓「soc_system.bsf」觀看

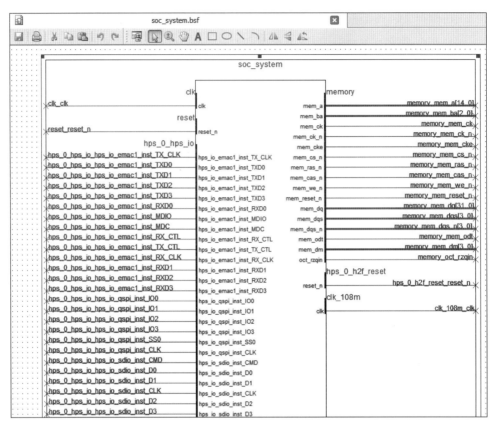

表 5-7　「soc_system」新增輸入輸出腳說明

.clk_108m_clk	(clk_108m)	從 pll_0 產生的 108MHz 時脈訊號
.alt_vip_itc_0_clocked_video_vid_clk	(clk_108m)	解析度 1280x1024 所需的連接時脈頻率訊號，接 108MHz 的 clk_108m 接線。
.alt_vip_itc_0_clocked_video_vid_data	{VGA_R,VGA_G,VGA_B}	輸出 RGB

13. 修改 Quartus II 專案頂層電路：修改頂層電路「HPS_LED_HEX.v」檔，因爲 Qsys 中因爲新增「pll_0」與「alt_vip_itc_0」組件，而新增的「soc_system」對外的接腳的連接方式如表 5-8 所示。主要是將訊號輸出至 VGA 相關端口。

表 5-8　修改 HPS_LED_HEX.v 檔

```
//=============================================================
// Structural coding
//=============================================================
soc_system u0 (
      .clk_clk( CLOCK_50),                              .reset_reset_n( 1' b1)
      .memory_mem_a( HPS_DDR3_ADDR),
...
...
...
            .led_pio_external_connection_export(LEDR),
      .hps_0_h2f_reset_reset_n (1' b1),
      .seg7_if_conduit_end_export ({HEX5P, HEX5, HEX4P, HEX4,
                                    HEX3P, HEX3, HEX2P, HEX2,
                                    HEX1P, HEX1, HEX0P, HEX0}),

// pll_0 external
           .clk_108m_clk(clk_108m),
   //      alt_vip_itc_0 external
                         .alt_vip_itc_0_clocked_video_vid_clk(clk_108m ),
      .alt_vip_itc_0_clocked_video_vid_data ({VGA_R,VGA_G,VGA_B} ),
      .alt_vip_itc_0_clocked_video_underflow( ),
      .alt_vip_itc_0_clocked_video_vid_datavalid( ),
      .alt_vip_itc_0_clocked_video_vid_v_sync(VGA_VS ),
      .alt_vip_itc_0_clocked_video_vid_h_sync(VGA_HS),
      .alt_vip_itc_0_clocked_video_vid_f ( ),
      .alt_vip_itc_0_clocked_video_vid_h ( ),
      .alt_vip_itc_0_clocked_video_vid_v ( )
   );
wire        clk_108m;
assign  VGA_CLK=clk_108m;
assign  VGA_SYNC_N=1' b0;
assign  VGA_BLANK_N=1' b1;
endmodule
```

14. 存檔並組譯：選取視窗選單 File -> Save 儲存檔案，再選取視窗選單 Processing -> Start Compilation，進行組譯，或選擇快捷鍵 ▶ 進行組譯。
15. 連接裝置：將 DE1_SoC 板子接上 VGA 接頭連接螢幕，並且連接電源線與由 USB-Blaster II 端口連接 USB 連接線。
16. 開啓燒錄視窗：選取視窗選單 Tools->Programmer，開啓「Programmer」視窗，再進行「Hardware Setup」設定，如圖 5-17 所示。

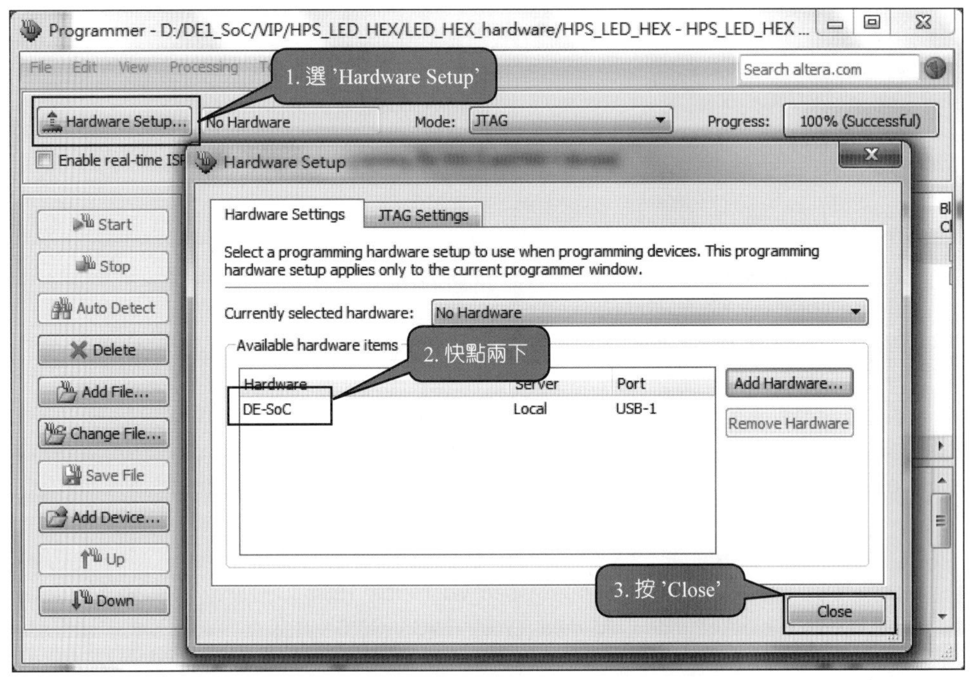

圖 5-17　設定硬體

17. 自動偵測：在「Programmer」視窗中，選擇「Auto Detect」進行偵測在 JTAG 路徑上的所有元件，會出現詢問窗，如圖 5-18 所示，選擇「5CSEMA5」。若出現詢問視窗，按「Yes」鍵。在燒錄視窗中會列出「5CSEMAS 與 SOCHPS，選擇」選「5CSEMAS」，再選「Change File⋯ 」，再從專案目錄中選出「HPS_LED_HEX.sof」檔，再按「Open」鍵，如圖 5-19 所示。

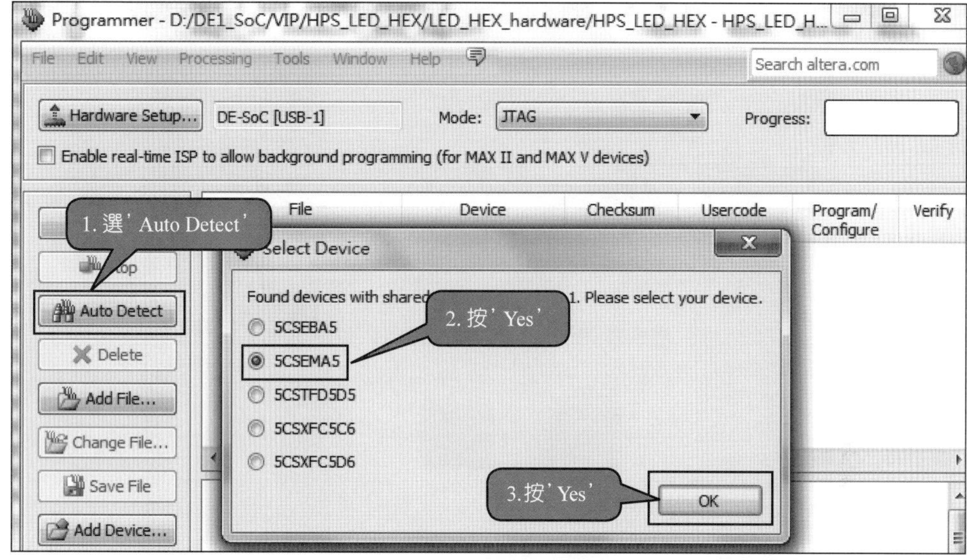

圖 5-18　自動偵測

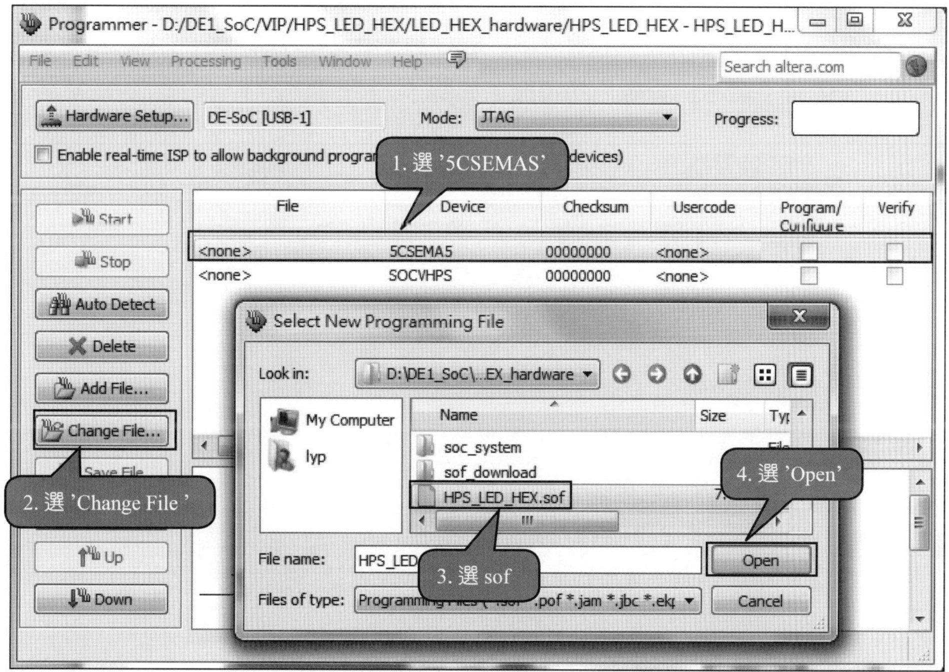

圖 5-19　燒錄視窗

18. 燒錄硬體配置檔：勾選 sof 檔案，按「Start」，燒錄成功畫面如圖 5-20 所示。

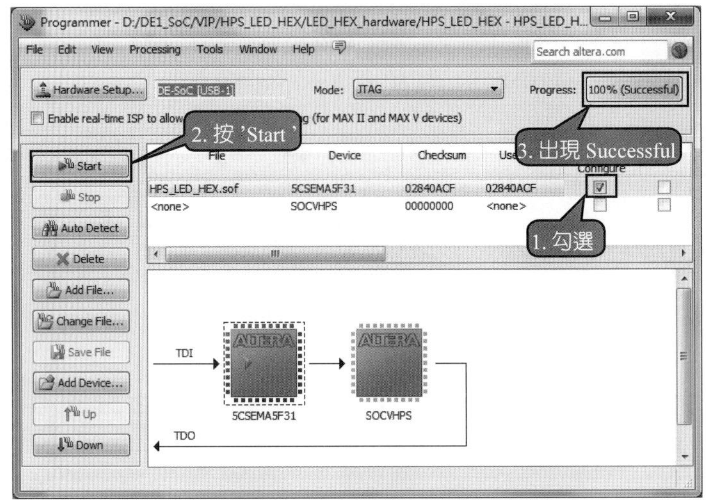

圖 5-20　燒錄硬體配置檔

19. 實驗結果：可以看到接在 DE1_SoC 板子上的出現如圖 5-21 之結果。並在螢幕上顯示出青綠色的畫面，如圖 5-22 所示。

圖 5-21　DE1_SoC 板執行結果

圖 5-22　螢幕顯示青綠色（R=128, G=255，B=128）

• 隨堂練習

在 Qsys 環境開啓 soc_system.qsys ，至「System Content」頁面修改「alt_vip_tpg_0」，點擊 alt_vip_tpg_0，修改爲 Pattern 之設定，如圖 5-23 所示，設定好按「Finish」。再存檔後再重新產生系統（請參考步驟 12），Generate 完成後，需再將 Quartus II 的 HPS_LED_HEX 專案重新組譯（請參考步驟 15），組譯成功再進行燒錄（請參考步驟 17）。觀看 VGA 螢幕之結果。會看到螢幕有彩色直條紋出現，如圖 5-24。

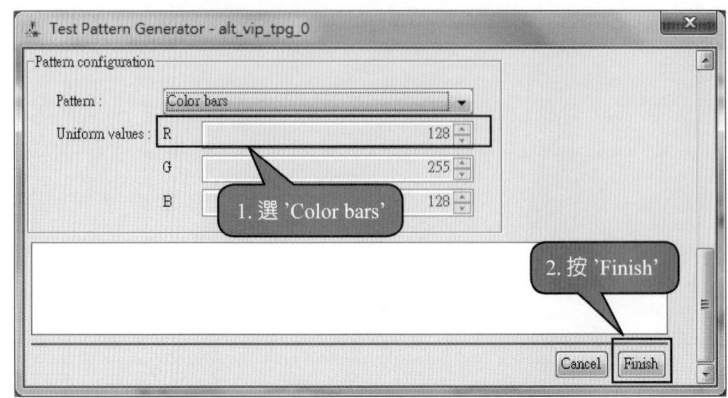

圖 5-23　更改 al_vip_tpg_0 設定

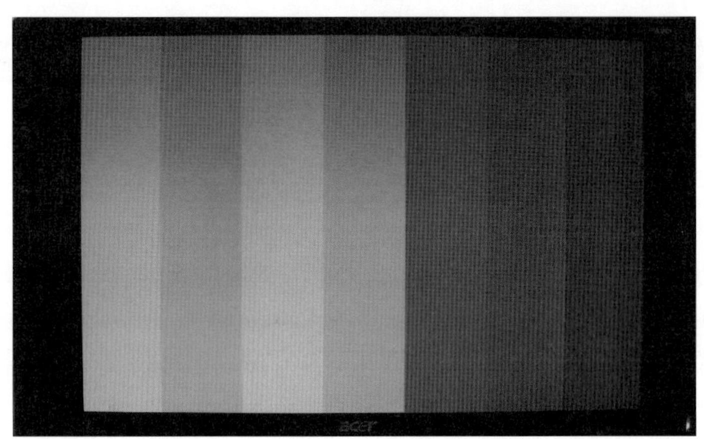

圖 5-24　螢幕有彩色直條紋出現

- 學習成果回顧

　學習在 Qsys 中使用 VIP 元件控制 VGA 螢幕顯示。

- 下一個目標

　顯示乒乓球區塊與球拍顯示於 VGA 螢幕。

5-2 顯示乒乓球與球拍區塊顯示於 VGA 螢幕

前一小節在 Qsys 中使用 VIP 元件控制 VGA 螢幕顯示。本小節將介紹以 Qsys整合 VIP 組件，控制 VGA 螢幕顯示乒乓球與球拍區塊幕。將分幾小節，5-2-1 將介紹顯示乒乓球與球拍區塊顯示於 VGA 螢幕之乒乓球專案之 Qsys 之建立。5-2-2 介紹如何根據 Qsys 產生的 soc_system.sopcinfo 轉換成軟體需要的 hps_0.h 標頭檔，記載 Qsys 的配置。5-2-4 介紹如何撰寫軟體程式使 VGA 螢幕顯示乒乓球與球拍於起始位置。5-2-4 介紹如何撰寫軟體程式使乒乓球運動並且撞到拍子時加一分並反彈。5-3 介紹如何使 G-Sensor 控制球拍左右移。

5-2-1 乒乓球專案之 Qsys 建立

本範例系統區塊圖如圖 5-25 所示，其中灰色區塊是本小節將新增在 Qsys 之模組，其中灰色區塊是本小節將新增在 Qsys 之模組。

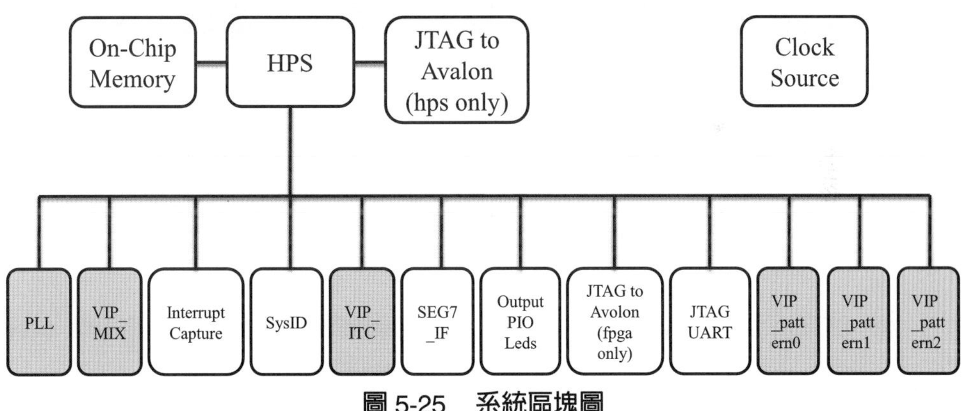

圖 5-25　系統區塊圖

本小節新增之區塊設定與說明如表 5-9 所示。

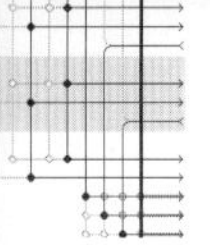

表 5-9　新增系統各區塊說明

模組	說明	Library	設定
VIP_pattern1	圖樣產生器，作為球拍區塊圖樣。	DSP -> Video and Image Processing -> Test Pattern Generator	Width:300 Height: 150
VIP_pattern2	圖樣產生器，作為乒乓球區塊圖樣。	DSP -> Video and Image Processing -> Test Pattern Generator	Width:100 Height: 100
VIP_MIX	混合三圖層（最多可以混合 12 個圖層）	DSP -> Video and Image Processing ->Alpha Blending Mixer	設定輸入個數為 3，並設定輸出圖樣為 1280x1024。

本範例使用 Lightweight HPS-to-FPGA 界面可以從 HPS 端控制 FPGA 周邊。表 5-10 列出本小節專案在 lightweight HPS-to-FPGA 界面上周邊的位址偏移。

表 5-10　Lightweight HPS-to-FPGA 界面

周邊	位址偏移 S	說明
sysid_qsys	0x0001_0000	獨有的系統 ID
led_pio	0x0001_0040	LED 輸出顯示
jtag_uart	0x0002_0000	JTAG UART 操作
SEG7_IF	0x0001_0020	七段顯示器控制器
alt_vip_mix_0	0x0000_0200	畫面區塊控制器

本小節延續 5-1 之專案「HPS_LED_HEX」做修改。本小節專案名稱表 5-11 所示。

表 5-11　專案目錄中的檔案與說明

檔案	說明	所在目錄
HPS_LED_HEX.qpf	專案檔	D:/DE1_SoC/VIP/HPS_LED_HEX/LED_HEX_hardware/
HPS_LED_HEX.v	Verilog HDL 檔	D:/DE1_SoC/VIP/HPS_LED_HEX/LED_HEX_hardware/

檔案	說明	所在目錄
soc_system.qsys	Qsys 檔	D:/DE1_SoC/VIP/HPS_LED_HEX/LED_HEX_hardware/
HPS_LED_HEX.sof 或 HPS_LED_HEX_time_limit.sof	硬體燒錄檔	D:/DE1_SoC/VIP/HPS_LED_HEX/LED_HEX_hardware

本小節設計流程如圖 5-26 所示，先開啓 Quartus II 專案與 Qsys ，再於 Qsys 中新增 alt_vip_tpg_1 組件，接著新增 alt_vip_tpg_2 組件與新增 alt_vip_mix_0 組件，並修改連接，再觀看 Address Map 頁面，修改 alt_vip_tpg_0 組件後，儲存 soc_system.qsys，產生系統完成，要回到 Quartus II 組譯。

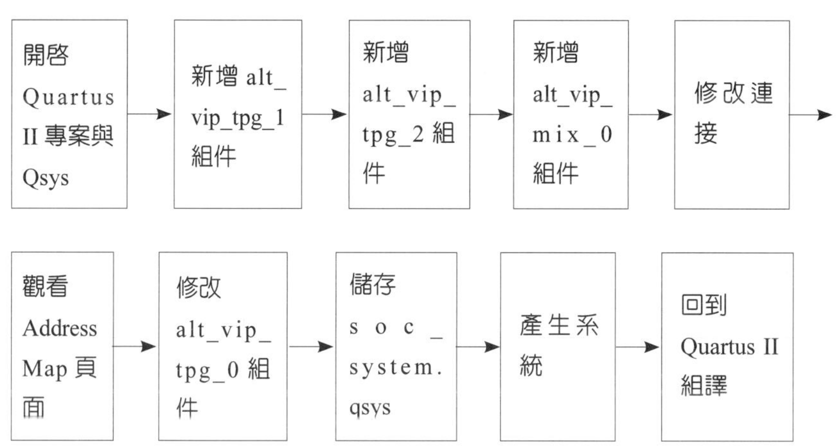

圖 5-26　乒乓球專案之 Qsys 建立設計流程

乒乓球專案之 Qsys 建立詳細步驟說明如下：

1. 開啓專案：開啓 Quartus II 13.1 版以上之軟體，選取視窗選窗 File -> Open Project ，選取專案檔「D:/DE1_SoC/VIP/HPS_LED_HEX/LED_HEX_hardware/HPS_LED_HEX.qpf」。
2. 開啓 Qsys：選取視窗選窗 Tools ->Qsys ，再開啓 soc_system.qsys 檔。
3. 觀察 Qsys 系統「Hierarchy」：從開啓的「soc_system.qsys」中可以觀察到 Qsys 視窗左下角之「Hierarchy」視窗，如圖 5-27 所示。可以看到目

前有「SEG7_IF」、「alt_vip_itc_0」、「alt_vip_tpg_0」、「clk_0」、「hps_0」、「intr_capture_0」、「jtag_uart」、「led_pio」、「master_non_sec」、「master_secure」、「onchip_memory2_0」、「pll_0」與「sysid_qsys」組件。

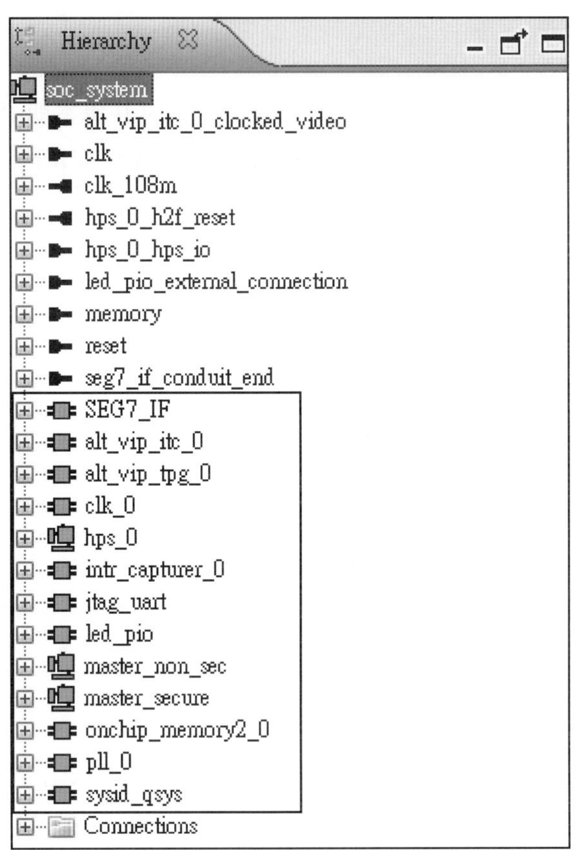

圖 5-27 「soc_system.qsys」中「Hierarchy」頁面

4. 新增 alt_vip_tpg_1 組件：產生大小爲 300x150 之球拍區塊的方式爲至「System Content」頁面，展開「Library」下之「DSP」，再點擊「Video and Image Processing」下的「Test Pattern Generator」，點兩下開啓「Test Pattern Generator–alt_vip_tpg_1」視窗檔，設定如表 5-12 所示。設定好按「Finish」。

表 5-12　alt_vip_tpg_1 設定

項目	設定值	說明
Maximum image width	300	圖層寬度
Maximum image height	150	圖層高度
Bits per pixel per color plane	8	每個顏色平面每個畫素的位元數
Colorspace	4:4:4	色彩取樣
Color plane configuration	Parallel	色彩平面配置
Interlacing	Progressive output	Progressive 輸出
Pattern	Uniform background	單一顏色背景
Uniform values:R	255	紅色數值
G	255	綠色數值
B	255	藍色數值

5. 新增 alt_vip_tpg_2 組件：產生大小為 100x100 之乒乓球區塊的方式為至「System Content」頁面，展開「Library」下之「DSP」，再點擊「Video and Image Processing」下的「Test Pattern Generator」，點兩下開啓「Test Pattern Generator–alt_vip_tpg_2」視窗檔，設定如表 5-13 所示。設定好按「Finish」。

表 5-13　alt_vip_tpg_2 設定

項目	設定值	說明
Maximum image width	100	圖層寬度
Maximum image height	100	圖層高度
Bits per pixel per color plane	8	每個顏色平面每個畫素的位元數
Colorspace	4:4:4	色彩取樣
Color plane configuration	Parallel	色彩平面配置
Interlacing	Progressive output	Progressive 輸出
Pattern	Color bars	彩色直條紋

6. 新增 alt_vip_mix_0 組件：為了將 alt_vip_tpg_0（背景）、alt_vip_tpg_1（球拍）與 alt_vip_tpg_2（乒乓球）三區塊混合顯示於螢幕，使用至「System

Content」頁面，展開「Library」下之「DSP」，再點擊「Video and Image Processing」下的「Alpha Blending Mixer」，點兩下開啓「Test Pattern Generator–alt_vip_mix_0」視窗檔，設定如圖 5-28 所示。設定好按「Finish」。alt_vip_mix_0 設定說明如表 5-14 所示。

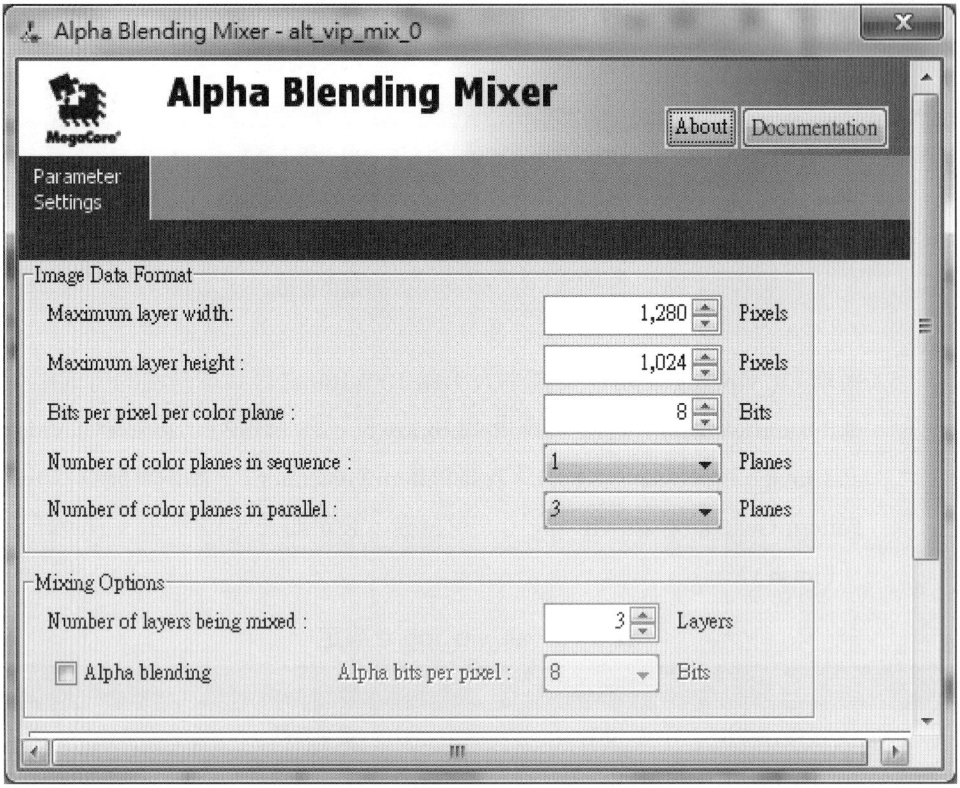

圖 5-28　alt_vip_mix_0 設定

表 5-14　alt_vip_mix_0 設定說明

參數	設定值	說明
Maximum layer width	32-2600, 預設值 =1024	最大圖層寬度
Maximum layer height	32-2600, 預設值 =768	最大圖層高度
Bits per pixel per color plane	4-20, 預設值 =8	每個畫素的位元數（每個顏色平面）
Number of color planes in sequences	1-3	選擇依序送出的顏色圖層的數目。例如設定為 3 時，傳遞 R'G'B'R'G'B' R'G'B'。
Number of color planes in parallel	1-3	設定平行色彩圖層的數目。
Number of layers being mixed	2-12	選擇重疊的圖層數。較大數字的圖層會疊在數字小的圖層上方。背景圖層要放在圖層 0。
Alpha blending	On 或 Off	設定為 on 時，每個圖層 alpha 資料 sink ports 會被產生，會需要一個 alpha 值，每個畫素一個值。設定為 off 時，不會產生 alpha 資料 sink ports 會被產生。
Alpha bits per pixel	2, 4, 8	設定用來表現 alpha 係數的位元數

7. 修改連接：在「System Content」頁面可以看到剛新增的 alt_vip_mix_0，有三個輸入 din0、din1 與 din2，需分別連接來自的 alt_vip_tpg_0（背景）、alt_vip_tpg_1（球拍）與 alt_vip_tpg_2（乒乓球）的輸出；而 alt_vip_mix_0 的 dout 輸出至 alt_vip_itc_0 的 din ，連接結果如圖 5-29 所示，等效連線如圖 5-30 所示

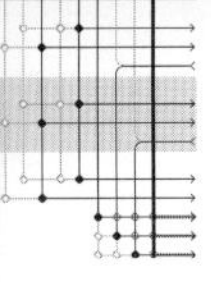

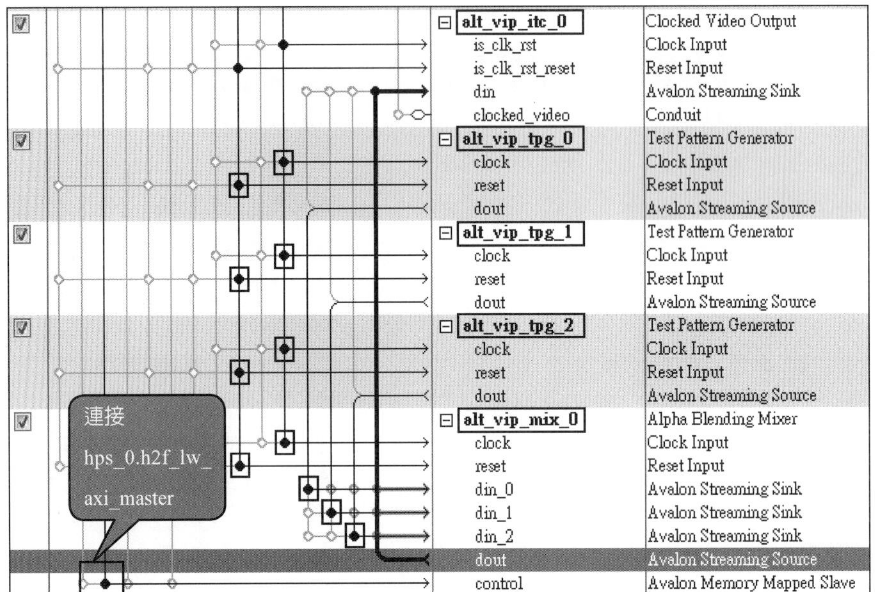

圖 5-29　連接 alt_vip_mix_0 接線

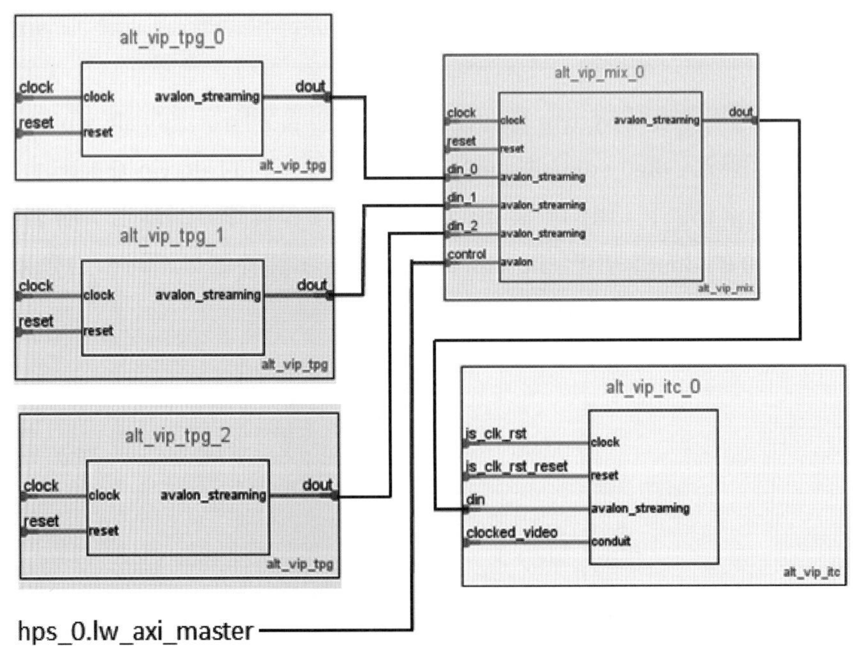

圖 5-30　等效連線圖

8. 觀看 Address Map 頁面 : 切換至 Address Map 頁面，可以看到系統中各組件之位址 offset 值，如圖 5-31 所示。

	hps_0.h2f_axi_master	hps_0.h2f_lw_axi_master
hps_0.f2h_axi_slave		
onchip_memory2_0.s1	0x0000_0000 - 0x0000_ffff	
sysid_qsys.control_slave		0x0001_0000 - 0x0001_0007
led_pio.s1		0x0001_0040 - 0x0001_004f
jtag_uart.avalon_jtag_slave		0x0002_0000 - 0x0002_0007
intr_capturer_0.avalon_slave_0		
SEG7_IF.avalon_slave		0x0001_0020 - 0x0001_003f
alt_vip_mix_0.control		0x0000_0000 - 0x0000_00ff

圖 5-31　1Address Map 頁面

9. 修改 alt_vip_tpg_0 組件 : 點擊 alt_vip_tpg_0，修改為 Pattern 之設定，將背景顏色變為（R=0,G=128,B=128），如圖 5-32 所示，設定好按「Finish」。

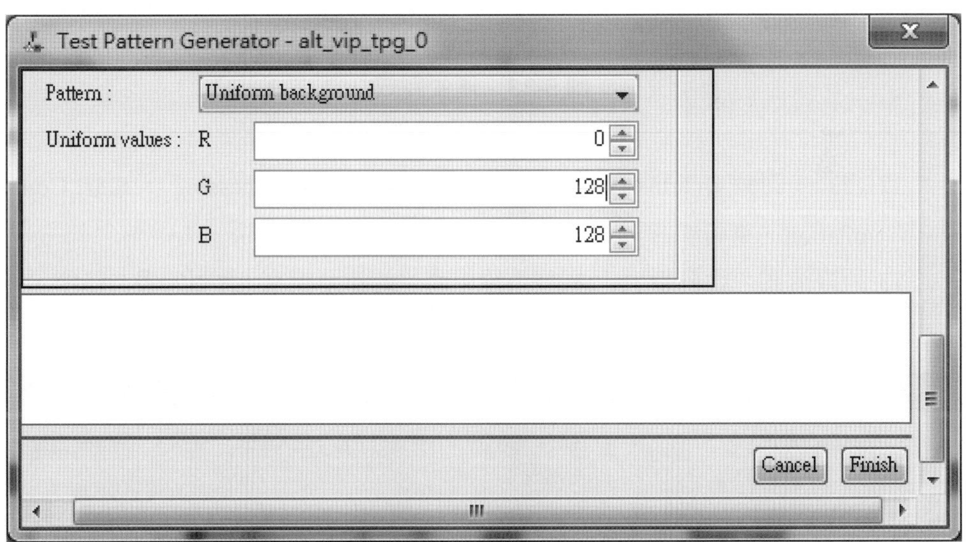

圖 5-32　修改 alt_vip_tpg_0

10. 儲存 soc_system.qsys：在 Qsys 視窗選單選取 Files -> Save。

11. 產生系統：在 Qsys 視窗選單選取 Generate->Generate。開啓「Generate」視窗，按「Generate」鍵，開始產生系統。若是沒有錯誤，如圖 5-323，就按「Close」，並可關閉 Qsys。

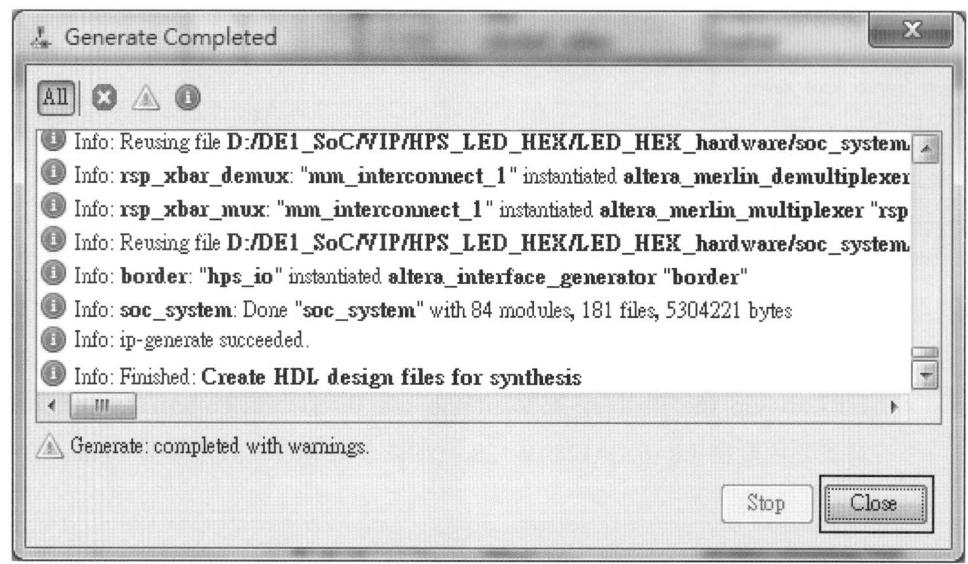

圖 5-33　產生完成

12. 組譯：回到 Quartus II 編輯環境，選取視窗選單 Processing -> Start Compilation，進行組譯，或選擇快捷鍵 ▶ 進行組譯。
13. 觀察檔案：組譯成功後，觀察目錄中產生的重要檔案，說明如表5-15所示。

表 5-15　產生檔案說明

檔案	所在目錄	說明
soc_system.sopcinfo	D:/DE1_SoCVIP/HPS_LED_HEX/LED_HEX_hardware	系統配置檔
HPS_LED_HEX_time_limited.sof	D:/DE1_SoCVIP/HPS_LED_HEX/LED_HEX_hardware	硬體配置檔

5-2-2 轉換 soc_system.sopcinfo 為 hps_0.h 標頭檔

前一小節由 Quartus II 的 Qsys 產生了系統配置檔 soc_system.sopcinfo ，其中 soc_system.sopcinfo 紀錄各組件在 AXI 的相對位址等資料。應用程式組譯時需要有各組件的物理位址的 hps_0.h。hps_0.h 可以從 soc_system.sopcinfo 轉換到 hps_0.h。轉換 soc_system.sopcinfo 爲 hps_0.h 標頭檔轉換流程如圖 5-34 所示。

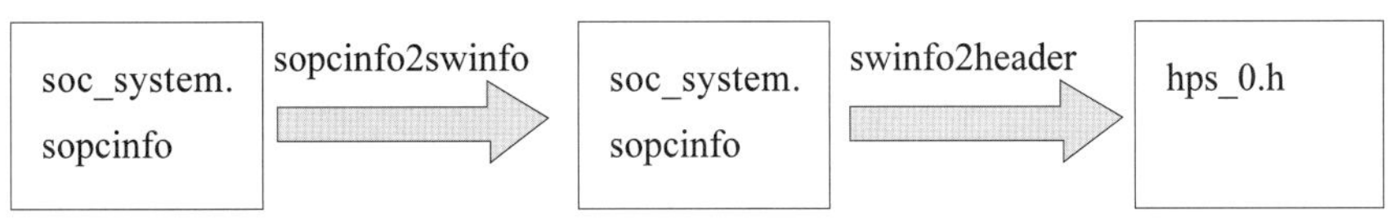

圖 5-34　從 soc_system.sopcinfo 轉換到 hps_0.h 流程

從圖 5-30 中可以看到需先將「soc_system.sopcinfo」轉換成「soc_system.swinfo」檔，再從「soc_system.swinfo」轉換成「hps_0.h」檔。本小節轉換 soc_system.sopcinfo 爲 hps_0.h 標頭檔轉換流程之指令流程如表 5-16 所示。

表 5-16　本小節轉換 soc_system.sopcinfo 為 hps_0.h 標頭檔轉換流程之指令流程

步驟	指令	說明
1	cd d:/DE1_SoC/VIP/HPS_LED_HEX/LED_HEX_hardware/	切換目錄至專案目錄
1	sopcinfo2swinfo –input=soc_system.sopcinfo	將「soc_system.sopcinfo」轉換成「soc_system.swinfo」檔
2	ls–l *.swinfo	觀察檔案
3	swinfo2header –swinfo soc_system.swinfo	將「soc_system.swinfo」轉換成「hps_0.h」檔

轉換 soc_system.sopcinfo 爲 hps_0.h 標頭檔轉換流程所需硬體與軟體如表 5-17 所示。

表 5-17　本小節所需硬體與軟體

硬體 / 軟體	說明
個人電腦	作業系統 Window 7 或 Linux 系統
SoC EDS	執行轉換檔案

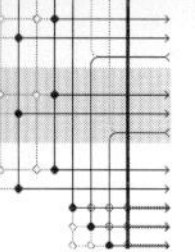

轉換 soc_system.sopcinfo 爲 hps_0.h 標頭檔轉換流程使用到的專案與檔案整理如表 5-18 所示。

表 5-18　轉換 soc_system.sopcinfo 為 hps_0.h 標頭檔轉換流程專案目錄中的檔案與說明

檔案	說明	所在目錄
HPS_LED_HEX.qpf	專案檔	D:/DE1_SoC/VIP/HPS_LED_HEX/LED_HEX_hardware/
soc_system.sys	系統檔	D:/DE1_SoC/VIP/HPS_LED_HEX/LED_HEX_hardware/
HPS_LED_HEX.sof 或 HPS_LED_HEX_time_limit.sof	硬體燒錄檔	D:/DE1_SoCVIP/HPS_LED_HEX/LED_HEX_hardware
soc_system.sopcinfo	系統配置檔	D:/DE1_SoCVIP/HPS_LED_HEX/LED_HEX_hardware
hps_0.h	系統配置檔	D:/DE1_SoCVIP/HPS_LED_HEX/LED_HEX_hardware

轉換 soc_system.sopcinfo 爲 hps_0.h 標頭檔轉換流程專案之系統 offset 對址應對如圖 5-35 所示。

	hps_0.h2f_axi_master	hps_0.h2f_lw_axi_master
hps_0.f2h_axi_slave		
onchip_memory2_0.s1	0x0000_0000 - 0x0000_ffff	
sysid_qsys.control_slave		0x0001_0000 - 0x0001_0007
led_pio.s1		0x0001_0040 - 0x0001_004f
jtag_uart.avalon_jtag_slave		0x0002_0000 - 0x0002_0007
intr_capturer_0.avalon_slave_0		
SEG7_IF.avalon_slave		0x0001_0020 - 0x0001_003f
alt_vip_mix_0.control		0x0000_0000 - 0x0000_00ff

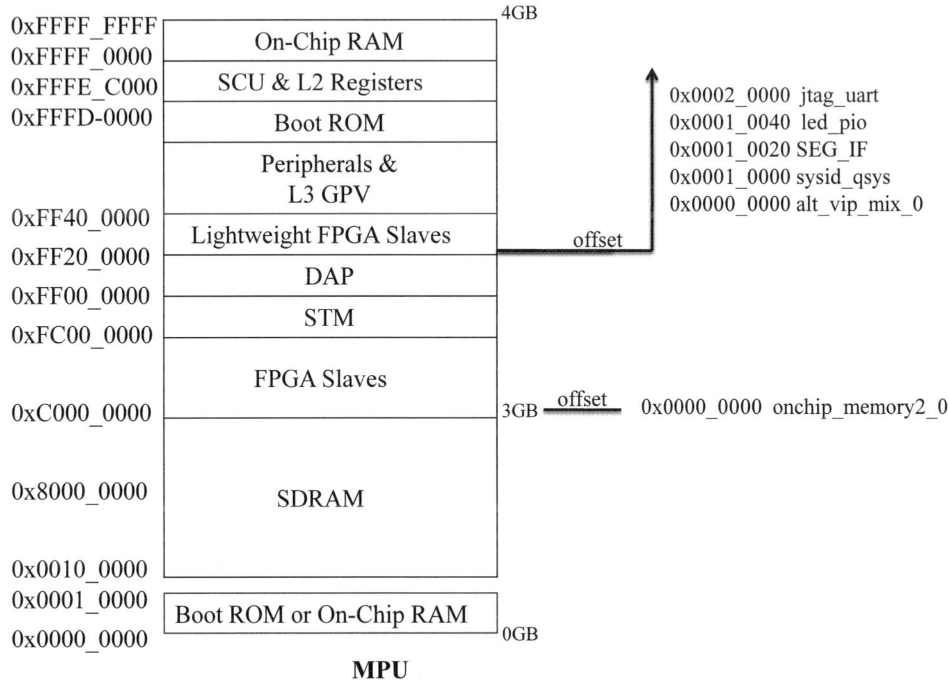

圖 5-35 Address Map 與 MPU 映對的位址

本小節設計流程如圖 5-36 所示，先開啓 SoC EDS ，再切換至專案目錄，接著執行轉換指令，再觀看「hps_0.h」檔。

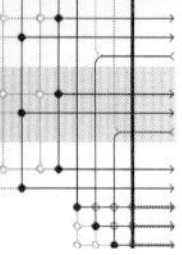

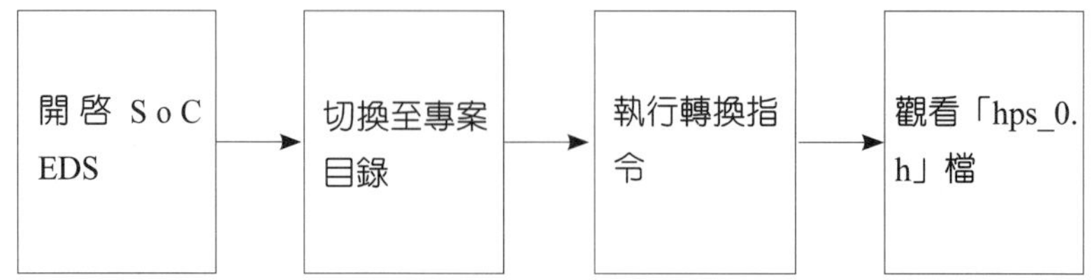

圖 5-36　轉換 soc_system.sopcinfo 為 hps_0.h 標頭檔轉換流程

轉換 soc_system.sopcinfo 爲 hps_0.h 標頭檔轉換流程詳細操作步驟如下：

1. 開啓 SoC EDS：在個人電腦端，開啓 Altera 軟體安裝目錄下的「\embedded\Embedded_Command_Shell」檔，如圖 5-37 所示。

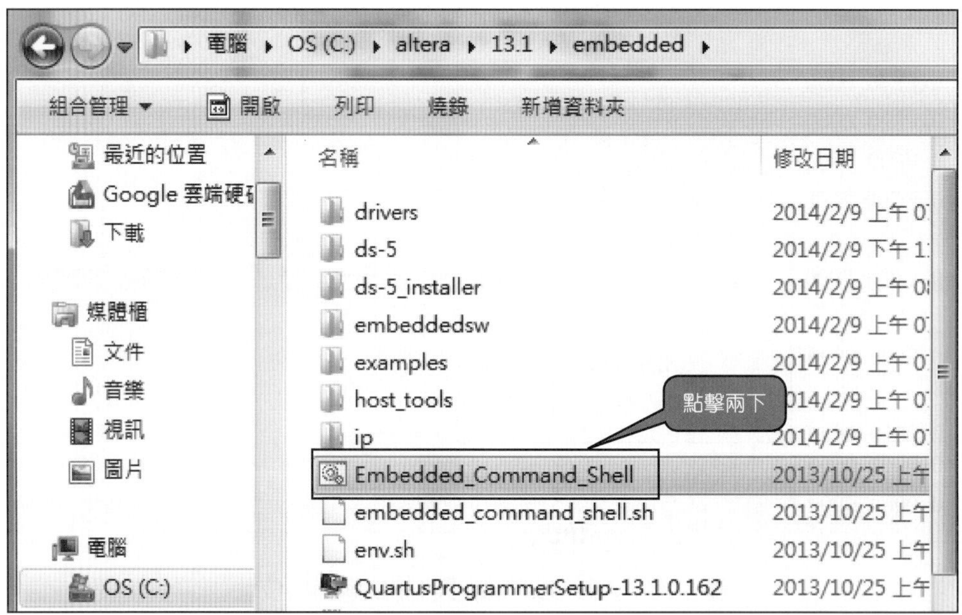

圖 5-37　開啓 Embedded Command Shell

2. 切換至專案目錄：輸入 cd d:/DE1_SoC/VIP/HPS_LED_HEX/LED_HEX_hardward。
3. 執行轉換指令：依據表 5-16 之指令程序輸入執行檔案轉換，轉換結果如圖 5-38 所示。

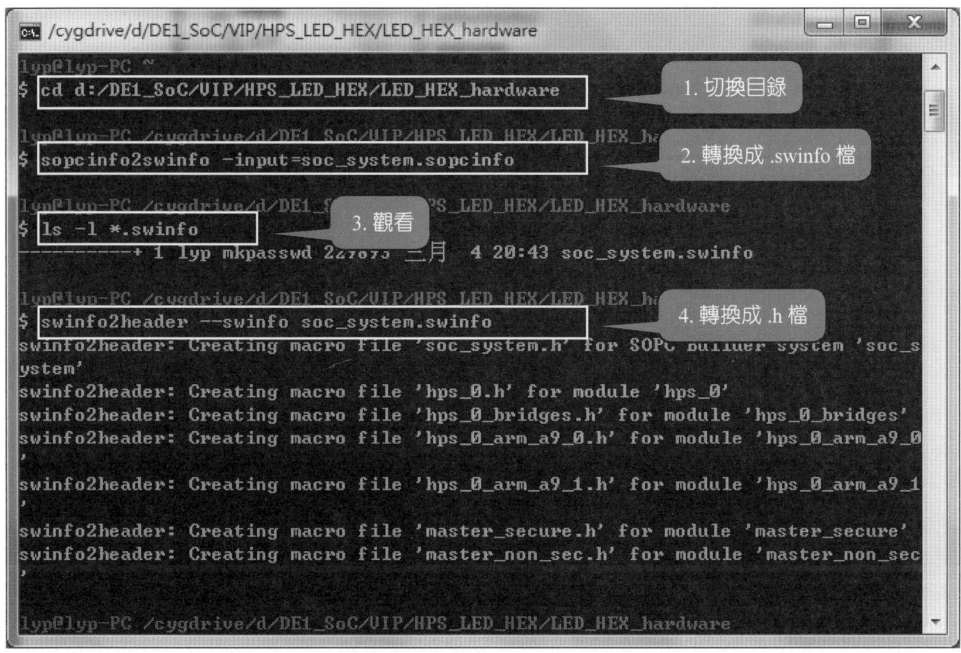

圖 5-38　執行轉換指令

4. 觀看「hps_0.h」檔：觀看轉換出的「hps_0.h」檔案內容，如表 5-19 所示。

表 5-19　hps_0.h 標頭檔內容

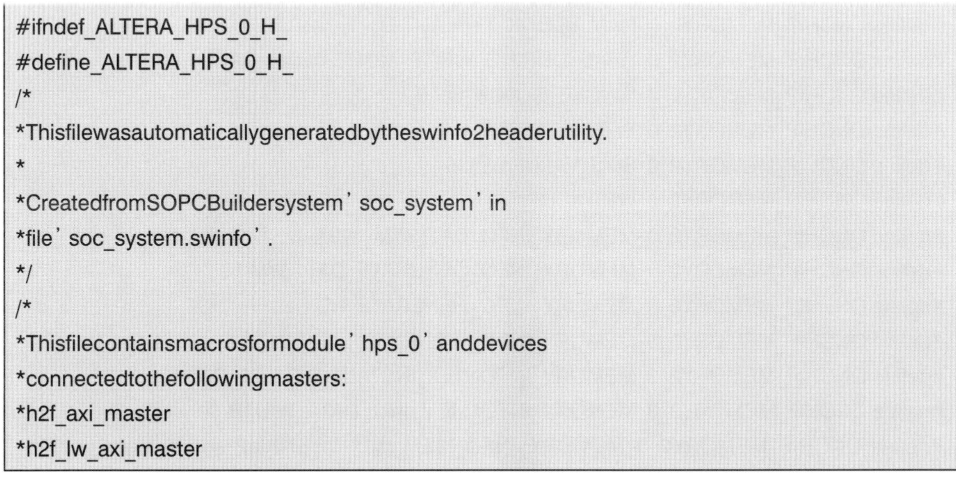

```
#ifndef_ALTERA_HPS_0_H_
#define_ALTERA_HPS_0_H_
/*
*Thisfilewasautomaticallygeneratedbytheswinfo2headerutility.
*
*CreatedfromSOPCBuildersystem' soc_system' in
*file' soc_system.swinfo' .
*/
/*
*Thisfilecontainsmacrosformodule' hps_0' anddevices
*connectedtothefollowingmasters:
*h2f_axi_master
*h2f_lw_axi_master
```

```
*
*Donotincludethisheaderfileandanotherheaderfilecreatedfora
*differentmoduleormastergroupatthesametime.
*Doingsomayresultinduplicatemacronames.
*Instead,usethesystemheaderfilewhichhasmacroswithuniquenames.
*/
/*
*Macrosfordevice' onchip_memory2_0' ,class' altera_avalon_onchip_memory2'
*Themacrosareprefixedwith' ONCHIP_MEMORY2_0_' .
*Theprefixistheslavedescriptor.
*/
#define ONCHIP_MEMORY2_0_COMPONENT_TYPE altera_avalon_onchip_memory2
#define ONCHIP_MEMORY2_0_COMPONENT_NAME onchip_memory2_0
#define ONCHIP_MEMORY2_0_BASE0 x0
#define ONCHIP_MEMORY2_0_SPAN 65536
#define ONCHIP_MEMORY2_0_END 0xffff
#define ONCHIP_MEMORY2_0_ALLOW_IN_SYSTEM_MEMORY_CONTENT_EDITOR0
#define ONCHIP_MEMORY2_0_ALLOW_MRAM_SIM_CONTENTS_ONLY_FILE0
#define ONCHIP_MEMORY2_0_CONTENTS_INFO “”
#define ONCHIP_MEMORY2_0_DUAL_PORT 0
#define ONCHIP_MEMORY2_0_GUI_RAM_BLOCK_TYPE AUTO
#define ONCHIP_MEMORY2_0_INIT_CONTENTS_FILE soc_system_onchip_memory2_0
#define ONCHIP_MEMORY2_0_INIT_MEM_CONTENT 1
#define ONCHIP_MEMORY2_0_INSTANCE_ID NONE
#define ONCHIP_MEMORY2_0_NON_DEFAULT_INIT_FILE_ENABLED 0
#define ONCHIP_MEMORY2_0_RAM_BLOCK_TYPEAUT O
#define ONCHIP_MEMORY2_0_READ_DURING_WRITE_MODE DONT_CARE
#define ONCHIP_MEMORY2_0_SINGLE_CLOCK_OP 0
#define ONCHIP_MEMORY2_0_SIZE_MULTIPLE 1
#define ONCHIP_MEMORY2_0_SIZE_VALUE 65536
#define ONCHIP_MEMORY2_0_WRITABLE 1
#define ONCHIP_MEMORY2_0_MEMORY_INFO_DAT_SYM_INSTALL_DIR SIM_DIR
#define ONCHIP_MEMORY2_0_MEMORY_INFO_GENERATE_DAT_SYM 1
#define ONCHIP_MEMORY2_0_MEMORY_INFO_GENERATE_HEX 1
#define ONCHIP_MEMORY2_0_MEMORY_INFO_HAS_BYTE_LANE 0
#define ONCHIP_MEMORY2_0_MEMORY_INFO_HEX_INSTALL_DIR QPF_DIR
#define ONCHIP_MEMORY2_0_MEMORY_INFO_MEM_INIT_DATA_WIDTH 64
#define ONCHIP_MEMORY2_0_MEMORY_INFO_MEM_INIT_FILENAME soc_system_onchip_
memory2_0
```

```
/*
*Macrosfordevice’alt_vip_mix_0’,class’alt_vip_mix’
*Themacrosareprefixedwith'ALT_VIP_MIX_0_'.
*Theprefixistheslavedescriptor.
*/
#define ALT_VIP_MIX_0_COMPONENT_TYPE alt_vip_mix
#define ALT_VIP_MIX_0_COMPONENT_NAME alt_vip_mix_0
#define ALT_VIP_MIX_0_BASE 0x0
#define ALT_VIP_MIX_0_SPAN 1024
#define ALT_VIP_MIX_0_END 0x3ff


/*
*Macrosfordevice’sysid_qsys’,class’altera_avalon_sysid_qsys’
*Themacrosareprefixedwith'SYSID_QSYS_'.
*Theprefixistheslavedescriptor.
*/
#define SYSID_QSYS_COMPONENT_TYPE altera_avalon_sysid_qsys
#define SYSID_QSYS_COMPONENT_NAME sysid_qsys
#define SYSID_QSYS_BASE 0x10000
#define SYSID_QSYS_SPAN 8
#define SYSID_QSYS_END 0x10007
#define SYSID_QSYS_ID 2899645186
#define SYSID_QSYS_TIMESTAMP 1393643836
/*
*Macrosfordevice’SEG7_IF’,class’SEG7_IF’
*Themacrosareprefixedwith'SEG7_IF_'.
*Theprefixistheslavedescriptor.
*/
#define SEG7_IF_COMPONENT_TYPE SEG7_IF
#define SEG7_IF_COMPONENT_NAME SEG7_IF
#define SEG7_IF_BASE 0x10020
#define SEG7_IF_SPAN 128
#define SEG7_IF_END 0x1009f
/*
*Macrosfordevice’led_pio’,class’altera_avalon_pio’
*Themacrosareprefixedwith'LED_PIO_'.
*Theprefixistheslavedescriptor.
```

```
*/
#define LED_PIO_COMPONENT_TYPE altera_avalon_pio
#define LED_PIO_COMPONENT_NAME led_pio
#define LED_PIO_BASE 0x10040
#define LED_PIO_SPAN 64
#define LED_PIO_END 0x1007f
#define LED_PIO_BIT_CLEARING_EDGE_REGISTER 0
#define LED_PIO_BIT_MODIFYING_OUTPUT_REGISTER 0
#define LED_PIO_CAPTURE 0
#define LED_PIO_DATA_WIDTH 10
#define LED_PIO_DO_TEST_BENCH_WIRING 0
#define LED_PIO_DRIVEN_SIM_VALUE 0
#define LED_PIO_EDGE_TYPE NONE
#define LED_PIO_FREQ 50000000
#define LED_PIO_HAS_IN 0
#define LED_PIO_HAS_OUT 1
#define LED_PIO_HAS_TRI 0
#define LED_PIO_IRQ_TYPE NONE
#define LED_PIO_RESET_VALUE 1023
/*
*Macrosfordevice' jtag_uart' ,class' altera_avalon_jtag_uart'
*Themacrosareprefixedwith' JTAG_UART_' .
*Theprefixistheslavedescriptor.
*/
#define JTAG_UART_COMPONENT_TYPE altera_avalon_jtag_uart
#define JTAG_UART_COMPONENT_NAME jtag_uart
#define JTAG_UART_BASE 0x20000
#define JTAG_UART_SPAN 32
#define JTAG_UART_END 0x2001f
#define JTAG_UART_IRQ 2
#define JTAG_UART_READ_DEPTH 64
#define JTAG_UART_READ_THRESHOLD 8
#define JTAG_UART_WRITE_DEPTH 64
#define JTAG_UART_WRITE_THRESHOLD 8
#endif/*_ALTERA_HPS_0_H_*/
```

5-2-3 各區塊的初始位置設定

三區塊在螢幕畫面之位置，可以藉由設定每個區塊左上角之位置座標，由於螢幕在前一小節設定螢幕解析為 1280x1024。螢幕座標左上角之座標為（0,0），本範例設定個區塊之初始值座標如圖 5-39 所示。

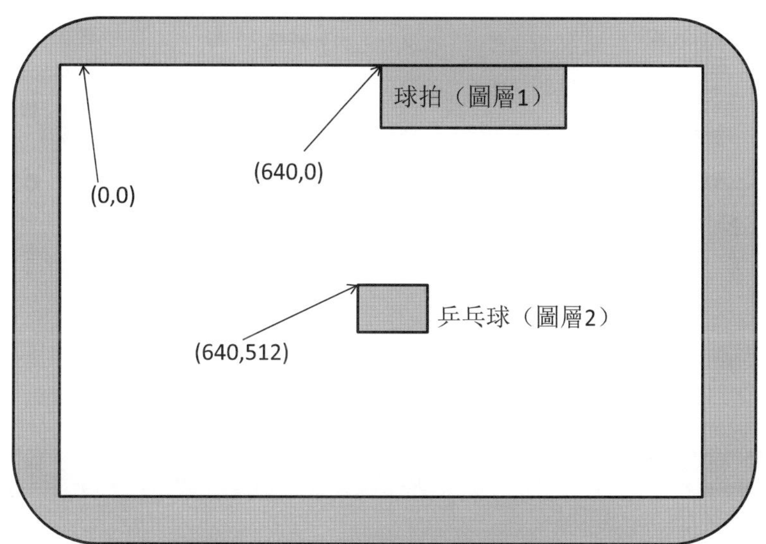

圖 5-39　各區塊初始座標設定

由於本乒乓球專案之圖層共有三圖層「Alpha Blending Mixer MegaCore」將三圖層混合，其中在前一小節 Qsys 引入的「Alpha Blending Mixer MegaCore」模組被命名為「alt_vip_mix_0」，其中「alt_vip_mix_0」的 control 端口由 hps_0 的透過 Lightwave AXI 控制。表 5-20 說明「Alpha Blending Mixer MegaCore」的「control」暫存器的使用方式，每個暫存器的寬度是 16 位元。

表 5-20　「Alpha Blending Mixer MegaCore」的「control」暫存器的使用方式

Address	暫存器	說明
0	Control	此暫存器的最小位元（Bit0）是 'Go' 位元，其他 15 個位元沒有作用。'Go' 設定為 0 則停止。
1	Status	此暫存器的最小位元（Bit0）是 'Status' 位元，其他 15 個位元沒有作用。
2	Layer 1 X	設定圖層 1 的最上方的 X 座標。
3	Layer 1Y	設定圖層 1 的最左方的 Y 座標。
4	Layer 1 Active	設定值為 1 時，圖層 1 可以被顯示，設定值為 0 時，圖層 1 不被顯示。
5	Layer 2 X	設定圖層 2 的最上方的 X 座標。
6	Layer 2Y	設定圖層 2 的最左方的 Y 座標。
7	Layer 2 Active	設定值為 1 時，圖層 2 可以被顯示，設定值為 0 時，圖層 2 不被顯示。

各區塊的初始位置設定範例所需檔案如表 5-21 。

表 5-21　各區塊的初始位置設定所需檔案

檔案	說明	所在目錄
HPS_LED_HEX.qpf	專案檔	D:/DE1_SoC/VIP/HPS_LED_HEX/LED_HEX_hardware/
HPS_LED_HEX_time_limited.sof	硬體燒錄檔	D:/DE1_SoC/VIP/HPS_LED_HEX/LED_HEX_hardware/
main.c	應用程式原始檔主程式	D:/DE1_SoC/VIP/HPS_LED_HEX/ALT_MIX_setting/LED_HEX_software/
seg7.c	應用程式原始檔七段顯示器控制函數程式庫	D:/DE1_SoC/VIP/HPS_LED_HEX/ALT_MIX_setting/LED_HEX_software/
seg7.h	應用程式原始檔七段顯示器控制函數程式庫	D:/DE1_SoC/VIP/HPS_LED_HEX/ALT_MIX_setting/LED_HEX_software/
led.c	應用程式原始檔 LED 控制函數程式庫	D:/DE1_SoC/VIP/HPS_LED_HEX/ALT_MIX_setting/LED_HEX_software/
led.h	應用程式原始檔 LED 控制函數程式庫	D:/DE1_SoC/VIP/HPS_LED_HEX/ALT_MIX_setting/LED_HEX_software/

檔案	說明	所在目錄
hps_0.h	Qsys 中各組件的位址等資訊	從 "D:/DE1_SoC/VIP/HPS_LED_HEX/LED_HEX_hardware/" 下複製至 "D:/DE1_SoC/VIP/HPS_LED_HEX/ALT_MIX_setting/LED_HEX_software/"
Makefile	Makefile	D:/DE1_SoC/VIP/HPS_LED_HEX/ALT_MIX_setting/LED_HEX_software/
ALT_MIX_setting	可執行檔	D:/DE1_SoC/VIP/HPS_LED_HEX/ALT_MIX_setting/LED_HEX_software/

本小節使用之程式是從 DE1_SoC 開發板光碟所附之範例「/Demonstrations/SOC_FPGA/HPS_LED_HEX/HPS_LED_HEX/LED_HEX_software/HPS_LED_HEX/main.c」修改的，本範例新增了 VIP_MIX_Config 函數，其中設定各圖層初始位置。

各區塊的初始位置設定專案之「main.c」程式架構分爲幾個部分，如表 5-21 所示。

表 5-21　各區塊的初始位置設定專案程式架構

區	程式架構
1	程式庫宣告
2	參數定義
3	基底位址變數宣告
4	VIP_MIX_Config 函數宣告（設定各圖層初始位置）
5	led_blink 函數宣告（LEDR 燈輪流點亮與熄滅函數）
6	主程式

各區塊的初始位置設定「main.c」主程式流程如表 5-22 所示。

表 5-22　各區塊的初始位置設定主程式流程

流程	主程式流程
1	用 open 創建一個文件回傳值至 fd。
2	用 mmap 把文件內容映射至一段記憶體上，回傳映射開始的地址指標。
3	計算 ALT_VIP_MIX_0_BASE 對應在使用者空間之位址 h2p_vip_mix_addr。
4	呼叫函數 VIP_MIX_Config 設定各圖層初始位置。
5	計算 LED_PIO_BASE 對應在使用者空間之位址 h2p_lw_led_addr。
6	計算 SEG7_IF_BASE 對應在使用者空間之位址 h2p_lw_hex_addr。
7	建立另一行程呼叫 led_blink 函數。
8	在原行程無限次呼叫 SEG7_All_Number。
9	用 munmap 關閉記憶體映射。
10	用 close 關閉文件 fd。

各區塊的初始位置設定「main.c」內容如表 5-23 所示。

表 5-23　各區塊的初始位置設定專案「main.c」內容

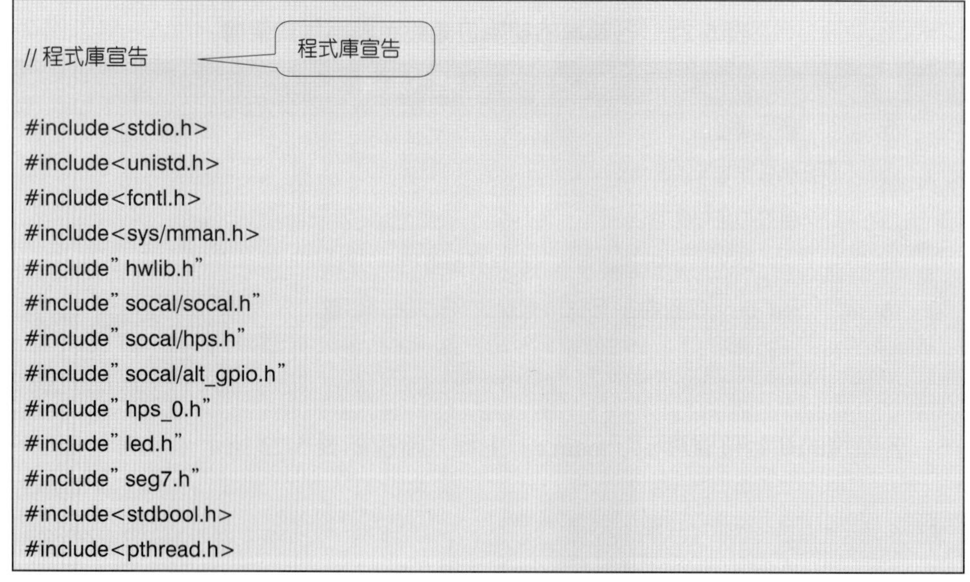

```
// 程式庫宣告                  程式庫宣告

#include<stdio.h>
#include<unistd.h>
#include<fcntl.h>
#include<sys/mman.h>
#include" hwlib.h"
#include" socal/socal.h"
#include" socal/hps.h"
#include" socal/alt_gpio.h"
#include" hps_0.h"
#include" led.h"
#include" seg7.h"
#include<stdbool.h>
#include<pthread.h>
```

```
// 參數定義
```
參數定義

```
#define HW_REGS_BASE (ALT_STM_OFST)
#define HW_REGS_SPAN (0x04000000)
#define HW_REGS_MASK (HW_REGS_SPAN-1)
#define SCREEN_WIDTH  1280   // 螢幕寬
#define SCREEN_HEIGHT  1024  // 螢幕高
#define up_board_width 300  // 球拍寬
#define up_board_height 150// 球拍高
#define ball_width 100     // 球寬
#define ball_height 100    // 球高

// 基底位址變數宣告
```
基底位址變數宣告

```
// baseaddr
static volatile unsigned long *h2p_vip_mix_addr=NULL;
volatile unsigned long *h2p_lw_led_addr=NULL;
volatile unsigned long *h2p_lw_hex_addr=NULL;
//////

//VIP_MIX_Config 函數 ( 設定各圖層初始位置 )
void VIP_MIX_Config(void){
```
VIP_MIX_Config 函數

```
            h2p_vip_mix_addr[0]=0x00;// 停止

            //din0islayer0,background,fixed
            //din1islayer1

            // 圖層 1 球拍左上角位置
h2p_vip_mix_addr[2]=640;// 圖層 1 的 x 座標
            h2p_vip_mix_addr[3]=0;// 圖層 1 的 y 座標
            h2p_vip_mix_addr[4]=0x01;// 設定圖層 1 顯示

            // 圖層 2 乒乓
h2p_vip_mix_addr[5]=640;// 圖層 2 的 x 座標
h2p_vip_mix_addr[6]=512;// 圖層 2 的 y 座標
            h2p_vip_mix_addr[7]=0x01;// 設定圖層 2 顯示
            h2p_vip_mix_addr[0]=0x01;// 開始
}
```

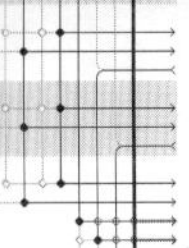

```
//LEDR 燈輪流點亮與熄滅函數

void led_blink(void)                LEDR 燈輪流點亮與熄滅函數
{
int i=0;
while(1){
printf("LEDON\r\n");
for(i=0;i<=10;i++){
LEDR_LightCount(i);
//          usleep(100*1000);
usleep(500*1000);
}
printf("LEDOFF\r\n");
for(i=0;i<=10;i++){
LEDR_OffCount(i);
//          usleep(100*1000);
usleep(500*1000);
}
}
}

// 主程式
                                    主程式
int main(int argc,char **argv){
pthread_t id;
int ret;
void *virtual_base;
int fd;

// 用 open 創建一個文件回傳值至 fd
if((fd=open("/dev/mem",(O_RDWR|O_SYNC)))==-1){
                    printf("ERROR:couldnotopen\"/dev/mem\"...\n");
                    return(1);
          }

// 用 mmap 把文件內容映射至一段記憶體上，回傳映射開始的地址指標。
virtual_base=mmap(NULL,HW_REGS_SPAN,(PROT_READ|PROT_WRITE),MAP_
SHARED,fd,HW_REGS_BASE);
```

```
		if(virtual_base==MAP_FAILED){
				printf("ERROR:mmap()failed...\n");
				close(fd);
				return(1);
		}
// 計算 ALT_VIP_MIX_0_BASE 對應在使用者空間之位址 h2p_vip_mix_addr
h2p_vip_mix_addr=virtual_base+((unsigned long)(ALT_LWFPGASLVS_OFST+ALT_VIP_MIX_0_
BASE)&(unsigned long)(HW_REGS_MASK));

// 呼叫函數 VIP_MIX_Config
VIP_MIX_Config();

		usleep(20*1000);
// 計算 LED_PIO_BASE 對應在使用者空間之位址 h2p_lw_led_addr。
h2p_lw_led_addr=virtual_base+((unsigned long)(ALT_LWFPGASLVS_OFST+LED_PIO_
BASE)&(unsigned long)(HW_REGS_MASK));
// 計算 SEG7_IF_BASE 對應在使用者空間之位址 h2p_lw_hex_addr。
h2p_lw_hex_addr=virtual_base+((unsigned long)(ALT_LWFPGASLVS_OFST+SEG7_IF_
BASE)&(unsigned long)(HW_REGS_MASK));

// 建立另一行程呼叫 led_blink 函數
ret=pthread_create(&id,NULL,(void*)led_blink,NULL);
if(ret!=0){
printf("Creatpthreaderror!\n");
exit(1);
}
// 在原行程無限次呼叫 SEG7_All_Number
while(1)
{
SEG7_All_Number();
}
pthread_join(id,NULL);

// 用 munmap 關閉記憶體映射
if(munmap(virtual_base,HW_REGS_SPAN)!=0){
printf("ERROR:munmap()failed...\n");
close(fd);
return(1);
		}
```

呼叫 VIP_MIX_Config 函數設定各圖層初始位置

```
// 用 close 關閉文件 fd
        close(fd);
        return(0);
}
```

各區塊的初始位置設定「Makefile」內容如表 5-24 所示。

表 5-24　各區塊的初始位置設定 Makefile 內容

```
#
TARGET = ALT_MIX_setting
#
CROSS_COMPILE = arm-linux-gnueabihf-
CFLAGS = -static -g -Wall  -I${SOCEDS_DEST_ROOT}/ip/altera/hps/altera_hps/hwlib/include
LDFLAGS =  -g -Wall
CC = $(CROSS_COMPILE)gcc
ARCH= arm
#LDFLAGS =  -g -Wall  -Iteraisc_pcie_qsys.so -ldl
#-ldl must be placed after the file calling lpxxxx funciton
build: $(TARGET)
#-lmpeg2 --> link libmpeg2.a (lib___.a)
$(TARGET): main.o seg7.o led.o
        $(CC) $(LDFLAGS)   $^ -o $@  -lpthread -lrt
#       $(CC) $(LDFLAGS)  $^ -o $@  -ldl -lmpeg2  -lmpeg2convert -lpthread
%.o : %.c
        $(CC) $(CFLAGS) -c $< -o $@
.PHONY: clean
clean:
        rm -f $(TARGET) *.a *.o *~
```


本範例將使用 SoC EDS 的 Embedded_Command_Shell 環境執行程式編譯與傳送檔案至 DE1-SoC 板子上。在 Embedded_Command_Shell 環境執行指令順序如下表 5-25 所示。

表 5-25 在 Embedded_Command_Shell 環境指令執行順序與說明

步驟	指令	說明
1	cd d:/DE1_SoC/VIP/HPS_LED_HEX/LED_HEX_hardward/ALT_MIX_setting/LED_HEX_software	切換目錄
2	make	執行編譯
3	scp ALT_MIX_setting root@192.168.1.95:/home/VIP	傳送檔案至 DE1-SoC 板子上

本範例將使用 PuTTY 視窗登入 DE1-SoC 板子之作業系統，執行指令順序如表 5-26 所示。

表 5-26 使用 PuTTY 視窗登入系統後之指令執行順序與說明

步驟	指令	說明
1	cd /home/VIP	切換目錄
2	ls –l	觀察目錄
2	chmod 755 ALT_MIX_setting	改變 ALT_MIX_setting 檔案為可執行
3	ls -l	觀察目錄
4	./ALT_MIX_setting	執行應用程式

本小節設計流程如圖 5-40 所示，先複製專案目錄，再修改 Makefile 檔案，接著修改 main.c 檔案與更新 hps_0.h ，並連接裝置，再開啓 SoC EDS ，使用 scp 傳送檔案，燒錄 sof 檔，使用 PuTTY 軟體，按 DE1_SoC 板子上的 Warm Rest 鍵，執行應用程式可以看到 VGA 螢幕出現各區塊的初始位置。

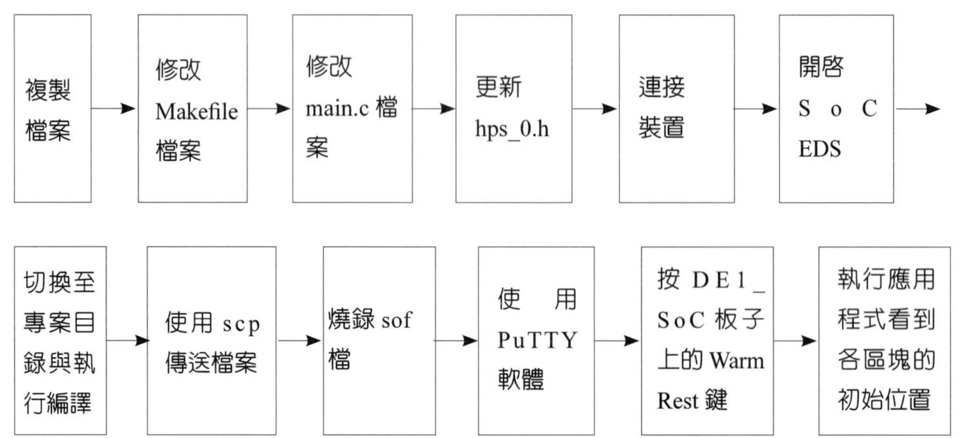

圖 5-40　各區塊的初始位置設定設計流程

各區塊的初始位置設定詳細操作步驟如下：

1. 複製檔案：將範例光碟中的「Demonstrations/SOC_FPGA/HPS_LED_HEX/LED_HEX_software/HPS_LED_HEX」下檔案複製至「D:/DE1_SoC/VIP/HPS_LED_HEX/ALT_MIX_setting/LED_HEX_software/」下，如圖 5-41 所示。

圖 5-41　複製目錄

2. 修改 Makefile 檔案：開啓「D:/DE1_SoC/VIP/HPS_LED_HEX/ALT_MIX_setting/LED_HEX_software/」下之「Makefile」檔，修改第二行程式爲「TARGET = ALT_MIX_setting」，如圖 5-42 所示。修改後存檔。

圖 5-42　修改 Makefile 檔案

3. 修改 main.c 檔案：開啓「D:/DE1_SoC/VIP/HPS_LED_HEX/ALT_MIX_setting/LED_HEX_software/」下之「main.c」檔。修改處整理如表 5-27 所示。修改後存檔。

表 5-27　「main.c」新增程式內容

區	程式
參數定義區	// 參數定義 #defineSCREEN_WIDTH1280　// 螢幕寬 #defineSCREEN_HEIGHT1024　// 螢幕高 #defineup_board_width300 // 球拍寬 #defineup_board_height150// 球拍高 #defineball_width100　// 球寬 #defineball_height100　// 球高

區	程式

基底位址變數宣告區	// 基底位址變數宣告
	//base header
	staticvolatileunsignedlong*h2p_vip_mix_addr=NULL;

函數宣告區	//VIP_MIX_Config 函數 (設定各圖層初始位置)
	void VIP_MIX_Config(void){
	h2p_vip_mix_addr[0]=0x00;// 停止
	
	//din0islayer0,background,fixed
	//din1islayer1
	
	// 圖層 1 球拍左上角位置
	h2p_vip_mix_addr[2]=640;// 圖層 1 的 x 座標
	h2p_vip_mix_addr[3]=0;// 圖層 1 的 y 座標
	h2p_vip_mix_addr[4]=0x01;// 設定圖層 1 顯示
	
	// 圖層 2 乒乓
	h2p_vip_mix_addr[5]=640;// 圖層 2 的 x 座標
	h2p_vip_mix_addr[6]=512;// 圖層 2 的 y 座標
	h2p_vip_mix_addr[7]=0x01;// 設定圖層 2 顯示
	h2p_vip_mix_addr[0]=0x01;// 開始
	}

主程式區	// 呼叫函數 VIP_MIX_Config
	VIP_MIX_Config();

4. 更新 hps_0.h：將 5-2-2 小節產生的「hps_0.h」檔複製至「D:/DE1_SoC/VIP/HPS_LED_HEX/ALT_MIX_setting/LED_HEX_software」下，如圖 5-43 所示。

圖 5-43　更換為 5-2-2 小節的 hps_0.h

5. 連接裝置：本小節所需連接的設備整理如表 5-28 所示，如表將 DE1_SoC 板子接上 VGA 螢幕線等。

表 5-28　本範例需連接之裝置

確認連接	裝置	說明
✓	電源線	提供 DE1-SoC 板電源
✓	VGA 線連接螢幕	區塊影像顯示於 VGA 螢幕
✓	USB 線連接 USB-Blaster II 端口與電腦	提供燒錄
✓	USB 線連接 USB to UART 端口	提供串列通訊
✓	網路線連接網路線插槽	前一小節設定 DE1-SoC 板子上的 IP 為固定在 192.168.1.95

6. 開啓 SoC EDS：在個人電腦端，開啓 Altera 軟體安裝目錄下的「\embedded\Embedded_Command_Shell」檔。
7. 切換至專案目錄：輸入 cd d:/DE1_SoC/VIP/HPS_LED_HEX/LED_HEX_hardward/ALT_MIX_setting/LED_HEX_software。
8. 執行編譯：輸入 make 開始編譯，編譯若無錯誤訊息，再用 ls -l 觀察，如圖 5-44 所示。

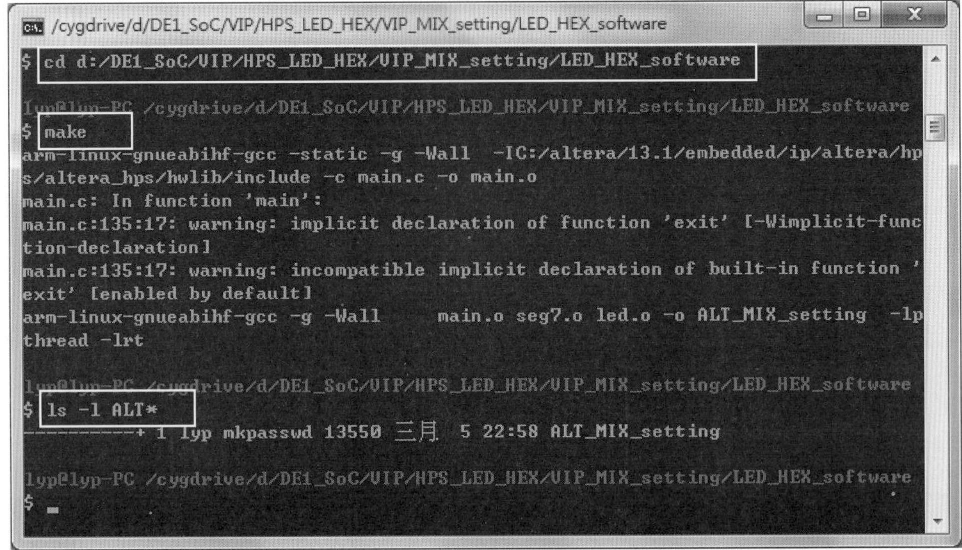

圖 5-44　編譯完成畫面

9. 使用 scp 傳送檔案：將檔案傳至 DE1-SoC 上的 SD 卡的檔案系統，例如傳送目的地爲 192.168.1.95 的 /home/VIP（請先確認 DE1-SoC 板子上的系統是否已建立此目錄），如圖 5-45 所示。

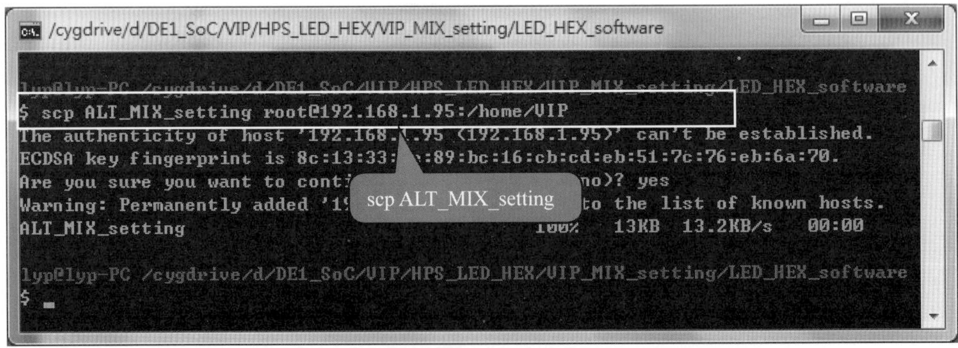

圖 5-45　使用 scp 傳送檔案至板子上 /home/VIP/

10. 開啓燒錄視窗：在 Quartus II 環境開啓專案「D:/DE1_SoC/VIP/HPS_LED_HEX/LED_HEX_hardware/ HPS_LED_HEX.qpf」，選取視窗選

單 Tools->Programmer ，開啓「Programmer」視窗，再進行「Hardware Setup」設定，如圖 5-46 所示。

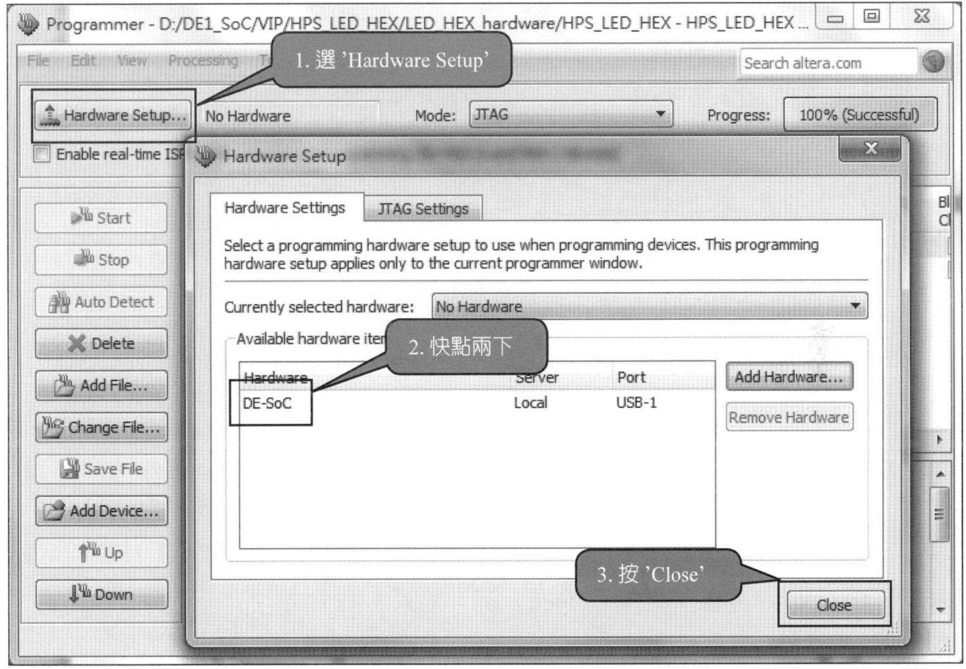

圖 5-46　設定硬體

11. 自動偵測：在「Programmer」視窗中，選擇「Auto Detect」進行偵測在 JTAG 路徑上的所有元件，會出現詢問窗，如圖 5-47 所示，選擇「5CSE-MA5」。若出現詢問視窗，按「Yes」鍵。

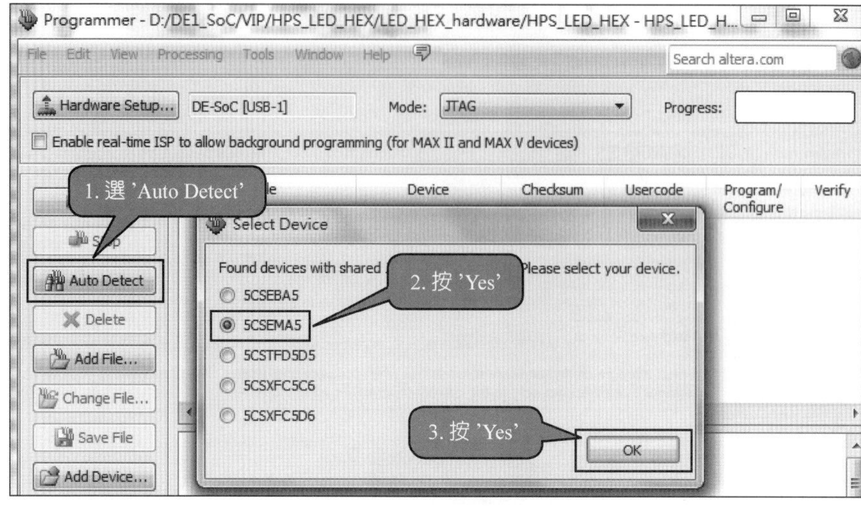

圖 5-47　自動偵測

在燒錄視窗中會列出「5CSEMAS 與 SOCHPS，選擇」選「5CSEMAS」，再選「Change File⋯ 」，再從專案目錄中選出「HPS_LED_HEX_time_limited.sof」檔，再按「Open」鍵，如圖 5-48 所示。

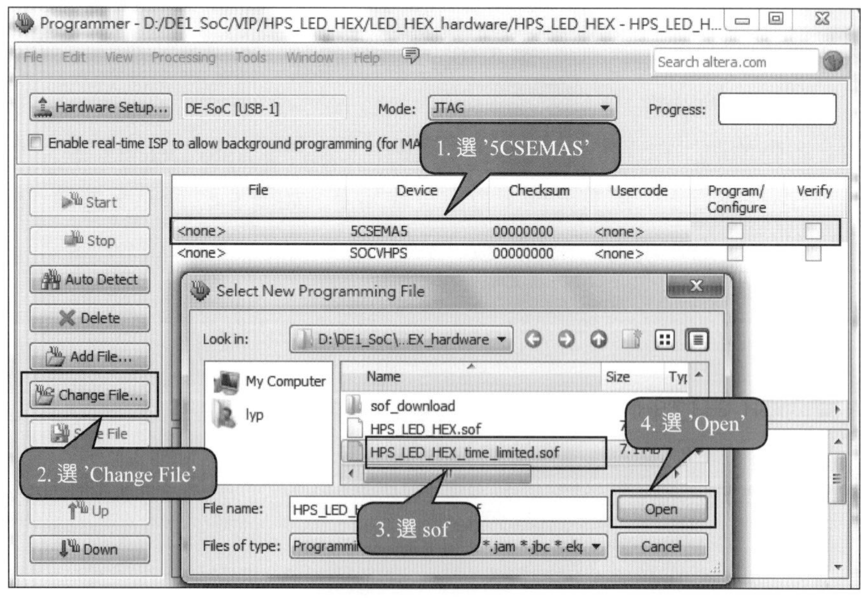

圖 5-48　燒錄視窗

12. 燒錄 sof 檔：勾選 sof 檔案，按「Start」，燒錄成功畫面如圖 5-49 所示。「OpenCore Plus Status」視窗，不要按「Cancel」鍵，如圖 5-50 所示。

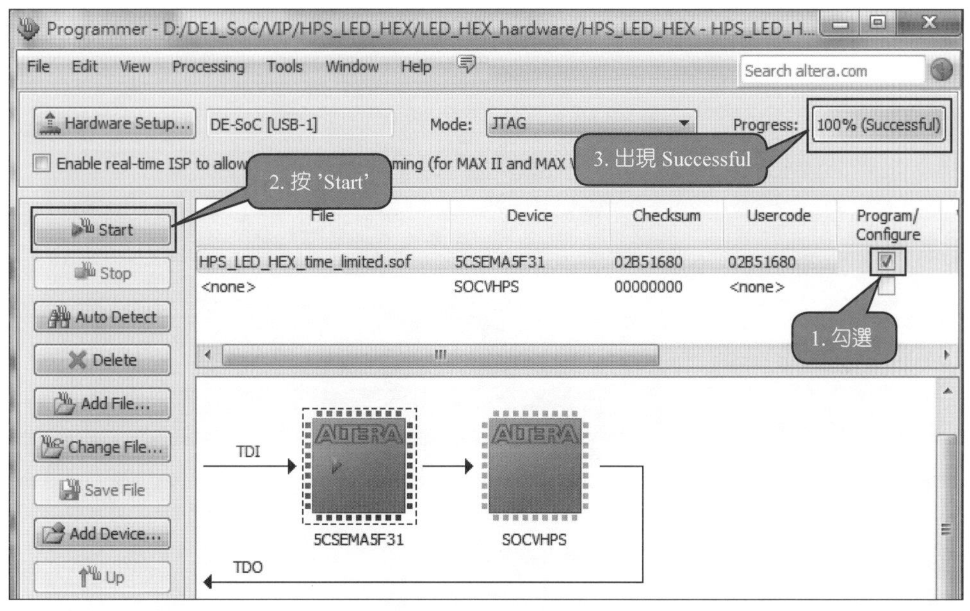

圖 5-49　燒錄檔案

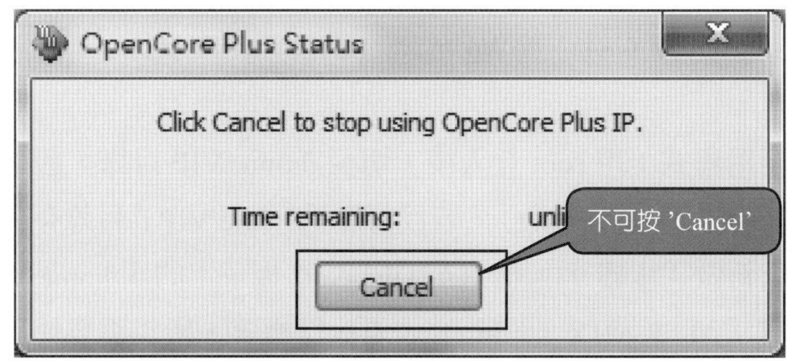

圖 5-50　「OpenCore Plus Status」視窗

13. 燒錄結果：可以看到螢幕上顯示無畫面。需要由 DE1_SoC 板子上搭載的 Linux 系統執行應用軟體控制區塊顯示各區塊位置。

14. 使用 PuTTY 軟體：使用 PuTTY 軟體（通訊 Speed 為 115200），登入 DE1_SoC 板子上的作業系統。

15. 按 DE1_SoC 板子上的 Warm Rest 鍵：按 DE1_SoC 板子上的 Warm Rest 鍵，可以看到畫面上系統重新開機的畫面，如圖 5-51 所示。

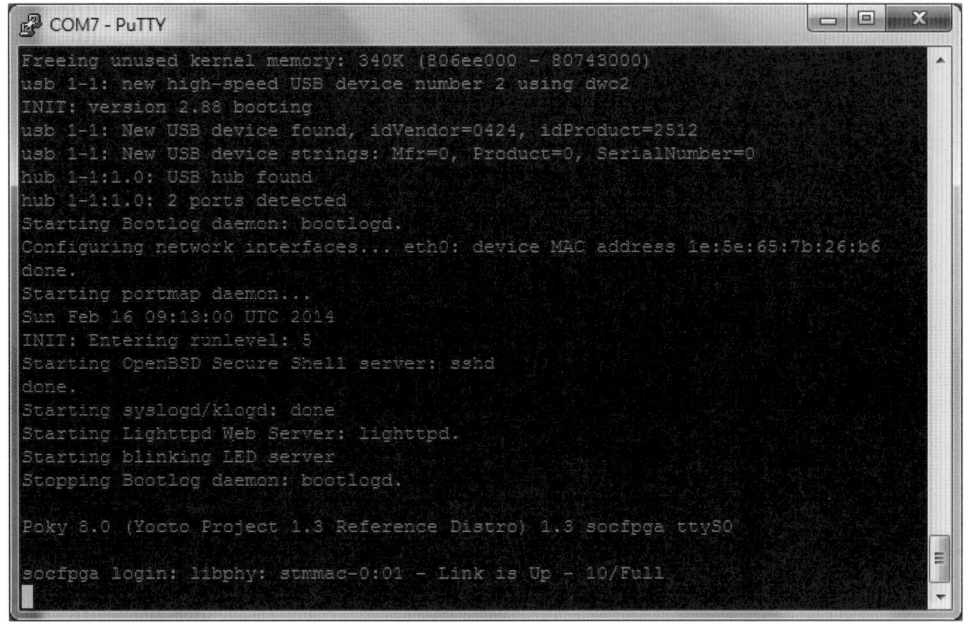

圖 5-51　按 Warm Rest 鍵後 PuTTY 畫面

16. 執行應用程式：用 root 登入後，切至 /home/VIP 目錄，觀察目錄內容是否有「ALT_MIX_setting」，若目前無「/home/VIP」目錄存在，請建立目錄後重新做「步驟 9」。傳送至 DE1-SoC 板子上的「/home/VIP」目錄 下的檔案「AL T_MIX_setting」並無執行權限，所以需要使用 chmod 755 改變檔案屬性為可執行，如圖 5-52 所示。

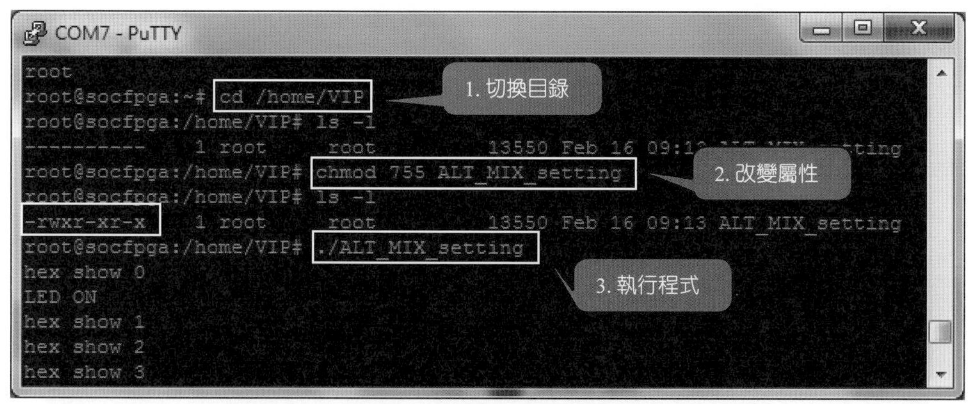

圖 5-52　各區塊的初始位置設定執行應用程式

17. 觀察實驗結果：執行結果 DE1-SoC 上的七段顯示器與 LED 會變化如圖 5-53 所示。所連接的螢幕會出現各區塊的初始位置，如圖 5-54 所示之畫面。

圖 5-53　執行應用程式 DE1-SoC 板的七段顯示器與 LED 會變化

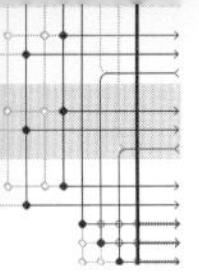

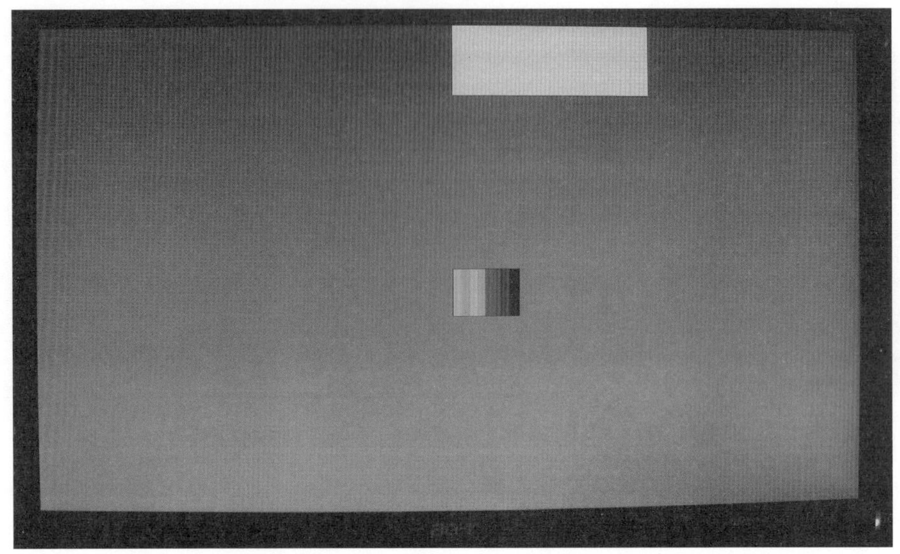

圖 5-54　各區塊的初始位置設定 ALT_MIX_setting 執行結果

5-2-4 乒乓球反彈運動程式與七段顯示器計分專案

前一小節完成區塊初始值設定，接著讓圖層 2（乒乓球）會動，乒乓球遇到螢幕邊緣會反彈，或碰到圖層 1 底部（球拍）會反彈，並且七段顯示器會加一分。乒乓球反彈運動程式與七段顯示器計分實驗說明整理如表 5-29 所示。

表 5-29　乒乓球反彈運動程式與七段顯示器計分專案說明

圖層	動作	說明
0	不動	背景
1	不動	球拍
2	反彈	遇到螢幕邊緣會反彈，碰到圖層 1 底部（球拍）會反彈，並且七段顯示器會加一分

本小節乒乓球反彈運動程式與七段顯示器計分專案需要的硬體與軟體檔整理如表 5-30 所示。

表 5-30　乒乓球反彈運動程式與七段顯示器計分專案需要的硬體與軟體檔

檔案	說明	所在目錄
HPS_LED_HEX.qpf	專案檔	D:/DE1_SoC/VIP/HPS_LED_HEX/LED_HEX_hardware/
HPS_LED_HEX_time_limited.sof	硬體燒錄檔	D:/DE1_SoC/VIP/HPS_LED_HEX/LED_HEX_hardware/
main.c	主程式	d:/DE1_SoC/VIP/HPS_LED_HEX/LED_HEX_hardward/PING_PONG/LED_HEX_software
Makefile	make 檔	d:/DE1_SoC/VIP/HPS_LED_HEX/LED_HEX_hardward/PING_PONG/LED_HEX_software
PING_PONG	應用程式執行檔	d:/DE1_SoC/VIP/HPS_LED_HEX/LED_HEX_hardward/PING_PONG/LED_HEX_software

本小節延續 5-2-1 之專案，需修改的檔案整理如表 5-31 所示。

表 5-31　本小節乒乓球反彈運動程式與七段顯示器計分專案需修改的檔案

檔案	修改部分	說明
main.c 函數宣告	新增 VIP_MIX_Move 函數	將圖層座標寫入指定圖層之控制暫存器
main.c 函數宣告	新增 Move_layer2 函數	控制圖層 2 變化方式，並圖層 1 與圖層 2 相撞時，分數 scale 加 1
main.c 函數宣告	新增 ball_Move 函數	連續呼叫 Move_layer2 與設定移動時間間隔
main.c 主程式	新增一個行程，執行 ball_Move 函數	控制乒乓球
main.c 主程式	更換呼叫七段顯示器函數 SEG7_Decimal(scale,0); (原來主程式呼叫 SEG7_All_Number() 函數。)	將分數 scale 值顯示於七段顯示器上。
Makefile	修改 TARGET = PING_PONG	輸出應用程式執行檔名稱為 PING_PONG

乒乓球反彈運動程式與七段顯示器計分專案「main.c」程式架構分爲幾個部分，如表 5-32 所示。

表 5-32　乒乓球反彈運動程式與七段顯示器計分專案程式架構

區	程式架構
1	程式庫宣告
2	參數定義
3	基底位址變數宣告
4	VIP_MIX_Config 函數宣告（設定各圖層初始位置）
5	led_blink 函數宣告（LEDR 燈輪流點亮與熄滅函數）
6	VIP_MIX_Move 函數宣告（將圖層座標寫入指定圖層之控制暫存器）
7	Move_layer2 函數宣告（控制圖層 2 變化方式，並圖層 1 與圖層 2 相撞時，分數 scale 加 1）
8	ball_Move 函數宣告（連續呼叫 Move_layer2 與設定移動時間間隔）
9	主程式

乒乓球反彈運動程式與七段顯示器計分專案「main.c」主程式流程如表 5-33 所示。

表 5-33　乒乓球反彈運動程式與七段顯示器計分專案主程式流程

流程	主程式流程
1	用 open 創建一個文件回傳值至 fd。
2	用 mmap 把文件內容映射至一段記憶體上，回傳映射開始的地址指標。
3	計算 ALT_VIP_MIX_0_BASE 對應在使用者空間之位址 h2p_vip_mix_addr。
4	呼叫函數 VIP_MIX_Config 設定各圖層初始位置。
5	計算 LED_PIO_BASE 對應在使用者空間之位址 h2p_lw_led_addr。
6	計算 SEG7_IF_BASE 對應在使用者空間之位址 h2p_lw_hex_addr。
7	建立另一行程呼叫 led_blink 函數。
8	建立另一行程呼叫 ball_Move 函數。
9	在原行程無限次呼叫 SEG7_Decimal。
10	用 munmap 關閉記憶體映射。
11	用 close 關閉文件 fd。

乒乓球反彈運動程式與七段顯示器計分專案「main.c」內容如表 5-34 所示。

表 5-34　乒乓球反彈運動程式與七段顯示器計分專案「main.c」內容

```
// 程式庫宣告                    程式庫宣告

#include<stdio.h>
#include<unistd.h>
#include<fcntl.h>
#include<sys/mman.h>
#include" hwlib.h"
#include" socal/socal.h"
#include" socal/hps.h"
#include" socal/alt_gpio.h"
#include" hps_0.h"
#include" led.h"
#include" seg7.h"
#include<stdbool.h>
#include<pthread.h>

// 參數定義                      參數定義

#define HW_REGS_BASE (ALT_STM_OFST)
#define HW_REGS_SPAN (0x04000000)
#define HW_REGS_MASK (HW_REGS_SPAN-1)
#define SCREEN_WIDTH 1280
#define SCREEN_HEIGHT    1024
#define board_width 300
#define board_height 150
#define ball_width 100
#define ball_height 100

// 基底位址變數宣告                基底位址變數宣告

//baseaddr
static volatile unsigned long *h2p_vip_mix_addr=NULL;
volatile unsigned long *h2p_lw_led_addr=NULL;
volatile unsigned long *h2p_lw_hex_addr=NULL;

/////////////////////////////////////////////////
//VIPMIX
```

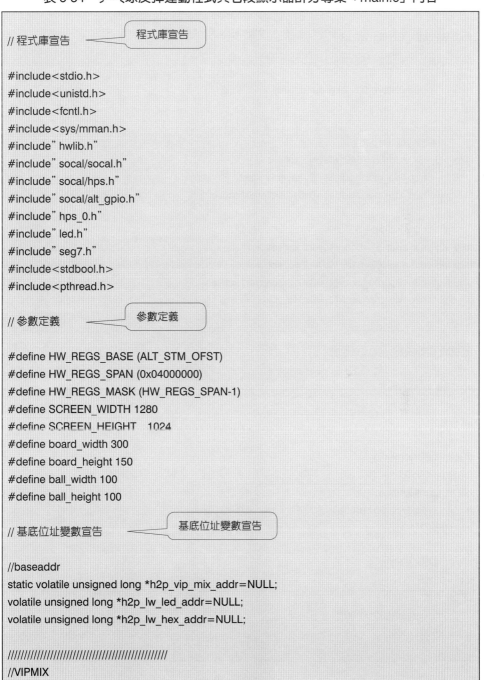

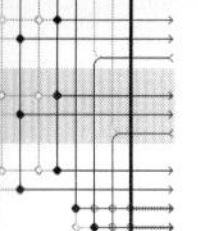

```
//VIP_MIX_Config 函數 ( 設定各圖層初始位置 )

void VIP_MIX_Config(void){
            h2p_vip_mix_addr[0]=0x00;//stop

            //din0islayer0,background,fixed
            //din1islayer1

            //layer1(mpeg)
h2p_vip_mix_addr[2]=640; //layer1 xoffset
            h2p_vip_mix_addr[3]=0;//layer1yoffset
            h2p_vip_mix_addr[4]=0x01;//setlayer1active

            //layer2(mpeg)
h2p_vip_mix_addr[5]=640; //layer2 xoffset
h2p_vip_mix_addr[6]=512; //layer2 yoffset
            h2p_vip_mix_addr[7]=0x01;//setlayer1active
            h2p_vip_mix_addr[0]=0x01;//start
}

//LEDR 燈輪流點亮與熄滅函數

void led_blink(void)
{
int i=0;
while(1){
printf("LEDON\r\n");
for(i=0;i<=10;i++){
LEDR_LightCount(i);
//          usleep(100*1000);
usleep(500*1000);
}
printf("LEDOFF\r\n");
for(i=0;i<=10;i++){
LEDR_OffCount(i);
//          usleep(100*1000);
usleep(500*1000);
}
```

VIP_MIX_Config 函數

LEDR 燈輪流點亮與熄滅函數

```
}
}
//////////////////////////////////////////////////////////////////////////////////

// VIP_MIX_Move 函數將圖層座標寫入指定圖層之控制暫存器

void VIP_MIX_Move(int nLayer,int x,int y){          VIP_MIX_Move 函數宣告
h2p_vip_mix_addr[0]=0x00;//stop
h2p_vip_mix_addr[nLayer*3-1]=x;//layer1xoffset
h2p_vip_mix_addr[nLayer*3]=y;//layer1yoffset
h2p_vip_mix_addr[0]=0x01;//start
}

//// 全域變數宣告 ////////////////////////////
static int fr0_x=SCREEN_WIDTH/2;
static int fr0_y=0;
static int fr1_x=SCREEN_WIDTH/2;
static int fr1_y=SCREEN_HEIGHT/2;
static int scale=0;
////////////////////////////

// 控制圖層 2 變化方式，並圖層 1 與圖層 2 相撞時，分數 scale 加 1

Move_layer2(void){          Move_layer2 函數宣告
static bool bX_Add=true;
static bool bY_Add=true;
const int nDelta=5;
if((fr1_y<=fr0_y+board_height && fr1_y>=fr0_y+board_height-nDelta)&&(fr1_x>=fr0_x-ball_
width && fr1_x<=fr0_x+board_width))
{
if(bY_Add==false)
{scale=scale+1;
printf( "scale=%d\n" ,scale);
}
bY_Add=true;
```

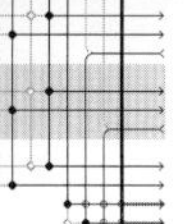

```
}
else
{if(fr1_y<=0)
bY_Add=true;
else
{
if(bY_Add)
bY_Add=true;
else
bY_Add=false;
}
}
//Xdirection
if(bX_Add){
if((fr1_x+nDelta+ball_width)>=SCREEN_WIDTH){
bX_Add=false;
}else{
fr1_x+=nDelta;
}
}else{
if((fr1_x-nDelta)<0){
fr1_x=0;
bX_Add=true;
}else{
fr1_x-=nDelta;
}
}
//Ydirection
if(bY_Add){
if((fr1_y+nDelta+ball_height)>=SCREEN_HEIGHT){
bY_Add=false;
}else{
fr1_y+=nDelta;
}
}
else{
fr1_y-=nDelta;
}
```

```
VIP_MIX_Move(2,fr1_x,fr1_y);
}

// ball_Move 函數宣告 ( 連續呼叫 Move_layer2 與設定移動時間間隔 )

void ball_Move(void)          ← ball_Mov 函數宣告
{
while(1){
Move_layer2();
usleep(10*1000);
}
}
//////////////////////////////////////////////////////////////////////

// 主程式
int main(int argc,char **argv){          ← 主程式
pthread_t id;
int ret;
        void *virtual_base;
int fd;
pthread_t  id1;          ← 新增宣告
int ret1;
        if((fd=open("/dev/mem",(O_RDWR|O_SYNC)))==-1){
                printf("ERROR:couldnotopen\"/dev/mem\"...\n");
                return(1);
        }
        //lw
        virtual_base=mmap(NULL,HW_REGS_SPAN,(PROT_READ|PROT_WRITE),MAP_
SHARED,fd,HW_REGS_BASE);

        if(virtual_base==MAP_FAILED){
                printf("ERROR:mmap()failed...\n");
                close(fd);
                return(1);
        }
//ALT_VIP_MIX_0_BASE
        h2p_vip_mix_addr=virtual_base+((unsigned long)(ALT_LWFPGASLVS_OFST+ALT_
VIP_MIX_0_BASE)&(unsigned long)(HW_REGS_MASK));
```

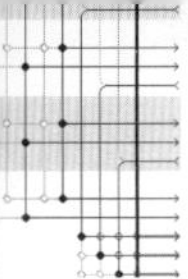

```
        VIP_MIX_Config();

        usleep(20*1000);
//////////////////////////////////////////////////////////////////////////////////////////////////////
h2p_lw_led_addr=virtual_base+((unsigned long)(ALT_LWFPGASLVS_OFST+LED_PIO_
BASE)&(unsigned long)(HW_REGS_MASK));
h2p_lw_hex_addr=virtual_base+((unsigned long)(ALT_LWFPGASLVS_OFST+SEG7_IF_
BASE)&(unsigned long)(HW_REGS_MASK));
ret=pthread_create(&id,NULL,(void*)led_blink,NULL);
if(ret!=0){
printf("Creatpthreaderror!\n");
exit(1);
}


////////////////////////////////////////
ret1=pthread_create(&id1,NULL,(void*)ball_Move,NULL);
if(ret1!=0){
printf("Creatpthread1error!\n");
exit(1);
}
while(1)
{
//SEG7_All_Number();
SEG7_Decimal(scale,0);
}
pthread_join(id,NULL);
//////////////////////////////////
pthread_join(id1,NULL);
///////////////////////////////////
if(munmap(virtual_base,HW_REGS_SPAN)!=0){
printf("ERROR:munmap()failed...\n");
close(fd);
return(1);
        }
        close(fd);
        return(0);
}
```

建立另一行程呼叫 ball_Move 函數

在原行程無限次呼叫 SEG7_Decimal

乒乓球反彈運動程式與七段顯示器計分「Makefile」內容如表 5-35 所示。

表 5-35　乒乓球反彈運動程式與七段顯示器計分 Makefile 內容

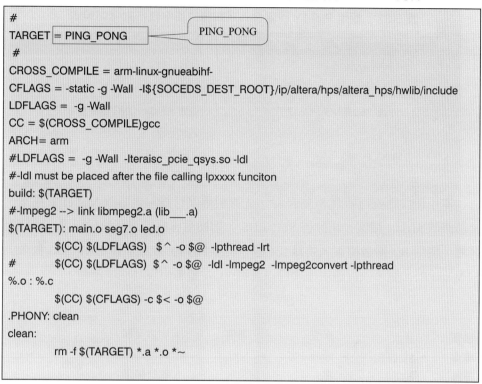

```
#
TARGET = PING_PONG          (PING_PONG)
 #
CROSS_COMPILE = arm-linux-gnueabihf-
CFLAGS = -static -g -Wall  -I${SOCEDS_DEST_ROOT}/ip/altera/hps/altera_hps/hwlib/include
LDFLAGS =  -g -Wall
CC = $(CROSS_COMPILE)gcc
ARCH= arm
#LDFLAGS =  -g -Wall  -lteraisc_pcie_qsys.so -ldl
#-ldl must be placed after the file calling lpxxxx funciton
build: $(TARGET)
#-lmpeg2 --> link libmpeg2.a (lib___.a)
$(TARGET): main.o seg7.o led.o
	$(CC) $(LDFLAGS)  $^ -o $@  -lpthread -lrt
#	$(CC) $(LDFLAGS)  $^ -o $@  -ldl -lmpeg2  -lmpeg2convert -lpthread
%.o : %.c
	$(CC) $(CFLAGS) -c $< -o $@
.PHONY: clean
clean:
	rm -f $(TARGET) *.a *.o *~
```

本範例將使用 SoC EDS 的 Embedded_Command_Shell 環境執行程式編譯與傳送檔案至 DE1-SoC 板子上。在 Embedded_Command_Shell 環境執行指令順序如下表 5-36 所示。

表 5-36　在 Embedded_Command_Shell 環境指令執行順序與說明

步驟	指令	說明
1	cd d:/DE1_SoC/VIP/HPS_LED_HEX/LED_HEX_hardward/PING_PONG/LED_HEX_software	切換目錄
2	Make	執行編譯
3	scp PING_PONG root@192.168.1.95:/home/VIP	傳送檔案至 DE1-SoC 板子上

本範例將使用 PuTTY 視窗登入 DE1-SoC 板子之作業系統，執行指令順序如表 5-37 所示。

表 5-37　使用 PuTTY 視窗登入系統後之指令執行順序與說明

步驟	指令	說明
1	cd /home/VIP	切換目錄
2	ls –l	觀察目錄
3	chmod 755 PING_PONG	改變 PING_PONG 檔案為可執行
4	ls -l	觀察目錄
5	./PING_PONG	執行應用程式

本小節設計流程如圖 5-55 所示，先複製專案目錄，再修改 Makefile 檔案，接著修改 main.c 檔案，再開啟 SoC EDS ，切換至專案目錄與執行編譯，並連接裝置，使用 scp 傳送檔案，燒錄 sof 檔，使用 PuTTY 軟體，按 DE1_SoC 板子上的 Warm Rest 鍵，執行應用程式可以看到 VGA 螢幕出現乒乓球運動。

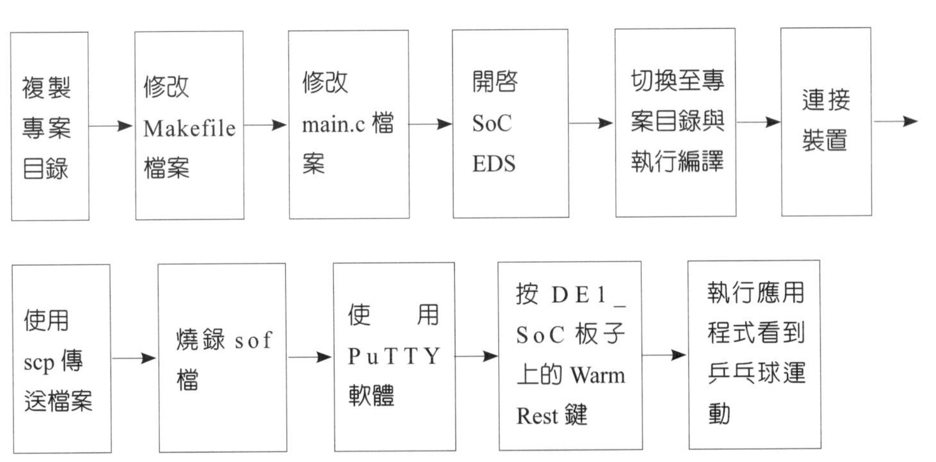

圖 5-55　乒乓球反彈運動程式與七段顯示器計分專案

乒乓球反彈運動程式與七段顯示器計分專案詳細流程如下：

1. 複製專案目錄：將前一小節 5-2-1 之目錄複製至的「D:/DE1_SoC/VIP/HPS_LED_HEX/ALT_MIX_setting /LED_HEX_software」目錄複製至「D:/

DE1_SoC/VIP/HPS_LED_HEX/PING_PONG/」下，如圖 5-56 所示。

圖 5-56　複製目錄

2. 修改 Makefile 檔案：開啓「D:/DE1_SoC/VIP/HPS_LED_HEX/PING_PONG/LED_HEX_software/」下之「Makefile」檔，修改第二行程式爲「TARGET = PING_PONG」，如圖 5-57 所示。修改後存檔。

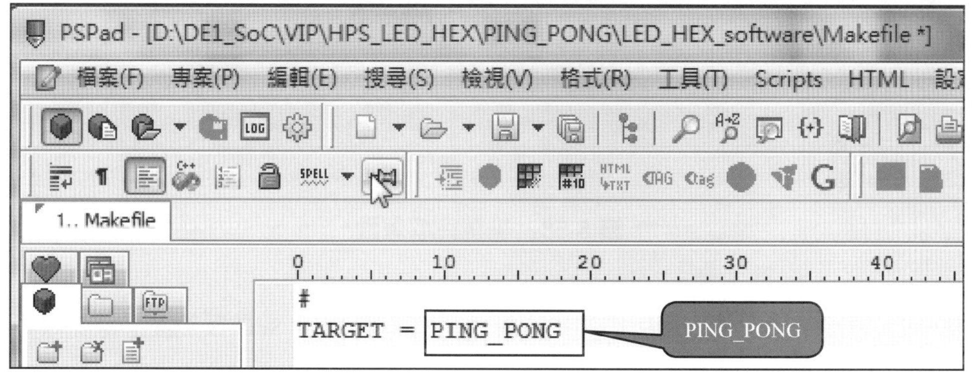

圖 5-57　修改 Makefile 檔案

3. 修改 main.c 檔案：開啓「D:/DE1_SoC/VIP/HPS_LED_HEX/PING_PONG/LED_HEX_software/」下之「main.c」檔，修改如表 5-33 所示，修改後存檔。
4. 開啓 SoC EDS：在個人電腦端，開啓 Altera 軟體安裝目錄下的「\embedded\Embedded_Command_Shell」檔。

5. 切換至專案目錄：輸入 cd d:/DE1_SoC/VIP/HPS_LED_HEX/LED_HEX_hardward/PING_PONG/LED_HEX_software。
6. 執行編譯：輸入 make 開始編譯，編譯若無錯誤訊息，再用 ls -l 觀察，如圖 5-58 所示。

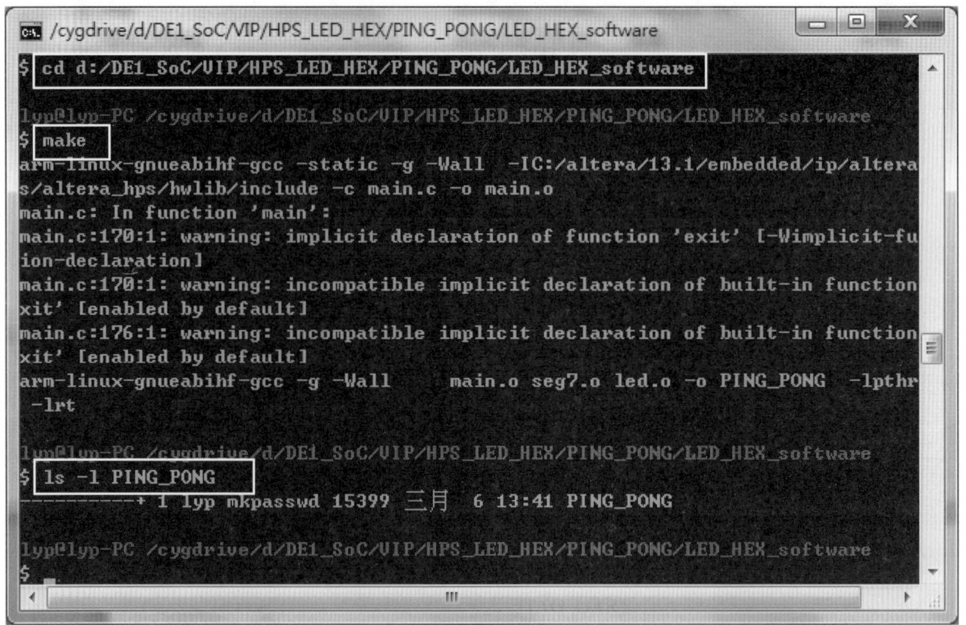

圖 5-58　編譯完成畫面

7. 連接裝置：本小節所需連接的設備，例如將 DE1_SoC 板子接上電源線與 USB 傳輸線等。
8. 使用 scp 傳送檔案：將檔案傳至 DE1-SoC 上的 SD 卡的檔案系統，例如傳送目的地爲 192.168.1.95 的 /home/VIP（請先確認 DE1-SoC 板子上的系統是否已建立此目錄），如圖 5-59 所示。

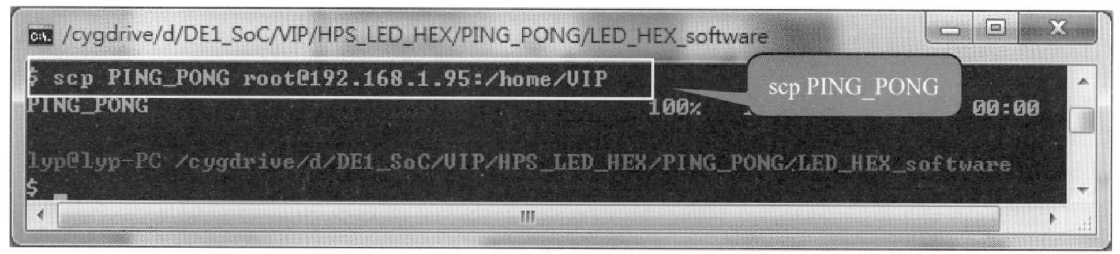

圖 5-59　傳送檔案至板子上 /home/VIP/

9. 開啓燒錄視窗：在 Quartus II 環境開啓專案「D:/DE1_SoC/VIP/HPS_LED_HEX/LED_HEX_hardware/HPS_LED_HEX.qpf」，選取視窗選單 Tools->Programmer ，開啓「Programmer」視窗。
10. 燒錄 sof 檔：勾選 sof 檔案，按「Start」，燒錄成功畫面如圖 5-60 所示。「OpenCore Plus Status」視窗，不要按「Cancel」鍵，如圖 5-61 所示。

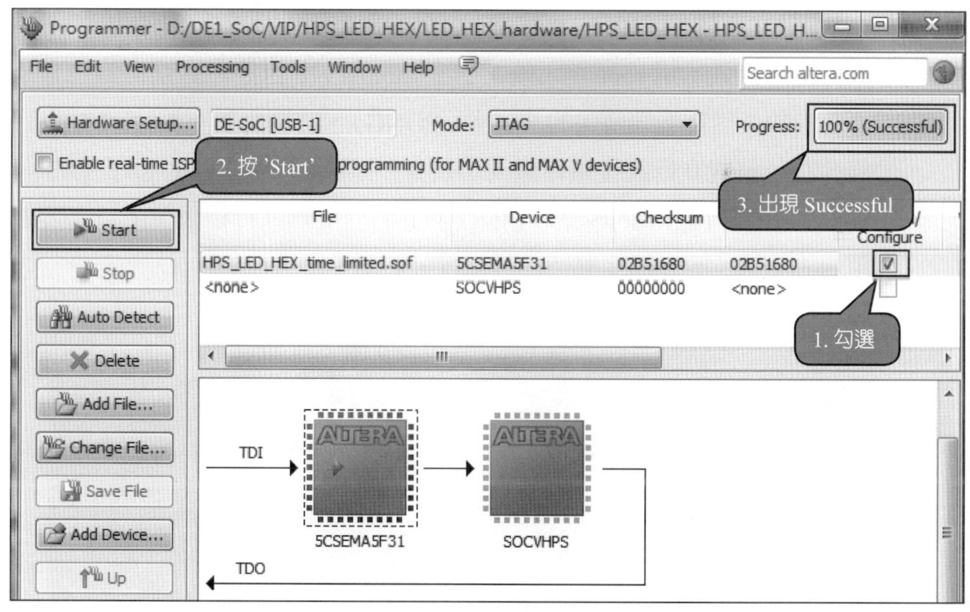

圖 5-60　燒錄 sof 檔

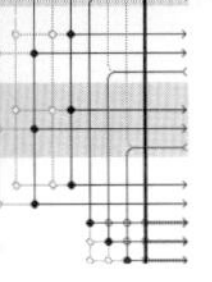

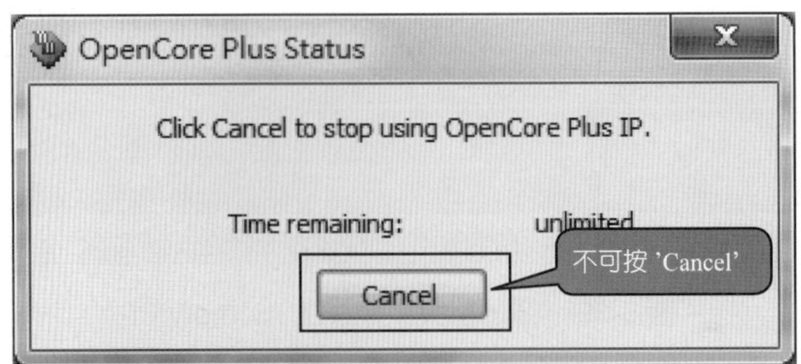

圖 5-61 「OpenCore Plus Status」視窗

11. 觀察燒錄結果：可以看到螢幕上顯示無畫面。需要由 DE1_SoC 板子上搭載的 Linux 系統執行應用軟體控制區塊顯示各區塊位置。
12. 使用 PuTTY 軟體：使用 PuTTY 軟體（通訊 Speed 為 115200），登入 DE1_SoC 板子上的作業系統。
13. 按 Warm Rest 鍵：按 Warm Rest 鍵，可以看到畫面上系統重新開機的畫面。
14. 執行應用程式：用 root 登入後，切至 /home/VIP 目錄，觀察目錄內容是否有步驟 7 從電腦端傳送的「PING_PONG」，若目前無「/home/VIP」目錄存在，請建立目錄後重新做「步驟 7」。傳送至 DE1-SoC 板子上的「/home/VIP」目錄 下的檔案「PING_PONG」並無執行權限，所以需要使用 chmod 755 改變檔案屬性為可執行，如圖 5-62 所示。

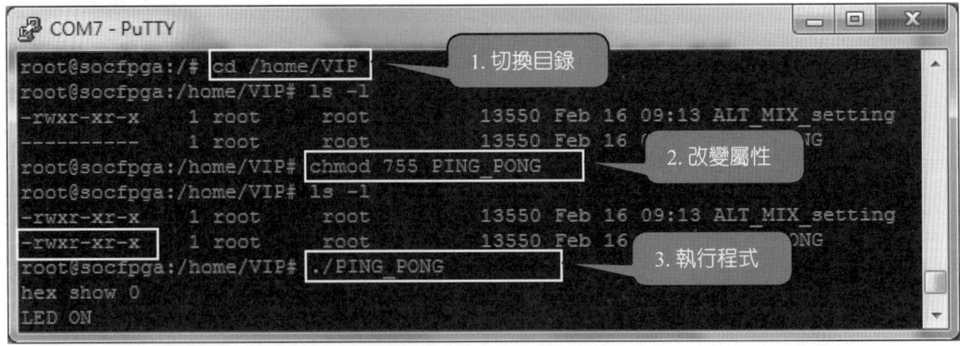

圖 5-62 乒乓球反彈運動程式與七段顯示器計分執行應用程式

15. 觀察實驗結果：執行結果 DE1-SoC 所連接的螢幕會出現如圖 5-63 所示之畫面。板上的七段顯示器會顯示乒乓球運動時撞擊到球拍底部的次數，如圖 5-64 所示。

圖 5-63　乒乓球反彈運動程式與七段顯示器計分執行結果

圖 5-64　乒乓球反彈運動程式與七段顯示器計分執行結果

5-3 G-sensor 控制乒乓球之球拍左右移專案

前一小節之圖層 1（球拍）是固定的，只有圖層 2（乒乓球）會移動。本範例使用第四章有介紹到的 DE1-SoC 板子上的 G-sensor ，用左傾或右傾的方式控制圖層 1（球拍）左移或右移。G-sensor 控制乒乓球之球拍左右移專案說明如表 5-38 所示。

表 5-38　G-sensor 控制乒乓球之球拍左右移專案說明

圖層	動作	說明
0	不動	背景
1	左移或右移	由左傾或右傾 DE1-SoC 板控制球拍
2	反彈	遇到螢幕邊緣會反彈，碰到圖層 1 底部（球拍）會反彈，並且七段顯示器會加一分

G-sensor 控制乒乓球之球拍左右移專案所需新增與修改之檔案如表 5-39 所示。

表 5-39　G-sensor 控制乒乓球之球拍左右移專案所需檔案

檔案	說明	所在目錄
HPS_LED_HEX.qpf	專案檔	D:/DE1_SoC/VIP/HPS_LED_HEX/LED_HEX_hardware/
HPS_LED_HEX_time_limited.sof	硬體燒錄檔	D:/DE1_SoC/VIP/HPS_LED_HEX/LED_HEX_hardware/
main.c	應用程式原始檔主程式	D:/DE1_SoC/VIP/HPS_LED_HEX/ G_sensor_PING_PONG/LED_HEX_software/
ADXL345.c	控制 ADXL345 元件的函數	從 DE1-SoC 光碟片目錄下 /Demonstrations/SoC/hps_gpio 複製到 "D:/DE1_SoC/VIP/HPS_LED_HEX/G_sensor_PING_PONG/LED_HEX_software/" 目錄
ADXL345.h	控制 ADXL345 元件的參數定義	從 DE1-SoC 光碟片目錄下 /Demonstrations/SoC/hps_gpio 複製到 "D:/DE1_SoC/VIP/HPS_LED_HEX/G_sensor_PING_PONG/LED_HEX_software/" 目錄

檔案	說明	所在目錄
Makefile	Makefile	D:/DE1_SoC/VIP/HPS_LED_HEX/G_sensor_PING_PONG/LED_HEX_software/
G_sensor_PING_PONG	可執行檔	D:/DE1_SoC/VIP/HPS_LED_HEX/G_sensor_PING_PONG/LED_HEX_software/

G-sensor 控制乒乓球之球拍左右移專案延續 5-2-2 之專案，需修改的檔案整理如表 5-40 所示。

表 5-40　本小節 G-sensor 控制乒乓球之球拍左右移專案需修改的檔案

檔案	修改部分	說明
main.c 程式庫宣告	#include<linux/i2c-dev.h>	宣告 HPS 的 I2C 驅動程式程式庫
main.c 變數宣告	static int direction=1;	全域變數宣告
main.c 函數宣告	新增 board_left_right(int16_t Gsensor_X) 函數	若 Gsensor_X>=0 則 direction=-1 否則 direction= 1
main.c 函數宣告	新增 board_Move(void) 函數	若 direction==1 則 圖層 1 的 X 座標遞增 否則 圖層 1 的 X 座標遞減
main.c 主程式	新增讀取 G-sensor 值程式，得到 X, Y, Z 方向值	從「Demonstrations/SoC/hps_gsensor/main.c」複製過來修改
main.c 主程式	無限次呼叫 SEG7_Decimal 函數、board_left_right 函數與 board_move 函數	將分數 scale 值顯示於七段顯示器上。 由 G-sensor X 方向數值控制 direction 值。 由 direction 值控制球拍 X 座標遞增或遞減。

G-sensor 控制乒乓球之球拍左右移專案「main.c」程式架構分為幾個部分，如表 5-41 所示。

表 5-41　G-sensor 控制乒乓球之球拍左右移專案程式架構

區	程式架構
1	程式庫宣告
2	參數定義
3	基底位址變數宣告
4	VIP_MIX_Config 函數宣告（設定各圖層初始位置）
5	led_blink 函數宣告（LEDR 燈輪流點亮與熄滅函數）
6	VIP_MIX_Move 函數宣告（將圖層座標寫入指定圖層之控制暫存器）
7	Move_layer2 函數宣告（控制圖層 2 變化方式，並圖層 1 與圖層 2 相撞時，分數 scale 加 1）
8	ball_Move 函數宣告（連續呼叫 Move_layer2 與設定移動時間間隔）
9	ADXL345_REG_WRITE 函數宣告
10	ADXL345_REG_READ 函數宣告
11	ADXL345_REG_MULTI_READ 函數宣告
12	board_left_right 函數宣告
13	board_Move 函數宣告
9	主程式

G-sensor 控制乒乓球之球拍左右移專案「main.c」主程式流程如表 5-42 所示。

表 5-42　G-sensor 控制乒乓球之球拍左右移專案主程式流程

流程	主程式流程
1	用 open 創建一個文件回傳值至 fd。
2	用 mmap 把文件內容映射至一段記憶體上，回傳映射開始的地址指標。
3	計算 ALT_VIP_MIX_0_BASE 對應在使用者空間之位址 h2p_vip_mix_addr。
4	呼叫函數 VIP_MIX_Config 設定各圖層初始位置。
5	計算 LED_PIO_BASE 對應在使用者空間之位址 h2p_lw_led_addr。
6	計算 SEG7_IF_BASE 對應在使用者空間之位址 h2p_lw_hex_addr。
7	建立另一行程呼叫 led_blink 函數。

流程	主程式流程
8	建立另一行程呼叫 ball_Move 函數。
9	讀取 G-sensor 的 X Y Z 數值。
10	在原行程無限次呼叫 SEG7_Decimal 函數。
11	無限次呼叫 board_left_right 函數，傳入 G-sensor X 數值，得到 direction=1 或 direction=-1。
12	無限次呼叫 board_move 函數，依 direction 的值決定球拍左移或右移。
13	用 munmap 關閉記憶體映射。
14	用 close 關閉文件 fd。

G-sensor 控制乒乓球之球拍左右移專案「main.c」內容如表 5-43 所示。

表 5-43　G-sensor 控制乒乓球之球拍左右移專案「main.c」內容

```
// 程式庫宣告                          ← 程式庫宣告

#include<stdio.h>
#include<unistd.h>
#include<fcntl.h>
#include<sys/mman.h>
#include" hwlib.h"
#include" socal/socal.h"
#include" socal/hps.h"
#include" socal/alt_gpio.h"
#include" hps_0.h"
#include" led.h"
#include" seg7.h"
#include<stdbool.h>
#include<pthread.h>

#include<linux/i2c-dev.h>              ← 新增 i2C 驅動程式庫

// 參數定義                            ← 參數定義


#define HW_REGS_BASE (ALT_STM_OFST)
```

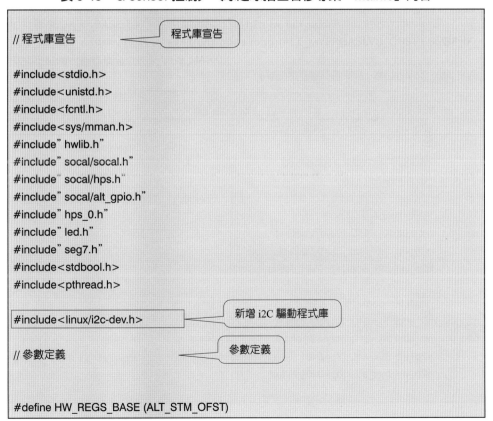

```
#define HW_REGS_SPAN (0x04000000)
#define HW_REGS_MASK (HW_REGS_SPAN-1)
#define SCREEN_WIDTH 1280
#define SCREEN_HEIGHT   1024
#define board_width 300
#define board_height 150
#define ball_width 100
#define ball_height 100

// 基底位址變數宣告                    基底位址變數宣告

//baseaddr
static volatile unsigned long *h2p_vip_mix_addr=NULL;
volatile unsigned long *h2p_lw_led_addr=NULL;
volatile unsigned long *h2p_lw_hex_addr=NULL;

//////////////////////////////////////////////////
//VIPMIX

//VIP_MIX_Config 函數 ( 設定各圖層初始位置 )

void VIP_MIX_Config(void){                      VIP_MIX_Config 函數
            h2p_vip_mix_addr[0]=0x00;//stop

            //din0islayer0,background,fixed
            //din1islayer1

            //layer1(mpeg)
h2p_vip_mix_addr[2]=640; //layer1 xoffset
            h2p_vip_mix_addr[3]=0;//layer1yoffset
            h2p_vip_mix_addr[4]=0x01;//setlayer1active

            //layer2(mpeg)
h2p_vip_mix_addr[5]=640; //layer2 xoffset
h2p_vip_mix_addr[6]=512; //layer2 yoffset
            h2p_vip_mix_addr[7]=0x01;//setlayer1active
            h2p_vip_mix_addr[0]=0x01;//start
}
```

```
//LEDR 燈輪流點亮與熄滅函數

void led_blink(void)            LEDR 燈輪流點亮與熄滅函數
{
int i=0;
while(1){
printf("LEDON\r\n");
for(i=0;i<=10;i++){
LEDR_LightCount(i);
//          usleep(100*1000);
usleep(500*1000);
}
printf("LEDOFF\r\n");
for(i=0;i<=10;i++){
LEDR_OffCount(i);
//          usleep(100*1000);
usleep(500*1000);
}
}
}
//////////////////////////////////////////////////////////////////////////

// VIP_MIX_Move 函數將圖層座標寫入指定圖層之控制暫存器

void VIP_MIX_Move(int nLayer,int x,int y){            VIP_MIX_Move 函數宣告
h2p_vip_mix_addr[0]=0x00;//stop
h2p_vip_mix_addr[nLayer*3-1]=x;//layer1xoffset
h2p_vip_mix_addr[nLayer*3]=y;//layer1yoffset
h2p_vip_mix_addr[0]=0x01;//start
}

//// 全域變數宣告 ////////////////////////////
static int fr0_x=SCREEN_WIDTH/2;
static int fr0_y=0;
static int fr1_x=SCREEN_WIDTH/2;
static int fr1_y=SCREEN_HEIGHT/2;
static int scale=0;
/////////////////////////////
```

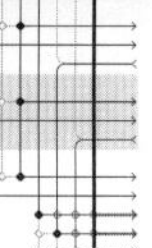

```
// 控制圖層 2 變化方式，並圖層 1 與圖層 2 相撞時，分數 scale 加 1

Move_layer2(void){
static bool bX_Add=true;
static bool bY_Add=true;
const int nDelta=5;
if((fr1_y<=fr0_y+board_height&&fr1_y>=fr0_y+board_height-nDelta)&&(fr1_x>=fr0_x-ball_
width&&fr1_x<=fr0_x+board_width))
{
if(bY_Add==false)
{scale=scale+1;
printf( "scale=%d\n" ,scale);
}
bY_Add=true;
}
else
{if(fr1_y<=0)
bY_Add=true;
else
{
if(bY_Add)
bY_Add=true;
else
bY_Add=false;
}
}
//Xdirection
if(bX_Add){
if((fr1_x+nDelta+ball_width)>=SCREEN_WIDTH){
bX_Add=false;
}else{
fr1_x+=nDelta;
}
}else{
if((fr1_x-nDelta)<0){
fr1_x=0;
bX_Add=true;
}else{
```

Move_layer2 函數宣告

```
fr1_x-=nDelta;
}
}
//Ydirection
if(bY_Add){
if((fr1_y+nDelta+ball_height)>=SCREEN_HEIGHT){
bY_Add=false;
}else{
fr1_y+=nDelta;
}
}
else{
fr1_y-=nDelta;
}

VIP_MIX_Move(2,fr1_x,fr1_y);
}

// ball_Move 函數宣告 ( 連續呼叫 Move_layer2 與設定移動時間間隔 )
void ball_Move(void)
{
while(1){
Move_layer2();
usleep(10*1000);
}
}
////////////////////////////////////////////////////////////////////////////
#include "ADXL345.h"

bool ADXL345_REG_WRITE(int file,uint8_t address,uint8_t value)
{
bool bSuccess=false;
uint8_t szValue[2];
//writetodefineregister
szValue[0]=address;
szValue[1]=value;
if(write(file,&szValue,sizeof(szValue))==sizeof(szValue)){
bSuccess=true;
```

ball_Mov 函數宣告

ADXL345.h 程式庫

ADXL345_REG_WRITE 函數宣告

```
}
return bSuccess;
}

bool ADXL345_REG_READ(int file,uint8_t address,uint8_t *value)
{
bool bSuccess=false;
uint8_t Value;
//writetodefineregister
if(write(file,&address,sizeof(address))==sizeof(address)){
//readbackvalue
if(read(file,&Value,sizeof(Value))==sizeof(Value)){
*value=Value;
bSuccess=true;
}
}
return bSuccess;
}
/////////////////////////////////////////////

bool ADXL345_REG_MULTI_READ(int file,uint8_t readaddr, uint8_t readdata[],uint8_t len)
{
bool bSuccess=false;
//writetodefineregister
if(write(file,&readaddr,sizeof(readaddr))==sizeof(readaddr)){
//readbackvalue
if(read(file,readdata,len)==len){
bSuccess=true;
}
}
return bSuccess;
}

////////////////////////////////////////////////////////////
```

ADXL345_REG_READ 函數宣告

ADXL345_REG_MULTI_READ 函數宣告

```
static int direction=1;          全域變數宣告 direction

void board_left_right(int16_t Gsensor_X)
{                                board_left_right 函數宣告
if(Gsensor_X>=0)
{
direction=-1;//right
}
else
{
direction=1;//left
}
}
/////////////////////////////////////////////////////////////////

void board_Move(void)            board_Move 函數宣告
{
static bool bX_Add=true;
static bool bY_Add=false;
const int nDelta=5;
//            constintnlayer=1;
//constintup_board_width=100;
if(direction==1)
{bX_Add=false;
}
else
{
bX_Add=true;
}
//Xdirection
if(bX_Add)
{
if((fr0_x+nDelta+board_width)>=SCREEN_WIDTH)
{
fr0_x=SCREEN_WIDTH-board_width-1;
}
else
{
```

```
fr0_x+=nDelta;
}
}
else{
if((fr0_x-nDelta)<=0){
fr0_x=0;
}else{
fr0_x-=nDelta;
}
}
VIP_MIX_Move(1,fr0_x,fr0_y);
}
//////////////////////////////////////////////////////
// 主程式
int main(int argc,char **argv){        主程式
pthread_t id;
int ret;
void *virtual_base;
int fd;
pthread_t id1;
int ret1;
        if((fd=open("/dev/mem",(O_RDWR|O_SYNC)))==-1){
                printf("ERROR:couldnotopen\"/dev/mem\"...\n");
                return(1);
        }
        //lw
        virtual_base=mmap(NULL,HW_REGS_SPAN,(PROT_READ|PROT_WRITE),MAP_
SHARED,fd,HW_REGS_BASE);

        if(virtual_base==MAP_FAILED){
                printf("ERROR:mmap()failed...\n");
                close(fd);
                return(1);
        }
//ALT_VIP_MIX_0_BASE
        h2p_vip_mix_addr=virtual_base+((unsigned long)(ALT_LWFPGASLVS_OFST+ALT_
VIP_MIX_0_BASE)&(unsigned long)(HW_REGS_MASK));

        VIP_MIX_Config();
```

```
            usleep(20*1000);
////////////////////////////////////////////////////////////////////////////////////////////////////////////////////
h2p_lw_led_addr=virtual_base+((unsigned long)(ALT_LWFPGASLVS_OFST+LED_PIO_
BASE)&(unsigned long)(HW_REGS_MASK));
h2p_lw_hex_addr=virtual_base+((unsigned long)(ALT_LWFPGASLVS_OFST+SEG7_IF_
BASE)&(unsigned long)(HW_REGS_MASK));
ret=pthread_create(&id,NULL,(void*)led_blink,NULL);
if(ret!=0){
printf("Creatpthreaderror!\n");
exit(1);
}
//////////////////////////////////////
ret1=pthread_create(&id1,NULL,(void*)ball_Move,NULL);
if(ret1!=0){
printf("Creatpthread1error!\n");
exit(1);
}

/////////////////////////////////////
//while(1)
//{
//SEG7_All_Number();
//SEG7_Decimal(scale,0);
//}

//////////////////////////
int file;
const char *filename="/dev/i2c-0";
uint8_t id_g;
bool bSuccess;
const int mg_per_digi=4;
uint16_t szXYZ[3];
int cnt=0,max_cnt=0;
printf("=====gsensortest=====\r\n");
if(argc==2){
max_cnt=atoi(argv[1]);
}
```

建立另一行程呼叫 ball_Move 函數

以下從「/Demonstrations/SoC/hps_gsensor/main.c」複製過來

修改變數宣告

```
//openbus
if((file=open(filename,O_RDWR))<0){
/*ERRORHANDLING:youcancheckerrnotoseewhatwentwrong*/
perror("Failedtoopenthei2cbusofgsensor");
exit(1);
}
//init
//gsensori2caddress:101_0011
int addr=0b01010011;
if(ioctl(file,I2C_SLAVE,addr)<0){
printf("Failedtoacquirebusaccessand/ortalktoslave.\n");
/*ERRORHANDLING;youcancheckerrnotoseewhatwentwrong*/
exit(1);
}
//configureaccelerometeras+-2gandstartmeasure
bSuccess=ADXL345_Init(file);
if(bSuccess){

//dumpchipid_g
bSuccess=ADXL345_IdRead(file, &id_g);          修改
if(bSuccess)
printf("id_g=%02Xh\r\n", id_g );                修改
}
while(bSuccess&&(max_cnt==0||cnt<max_cnt)){
if(ADXL345_IsDataReady(file)){
bSuccess=ADXL345_XYZ_Read(file,szXYZ);
if(bSuccess){
  cnt++;
printf("[%d]X=%dmg,Y=%dmg,Z=%dmg\r\n",cnt,(int16_t)szXYZ[0]*mg_per_digi,(int16_t)
szXYZ[1]*mg_per_digi,(int16_t)szXYZ[2]*mg_per_digi);
//showrawdata,
//printf("X=%04x,Y=%04x,Z=%04x\r\n",(alt_u16)szXYZ[0],(alt_u16)szXYZ[1],(alt_u16)
szXYZ[2]);

usleep(10*1000);                                修改（縮短等待時間）

SEG7_Decimal(scale,0);                          新增
board_left_right((int16_t)szXYZ[0]*mg_per_digi);//X
board_Move();
```

```
}
}
}
if(!bSuccess)
printf("Failedtoaccessaccelerometer\r\n");
if(file)
close(file);
printf("gsensor,bye!\r\n");
//////////////////////////////////////////////////////////////




////////////////////////////////////////
pthread_join(id,NULL);

//////////////////////////////////////
pthread_join(id1,NULL);
////////////////////////////////////////
if(munmap(virtual_base,HW_REGS_SPAN)!=0){
printf("ERROR:munmap()failed...\n");
close(fd);
return(1);
            }
            close(fd);
            return(0);
}
```

以上從「/Demonstrations/SoC/hps_gsensor/main.c」複製過來

G-sensor 控制乒乓球之球拍左右移專案「Makefile」內容如表 5-44 所示。

表 5-44　G-sensor 控制乒乓球之球拍左右移專案 Makefile 內容

```
#
TARGET = G_sensor_PING_PONG        G_sensor_PING_PONG
 #
CROSS_COMPILE = arm-linux-gnueabihf-
CFLAGS = -static -g -Wall  -I${SOCEDS_DEST_ROOT}/ip/altera/hps/altera_hps/hwlib/include
LDFLAGS =  -g -Wall
CC = $(CROSS_COMPILE)gcc
ARCH= arm
#LDFLAGS =  -g -Wall  -Iteraisc_pcie_qsys.so -ldl
#-ldl must be placed after the file calling lpxxxx funciton
build: $(TARGET)
#-lmpeg2 --> link libmpeg2.a (lib___.a)
$(TARGET): main.o seg7.o led.o
	$(CC) $(LDFLAGS)  $^ -o $@  -lpthread -lrt
#	$(CC) $(LDFLAGS)  $^ -o $@  -ldl -lmpeg2  -lmpeg2convert -lpthread
%.o : %.c
	$(CC) $(CFLAGS) -c $< -o $@
.PHONY: clean
clean:
	rm -f $(TARGET) *.a *.o *~
```

本範例將使用 SoC EDS 的 Embedded_Command_Shell 環境執行程式編譯與傳送檔案至 DE1-SoC 板子上。在 Embedded_Command_Shell 環境執行指令順序如下表 5-45 所示。

表 5-45　在 Embedded_Command_Shell 環境指令執行順序與說明

步驟	指令	說明
1	cd d:/DE1_SoC/VIP/HPS_LED_HEX/LED_HEX_hardward/G_sensor_PING_PONG/LED_HEX_software	切換目錄
2	Make	執行編譯
3	scp G_sensor_PING_PONG root@192.168.1.95:/home/VIP	傳送檔案至 DE1-SoC 板子上

本範例將使用 PuTTY 視窗登入 DE1-SoC 板子之作業系統，執行指令順序如表 5-46 所示。

表 5-46　使用 PuTTY 視窗登入系統後之指令執行順序與說明

步驟	指令	說明
1	cd /home/VIP	切換目錄
2	ls –l	觀察目錄
3	chmod 755 G_sensor_PING_PONG	改變 G_sensor_PING_PONG 檔案為可執行
4	ls -l	觀察目錄
5	./G_sensor_PING_PONG	執行應用程式

本小節設計流程如圖 5-65 所示，先複製專案目錄，再修改 Makefile 檔案，接著修改 main.c 檔案，再開啓 SoC EDS ，切換至專案目錄與執行編譯，並連接裝置，使用 scp 傳送檔案，燒錄 sof 檔，使用 PuTTY 軟體，按 DE1_SoC 板子上的 Warm Rest 鍵，執行應用程式並擺動 DE1-SoC 板子控制球拍左右移。

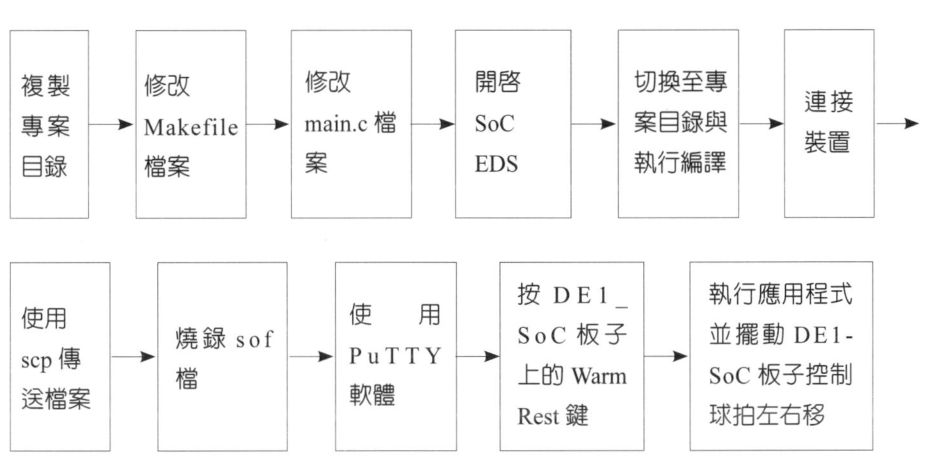

圖 5-65　G-sensor 控制乒乓球之球拍左右移專案設計流程

G-sensor 控制乒乓球之球拍左右移專案詳細說明如下：

1. 複製專案目錄：將前一小節 5-2-2 之目錄複製至的「D:/DE1_SoC/VIP/HPS_LED_HEX/ PING_PONG/LED_HEX_software」目錄複製至「D:/

DE1_SoC/VIP/HPS_LED_HEX/G_sensor_PING_PONG/」下，如圖 5-66 所示。

圖 5-66　複製目錄

2. 複製「ADXL345.c」與「ADXL345.h」檔：從「DE1-SoC 光碟目錄 / Demonstrations/SoC/hps_gsensor/」下，複製「ADXL345.c」與「ADXL345.h」檔至「D:/DE1_SoC/VIP/HPS_LED_HEX/G_sensor_PING_PONG/LED_HEX_software/」目錄下，如圖 5-67 所示。

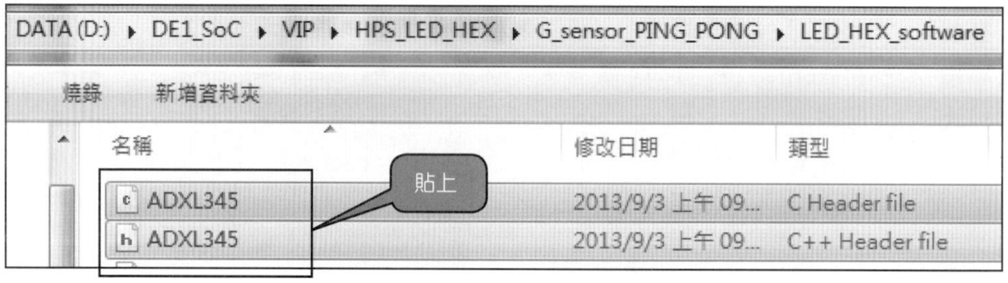

圖 5-67　複製「ADXL345.c」與「ADXL345.h」檔

3. 修改 Makefile 檔案：開啓「D:/DE1_SoC/VIP/HPS_LED_HEX/G_sensor_PING_PONG/LED_HEX_software/」下之「Makefile」檔，修改第二行程式爲「TARGET = G_sensor_PING_PONG」，如圖 5-68 所示。修改後存檔。

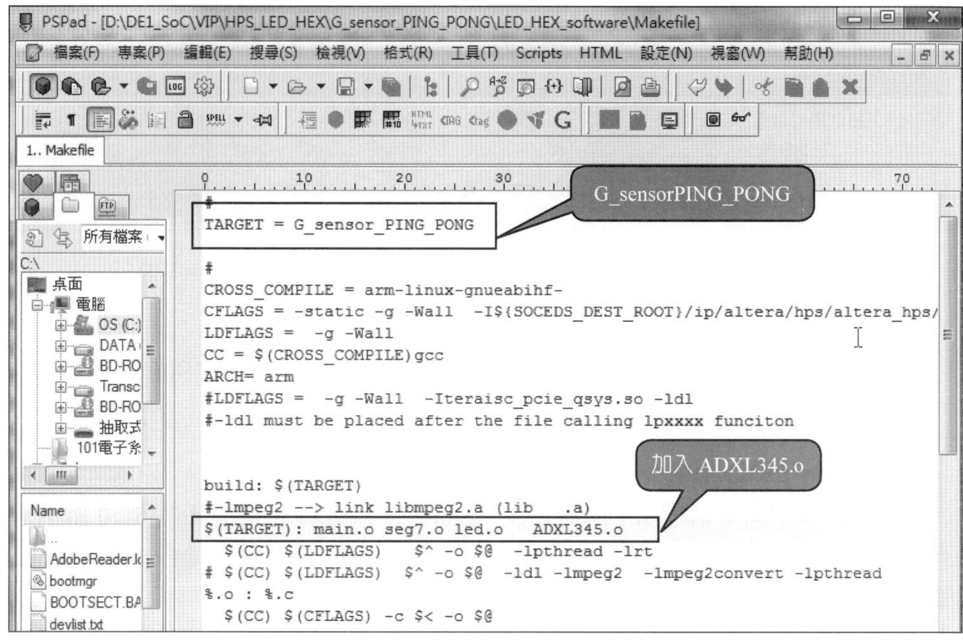

圖 5-68　修改 Makefile 檔案

4. 修改 main.c 檔案：開啓「D:/DE1_SoC/VIP/HPS_LED_HEX/G_sensor_PING_PONG/LED_HEX_software/」下之「main.c」檔，修改如表 5-43 所示，修改後存檔。
5. 開啓 SoC EDS：在個人電腦端，開啓 Altera 軟體安裝目錄下的「\embedded\Embedded_Command_Shell」檔。
6. 切換至專案目錄：輸入 cd d:/DE1_SoC/VIP/HPS_LED_HEX/LED_HEX_hardward/G_sensor_PING_PONG/LED_HEX_software。
7. 執行編譯：輸入 make 開始編譯，編譯若無錯誤訊息，再用 ls -l 觀察，是否有「G-sensor_PING_PONG」檔產生。
8. 連接裝置：將 DE1-SoC 板與電腦相連接，並接上網路線與 VGA 線。
9. 傳送檔案：將 G-sensor_PING_PONG 檔案傳至 DE1-SoC 上的 SD 卡的檔案系統，例如傳送目的地爲 192.168.1.95 的 /home/VIP（請先確認 DE1-SoC 板子上的系統是否已建立此目錄），如圖 5-69 所示。

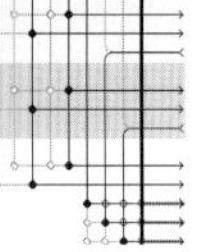

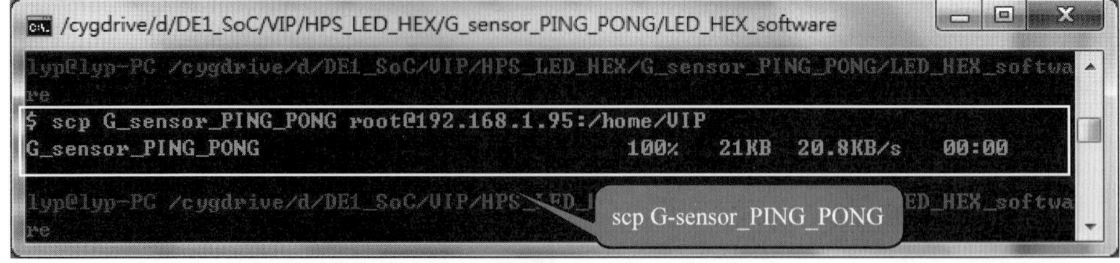

圖 5-69 傳送 G-sensor_PING_PONG 檔至板子上 /home/VIP/

10. 開啓燒錄視窗：在 Quartus II 環境開啓專案「D:/DE1_SoC/VIP/HPS_LED_HEX/LED_HEX_hardware/HPS_LED_HEX.qpf」，選取視窗選單 Tools->Programmer ，開啓「Programmer」視窗。
11. 燒錄 sof 檔：勾選 sof 檔案，按「Start」，燒錄成功畫面如圖 5-70 所示。「OpenCore Plus Status」視窗，不要按「Cancel」鍵，如圖 5-71 所示。

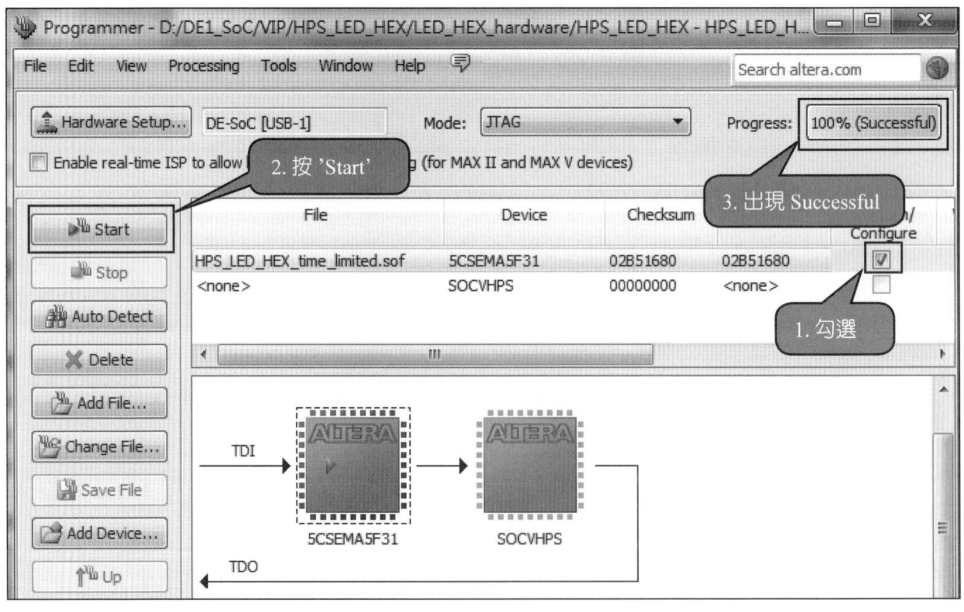

圖 5-70 燒錄檔案

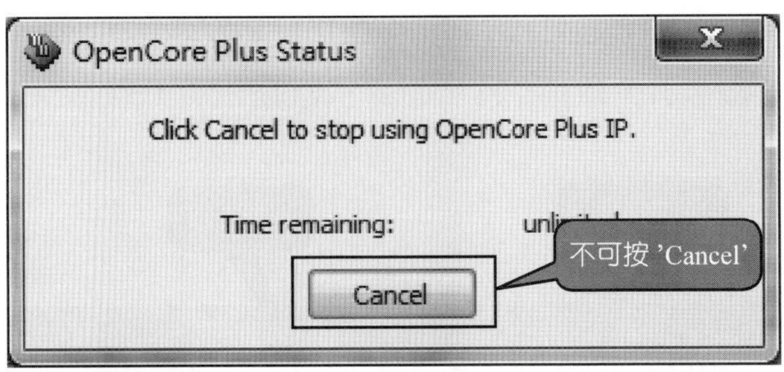

圖 5-71 「OpenCore Plus Status」視窗

12. 燒錄結果：可以看到螢幕上顯示無畫面。需要由 DE1_SoC 板子上搭載的 Linux 系統執行應用軟體控制區塊顯示各區塊位置。
13. 按 Warm Rest 鍵 : 使用 PuTTY 軟體（通訊 Speed 爲 115200），登入 DE1_SoC 板子上的作業系統。按 Warm Rest 鍵，可以看到畫面上系統重新開機的畫面。
14. 執行應用程式 : 用 root 登入後，切至 /home/VIP 目錄，觀察目錄內容是否有步驟 9 從電腦端傳送的「G_sensor_PING_PONG」，若目前無「/home/VIP」目錄存在，請建立目錄後重新做「步驟 9」。傳送至 DE1-SoC 板子上的「/home/VIP」目錄 下的檔案「G_sensor_PING_PONG」並無執行權限，所以需要使用 chmod 755 改變檔案屬性爲可執行，如圖 5-72 所示。

COM7 - PuTTY

```
root@socfpga:/# cd /home/VIP
root@socfpga:/home/VIP# ls -l
-rwxr-xr-x    1 root     root         13550 Feb 16 09:13 ALT_MIX_setting
----------    1 root     root         21312 Feb 16 09:14 G_sensor_PING_PONG
-rwxr-xr-x    1 root     root         15399 Feb 16  2014 PING_PONG
root@socfpga:/home/VIP# chmod 755 G_sensor_PING_PONG
root@socfpga:/home/VIP# ls -l
-rwxr-xr-x    1 root     root         13550 Feb 16 09:13 ALT_MIX_setting
-rwxr-xr-x    1 root     root         21312 Feb 16 09:14 G_sensor_PING_PONG
-rwxr-xr-x    1 root     root         15399 Feb 16  2014 PING_PONG
root@socfpga:/home/VIP# ./G_sensor_PING_PONG
LED ON
===== gsensor test =====
id_g=E5h
[1]X=-68 mg, Y=-4 mg, Z=1024 mg
[2]X=-64 mg, Y=4 mg, Z=972 mg
[3]X=-60 mg, Y=-4 mg, Z=1020 mg
```

圖 5-72 G-sensor 控制乒乓球之球拍左右移專案執行應用程式

15. 觀察實驗結果：G-sensor 控制乒乓球之球拍左右移專案執行結果為：抬高 DE1-SoC 板右方，球拍左移，如圖 5-73 所示。

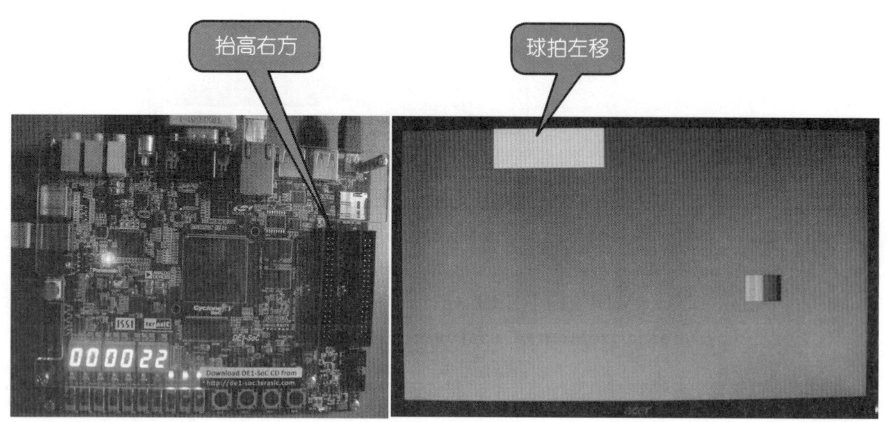

圖 5-73　G-sensor 控制乒乓球之球拍左右移專案執行結果（抬高 DE1-SoC 板右方，球拍左移）

抬高 DE1-SoC 板左方，球拍右移，如圖 5-74 所示。

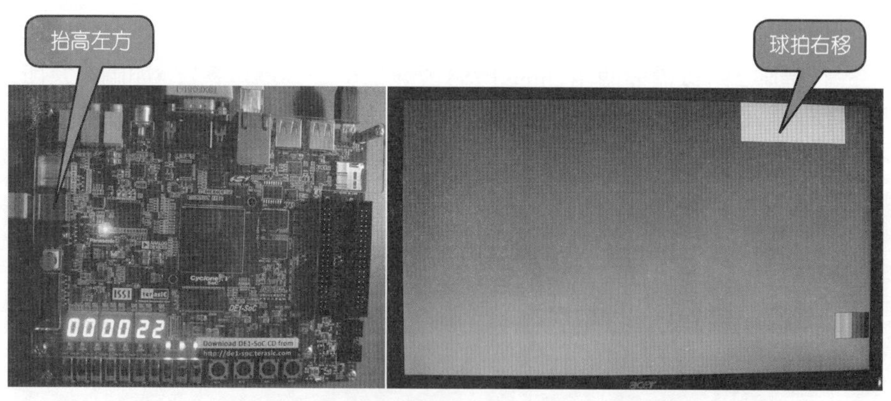

圖 5-74　G-sensor 控制乒乓球之球拍左右移專案執行結果

• 隨堂練習

使用 HPS_KEY 設計乒乓球回到中間起始位置，分數歸 0。

物聯網應用

6

學習重點

- 6-1 網路設定與網頁伺服的設定
- 6-2 網頁監控七段顯示器數值
- 6-3 網頁控制 10 顆 LED 燈閃滅
- 6-4 網頁控制 10 顆 LED 燈個別亮或滅專案
- 6-5 網頁監看 Server 端之 LED 燈狀況專案
- 6-6 監控網頁設計

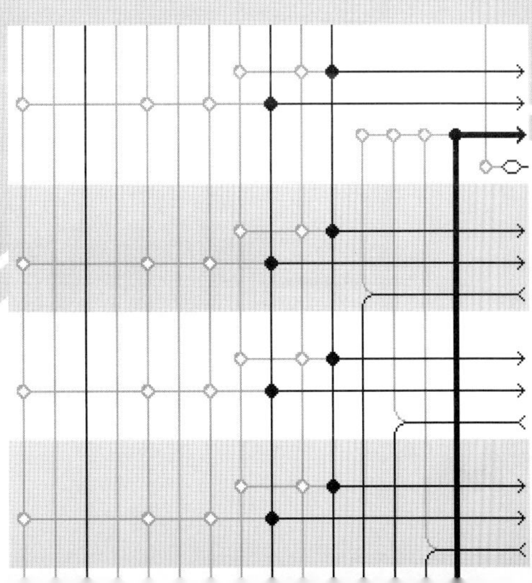

前幾章已經有介紹如何由 HPS 搭載的 Linux 作業系統執行應用程式，可以控制 DE1-SoC 周邊 LED 燈與七段顯示器。也運用了 DE1-SoC 板子上的 G-sensor，完成搖擺 DE 控制乒乓球遊戲。本章將介紹在 DE1-SoC 開發板上的網頁伺服器應用，透過互動式網頁，遠端控制 DE1-SoC 板子上的七段顯示器與 10 顆紅色 LED 燈的閃滅。本範例網頁頁面如圖 6-1 所示。

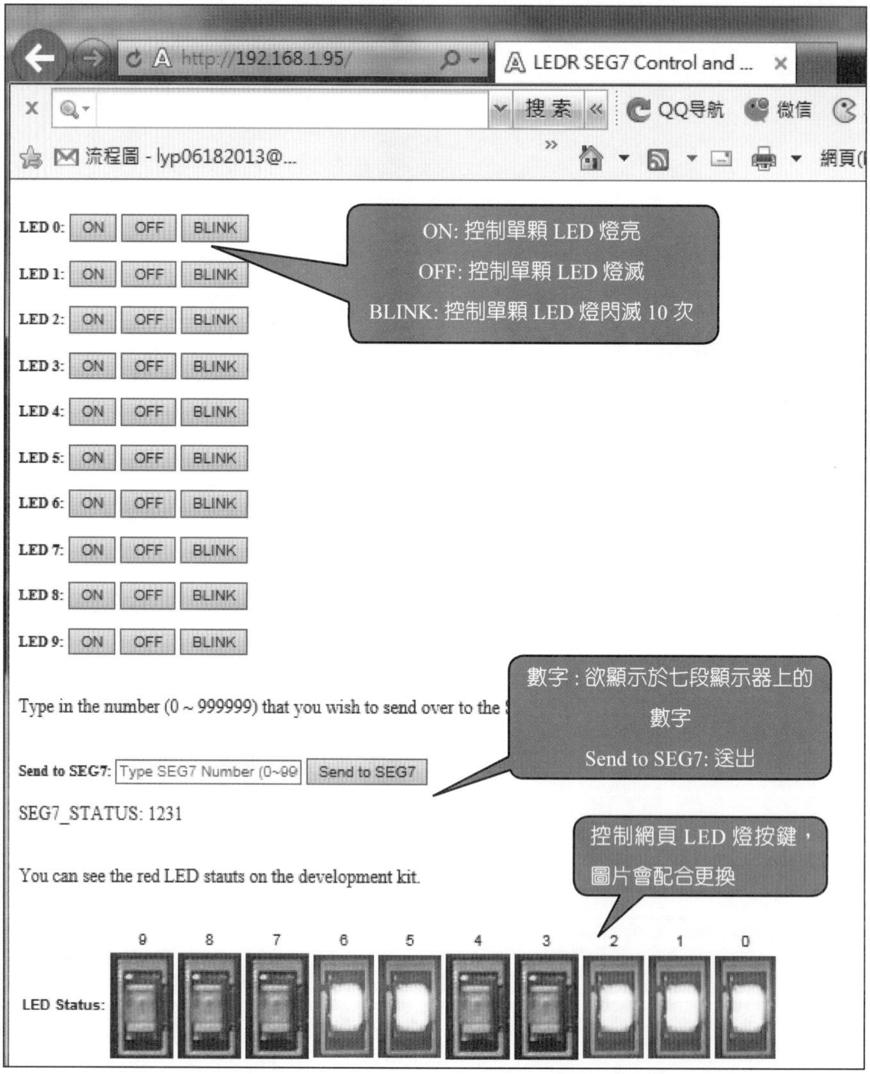

ON: 控制單顆 LED 燈亮
OFF: 控制單顆 LED 燈滅
BLINK: 控制單顆 LED 燈閃滅 10 次

數字：欲顯示於七段顯示器上的數字
Send to SEG7: 送出

控制網頁 LED 燈按鍵，圖片會配合更換

圖 6-1　網頁控制 DE1-SoC 板上的七段顯示器與 LED 燈

在 Altera 網站官方網站所提供的檔案系統，已安裝好網頁伺服器 Lighttpd 相關檔案，於作業系統開機時會自動啓動網頁伺服器的服務。並且可以使用 Bash script 檔 index.sh ，寫 CGI 程式執行互動式網頁。進而透過網頁監控 DE1-SoC 板子上的周邊裝置，架構如圖 6-2 所示。

圖 6-2　網頁監控 DE1-SoC 周邊

表 6-1　本章節需之裝置

裝置	說明
IP 分享器	分享 IP
電腦	使用網路線，連上 IP 分享器
電源線	提供 DE1-SoC 板電源
DE1-SoC 板	開發板
網路線連接網路線插槽	與電腦接上同一個 IP 分享器，前一小節設定 DE1-SoC 板子上的 IP 為固定在 192.168.1.95
USB 線連接 USB-Blaster II 端口與電腦	提供燒錄
USB 線連接 USB to UART 端口	提供串列通訊
MSEL 開關 SW10[4:0]=10010	DE1-SoC 開發板背面指撥開關

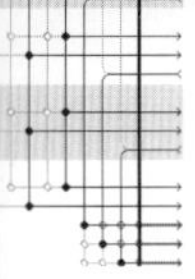

本章循序漸進，6-1 先介紹網頁伺服的設定與使用 index.sh 檔撰寫程式的測試網頁伺服器設定是否成功。6-2 介紹編寫監控網頁表單。6-3 介紹結合應用程式控制 DE1-SoC 板周邊的方法。6-4 介紹讀取 DE1-SoC 周邊裝置狀態並顯示於網頁上的方法。

6-1 網路設定與網頁伺服的設定

Lighttpd 是網頁伺服很適合應用在嵌入式系統上，並可支援 CGI（Common Gateway Interface）程式。在 DE1-SoC 板子網站所提供的 SD 卡開機映像檔，已內建有 Lighttpd 的服務，並在開機時自動啟動，如圖 6-3 所示。

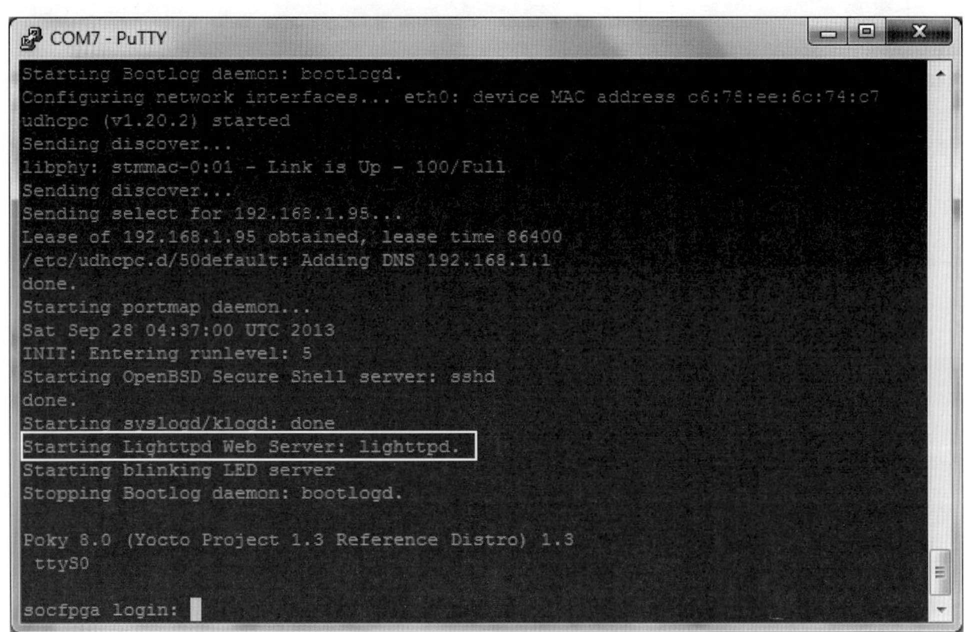

圖 6-3　開機自動啟動 Lighttpd Web Server 服務

登入系統後，使用 ifconfig 查詢系統自動取的 IP 是多少，如圖 6-4 所示。

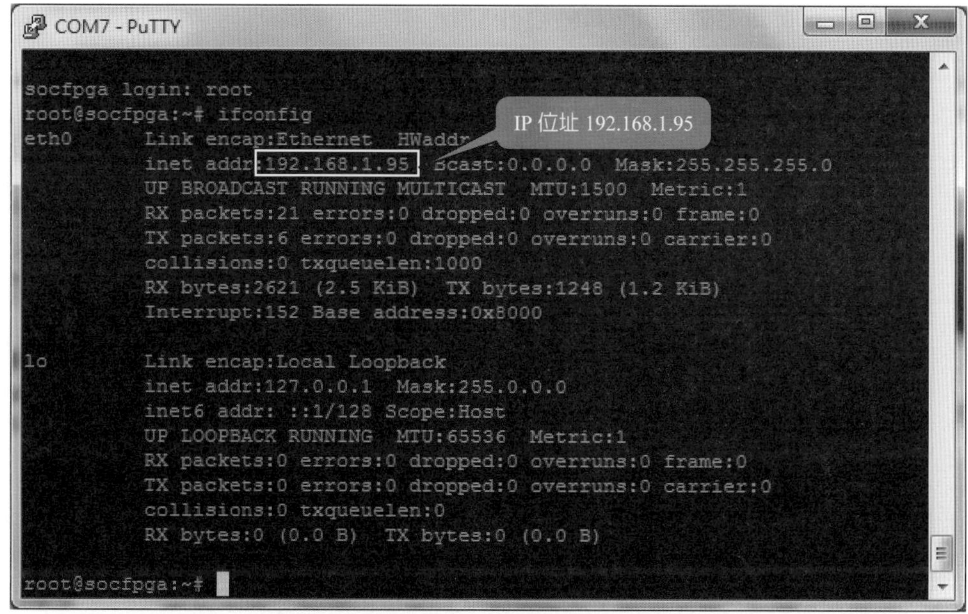

COM7 - PuTTY
socfpga login: root
root@socfpga:~# ifconfig
eth0 Link encap:Ethernet HWaddr
inet addr:192.168.1.95 Bcast:0.0.0.0 Mask:255.255.255.0
UP BROADCAST RUNNING MULTICAST MTU:1500 Metric:1
RX packets:21 errors:0 dropped:0 overruns:0 frame:0
TX packets:6 errors:0 dropped:0 overruns:0 carrier:0
collisions:0 txqueuelen:1000
RX bytes:2621 (2.5 KiB) TX bytes:1248 (1.2 KiB)
Interrupt:152 Base address:0x8000
lo Link encap:Local Loopback
inet addr:127.0.0.1 Mask:255.0.0.0
inet6 addr: ::1/128 Scope:Host
UP LOOPBACK RUNNING MTU:65536 Metric:1
RX packets:0 errors:0 dropped:0 overruns:0 frame:0
TX packets:0 errors:0 dropped:0 overruns:0 carrier:0
collisions:0 txqueuelen:0
RX bytes:0 (0.0 B) TX bytes:0 (0.0 B)
root@socfpga:~#
IP 位址 192.168.1.95

圖 6-4　取得 IP 位址為 192.168.1.95

執行本實驗時若使用自動取得 IP，每次開機可能會抓到不同 IP。本小節介紹將 DE1-SoC 板子之系統設定爲靜態 IP 位址，便於網頁伺服器遠端監控。再觀察原本檔案系統已存在的 lighttpd 的相關設定檔。依序於 6-1-1 介紹靜態 IP 位址設定，6-1-2 小節介紹 lighttpd 的相關設定檔，6-1-3 介紹使用 index.sh 設計網頁。

6-1-1 靜態 IP 位址設定

本小節介紹靜態 IP 位址設定之指令執行順序與說明如表 6-2 所示。

表 6-2　靜態 IP 位址設定之指令執行順序與說明

步驟	指令	說明
1	vi /etc/network/interfaces	編輯 /etc/network/interfaces 檔
2	/etc/init.d/networking restart	重新啓動網路

本小節實作流程如圖 6-5 所示，先修改「/etc/network/interfaces」檔內容，設

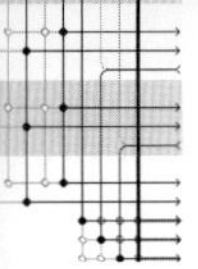

定靜態 IP，再重新啓動網路，再檢視 IP 位址。

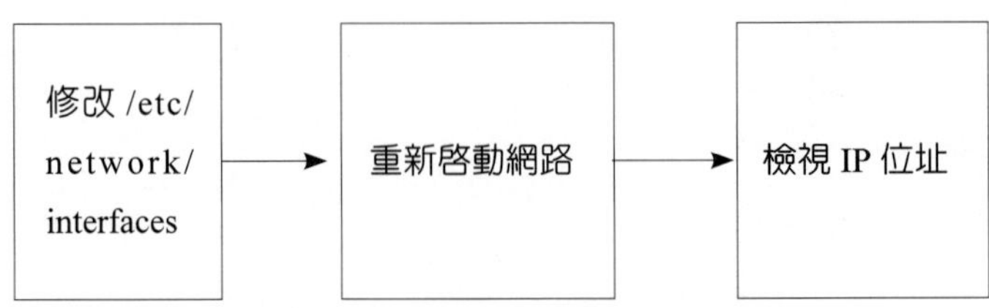

圖 6-5　靜態 IP 位址設定流程

靜態 IP 位址設定詳細步驟如下：

1. 修改 /etc/network/interfaces：使用 PuTTY 視窗登入 DE1-SoC 系統（傳輸率爲 115200，COM7），使用 vi 編輯器編輯「/etc/network/interfaces」，設定爲固定位址，舉例如表 6-3 之內容。修改結果舉例如圖 6-6 所示。vi 編輯器按 i 可插入文字，編輯完成按 ESC 再按 :wq，存檔並跳出。

表 6-3　固定 IP 設定

```
iface eth0 inet static
address 192.168.1.95
gateway 192.168.1.1
   netmask 255.255.255.0
network 192.168.1.0
broadcast 192.168.1.255
```

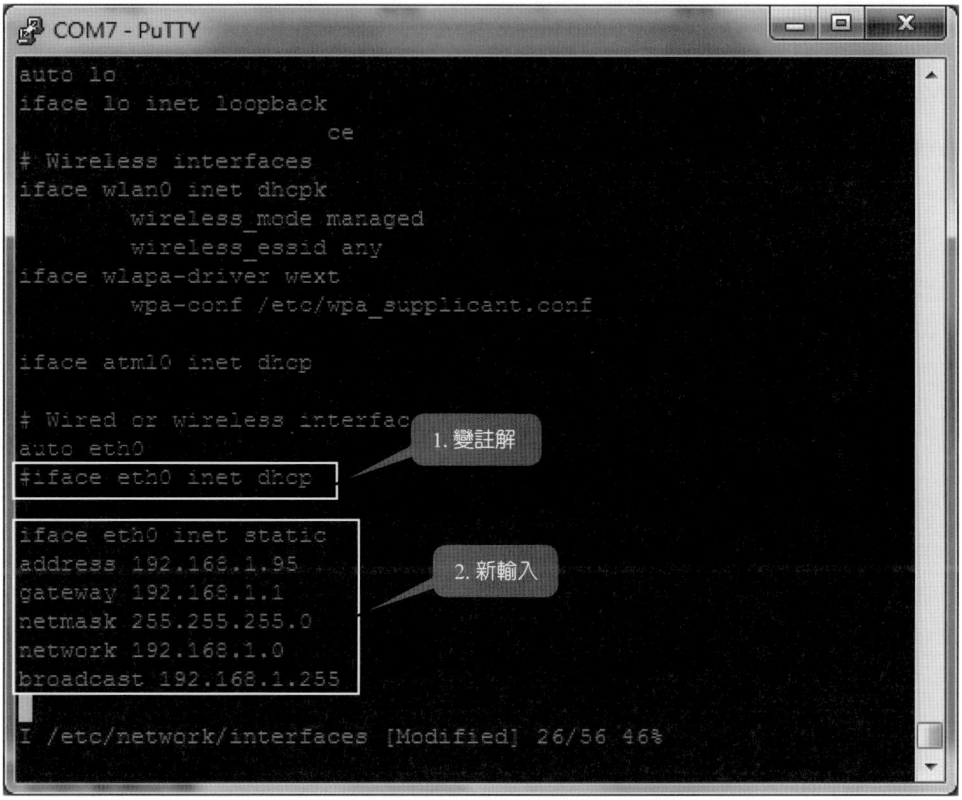

COM7 - PuTTY

```
auto lo
iface lo inet loopback
                      ce
# Wireless interfaces
iface wlan0 inet dhcpk
        wireless_mode managed
        wireless_essid any
iface wlapa-driver wext
        wpa-conf /etc/wpa_supplicant.conf

iface atml0 inet dhcp

# Wired or wireless interfac
auto eth0
#iface eth0 inet dhcp

iface eth0 inet static
address 192.168.1.95
gateway 192.168.1.1
netmask 255.255.255.0
network 192.168.1.0
broadcast 192.168.1.255

I /etc/network/interfaces [Modified] 26/56 46%
```

1. 變註解

2. 新輸入

圖 6-6　設定固定 IP

2. 重新啓動網路：於 PuTTY 視窗輸入指令「/etc/init.d/networking restart」，再用 ifconfig 觀看是否 IP 位址固定在 192.168.1.95，如圖 6-7 所示。

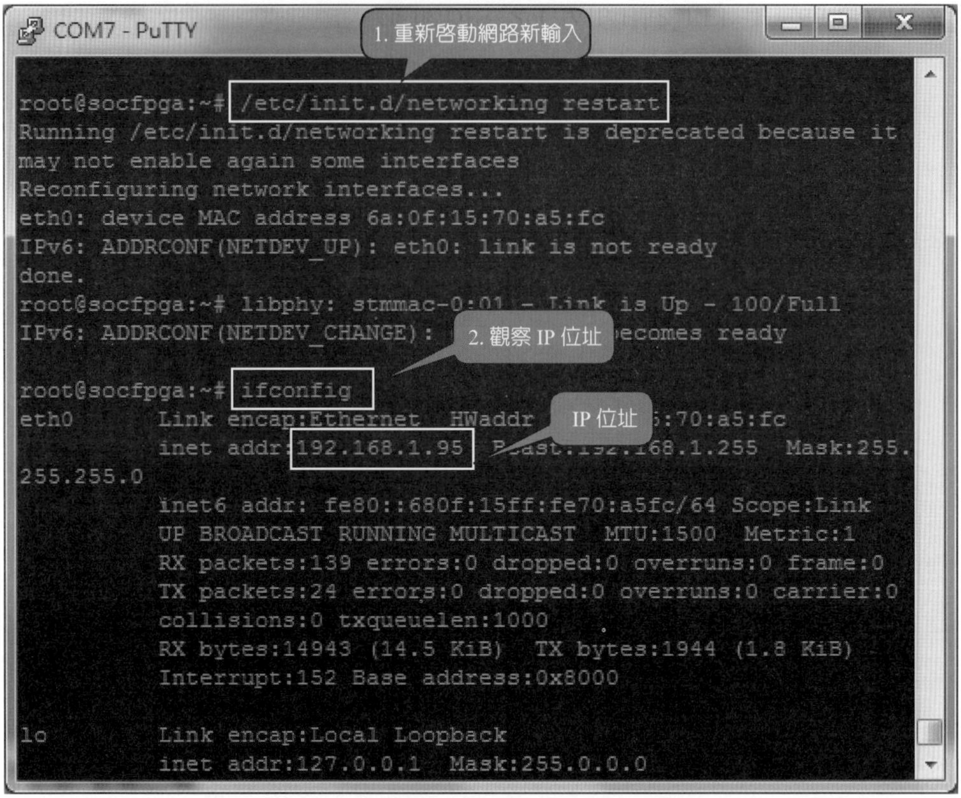

COM7 - PuTTY

1. 重新啓動網路新輸入

```
root@socfpga:~# /etc/init.d/networking restart
Running /etc/init.d/networking restart is deprecated because it
may not enable again some interfaces
Reconfiguring network interfaces...
eth0: device MAC address 6a:0f:15:70:a5:fc
IPv6: ADDRCONF(NETDEV_UP): eth0: link is not ready
done.
root@socfpga:~# libphy: stmmac-0:01 - Link is Up - 100/Full
IPv6: ADDRCONF(NETDEV_CHANGE):                  ecomes ready

root@socfpga:~# ifconfig
eth0      Link encap:Ethernet  HWaddr           :70:a5:fc
          inet addr:192.168.1.95   B         168.1.255  Mask:255.
255.255.0
          inet6 addr: fe80::680f:15ff:fe70:a5fc/64 Scope:Link
          UP BROADCAST RUNNING MULTICAST  MTU:1500  Metric:1
          RX packets:139 errors:0 dropped:0 overruns:0 frame:0
          TX packets:24 errors:0 dropped:0 overruns:0 carrier:0
          collisions:0 txqueuelen:1000
          RX bytes:14943 (14.5 KiB)  TX bytes:1944 (1.8 KiB)
          Interrupt:152 Base address:0x8000

lo        Link encap:Local Loopback
          inet addr:127.0.0.1  Mask:255.0.0.0
```

2. 觀察 IP 位址

IP 位址

圖 6-7　重新啓動網路與檢視 IP 位址

6-1-2 觀察 lighttpd 設定檔

本小節介紹觀察 lighttpd 設定檔之指令執行順序與說明如表 6-4 所示。

表 6-4　觀察 lighttpd 設定檔之指令執行順序與說明

步驟	指令	說明
1	cat /etc/lighttpd.conf	觀察 lighttpd 設定檔
2	cd /www/pages	進入 /www/pages 目錄
3	ls –l	觀察目錄內容
4	cd cgi-bin	進入 cgi-bin 目錄
5	ls –l	觀察目錄內容

本小節設計流程如圖 6-8 所示，先觀察觀察 lighttpd 設定檔「/etc/lighttpd.conf」文件內容，再觀察 /www/pages 目錄與觀察「/www/pages/cgi-bin」目錄。

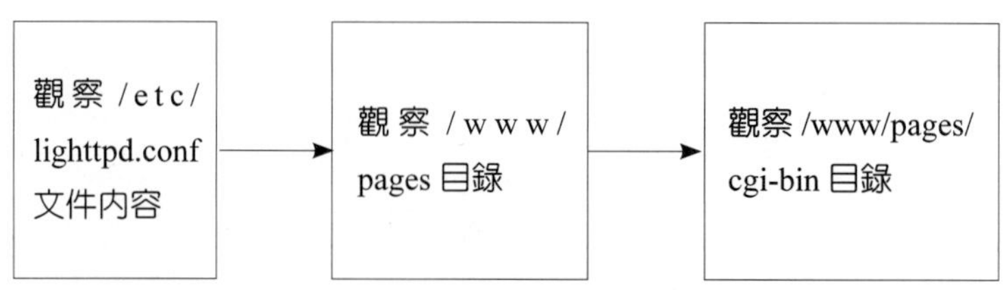

圖 6-8　觀察 lighttpd 設定檔

觀察 lighttpd 設定檔詳細步驟如下：

1. 觀察 lighttpd 設定檔：lighttpd 設定檔路徑在「/etc/lighttpd.conf」，可使用 cat /etc/lighttpd.conf 觀察該文件內容。將重要設定整理如圖 6-9 所示。

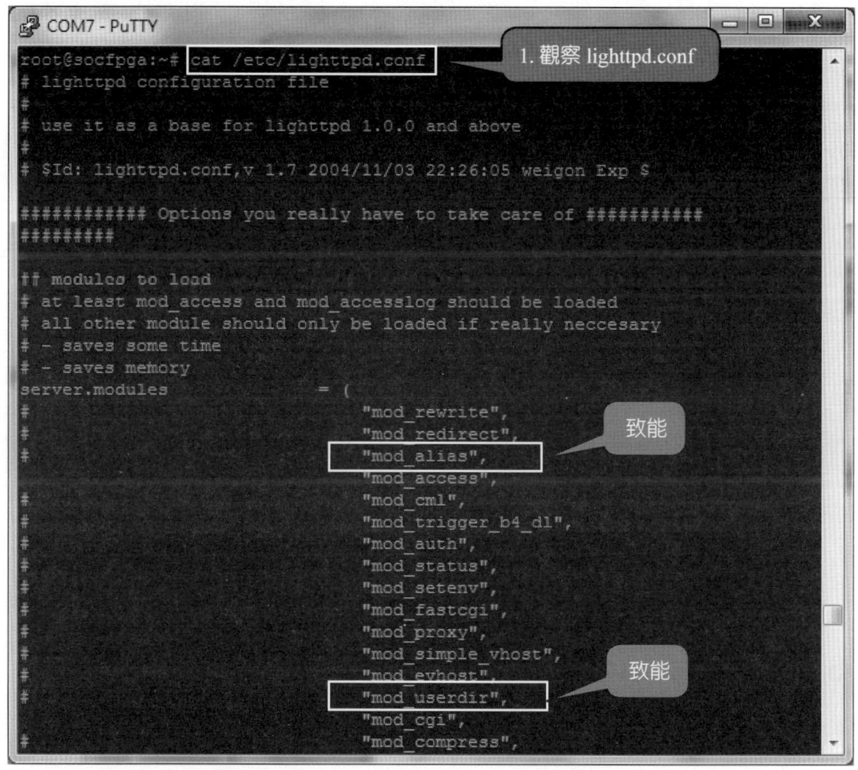

圖 6-9　致能 mod_access 與 mod_cgi 與 mod_accesslog

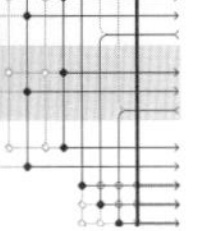

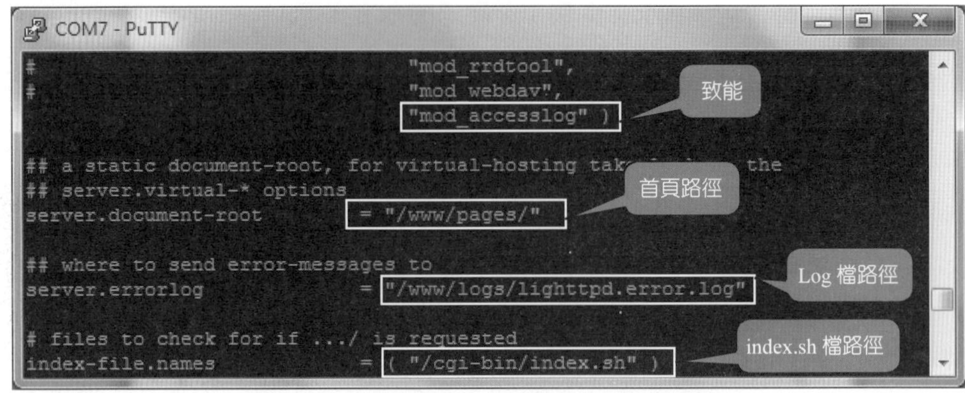

圖 6-10　網頁伺服器相關檔案路徑設定

2. 觀察 /www/pages 目錄與 /cgi-bin 目錄：進入 /www/pages 目錄與進入 /cgi-bin 目錄觀看目錄內容，如圖 6-11 所示。預設是沒有 index.sh 檔在「cgi-bin」目錄下。需複製或新增一個 index.sh 檔至「cgi-bin」目錄下才能啟動伺服器網頁。

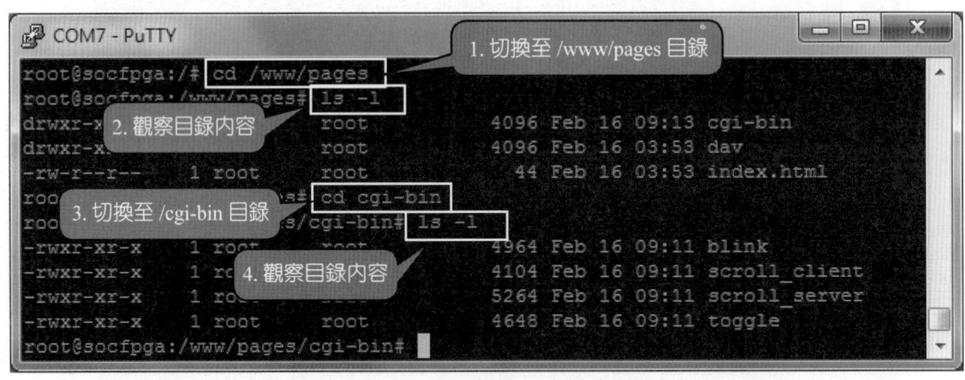

圖 6-11　觀察 /www/pages 與 /www/pages/cgi-bin 目錄

6-1-3 使用 index.sh 設計 Hello 網頁

本小節介紹使用 index.sh 設計 Hello 網頁之指令執行順序與說明如表 6-5 所示。

表 6-5 使用 index.sh 設計 Hello 網頁之指令執行順序與說明

步驟	指令	說明
1	cd /www/pages/cgi-bin	切換目錄至 /www/pages/cgi-bin
2	vi index.sh	新增 index.sh 檔
3	192.168.1.95	開啓瀏覽器輸入網頁伺服器 IP

瀏覽「192.168.1.95」預期結果如圖 6-12 所示。

圖 6-12 瀏覽 192.168.1.95 預期結果

Hello 網頁設計「index.sh」內容如表 6-6 所示。

表 6-6 Hello 網頁設計「index.sh」內容

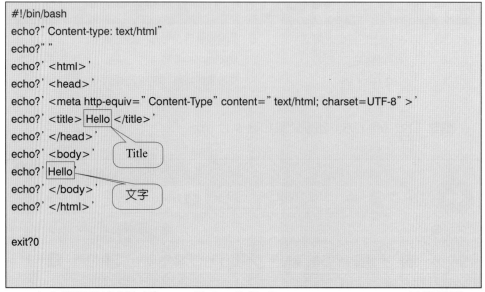

```
#!/bin/bash
echo?" Content-type: text/html"
echo?" "
echo?' <html>'
echo?' <head>'
echo?' <meta http-equiv=" Content-Type" content=" text/html; charset=UTF-8" >'
echo?' <title> Hello </title>'
echo?' </head>'
echo?' <body>'
echo?' Hello'
echo?' </body>'
echo?' </html>'

exit?0
```

Title

文字

本小節設計流程如圖 6-13 所示，先於「/www/pages/cgi-bin」目錄新增 index.sh 檔，再開啓瀏覽器測試 Hello 網頁，最後檢視原始碼。

新增 index.sh 檔案並編輯。
開啓瀏覽器測試 Hello 網頁
檢視原始碼

圖 6-13 Hello 網頁設計流程

Hello 網頁設計詳細步驟如下：

1. 新增檔案 index.sh：於「/www/pages/cgi-bin」目錄新增 index.sh 檔，於 PuTTY 視窗輸入 vi index.sh，再將表 6-6 之文字輸入於 vi 編輯畫面中，如圖 6-14 所示。輸入完成跳出 vi 編輯環境。

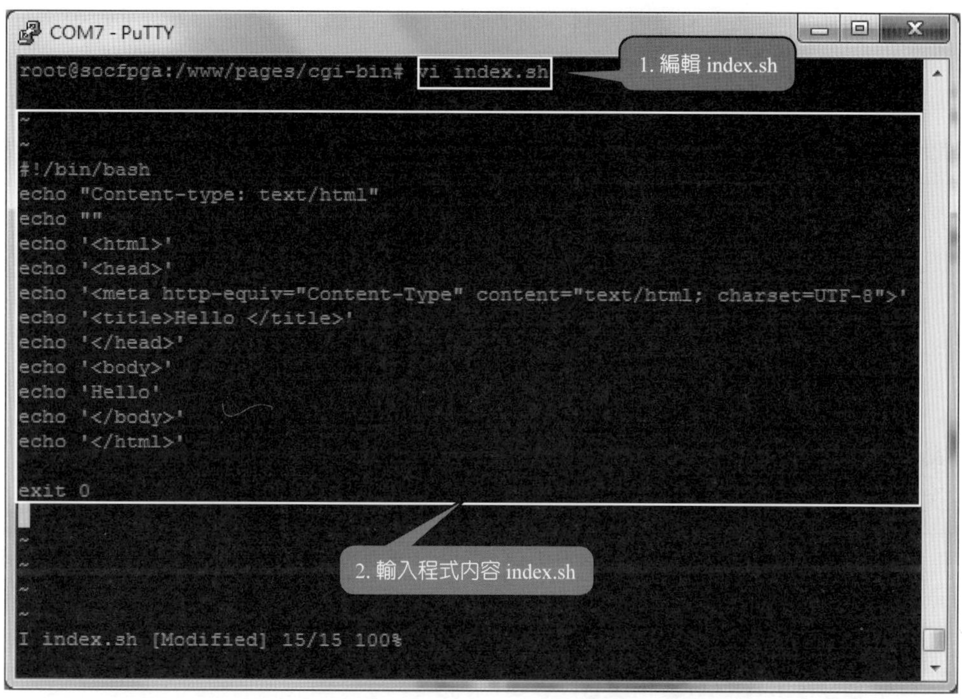

圖 6-14　於「/www/pages/cgi-bin」目錄新增與編輯 index.sh 檔

2. 開啓瀏覽器測試 Hello 網頁：再使用同一個網域的電腦去用瀏覽器去觀看網頁，輸入 IP 位址 192.168.1.95，成功畫面如圖 6-15 所示。看到 Hello 網頁。

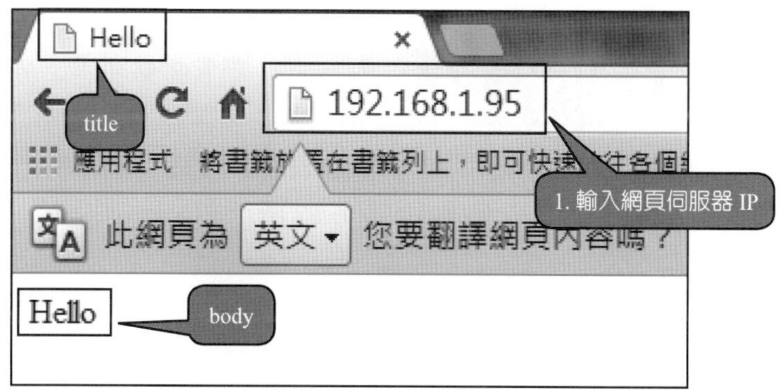

圖 6-15　觀察 Hello 網頁

3. 檢視原始碼：可以在網頁上按右鍵，選取「檢視網頁原始碼」，觀看原始碼如圖 6-16 所示。

圖 6-16　檢視原始碼

6-1-4 使用 index.sh 設計 CGI 網頁

前一小節完成設計 index.sh 在網頁上顯示「Hello」。本小節設計網頁表單，將網頁輸入的文字送出後，會在原網頁呈現剛輸入的文字。本小節介紹使用 index.sh 設計 CGI 網頁之指令執行順序與說明如表 6-7 所示。

表 6-7　使用 index.sh 設計 CGI 網頁之指令執行順序與說明

步驟	指令	說明
1	cd /www/pages/cgi-bin	進入 /www/pages/cgi-bin 目錄
2	vi index.sh	新增 index.sh 檔
3	192.168.1.95	開啓瀏覽器輸入網頁伺服器 IP

瀏覽「192.168.1.95」預期結果如圖 6-17 所示。

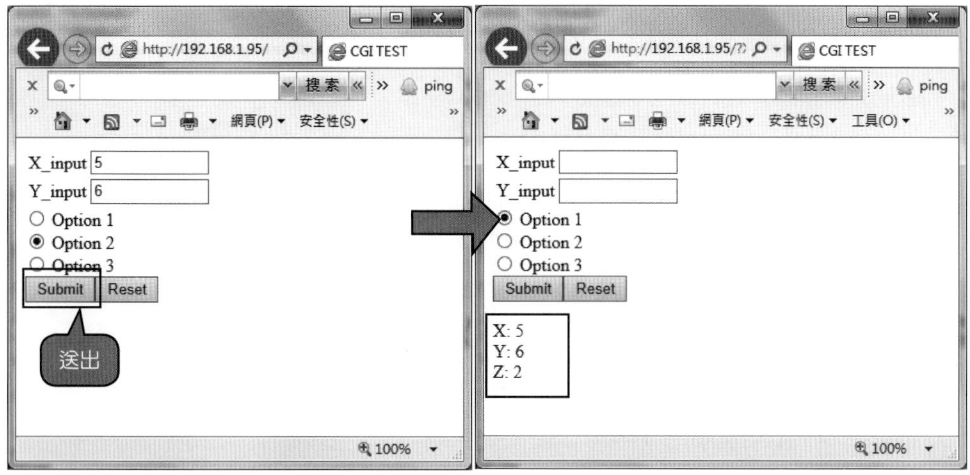

圖 6-17　瀏覽 192.168.1.95 預期結果

CGI 網頁設計「index.sh」內容如表 6-8 所示。

表 6-8　CGI 網頁設計「index.sh」內容

```
#!/bin/bash
echo “Content-type: text/html”
echo “”
echo ‘<html>’
echo ‘<head>’
echo ‘<meta http-equiv=” Content-Type” content=” text/html; charset=UTF-8” >’
echo ‘<title> CGI TEST </title>’
echo ‘</head>’
echo '<body>'
echo “<form method=GET action=\"${SCRIPT}\">"\
'<table nowrap>'\

 ‘<tr><td>X_input</TD><TD><input type=” text” name=” X” size=12></td></tr>’ \
 ‘<tr><td>Y_input</td><td><input type=” text” name=” Y” size=12 value=” ” ></td>’ \
'</tr></table>'

echo ‘<input type=” radio” name=” Z” value=” 1” checked> Option 1<br>’ \
```

Title
name = X
name = Y
name = Z
選項值 =1

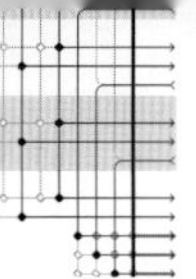

```
 '<input type=" radio" name=" Z" value=" 2" > Option 2<br>' \
'<input type="radio" name=" Z" value=" 3" > Option 3'

echo '<br><input type=" submit" value=" Submit" >' \
 '<input type=" reset" value=" Reset" ></form>'
```

選項值 =2

選項值 =3

按鍵文字

按鍵文字

```
######################################
if [ "$REQUEST_METHOD" != "GET" ]; then
 echo "<hr>Script Error:" \
  "<br> error, REQUEST_METHOD!=GET." \
  "<br>Check your FORM declaration  METHOD=\" GET\" .<hr>"
exit 1
fi

if [ -z "$QUERY_STRING" ]; then
exit 0
else
XX=`echo "$QUERY_STRING" | sed -n 's/^.*X=\([^&]*\).*$/\1/p' | sed "s/%20/ /g" `
YY=`echo "$QUERY_STRING" | sed -n 's/^.*Y=\([^&]*\).*$/\1/p' | sed "s/%20/ /g" `
ZZ=`echo "$QUERY_STRING" | sed -n 's/^.*Z=\([^&]*\).*$/\1/p' | sed "s/%20/ /g" `
echo "X: " $XX
echo '<br>'
echo "Y: " $YY
echo '<br>'
echo "Z: " $ZZ

fi
```

動作說明

取得填入欄位 X 的文字存入變數 XX

取得填入欄位 Y 的文字存入變數 YY

取得填入欄位 Z 的文字存入變數 ZZ

印出文字與 XX 變數值

印出文字與 YY 變數值

印出文字與 ZZ 變數值

```
##################################################


echo '</body>'
echo '</html>'

exit 0
```

本小節設計流程如圖 6-18 所示，先開啓 index.sh 編輯網頁表單，再開啓瀏覽器測試網頁，再檢視原始碼，接著加入 CGI 動作程式於 index.sh，最後重新讀取網頁。

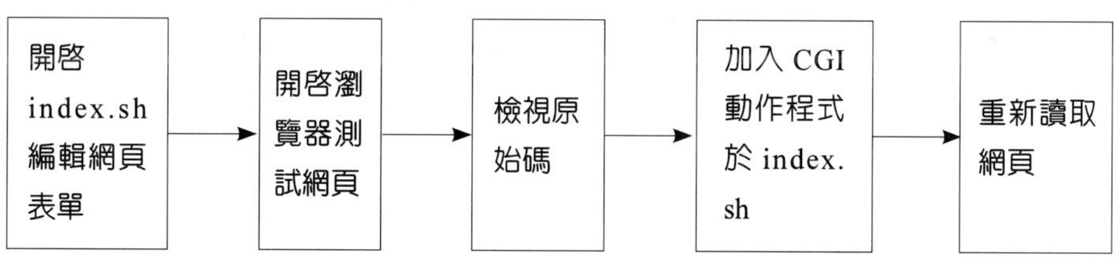

圖 6-18　CGI 網頁設計流程

CGI 網頁設計先進行網頁表單之設計，觀察無誤後再進行 CGI 動作程式設計，詳細步驟如下：

1. 開啓 index.sh 編輯網頁表單：於「/www/pages/cgi-bin」目錄開啓 index.sh 檔，先進行網頁表單之設計。可於 PuTTY 視窗輸入 vi index.sh，再將表 6-9 之文字輸入於 vi 編輯畫面中，如圖 6-19 所示。輸入完成跳出 vi 編輯環境。

表 6-9　CGI 網頁設計「index.sh」內容

```
#!/bin/bash
echo?" Content-type: text/html"
echo?" "
echo?' <html>'
echo?' <head>'
echo?' <meta http-equiv=" Content-Type" content=" text/html; charset=UTF-8" >'
echo?' <title> CGI TEST </title>'
echo?' </head>
echo?' <body>'
echo?" <form method=GET action=\" ${SCRIPT}\" >" \
 '<table nowrap>' \

' <tr><td>X_input</TD><TD><input type=" text" name=" X" size=12></td></tr>' \
 '<tr><td>Y_input</td><td><input type=" text" name=" Y" size=12 value=" " ></td>' \

 '</tr></table>'

echo '<input type=" radio" name=" Z" value=" 1" checked> Option 1<br>' \

 '<input type=" radio" name=" Z" value=" 2" > Option 2<br>' \

 '<input type=" radio" name=" Z" value=" 3" > Option 3'


echo '<br><input type=" submit" value=" Submit" >' \
 '<input type=" reset" value=" Reset" ></form>'


echo?' </body>'
echo?' </html>'

exit?0
```

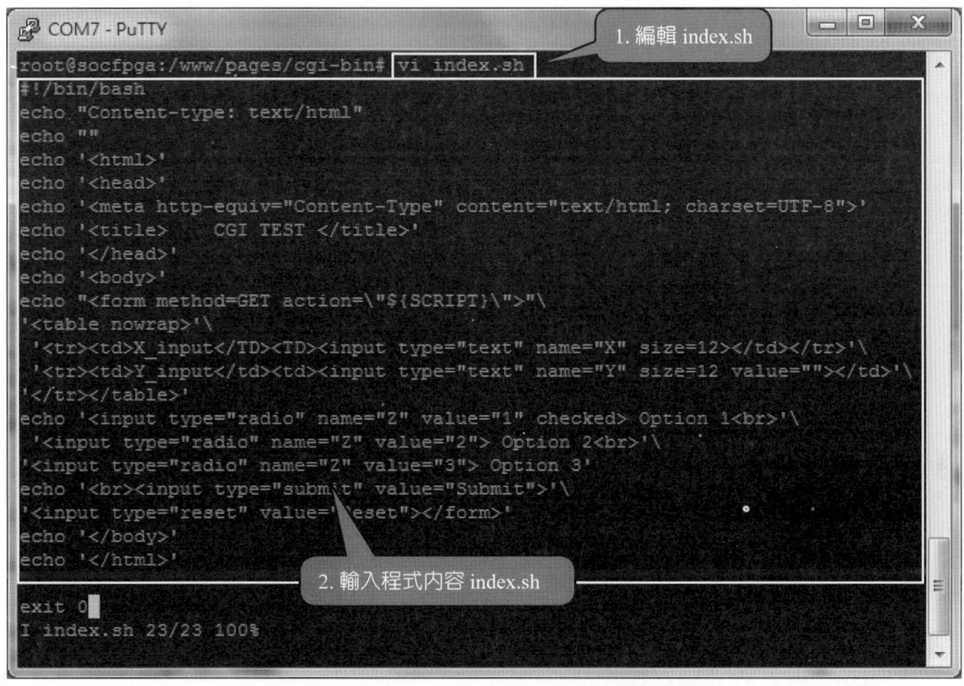

```
root@socfpga:/www/pages/cgi-bin# vi index.sh
#!/bin/bash
echo "Content-type: text/html"
echo ""
echo '<html>'
echo '<head>'
echo '<meta http-equiv="Content-Type" content="text/html; charset=UTF-8">'
echo '<title>    CGI TEST </title>'
echo '</head>'
echo '<body>'
echo "<form method=GET action=\"${SCRIPT}\">"\
'<table nowrap>'\
 '<tr><td>X_input</TD><TD><input type="text" name="X" size=12></td></tr>'\
 '<tr><td>Y_input</td><td><input type="text" name="Y" size=12 value=""></td>'\
'</tr></table>'
echo '<input type="radio" name="Z" value="1" checked> Option 1<br>'\
 '<input type="radio" name="Z" value="2"> Option 2<br>'\
'<input type="radio" name="Z" value="3"> Option 3'
echo '<br><input type="submit" value="Submit">'\
'<input type="reset" value="Reset"></form>'
echo '</body>'
echo '</html>'

exit 0
I index.sh 23/23 100%
```


圖 6-19　編輯 index.sh 檔設計網頁表單

2. 開啓瀏覽器測試網頁表單：再使用同一個網域的電腦去用瀏覽器去觀看首頁，輸入 IP 位址 192.168.1.95，成功畫面如圖 6-20 所示。

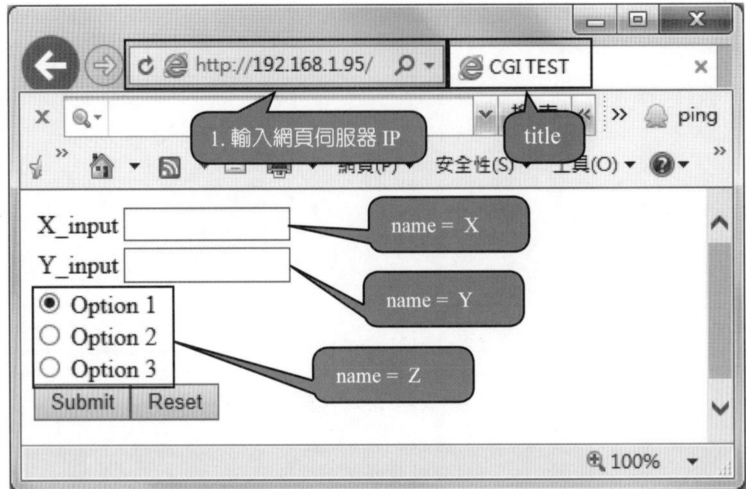

圖 6-20　觀察網頁伺服器首頁

3. 檢視原始碼：可以在網頁上按右鍵，選取「檢視網頁原始碼」，觀看原始碼如圖 6-21 所示。

http://192.168.1.95/ - 原先的原始檔

檔案(F)　編輯(E)　格式(O)

```
<html>
<head>
<meta http-equiv="Content-Type" content="text/html; charset=UTF-8">
<title> CGI TEST </title>
</head>
<body>
<form method=GET action=""><table nowrap> <tr><td>X_input</TD><TD><input
type="text" name="X" size=12></td></tr> <tr><td>Y_input</td><td><input
type="text" name="Y" size=12 value=""></td></tr></table>
<input type="radio" name="Z" value="1" checked> Option 1<br> <input
type="radio" name="Z" value="2"> Option 2<br><input type="radio" name="Z"
value="3"> Option 3
<br><input type="submit" value="Submit"><input type="reset" value="Reset">
</form>
</body>
</html>
```

圖 6-21　檢視原始碼

4. 加入 CGI 動作程式於 index.sh：本小節動作程式如表 6-10 所示，請將以下程式加入 index.sh 於「echo?'</body>'」之前。程式說明如表 6-11 所示。

表 6-10 CGI 動作程式

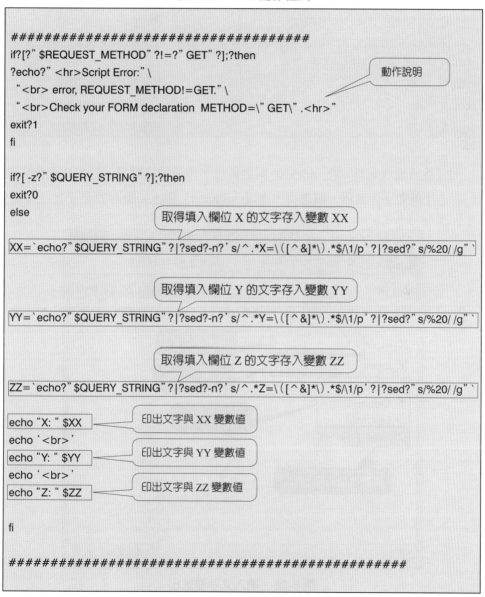

```
#####################################
if?[?" $REQUEST_METHOD" ?!=?" GET" ?];?then
?echo?" <hr>Script Error:" \
 "<br> error, REQUEST_METHOD!=GET." \
 "<br>Check your FORM declaration  METHOD=\" GET\" .<hr>"
exit?1
fi

if?[ -z?" $QUERY_STRING" ?];?then
exit?0
else
XX=`echo?" $QUERY_STRING" ?|?sed?-n?' s/^.*X=\([^&]*\).*$/\1/p' ?|?sed?" s/%20/ /g" `

YY=`echo?" $QUERY_STRING" ?|?sed?-n?' s/^.*Y=\([^&]*\).*$/\1/p' ?|?sed?" s/%20/ /g" `

ZZ=`echo?" $QUERY_STRING" ?|?sed?-n?' s/^.*Z=\([^&]*\).*$/\1/p' ?|?sed?" s/%20/ /g" `
echo "X: " $XX
echo '<br>'
echo "Y: " $YY
echo '<br>'
echo "Z: " $ZZ

fi

#################################################
```

表 6-11　CGI 動作程式說明

index.sh 程式	說明
XX=`echo?"$QUERY_STRING"?\|?sed?-n?'s/^.*X=\(\[^&]*\).*$/\1/p'?|?sed?"s/%20/ /g"`	取得填入欄位 X 的文字存入變數 XX
YY=`echo?"$QUERY_STRING"?\|?sed?-n?'s/^.*Y=\(\[^&]*\).*$/\1/p'?|?sed?"s/%20/ /g"`	取得填入欄位 Y 的文字存入變數 YY
ZZ=`echo?"$QUERY_STRING"?\|?sed?-n?'s/^.*Z=\(\[^&]*\).*$/\1/p'?|?sed?"s/%20/ /g"`	取得選項 Z 的值存入變數 ZZ
echo "X: " $XX	印出文字與 XX 變數值
echo "Y: " $YY	印出文字與 YY 變數值
echo "Z: " $ZZ	印出文字與 ZZ 變數值

5. 重新讀取網頁：將 index.sh 檔更新後，重新讀取網頁，於欄位內輸入文字或數字，並選一個選項，再按「Sumbit」鍵，如圖 6-22 所示，

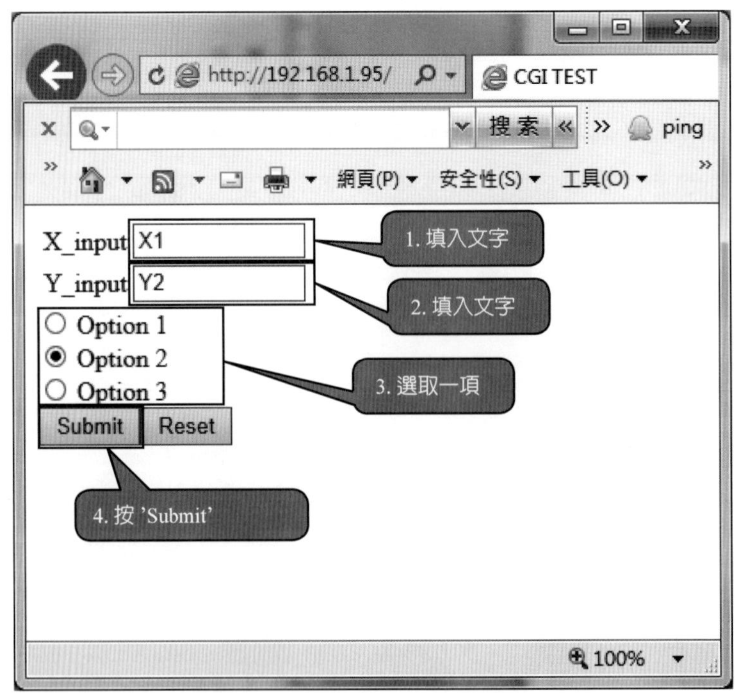

圖 6-22　填入文字並送出

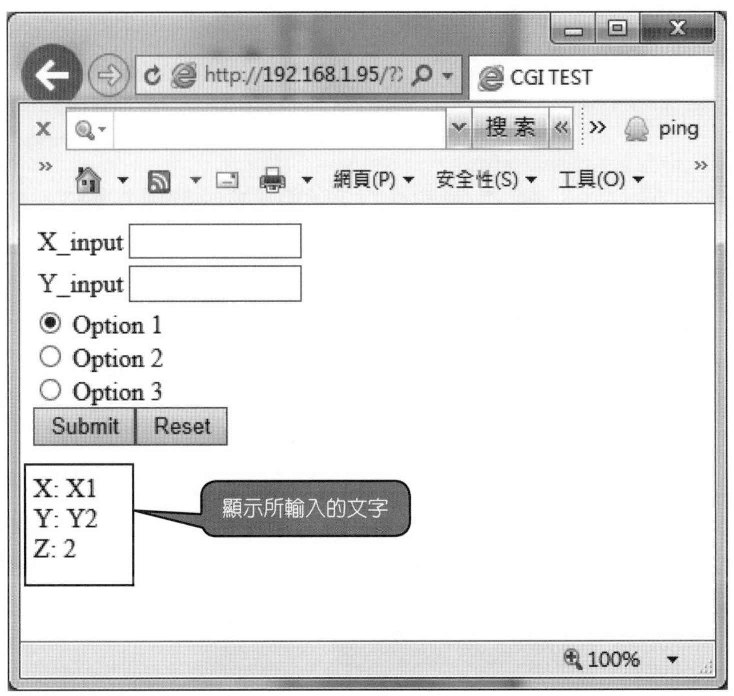

圖 6-23　網頁顯示輸入文字

6-2 網頁監控七段顯示器數值

前一小節設計網頁表單，將網頁輸入的文字送出後，會在原網頁呈現剛輸入的文字。本小節介紹使用網頁控制七段顯示器顯示 10 進制數值。需要先設計一個應用程式，能控制七段顯示器顯示輸入的數值。本小節分兩部分介紹，6-2-1 小節介紹設計應用程式，使七段顯示器顯示輸入的數值，並以 10 進制顯示。6-2-2 小節介紹如何設計網頁監控七段顯示器。網頁監控七段顯示器之預期結果如圖 6-24 所示。

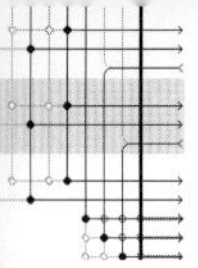

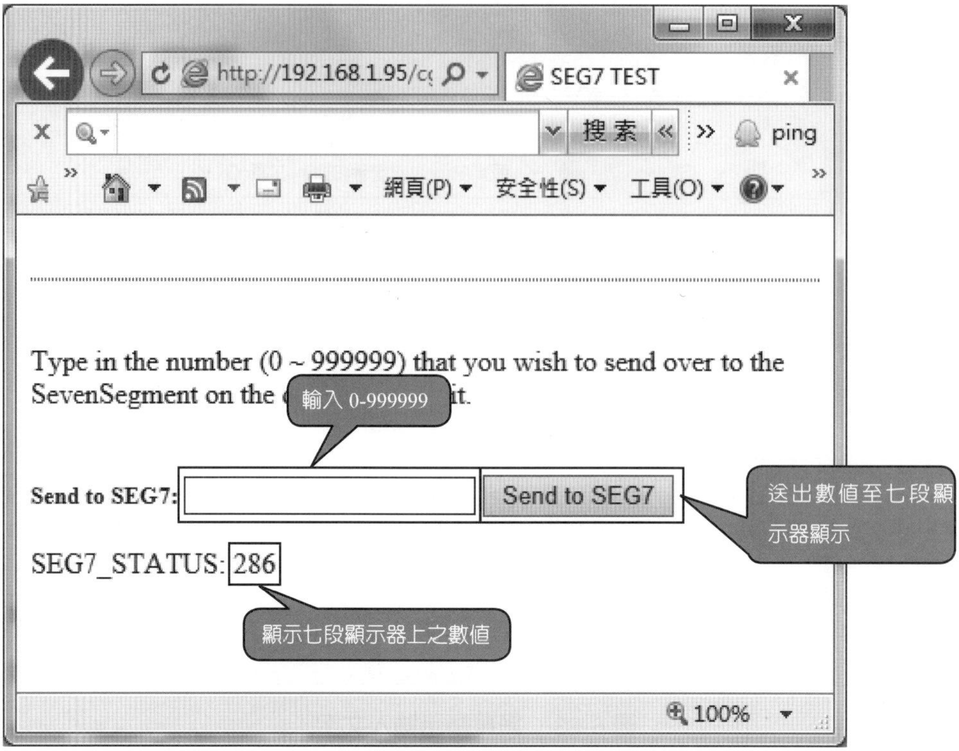

圖 6-24　網頁監控七段顯示器之預期結果

6-2-1 七段顯示器顯示輸入的數值專案開發

本小節介紹網頁監控七段顯示器數值專案所需要的應用程式，本專案開發需要的硬體與軟體檔整理如表 6-12 所示。

表 6-12　七段顯示器顯示輸入的數值專案需要的硬體與軟體檔

檔案	說明	所在目錄
HPS_LED_HEX.qpf	專案檔	D:/DE1_SoC/Demonstrations/SOC_FPGA/HPS_LED_HEX/LED_HEX_hardware/
HPS_LED_HEX.sof	硬體燒錄檔	D:/DE1_SoC/Demonstrations/SOC_FPGA/HPS_LED_HEX/LED_HEX_hardware/

檔案	說明	所在目錄
main.c	主程式	D:/DE1_SoC/WWW/SEG7_show_d/HPS_LED_HEX
seg7.c	應用程式原始檔七段顯示器控制函數程式庫	D:/DE1_SoC/WWW/SEG7_show_d/HPS_LED_HEX
seg7.h	應用程式原始檔七段顯示器控制函數程式庫	D:/DE1_SoC/WWW/SEG7_show_d/HPS_LED_HEX
hps_0.h	Qsys 中各組件的位址等資訊	D:/DE1_SoC/WWW/SEG7_show_d/HPS_LED_HEX
Makefile	make 檔	D:/DE1_SoC/WWW/SEG7_show_d/HPS_LED_HEX
SEG7_show_d	應用程式執行檔	D:/DE1_SoC/WWW/SEG7_show_d/HPS_LED_HEX

本小節使用到的使七段顯示器顯示輸入的數值專案程式說明整理如表 6-13 所示。

表 6-13　使七段顯示器顯示輸入的數值專案應用程式說明

執行應用程式	舉例	說明
./SEG7_show_d 參數值	./SEG7_show_d 255	將輸入參數值 255 以 10 進制顯示於 DE1-SoC 板子上的七段顯示器上
	./SEG7_show_d 8	將輸入參數值 8 以 10 進制顯示於 DE1-SoC 板子上的七段顯示器上
	./SEG7_show_d 999999	將輸入參數值 999999 以 10 進制顯示於 DE1-SoC 板子上的七段顯示器上
	./SEG7_show_d 567890	將輸入參數值 567890 以 10 進制顯示於 DE1-SoC 板子上的七段顯示器上

本小節使用之程式是從 DE1_SoC 開發板光碟所附之範例「/Demonstrations/SOC_FPGA/HPS_LED_HEX/LED_HEX_software/HPS_LED_HEX/main.c」修改的。使七段顯示器顯示輸入的數值「main.c」主程式流程如表 6-14 所示。

表 6-14　使七段顯示器顯示輸入的數值專案主程式流程

流程	主程式流程
1	將輸入參數值轉成整數存入 max_cnt
2	用 open 創建一個文件回傳值至 fd
3	用 mmap 把文件內容映射至一段記憶體上，回傳映射開始的地址指標。
4	計算 SEG7_IF_BASE 對應在使用者空間之位址 h2p_lw_hex_addr。
5	呼叫 SEG7_Decimal，參數為 max_cnt，使七段顯示器以十進制顯示 max_cnt 的數值。
6	用 munmap 關閉記憶體映射
7	用 close 關閉文件 fd

使七段顯示器顯示輸入的數值專案「main.c」內容如表 6-15 所示。

表 6-15　使七段顯示器顯示輸入的數值專案「main.c」內容

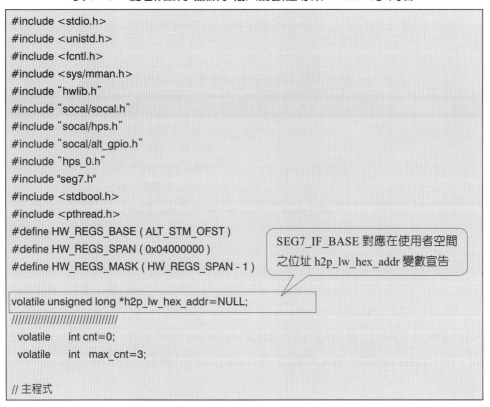

```
#include <stdio.h>
#include <unistd.h>
#include <fcntl.h>
#include <sys/mman.h>
#include "hwlib.h"
#include "socal/socal.h"
#include "socal/hps.h"
#include "socal/alt_gpio.h"
#include "hps_0.h"
#include "seg7.h"
#include <stdbool.h>
#include <pthread.h>
#define HW_REGS_BASE ( ALT_STM_OFST )
#define HW_REGS_SPAN ( 0x04000000 )
#define HW_REGS_MASK ( HW_REGS_SPAN - 1 )

volatile unsigned long *h2p_lw_hex_addr=NULL;
////////////////////////////////
 volatile    int cnt=0;
 volatile    int   max_cnt=3;

// 主程式
```

SEG7_IF_BASE 對應在使用者空間之位址 h2p_lw_hex_addr 變數宣告

```
int main(int argc, char **argv)
{
        pthread_t id;
        int ret;
        void *virtual_base;
        int fd;
        int i;
    if (argc == 2){
        max_cnt = atoi(argv[1]);
    }
    ////////////////////////////////////////

// 用 open 創建一個文件回傳值至 fd

        if( ( fd = open( "/dev/mem", ( O_RDWR | O_SYNC ) ) ) == -1 ) {
                printf( "ERROR: could not open \"/dev/mem\" ...\n" );
                return( 1 );
        }

// 用 mmap 把文件內容映射至一段記憶體上，回傳映射開始的地址指標。
        virtual_base = mmap( NULL, HW_REGS_SPAN, ( PROT_READ | PROT_WRITE ),
MAP_SHARED, fd, HW_REGS_BASE );
        if( virtual_base == MAP_FAILED ) {
                printf( "ERROR: mmap() failed...\n" );
                close( fd );
                return(1);
        }

h2p_lw_hex_addr=virtual_base+((unsigned long)(ALT_LWFPGASLVS_OFST+SEG7_IF_
BASE)&(unsigned long)(HW_REGS_MASK));

SEG7_Decimal(max_cnt,0);


    if( munmap( virtual_base, HW_REGS_SPAN ) != 0 ) {
                printf( "ERROR: munmap() failed...\n" );
```

主程式

將輸入參數轉換成整數存入 max_cnt

映射七段顯示器暫存器至使用者空間位址

max_cnt 數值以十進制顯示於七段顯示器

```
                    close( fd );
                    return( 1 );
          }
          close( fd );
          return 0;
}
```

使七段顯示器顯示輸入的數值專案「Makefile」內容如表 6-16 所示。

表 6-16　使七段顯示器顯示輸入的數值專案 Makefile 內容

```
#
TARGET = SEG7_show_d          ← SEG7_show_d
 #
# 交叉編譯 gcc
CROSS_COMPILE = arm-linux-gnueabihf-

CFLAGS = -static -g -Wall  -I${SOCEDS_DEST_ROOT}/ip/altera/hps/altera_hps/hwlib/include
LDFLAGS =  -g -Wall
CC = $(CROSS_COMPILE)gcc
ARCH= arm
#LDFLAGS =  -g -Wall  -Iteraisc_pcie_qsys.so -ldl
#-ldl must be placed after the file calling lpxxxx funciton
build: $(TARGET)
#-lmpeg2 --> link libmpeg2.a (lib___.a)
$(TARGET): main.o seg7.o          ← 刪除 led.o
          $(CC) $(LDFLAGS)  $^ -o $@  -lpthread -lrt
#         $(CC) $(LDFLAGS) $^ -o $@  -ldl -lmpeg2  -lmpeg2convert -lpthread
%.o : %.c
          $(CC) $(CFLAGS) -c $< -o $@
.PHONY: clean
clean:
          rm -f $(TARGET) *.a *.o *~
```

本小節設計流程如圖 6-25 所示，先複製目錄，再修改 Makefile 檔案，再修改 main.c 檔案，接著執行編譯，傳送檔案至板子上「/www/pages/cgi-bin/」目錄。

再燒錄硬體配置檔於 DE1-SoC 板，再按板子上的 Warm Reset 鍵，用 ssh 登入 DE1-SoC 板子上的系統，改變應用程式檔案屬性爲可執行，最後執行應用程式。

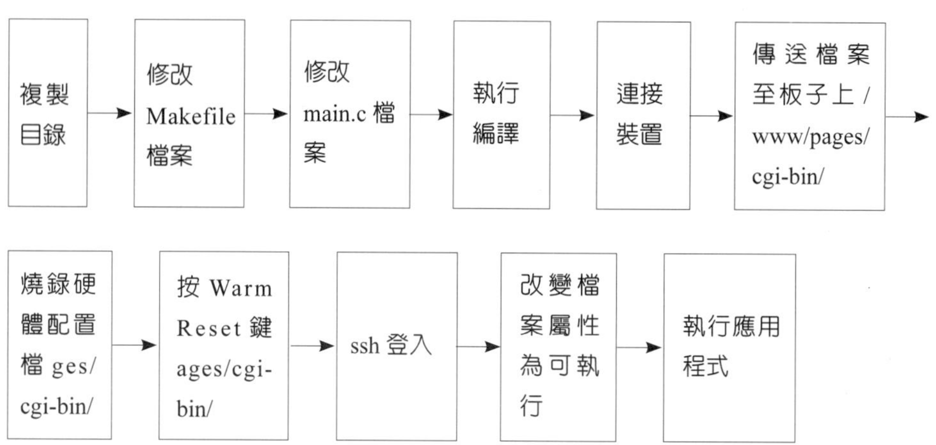

圖 6-25　使七段顯示器顯示輸入的數值專案設計流程

使七段顯示器顯示輸入的數值專案開發詳細操作步驟如下：

1. 複製目錄：將範例光碟中的「Demonstrations/SOC_FPGA/HPS_LED_HEX/LED_HEX_software/HPS_LED_HEX」目錄複製至「D:/DE1_SoC/WWW/SEG7_show_d」下，如圖 6-26 所示。

圖 6-26　複製目錄

2. 修改 Makefile 檔案：開啓「D:/DE1_SoC/WWW/SEG7_show_d/HPS_

LED_HEX」下之「Makefile」檔，修改第二行程式為「TARGET = SEG7_show_d」，如圖 6-27 所示，修改後存檔。

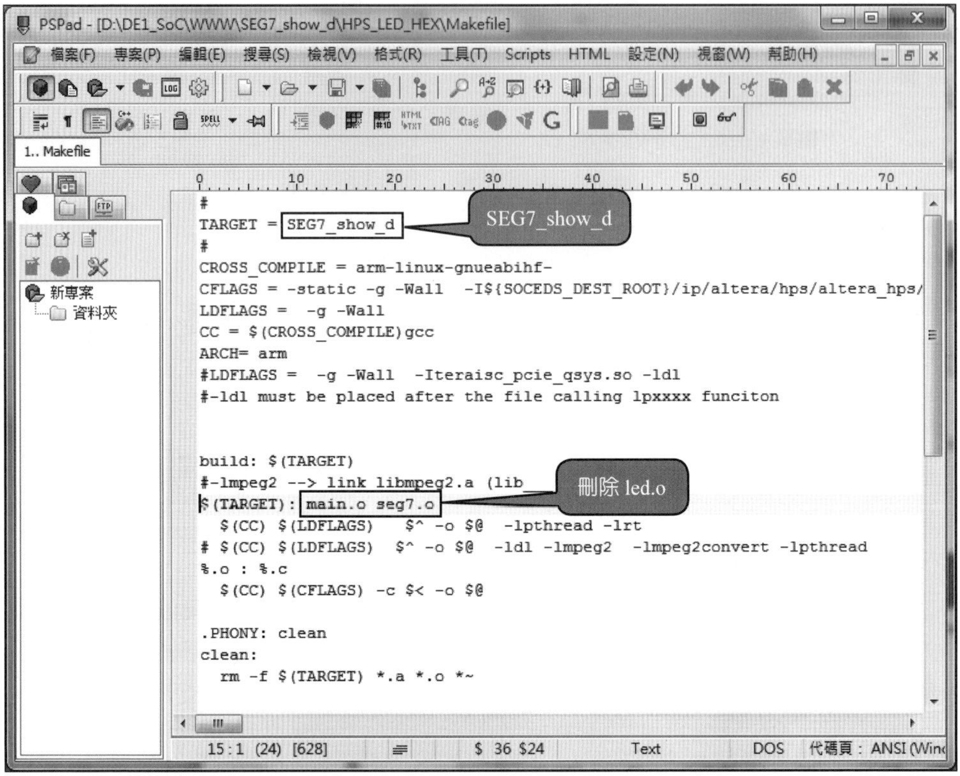

```
#
TARGET = SEG7_show_d
#
CROSS_COMPILE = arm-linux-gnueabihf-
CFLAGS = -static -g -Wall  -I${SOCEDS_DEST_ROOT}/ip/altera/hps/altera_hps/
LDFLAGS =  -g -Wall
CC = $(CROSS_COMPILE)gcc
ARCH= arm
#LDFLAGS =  -g -Wall  -Iteraisc_pcie_qsys.so -ldl
#-ldl must be placed after the file calling lpxxxx funciton


build: $(TARGET)
#-lmpeg2 --> link libmpeg2.a (lib
$(TARGET): main.o seg7.o
  $(CC) $(LDFLAGS)   $^ -o $@  -lpthread -lrt
# $(CC) $(LDFLAGS)   $^ -o $@  -ldl -lmpeg2  -lmpeg2convert -lpthread
%.o : %.c
  $(CC) $(CFLAGS) -c $< -o $@

.PHONY: clean
clean:
  rm -f $(TARGET) *.a *.o *~
```


圖 6-27　修改 Makefile 檔案

3. 修改 main.c 檔案：開啓「D:/DE1_SoC/WWW/SEG7_show_d/ HPS_LED_HEX/」下之「main.c」檔。如表 6-16 修改。修改後存檔。
4. 開啓 SoC EDS：1. 開啓 SoC EDS: 在個人電腦端，開啓 Altera 軟體安裝目錄下的「\embedded\Embedded_Command_Shell」檔。
5. 切換至專案目錄：輸入 cd D:/DE1_SoC/WWW/SEG7_show_d/HPS_LED_HEX。
6. 執行編譯：輸入 make 開始編譯，編譯若無錯誤訊息，再用 ls -l 觀察，如圖 6-28 所示。

圖 6-28　編譯完成畫面

7. 連接裝置：本小節所需連接的設備整理如表 6-17 所示。

表 6-17　本範例需連接之裝置

確認連接	裝置	說明
✓	電源線	提供 DE1-SoC 板電源
✓	USB 線連接 USB-Blaster II 端口與電腦	提供燒錄
✓	USB 線連接 USB to UART 端口	提供串列通訊
✓	網路線連接網路線插槽	前一小節設定 DE1-SoC 板子上的 IP 為固定在 192.168.1.95
✓	MSEL 開關 SW10[4:0]=10010	DE1-SoC 開發板背面指撥開關
✓	Micro SD 卡插入 SD 卡插槽	已做好的開機卡

8. 傳送檔案：將 SEG7_show_d 檔案傳至 DE1-SoC 上的 SD 卡的檔案系統，例如傳送目的地為 192.168.1.95 的 /www/pages/cgi-bin，如圖 6-29 所示。

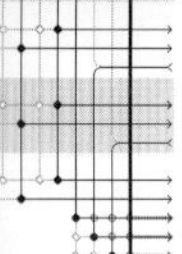

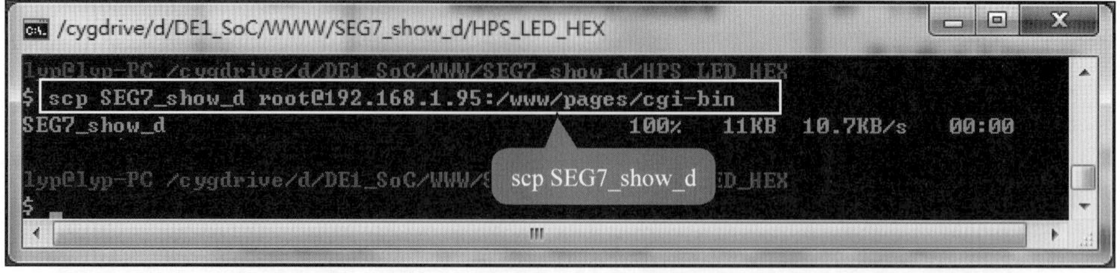

圖 6-29　傳送檔案「SEG7_show_d」至板子上 /www/pages/cgi-bin/

9. 燒錄硬體配置檔：使用 Quartus II Programmer，勾選 sof 檔案，按「Start」，燒錄成功畫面如圖 6-30 所示。

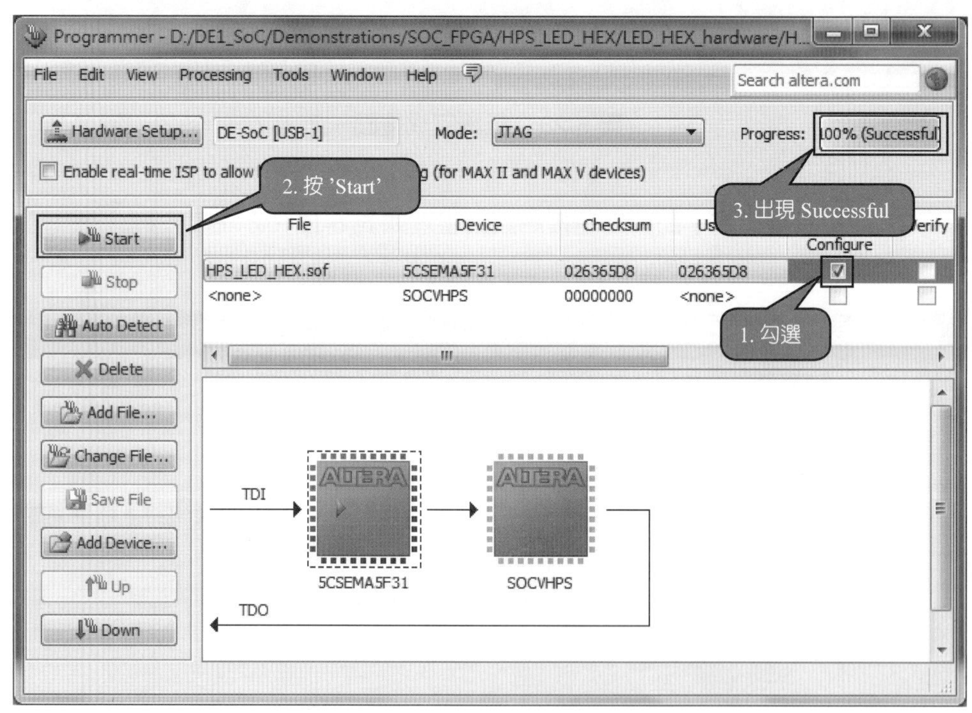

圖 6-30　燒錄硬體配置檔

10. 按 Warm Reset 鍵：按 DE1-SoC 板子上的 Warm Reset 鍵。

11. ssh 登入：執行 puTTY，設定如圖 6-31 所示。

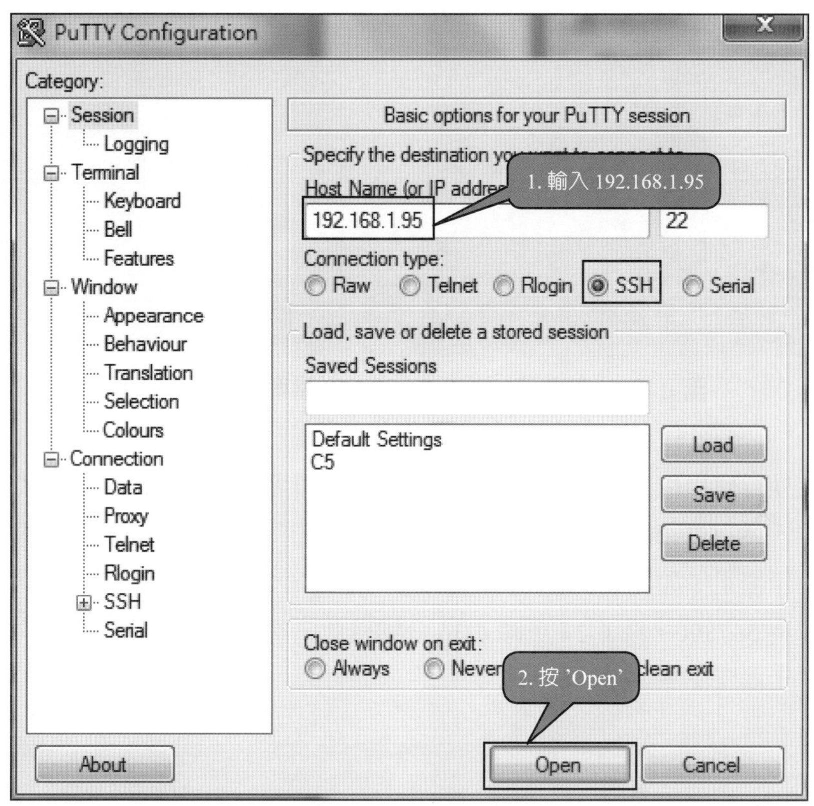

圖 6-31　ssh 登入

12. 改變檔案屬性爲可執行：用 root 登入後，切至 /www/pages/cgi-bin/ 目錄，觀察目錄內容是否有步驟 8 從電腦端傳送的「SEG7_show_d」。傳送至 DE1-SoC 板子上的「/www/pages/cgi-bin」目錄下的檔案「SEG7_show_d」並無執行權限，所以需要使用 chmod 755 改變檔案屬性爲可執行，如圖 6-32 示。

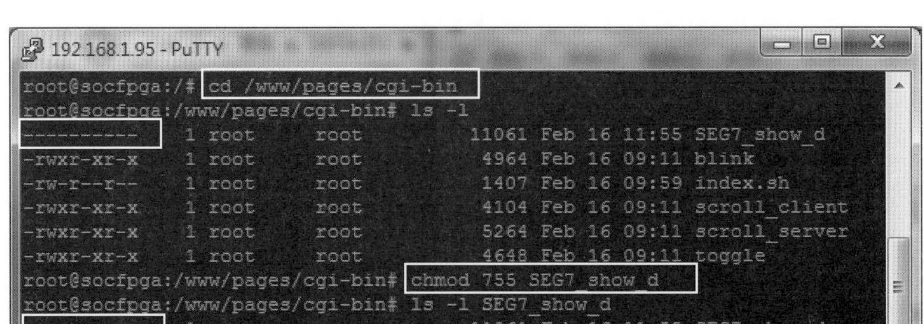

圖 6-32　改變「SEG7_show_d」檔案屬性為可執行

13. 執行應用程式：七段顯示器顯示輸入數值專案執行應用程式方式爲輸入「./SEG7_show_d　參數」，則參數值會顯示於 DE1-SoC 板子上的七段顯示器上，如圖 6-33 執行了三次應用程式，分別輸入參數值爲 8、999999 與 567890，圖 6-34 至圖 6-36 分別爲此三次執行程式時所對應的七段顯示器狀況。

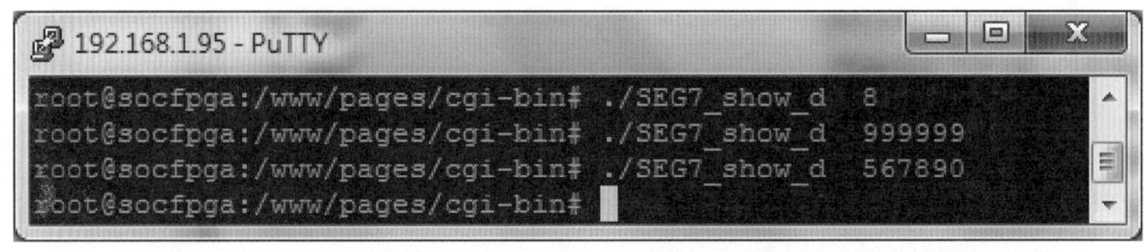

圖 6-33　七段顯示器顯示輸入數值專案應用程式執行結果

圖 6-34　執行「./SEG7_show_d 8」七段顯示器顯示 8

圖 6-35　執行「./SEG7_show_d 999999」七段顯示器顯示 999999

圖 6-36　執行「./SEG7_show_d 567890」七段顯示器顯示 567890

6-2-2 網頁監控七段顯示器

前一小節已經完成將輸入數值顯示於七段顯示器的應用程式；本小節介紹如何設計網頁表單與程式，完成網頁監控七段顯示器。

本小節介紹由 ssh 連線至 DE1-SoC 板後，使用 index.sh 設計網頁監控七段顯示器之指令執行順序與說明如表 6-18 所示。

表 6-18　網頁監控七段顯示器之指令執行順序與說明

步驟	指令	說明
1	cd /www/pages/cgi-bin	切換目錄至 /www/pages/cgi-bin
2	vi index.sh	修改 index.sh 檔
3	cd /home/root/	進入 /home/root/
4	mkdir webserver	建立目錄 webserver
5	cd webserver	進入 /home/root/webserver 目錄
6	touch SEG7_STATUS	創造檔案 SEG7_STATUS
7	192.168.1.95	開啓瀏覽器輸入網頁伺服器 IP

網頁監控七段顯示器專案瀏覽「192.168.1.95」預期結果如圖 6-37 所示。

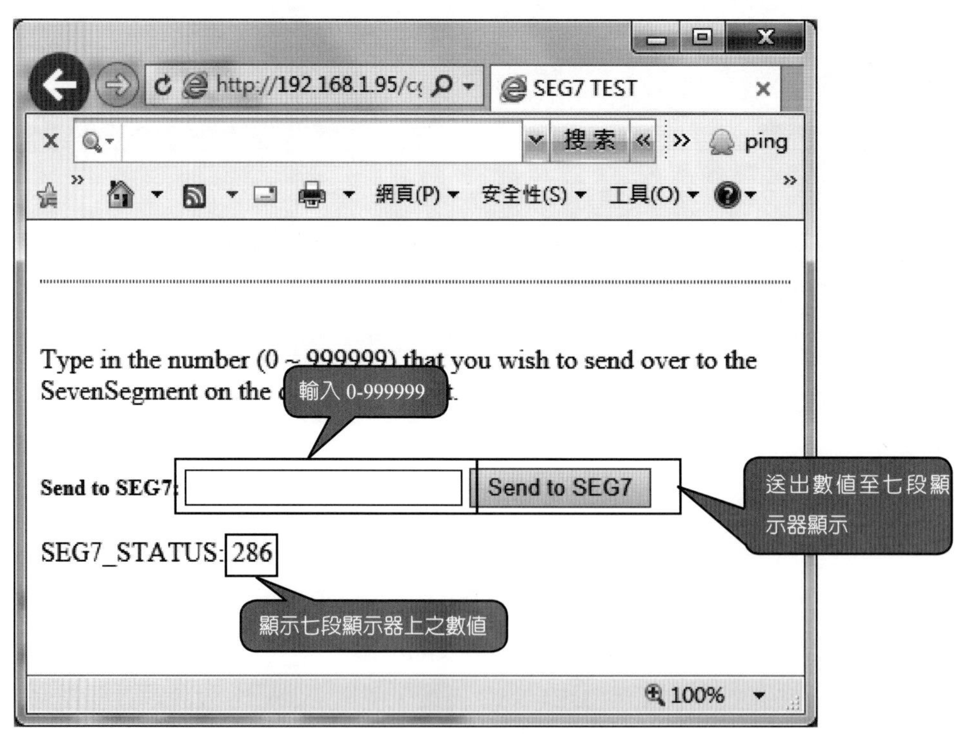

圖 6-37　網頁監控七段顯示器預期結果

網頁監控七段顯示器「index.sh」內容如表 6-19 所示。

表 6-19　網頁監控七段顯示器 “index.sh” 內容

```
#!/bin/bash
echo "Content-type: text/html"
echo ""
echo '<html>'
echo '<head>'
echo '<meta http-equiv="Content-Type" content="text/html; charset=UTF-8">'
echo '<title> SEG7 TEST </title>'
echo '</head>'
echo '<body>'                    Title

echo "<br><hr id=\"seg7\" style=\"border: 1px dotted\">"
echo -e "<p><br>Type in the number (0 ~ 999999) that you wish to send over to the
SevenSegment on the development kit. <br><br></p>"

                                文字        文字

echo -e "<FORM name=\"seg7\" action=\"/cgi-bin/index.sh#seg\" method=\"post\">"
echo -e "<P>"
echo -e "<strong><font size=\"2\"> Send to SEG7: </font></strong> "
echo -e "<INPUT type=\"text\" id=\"seg\" class=\"box\" size=\"22\" name=\"seg_num\"
placeholder=\"Type SEG7 Number (0~999999)\">"
                                                              預設文字
                      name=seg_num

echo -e "<INPUT type=\"submit\" class=\"box\" name=\"seg7_submit\" value=\"Send to
SEG7\">"


echo -e "</P>"
echo -e "</FORM>"
###################################################
read POST_STRING                                      動作程式
#echo $POST_STRING
IFS='&' read -ra ADDR <<< "$POST_STRING"
for i in "${ADDR[@]}"
do
```

```
KEY=`echo $i | sed 's/=.*//g'`
VALUE=`echo $i | sed 's/.*=//g'`
if [ "$KEY" = "seg_num" ]; then
    SEG7_NUMBER=$VALUE
fi
```

若輸入欄位名稱為 seg_num

將輸入值存入變數 SEG7_NUMBER

```
if [ "$KEY" = "seg7_submit" ]; then
 ./SEG7_show_d $SEG7_NUMBER
```

若按鍵名稱為 seg7_submit

執行應用程式將 SEG7_NUMBER 值顯示在七段顯示器上

```
  echo $SEG7_NUMBER > /home/root/webserver/SEG7_STATUS;
fi
done
```

將 SEG7_NUMBER 值寫入 SEG7_STATUS 檔案中

```
SEG7_STATUS="`cat /home/root/webserver/SEG7_STATUS`"
```

將 SEG7_STATUS 檔案中的文字存入 SEG7_STATUS 變數

```
echo "SEG7_STATUS: " $SEG7_STATUS
#####################################
```

印出文字與 SEG7_STATUS 變數值於網頁上

```
echo '</body>'
echo '</html>'
exit 0
```

本小節設計流程如圖 6-38 所示，先開啓 index.sh 編輯網頁表單，再開啓瀏覽器測試網頁，再檢視原始碼，接著加入 CGI 動作程式於 index.sh ，重新讀取網頁，於網頁表單欄位輸入數字，再按 Submit 送出後，觀察七段顯示器的變化。

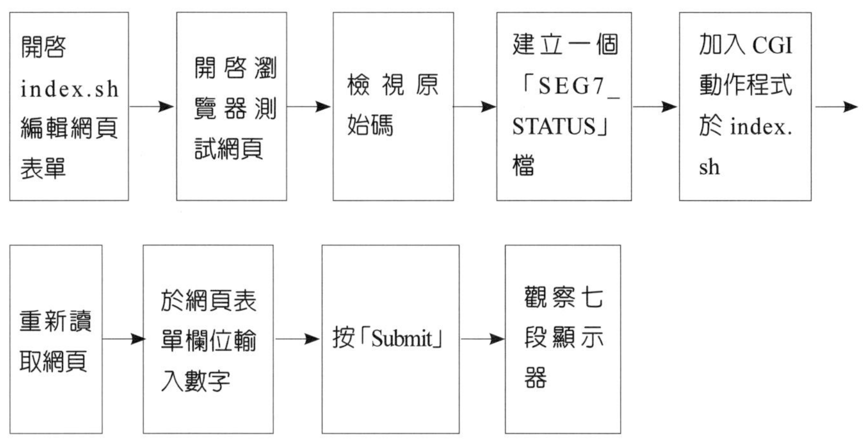

圖 6-38　網頁監控七段顯示器設計流程

以下步驟先進行網頁表單之設計，觀察無誤後再進行監控七段顯示器之網頁設計，詳細步驟如下：

1. 開啓 index.sh 編輯網頁表單：於「/www/pages/cgi-bin」目錄開啓 index.sh 檔，先進行網頁表單之設計。可於 PuTTY 視窗輸入 vi　index.sh，再將表 6-20 之文字輸入於 vi 編輯畫面中，如圖 6-39 所示。輸入完成跳出 vi 編輯環境。

表 6-20　網頁監控七段顯示器「index.sh」內容

```
#!/bin/bash
echo “Content-type: text/html”
echo “”
echo ‘<html>’
echo ‘<head>’
echo ‘<meta http-equiv=”Content-Type” content=”text/html; charset=UTF-8”>’
echo ‘<title> SEG7 TEST </title>’
echo ‘</head>’
echo ‘<body>’

echo “<br><hr id=\”seg7\” style=\”border: 1px dotted\”>”
```

Title

```
echo -e "<p><br>Type in the number (0 ~ 999999) that you wish to send over to the SevenSegment on the development kit. <br><br></p>"

echo -e "<FORM name=\"seg7\" action=\"/cgi-bin/index.sh#seg\" method=\"post\">"
echo -e "<P>"
echo -e "<strong><font size=\"2\">Send to SEG7: </font></strong> "
echo -e "<INPUT type=\"text\" id=\"seg\" class=\"box\" size=\"22\" name=\"seg_num\" placeholder=\"Type SEG7 Number (0~999999)\">"

echo -e "<INPUT type=\"submit\" class=\"box\" name=\"seg7_submit\" value=\"Send to SEG7\">"

echo -e "</P>"
echo -e "</FORM>"

echo '</body>'
echo '</html>'
exit 0
```

文字

文字

預設文字

name=seg_num

name=seg7_submit

按鍵上文字為 Send to SEG7

192.168.1.95 - PuTTY

```
root@socfpga:/www/pages/cgi-bin# vi index.sh
#!/bin/bash
echo "Content-type: text/html"
echo ""
echo '<html>'
echo '<head>'
echo '<meta http-equiv="Content-Type" content="text/html; charset=UTF-8">'
echo '<title>    SEG7 TEST </title>'
echo '</head>'
echo '<body>'


echo "<br><hr id=\"seg7\" style=\"border: 1px dotted\">"
echo -e "<p><br>Type in the number (maximum 999999) that you wish to send over t

echo -e "<FORM action=\"/cgi-bin/index.sh#seg7\" method=\"post\">"
 echo -e "<P>"
echo -e "<strong><font size=\"2\">Send to SEG7: </font></strong> "
echo -e "<INPUT type=\"text\" id=\"seg\" class=\"box\" size=\"22\" name=\"seg_nu
echo -e "<INPUT type=\"submit\" class=\"box\" name=\"seg7_submit\" value=\"Send
echo -e "</P>"
echo -e "</form>"
```

1. 編輯 index.sh

2. 輸入程式內容 index.sh

圖 6-39　編輯 index.sh 檔

2. 開啓瀏覽器測試：再使用同一個網域的電腦去用瀏覽器去觀看首頁，輸入 IP 位址 192.168.1.95，成功畫面如圖 6-40 所示。

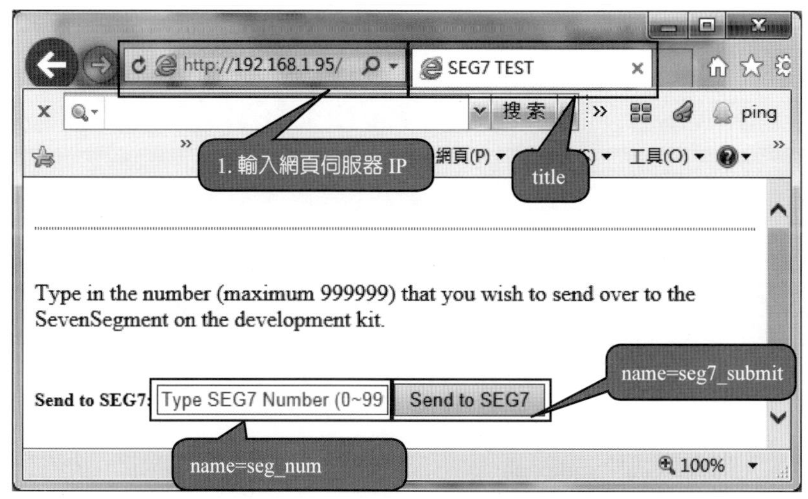

圖 6-40　觀察網頁伺服器首頁

3. 檢視原始碼：可以在網頁上按右鍵，選取「檢視網頁原始碼」，觀看原始碼如圖 6-41 所示。

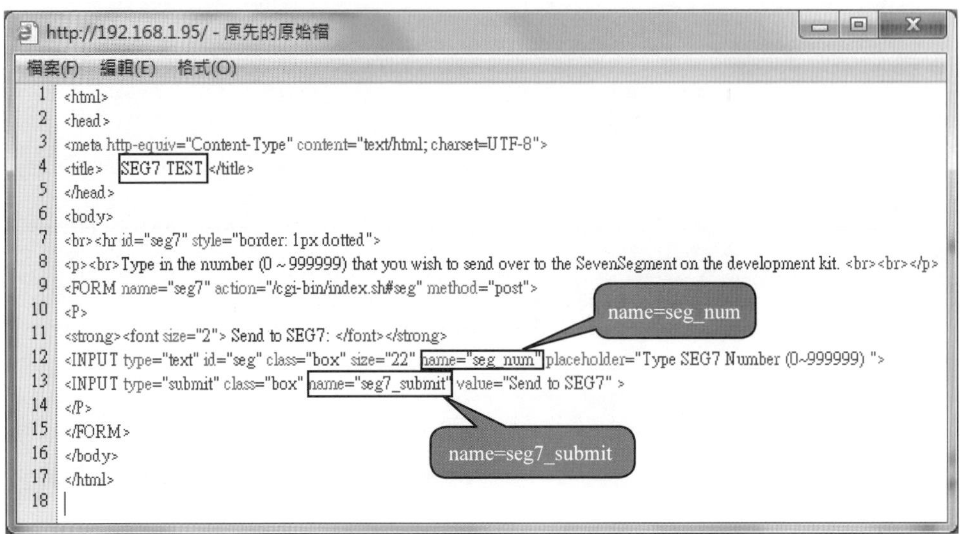

http://192.168.1.95/ - 原先的原始檔

檔案(F) 編輯(E) 格式(O)

```
<html>
<head>
<meta http-equiv="Content-Type" content="text/html; charset=UTF-8">
<title> SEG7 TEST </title>
</head>
<body>
<br><hr id="seg7" style="border: 1px dotted">
<p><br>Type in the number (0 ~ 999999) that you wish to send over to the SevenSegment on the development kit. <br><br></p>
<FORM name="seg7" action="/cgi-bin/index.sh#seg" method="post">
<P>
<strong><font size="2"> Send to SEG7: </font></strong>
<INPUT type="text" id="seg" class="box" size="22" name="seg_num" placeholder="Type SEG7 Number (0~999999) ">
<INPUT type="submit" class="box" name="seg7_submit" value="Send to SEG7" >
</P>
</FORM>
</body>
</html>
```


圖 6-41　檢視網頁監控七段顯示器網頁原始碼

4. 建立一個「SEG7_STATUS」檔：於「/home/root/」目錄下，創造一個「webserver」的目錄，於「/home/root/webserver/」目錄下，建立一個「SEG7_STATUS」檔，如圖 6-42 所示。

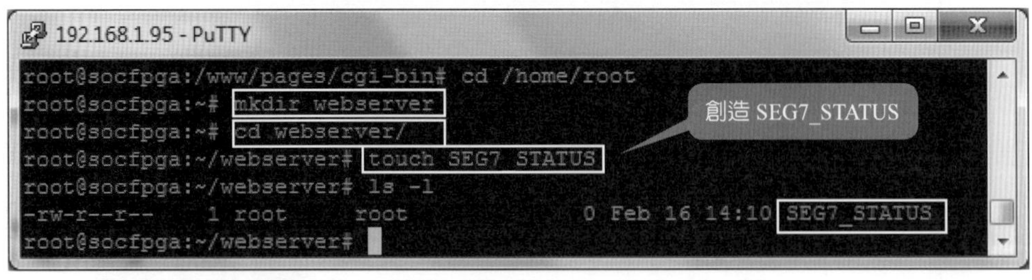

192.168.1.95 - PuTTY

```
root@socfpga:/www/pages/cgi-bin# cd /home/root
root@socfpga:~# mkdir webserver
root@socfpga:~# cd webserver/
root@socfpga:~/webserver# touch SEG7_STATUS
root@socfpga:~/webserver# ls -l
-rw-r--r--    1 root     root             0 Feb 16 14:10 SEG7_STATUS
root@socfpga:~/webserver#
```


圖 6-42　創造一個「SEG7_STATUS」檔

5. 加入動作程式於 index.sh: 本小節動作程式如表 6-21 所示，請將以下程式加入 index.sh 於「echo?’</body>’」之前。程式說明如表 6-22 所示。

表 6-21　網頁監控七段顯示器動作程式

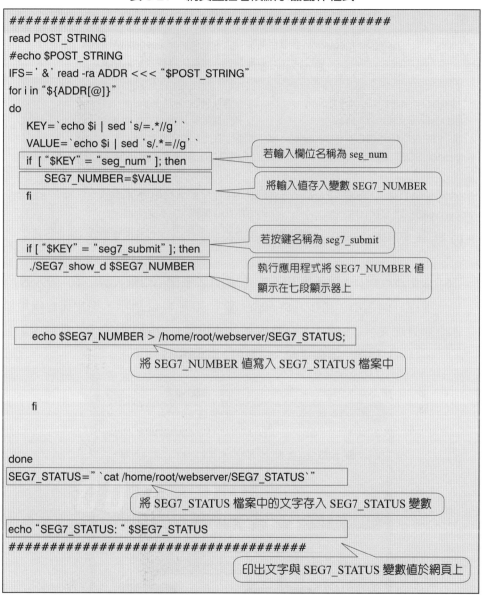

```
##################################################
read POST_STRING
#echo $POST_STRING
IFS='&' read -ra ADDR <<< "$POST_STRING"
for i in "${ADDR[@]}"
do
    KEY=`echo $i | sed 's/=.*//g'`
    VALUE=`echo $i | sed 's/.*=//g'`
    if  [ "$KEY" = "seg_num" ]; then        # 若輸入欄位名稱為 seg_num
        SEG7_NUMBER=$VALUE                  # 將輸入值存入變數 SEG7_NUMBER
    fi

    if [ "$KEY" = "seg7_submit" ]; then     # 若按鍵名稱為 seg7_submit
    ./SEG7_show_d $SEG7_NUMBER              # 執行應用程式將 SEG7_NUMBER 值顯示在七段顯示器上

     echo $SEG7_NUMBER > /home/root/webserver/SEG7_STATUS;   # 將 SEG7_NUMBER 值寫入 SEG7_STATUS 檔案中

     fi

done
SEG7_STATUS="`cat /home/root/webserver/SEG7_STATUS`"   # 將 SEG7_STATUS 檔案中的文字存入 SEG7_STATUS 變數
echo "SEG7_STATUS: " $SEG7_STATUS                      # 印出文字與 SEG7_STATUS 變數值於網頁上
#######################################
```

表 6-22　網頁監控七段顯示器動作程式說明

index.sh 程式	說明
if ["$KEY" = "seg_num"]; then SEG7_NUMBER=$VALUE fi	若輸入欄位名稱為 seg_num， 則將輸入值存入變數 SEG7_NUMBER。
if ["$KEY" = “seg7_submit”]; then ./SEG7_show_d $SEG7_NUMBER echo $SEG7_NUMBER > /home/root/webserver/SEG7_STATUS; fi	若按鍵名稱為 seg7_submit， 則執行應用程式將 SEG7_NUMBER 值顯示在七段顯示器上。 將 SEG7_NUMBER 值寫入 SEG7_STATUS 檔案中。
SEG7_STATUS="`cat /home/root/webserver/SEG7_STATUS`"	將 SEG7_STATUS 檔案中的文字存入 SEG7_STATUS 變數
echo "SEG7_STATUS: " $SEG7_STATUS	印出文字與 SEG7_STATUS 變數值於網頁上

6. 重新讀取網頁：重新讀取網頁，於網頁表單欄位內輸入數字（0~999999），並選一個選項，再按「Sumbit」鍵，如圖 6-43 所示，送出後會出現於網頁之文字「SEG7_STATUS:」後會出現七段顯示器顯示的數值，如圖 6-44，七段顯示器網頁輸入之數值，如圖 6-45 所示。

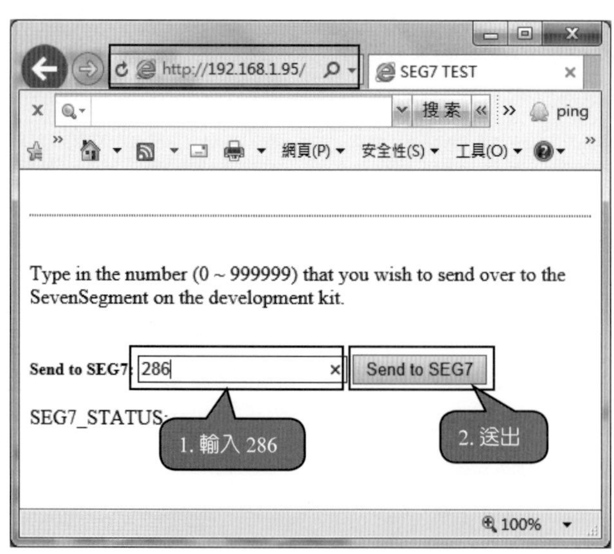

圖 6-43　於欄位內輸入數字

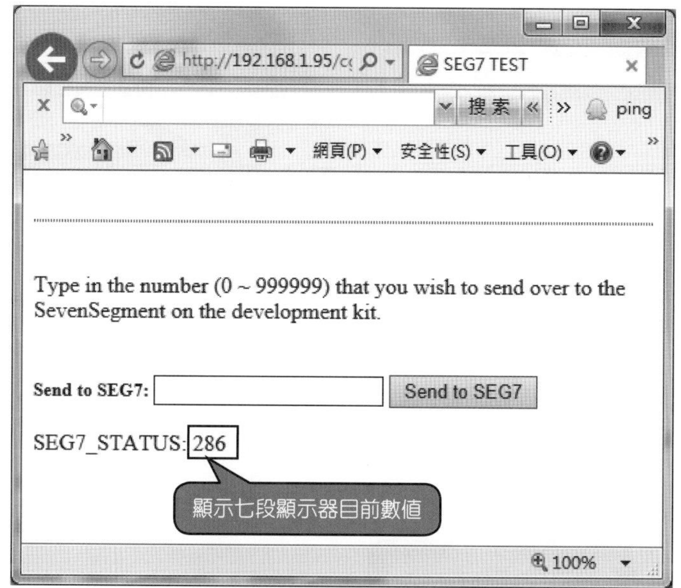

圖 6-44　網頁顯示目前七段顯示器數值

圖 6-45　七段顯示器網頁輸入之數值

7. 新增索引：於網頁瀏覽器新增索引，連結「192.168.1.95」，會出現於網頁之文字「SEG7_STATUS:」後會出現目前七段顯示器顯示的數值，如圖 6-46 所示。

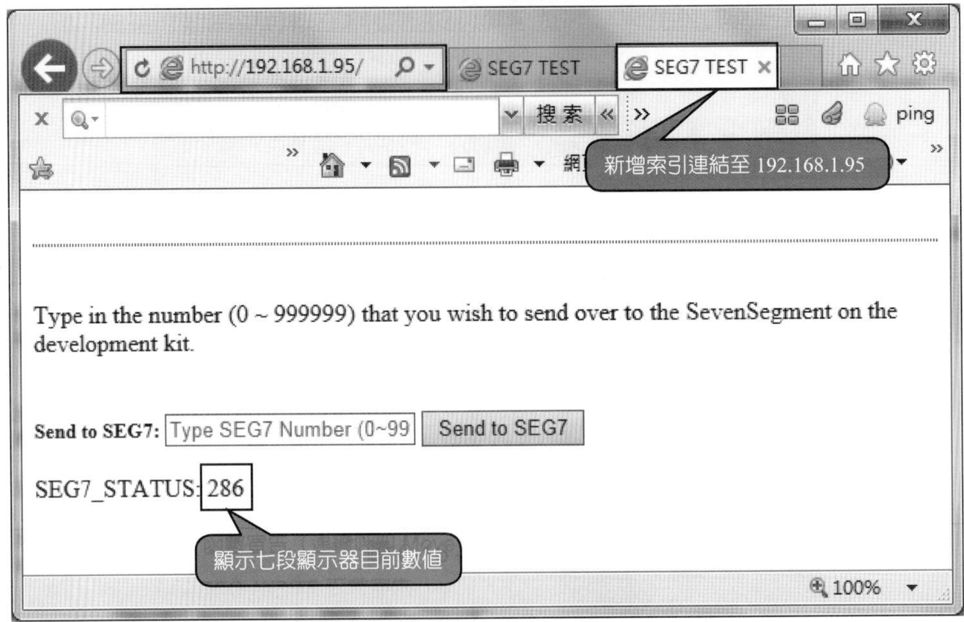

圖 6-46　網頁監控七段顯示器網頁顯示目前七段顯示器數值

6-3 網頁控制 10 顆 LED 燈閃滅

前一小節設計使用網頁控制七段顯示器顯示 10 進制數值。本小節介紹使用網頁控制 10 顆 LED 燈閃滅。需要先設計一個應用程式，能分別控制 10 顆 LED 燈閃爍。本小節分兩部分介紹，6-3-1 小節介紹如何設計應用程式，能分別控制 10 顆 LED 燈閃爍。6-3-2 小節介紹如何將設計網頁分別控制 LED 燈。

網頁控制 10 顆 LED 燈閃滅專案預期結果如圖 6-47 所示。

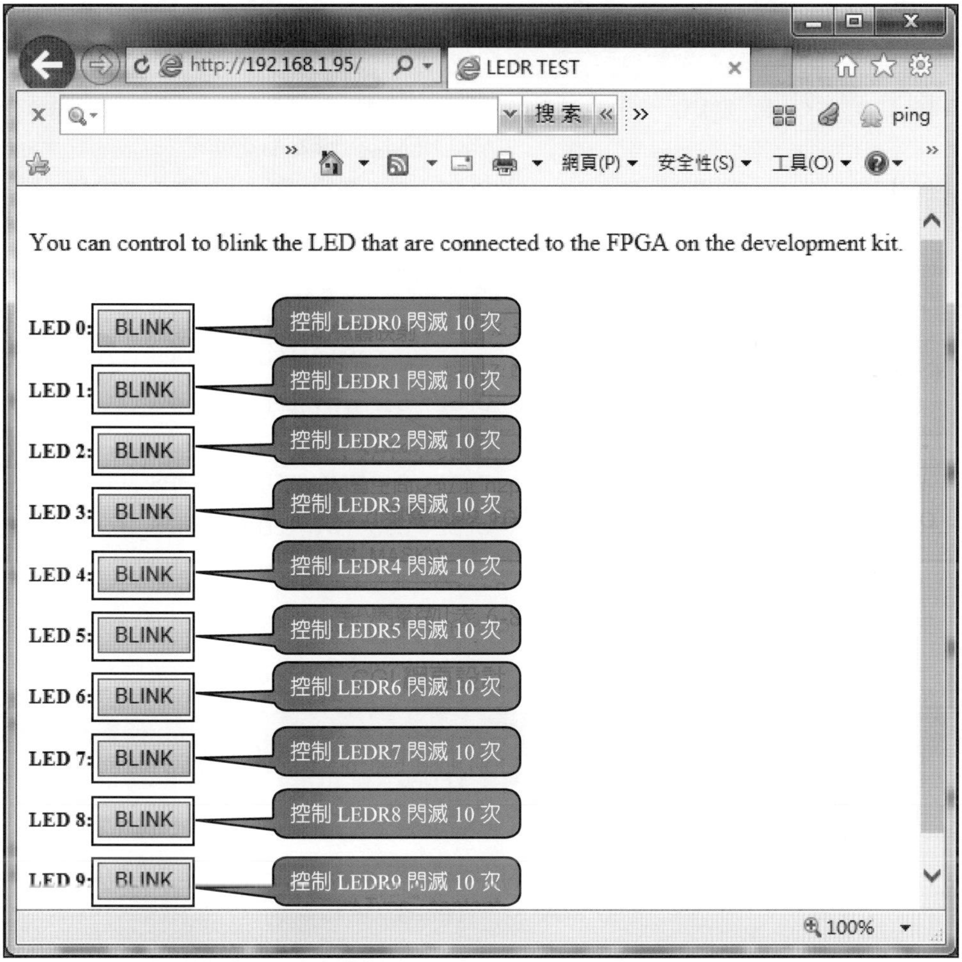

圖 6-47　網頁控制 10 顆 LED 燈個別閃爍專案網頁

6-3-1 控制 10 顆 LED 燈個別閃爍專案應用程式開發

本小節控制 10 顆 LED 燈個別閃爍專案應用程式開發需要的硬體與軟體檔整理如表 6-23 所示。

表 6-23　控制 10 顆 LED 燈個別閃爍專案應用程式開發需要的硬體與軟體檔

檔案	說明	所在目錄
HPS_LED_HEX.qpf	專案檔	D:/DE1_SoC/Demonstrations/SOC_FPGA/HPS_LED_HEX/LED_HEX_hardware/
HPS_LED_HEX.sof	硬體燒錄檔	D:/DE1_SoC/Demonstrations/SOC_FPGA/HPS_LED_HEX/LED_HEX_hardware/
main.c	主程式	D:/DE1_SoC/WWW/LED_Blink/HPS_LED_HEX
led.c	LED 控制函數程式庫	D:/DE1_SoC/WWW/LED_Blink/HPS_LED_HEX
led.h	LED 函數程式庫	D:/DE1_SoC/WWW/LED_Blink/HPS_LED_HEX
hps_0.h	Qsys 中各組件的位址等資訊	D:/DE1_SoC/WWW/LED_Blink/HPS_LED_HEX
Makefile	make 檔	D:/DE1_SoC/WWW/LED_Blink/HPS_LED_HEX
LED_Blink	應用程式執行檔	D:/DE1_SoC/WWW/LED_Blink/HPS_LED_HEX

本小節分別控制 10 顆 LED 燈閃爍應用程式說明整理如表 6-24 所示。

表 6-24　分別控制 10 顆 LED 燈閃爍應用程式說明

執行應用程式	舉例	說明
./LED_Blink 參數值（0~9）	./LED_Blink 0	LEDR0 閃爍 10 次，其他 LED 燈燈保持不變
	./LED_Blink 1	LEDR1 閃爍 10 次，其他 LED 燈燈保持不變
	./LED_Blink 2	LEDR2 閃爍 10 次，其他 LED 燈燈保持不變
	./LED_Blink 3	LEDR3 閃爍 10 次，其他 LED 燈燈保持不變
	./LED_Blink 4	LEDR4 閃爍 10 次，其他 LED 燈燈保持不變
	./LED_Blink 5	LEDR5 閃爍 10 次，其他 LED 燈燈保持不變
	./LED_Blink 6	LEDR6 閃爍 10 次，其他 LED 燈燈保持不變
	./LED_Blink 7	LEDR7 閃爍 10 次，其他 LED 燈燈保持不變
	./LED_Blink 8	LEDR8 閃爍 10 次，其他 LED 燈燈保持不變
	./LED_Blink 9	LEDR9 閃爍 10 次，其他 LED 燈燈保持不變

本小節使用之程式是從 DE1_SoC 開發板光碟所附之範例「/Demonstrations/SOC_FPGA/HPS_LED_HEX/LED_HEX_software/HPS_LED_HEX/main.c」修改

的。「main.c」程式架構分爲幾個部分，如表 6-25 所示。

表 6-25　分別控制 10 顆 LED 燈閃爍程式架構

區	程式架構
1	程式庫宣告
2	參數定義
3	基底位址變數宣告
4	LEDR_SET 函數宣告（點亮其中一顆 LEDR，其他 LEDR 不變）
5	LEDR_OFF 函數宣告（使其中一顆 LEDR 滅，其他 LEDR 不變）
6	LEDR_Blink 函數宣告（輪流呼叫 LEDR_SET 函數與 LEDR_OFF 函數，循環 10 次）
7	主程式

分別控制 10 顆 LED 燈閃爍的「main.c」主程式流程如表 6-26 所示。

表 6-26　分別控制 10 顆 LED 燈閃爍主程式流程

流程	主程式流程
1	將輸入參數值轉成整數存入 num
2	用 open 創建一個文件回傳值至 fd
3	用 mmap 把文件內容映射至一段記憶體上，回傳映射開始的地址指標。
4	計算 LED_PIO_BASE 對應在使用者空間之位址 h2p_lw_led_addr。
5	呼叫 LEDR_Blink 函數，使對應 num 的數值的 LED 燈閃滅 10 次。
6	用 munmap 關閉記憶體映射
7	用 close 關閉文件 fd

分別控制 10 顆 LED 燈閃爍「main.c」內容如表 6-27 所示。

表 6-27　分別控制 10 顆 LED 燈閃爍「main.c」內容

```
// 程式庫宣告                                  [程式庫宣告]

#include <stdio.h>
#include <unistd.h>
#include <fcntl.h>
#include <sys/mman.h>
#include "hwlib.h"
#include "socal/socal.h"
#include "socal/hps.h"
#include "socal/alt_gpio.h"
#include "hps_0.h"
#include "led.h"
#include "seg7.h"
#include <stdbool.h>
#include <pthread.h>

// 參數定義                                    [參數定義]

#define HW_REGS_BASE ( ALT_STM_OFST )
#define HW_REGS_SPAN ( 0x04000000 )
#define HW_REGS_MASK ( HW_REGS_SPAN - 1 )

// 基底位址變數宣告                            [基底位址變數宣告]
// baseaddr

volatile unsigned long *h2p_lw_led_addr=NULL;

//////////////////////////////////

volatile    int   num =10;                     [變數宣告]


// LEDR_SET 函數 ( 點亮其中一顆 LEDR，其他 LEDR 不變 )
```

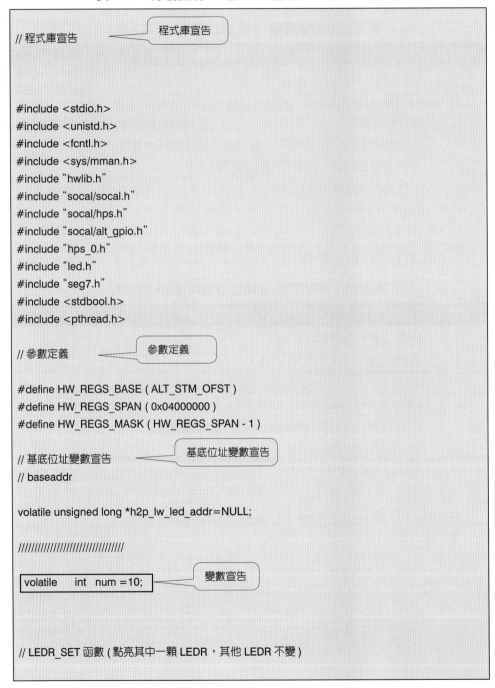

```
void LEDR_SET(void)        LEDR_SET 函數
{                                                        設定一顆 LED 燈亮
  if (num==0)               //0:ligh, 1:unlight
    alt_setbits_word(h2p_lw_led_addr, 0x00000001);  //00_0000_0001
  else if  ((num==1))
     alt_setbits_word(h2p_lw_led_addr, 0x00000002);  //00_0000_0010
  else if ( num==2)
    alt_setbits_word(h2p_lw_led_addr, 0x00000004);  //00_0000_0100
  else if  (num== 3)
    alt_setbits_word(h2p_lw_led_addr, 0x00000008);  //00_0000_1000
  else if ( num==4)
    alt_setbits_word(h2p_lw_led_addr, 0x00000010);  //00_0001_0000
  else if  ( num==5)
    alt_setbits_word(h2p_lw_led_addr, 0x00000020);  //00_0010_0000
  else if  (num==6)
   alt_setbits_word(h2p_lw_led_addr, 0x00000040);  //00_0100_0000
  else if ( num ==7)
//  alt_write_word(h2p_lw_led_addr, 0x060); //00_0110_0000
   alt_setbits_word(h2p_lw_led_addr, 0x00000080);  //00_1000_0000
  else if  (num == 8)
   alt_setbits_word(h2p_lw_led_addr, 0x100); //01_0000_0000
  else if  (num == 9)
   alt_setbits_word(h2p_lw_led_addr, 0x200);  //10_0000_0000
  else
     {
       alt_write_word(h2p_lw_led_addr, 0x000);
     }
}


// LEDR_OFF 函數 ( 使其中一顆 LEDR 滅，其他 LEDR 不變 )

void LEDR_OFF(void)        LEDR_OFFT 函數
{                                                        設定一顆 LED 燈亮
  if (num==0)               //0:ligh, 1:unlight
    alt_clrbits_word(h2p_lw_led_addr, 0x00000001);  //00_0000_0001
  else if  ((num==1))
    alt_clrbits_word(h2p_lw_led_addr, 0x00000002);  //00_0000_0010
```

```
  else if ( num==2)
    alt_clrbits_word(h2p_lw_led_addr, 0x00000004);  //00_0000_0100
  else if  (num== 3)
    alt_clrbits_word(h2p_lw_led_addr, 0x00000008);  //00_0000_1000
  else if ( num==4)
    alt_clrbits_word(h2p_lw_led_addr, 0x00000010);  //00_0001_0000
  else if  ( num==5)
    alt_clrbits_word(h2p_lw_led_addr, 0x00000020);  //00_0010_0000
  else if  (num==6)
   alt_clrbits_word(h2p_lw_led_addr, 0x00000040);  //00_0100_0000
  else if ( num ==7)
//   alt_write_word(h2p_lw_led_addr, 0x060); //00_0110_0000
   alt_clrbits_word(h2p_lw_led_addr, 0x00000080);  //00_1000_0000
  else if  (num == 8)
   alt_clrbits_word(h2p_lw_led_addr, 0x100); //01_0000_0000
  else if  (num == 9)
   alt_clrbits_word(h2p_lw_led_addr, 0x200);  //10_0000_0000
  else
     {
       alt_write_word(h2p_lw_led_addr, 0x000);
     }
}



// LEDR_Blink 函數 ( 輪流呼叫 LEDR_SET 函數與 LEDR_OFF 函數，循環 10 次 )

void LEDR_Blink(void)
{
        int i=0;
   //        printf( "LED ON \r\n" );
        for(i=0;i<=10;i++){
                    LEDR_SET();
             //          usleep(100*1000);
                    usleep(100*1000);
                    LEDR_OFF();
             //          usleep(100*1000);
                    usleep(100*1000);
        }
```

LEDR_Blink 函數

```
}
int main(int argc, char **argv)                    主程式
{
        pthread_t id;
        int ret;
        void *virtual_base;
        int fd;
        int i;
    if (argc == 2){
        num = atoi(argv[1]);                       將輸入數值存入變數
    }
    ////////////////////////////////////////

// 用 open 創建一個文件回傳值至 fd

        if( ( fd = open( "/dev/mem", ( O_RDWR | O_SYNC ) ) ) == -1 ) {
                printf( "ERROR: could not open \"/dev/mem\" ...\n" );
                return( 1 );
        }
// 用 mmap 把文件內容映射至一段記憶體上，回傳映射開始的地址指標。
        virtual_base = mmap( NULL, HW_REGS_SPAN, ( PROT_READ | PROT_WRITE ),
MAP_SHARED, fd, HW_REGS_BASE );
        if( virtual_base == MAP_FAILED ) {
                printf( "ERROR: mmap() failed...\n" );
                close( fd );
                return(1);
        }
        h2p_lw_led_addr=virtual_base + ( ( unsigned long  )( ALT_LWFPGASLVS_OFST +
LED_PIO_BASE ) & ( unsigned long)( HW_REGS_MASK ) );

// 呼叫 LEDR_Blink 函數，使對應 num 的數值的 LED 燈閃滅 10 次。

    LEDR_Blink();                                  呼叫 LEDR_Blink 函數

        if( munmap( virtual_base, HW_REGS_SPAN ) != 0 ) {
                printf( "ERROR: munmap() failed...\n" );
                close( fd );
                return( 1 );
        }
```

```
        close( fd );
        return 0;
}
```

控制 10 顆 LED 燈個別閃爍專案應用程式開發之「Makefile」內容如表 6-28 所示。

表 6-28　控制 10 顆 LED 燈個別閃爍專案「Makefile」內容

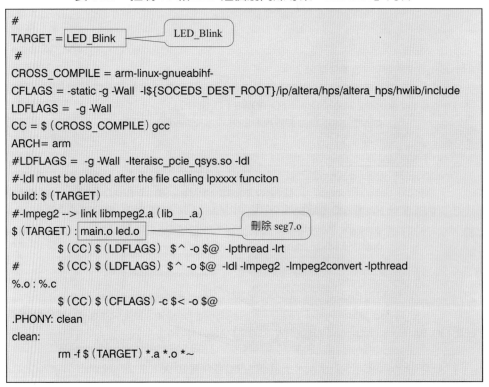

```
#
TARGET = LED_Blink
 #
CROSS_COMPILE = arm-linux-gnueabihf-
CFLAGS = -static -g -Wall  -I${SOCEDS_DEST_ROOT}/ip/altera/hps/altera_hps/hwlib/include
LDFLAGS =  -g -Wall
CC = $(CROSS_COMPILE)gcc
ARCH= arm
#LDFLAGS =  -g -Wall  -lteraisc_pcie_qsys.so -ldl
#-ldl must be placed after the file calling lpxxxx funciton
build: $(TARGET)
#-lmpeg2 --> link libmpeg2.a (lib___.a)
$(TARGET): main.o led.o
        $(CC) $(LDFLAGS)  $^ -o $@  -lpthread -lrt
#       $(CC) $(LDFLAGS) $^ -o $@  -ldl -lmpeg2  -lmpeg2convert -lpthread
%.o : %.c
        $(CC) $(CFLAGS) -c $< -o $@
.PHONY: clean
clean:
        rm -f $(TARGET) *.a *.o *~
```


本小節設計流程如圖 6-48 所示，先複製目錄，再修改 Makefile 檔案，再修改 main.c 檔案，接著執行編譯，傳送檔案至板子上「/www/pages/cgi-bin/」目錄。再燒錄硬體配置檔於 DE1-SoC 板，再按板子上的 Warm Reset 鍵，用 ssh 登入 DE1-SoC 板子上的系統，改變應用程式檔案屬性為可執行，最後執行應用程式。

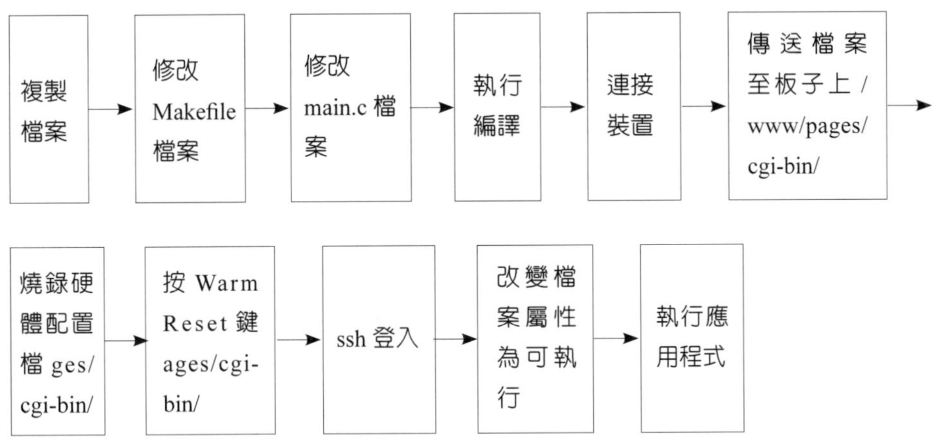

圖 6-48　控制 10 顆 LED 燈個別閃爍專案設計流程

控制 10 顆 LED 燈個別閃爍專案應用程式開發詳細操作步驟如下：

1. 複製目錄：將範例光碟中的「Demonstrations/SOC_FPGA/HPS_LED_HEX/LED_HEX_software/HPS_LED_HEX」目錄複製至「D:/DE1_SoC/WWW/LED_Blink」下，如圖 6-49 所示。

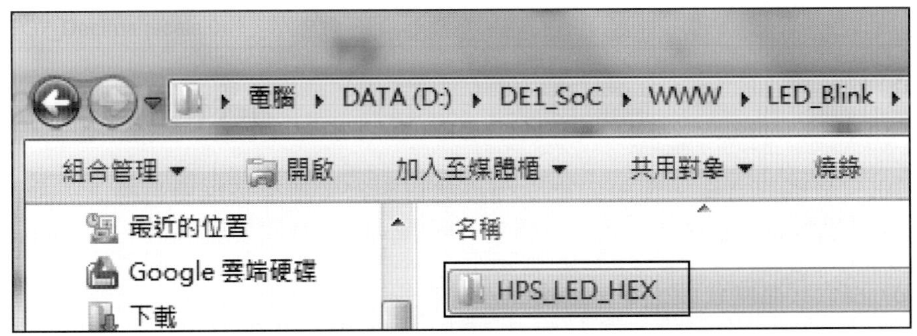

圖 6-49　複製目錄

2. 修改 Makefile 檔案：開啓「D:/DE1_SoC/WWW/LED_Blink/HPS_LED_HEX」下之「Makefile」檔，修改第二行程式爲「TARGET = LED_Blink」，如圖 6-50 所示，修改後存檔。

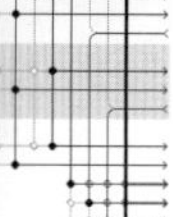

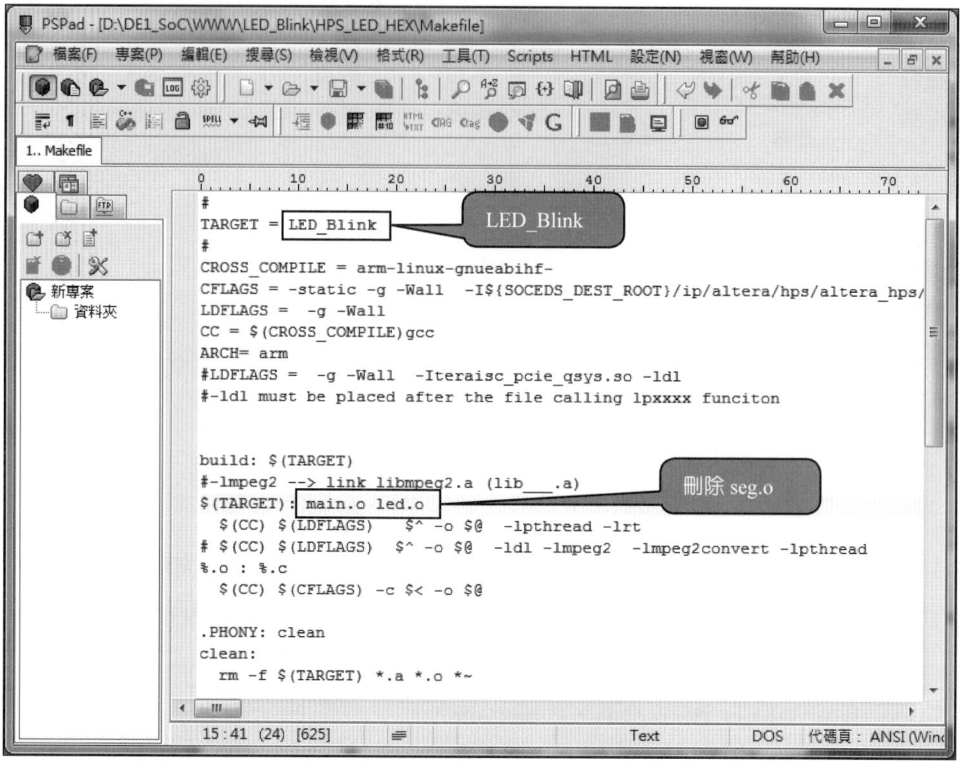

```
#
TARGET = LED_Blink
#
CROSS_COMPILE = arm-linux-gnueabihf-
CFLAGS = -static -g -Wall  -I${SOCEDS_DEST_ROOT}/ip/altera/hps/altera_hps/
LDFLAGS =  -g -Wall
CC = $(CROSS_COMPILE)gcc
ARCH= arm
#LDFLAGS =  -g -Wall  -Iteraisc_pcie_qsys.so -ldl
#-ldl must be placed after the file calling lpxxxx funciton


build: $(TARGET)
#-lmpeg2 --> link libmpeg2.a (lib___.a)
$(TARGET): main.o led.o
  $(CC) $(LDFLAGS)   $^ -o $@  -lpthread -lrt
# $(CC) $(LDFLAGS)  $^ -o $@  -ldl -lmpeg2  -lmpeg2convert -lpthread
%.o : %.c
  $(CC) $(CFLAGS) -c $< -o $@

.PHONY: clean
clean:
  rm -f $(TARGET) *.a *.o *~
```

LED_Blink

刪除 seg.o

圖 6-50　修改 Makefile 檔案

3. 修改 main.c 檔案：開啓「D:/ DE1_SoC/WWW/LED_Blink/HPS_LED_HEX/」下之「main.c」檔。如表 6-15 修改。修改後存檔。
4. 開啓 SoC EDS：在個人電腦端，開啓 Altera 軟體安裝目錄下的「\embedded\Embedded_Command_Shell」檔。
5. 切換至專案目錄：輸入 cd d:/ DE1_SoC/WWW/LED_Blink/HPS_LED_HEX。
6. 執行編譯：輸入 make 開始編譯，編譯若無錯誤訊息，再用 ls -l 觀察，如圖 6-51 所示。

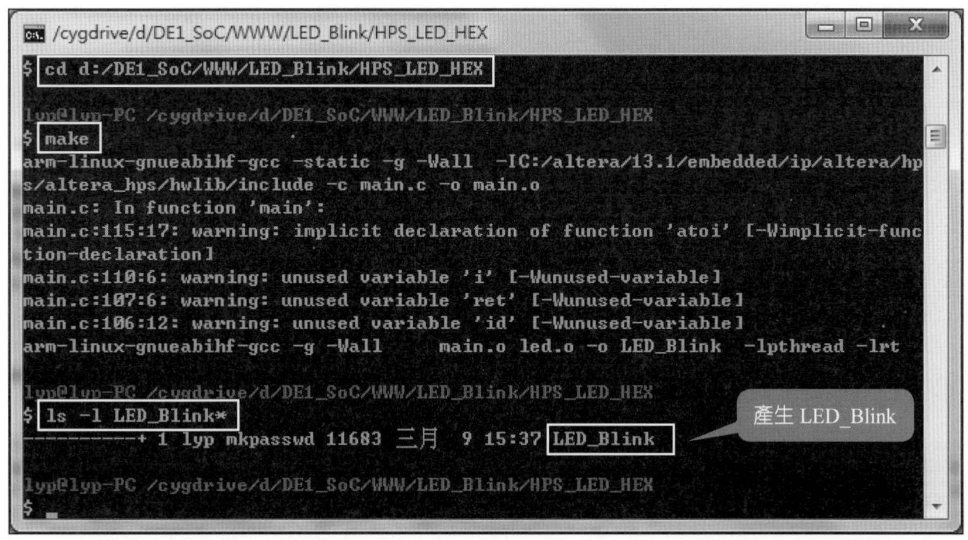

圖 6-51　控制 10 顆 LED 燈個別閃爍專案應用程式開發編譯完成畫面

7. 連接裝置：本小節控制 10 顆 LED 燈個別閃爍專案應用程式開發所需連接的設備整理如表 6-29 所示。

表 6-29　控制 10 顆 LED 燈個別閃爍專案應用程式開發需連接之裝置

確認連接	裝置	說明
✓	電源線	提供 DE1-SoC 板電源
✓	USB 線連接 USB-Blaster II 端口與電腦	提供燒錄
✓	USB 線連接 USB to UART 端口	提供串列通訊
✓	網路線連接網路線插槽	前一小節設定 DE1-SoC 板子上的 IP 為固定在 192.168.1.95

8. 傳送檔案：將 LED_Blink 檔案傳至 DE1-SoC 上的 SD 卡的檔案系統，例如傳送目的地爲 192.168.1.95 的 /www/pages/cgi-bin，如圖 6-52 所示。

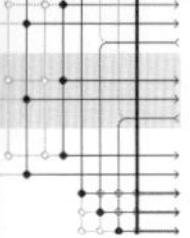

圖 6-52　傳送 LED_Blink 檔案至板子上 /www/pages/cgi-bin/

9. 燒錄硬體配置檔：使用 Quartus II Programmer，勾選 sof 檔案，按「Start」，燒錄成功畫面如圖 6-53 所示。

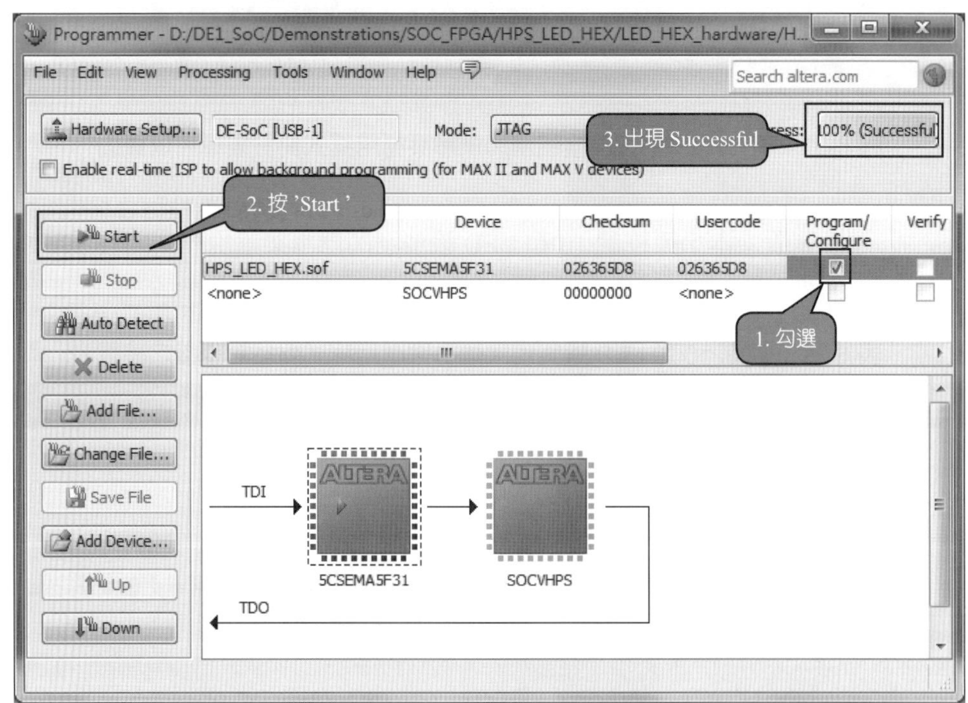

圖 6-53　控制 10 顆 LED 燈個別閃爍專案應用程式開發燒錄硬體配置檔

10. 按 Warm Reset 鍵：確認 micro SD 卡有插在板子上的插槽中。按 Warm Reset 鍵。

11. ssh 登入：執行 puTTY，設定如圖 6-54 所示。

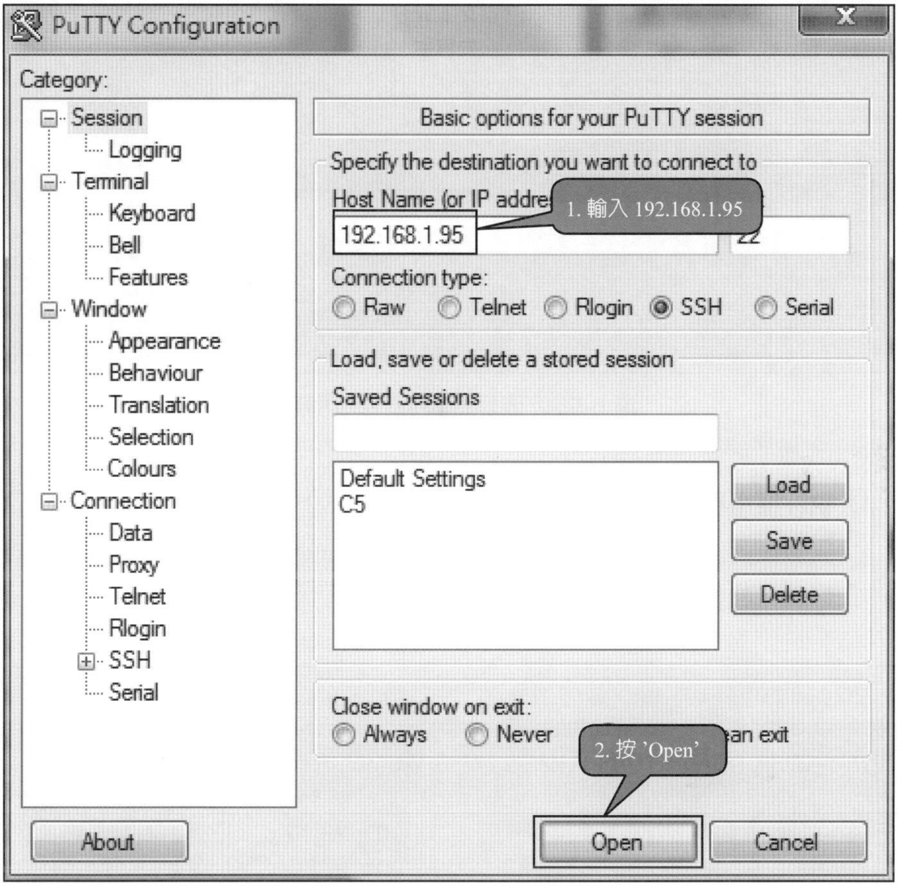

圖 6-54　ssh 登入

12. 改變檔案屬性爲可執行：用 root 登入後，切至 /www/pages/cgi-bin/ 目錄，觀察目錄內容是否有步驟 8 從電腦端傳送的「LED_Blink」。傳送至 DE1-SoC 板子上的「/www/pages/cgi-bin」目錄 下的檔案「LED_Blink」並無執行權限，所以需要使用 chmod 755 改變檔案屬性爲可執行，如圖 6-55 示。

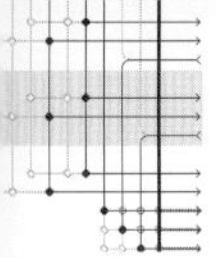

```
192.168.1.95 - PuTTY
root@socfpga:/# cd /www/pages/cgi-bin
root@socfpga:/www/pages/cgi-bin# ls -l
----------    1 root     root        11683 Feb 16 17:33 LED_Blink
-rwxr-xr-x    1 root     root        10905 Feb 16 16:56 SEG7_show_d
-rwxr-xr-x    1 root     root         4964 Feb 16 09:11 blink
-rw-r--r--    1 root     root                    16:02 index.sh
-rwxr-xr-x    1 root     root                    09:11 scroll_client
-rwxr-xr-x    1 root     root                    09:11 scroll_server
-rwxr-xr-x    1 root     root          48 Feb 16 09:11 toggle
root@socfpga:/www/pages/cgi-bin# chmod 755 LED_Blink
root@socfpga:/www/pages/cgi-bin# ls -l
-rwxr-xr-x    1 root     root        11683 Feb 16 17:33 LED_Blink
```

改變為可執行檔

圖 6-55　改變檔案屬性為可執行

13. 執行應用程式：執行程式方式爲輸入「./LED_Blink 參數（0~9）」，則數入數値對應到的 DE1-SoC 開發板上的 LEDR 會閃爍 10 次，分別測試 10 顆燈，執行畫面如圖 6-56 所示。

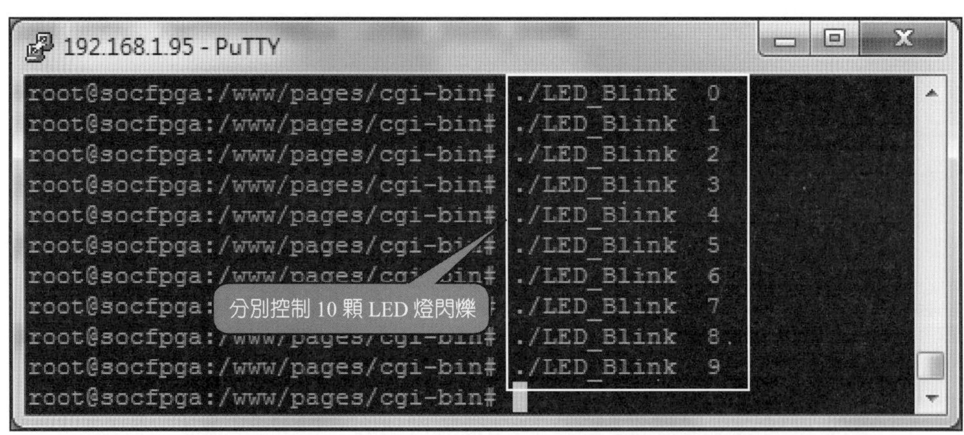

圖 6-56　控制 10 顆 LED 燈個別閃爍專案執行應用程式

6-3-2 網頁控制 10 顆 LED 燈個別閃爍專案 CGI 程式設計

前一小節已經完成控制 10 顆 LED 燈個別閃爍專案的應用程式；本小節介紹如何設計網頁表單與 CGI 程式，完成網頁控制 10 顆 LED 燈個別閃爍。

本小節介紹由 ssh 連線至 DE1-SoC 板後，使用 index.sh 設計網頁控制 10 顆 LED 燈個別閃爍之指令執行順序與說明如表 6-30 所示。

表 6-30　網頁控制 10 顆 LED 燈個別閃爍專案之指令執行順序與說明

步驟	指令	說明
1	cd /www/pages/cgi-bin	切換目錄至 /www/pages/cgi-bin
2	vi index.sh	修改 index.sh 檔
3	192.168.1.95	開啓瀏覽器輸入網頁伺服器 IP

網頁控制 10 顆 LED 燈個別閃爍專案網頁預期結果（瀏覽「192.168.1.95」）如圖 6-57 所示。

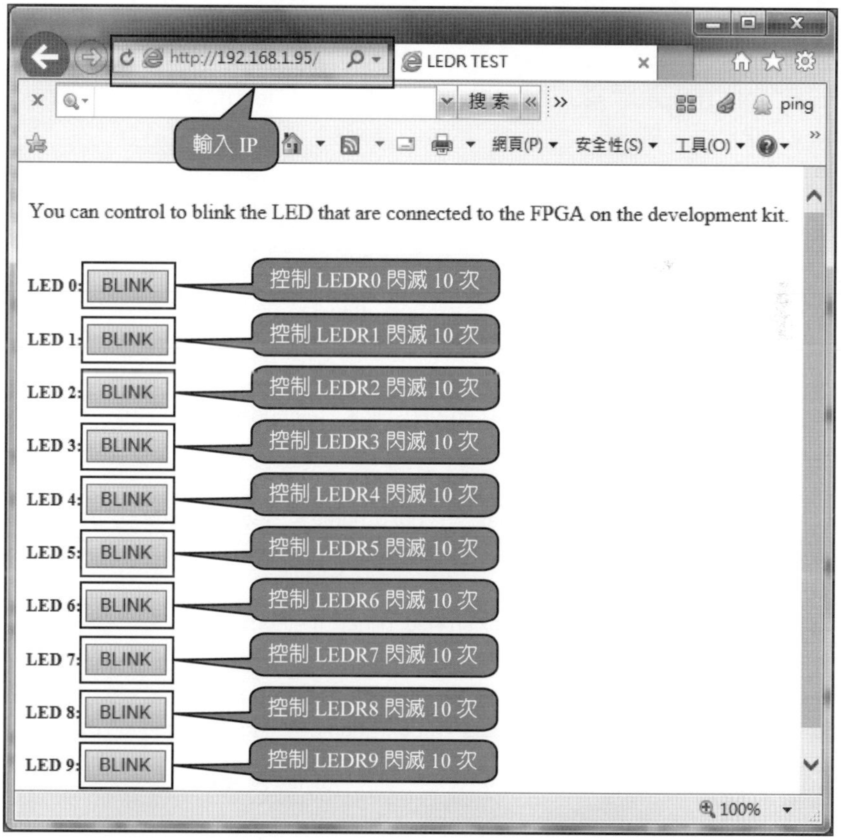

圖 6-57　網頁控制 10 顆 LED 燈個別閃爍專案預期結果

網頁控制 10 顆 LED 燈個別閃爍專案「index.sh」內容如表 6-31 所示。

表 6-31　網頁控制 10 顆 LED 燈個別閃爍專案「index.sh」內容

```
#!/bin/bash
echo “Content-type: text/html”
echo “”
echo ‘<html>’
echo ‘<head>’
echo ‘<meta http-equiv=” Content-Type” content=” text/html; charset=UTF-8” >’
echo ‘<title> LEDR TEST </title>’
echo ‘</head>’
echo '<body>'
echo -e “<p><br>You can control to blink the LED that are connected to the FPGA on the development kit. <br><br></p>”
echo -e “<FORM action=\” /cgi-bin/index.sh#led_blink\” method=\” post\” >”
   echo -e "<P>"
   echo -e “<strong><font size=\” 2\” > LED 0: </font></strong> “
   echo -e “<INPUT type=\” submit\” class=\” box\” name=\” led_0\” value=\"BLINK\" >"
   echo -e "</P>"
echo -e “</FORM>”
echo -e “<FORM action=\” /cgi-bin/index.sh#led_blink\” method=\” post\” >”
   echo -e "<P>"
   echo -e “<strong><font size=\” 2\” > LED 1: </font></strong> “
   echo -e “<INPUT type=\” submit\” class=\” box\” name=\” led_1\” value=\” BLINK\” >”
   echo -e "</P>"
echo -e “</FORM>”
echo -e “<FORM action=\” /cgi-bin/index.sh#led_blink\” method=\” post\” >”
   echo -e "<P>"
   echo -e “<strong><font size=\” 2\” > LED 2: </font></strong> “
   echo -e “<INPUT type=\” submit\” class=\” box\” name=\” led_2\” value=\” BLINK\” >”
   echo -e "</P>"
echo -e “</FORM>”
echo -e “<FORM action=\” /cgi-bin/index.sh#led_blink\” method=\” post\” >”
   echo -e "<P>"
   echo -e “<strong><font size=\” 2\” > LED 3: </font></strong> “
   echo -e “<INPUT type=\” submit\” class=\” box\” name=\” led_3\” value=\” BLINK\” >”
   echo -e "</P>"
echo -e “</FORM>”
```

```
echo -e "<FORM action=\" /cgi-bin/index.sh#led_blink\" method=\" post\" >"
   echo -e "<P>"                                                    文字
   echo -e "<strong><font size=\" 2\" > LED 4: </font></strong> "
   echo -e "<INPUT type=\" submit\" class=\" box\" name=\" led_4\" value=\" BLINK\" >"
   echo -e "</P>"                                            name 為 led_4
echo -e "</FORM>"
echo -e "<FORM action=\" /cgi-bin/index.sh#led_blink\" method=\" post\" >"
   echo -e "<P>"                                                    文字
   echo -e "<strong><font size=\" 2\" > LED 5: </font></strong> "
   echo -e "<INPUT type=\" submit\" class=\" box\" name=\" led_5\" value=\" BLINK\" >"
   echo -e "</P>"                                            name 為 led_5
echo -e "</FORM>"
echo -e "<FORM action=\" /cgi-bin/index.sh#led_blink\" method=\" post\" >"
   echo -e "<P>"                                                    文字
   echo -e "<strong><font size=\" 2\" > LED 6: </font></strong> "
   echo -e "<INPUT type=\" submit\" class=\" box\" name=\" led_6\" value=\" BLINK\" >"
   echo -e "</P>"                                            name 為 led_6
echo -e "</FORM>"
echo -e "<FORM action=\" /cgi-bin/index.sh#led_blink\" method=\" post\" >"
   echo -e "<P>"                                                    文字
   echo -e "<strong><font size=\" 2\" > LED 7: </font></strong> "
   echo -e "<INPUT type=\" submit\" class=\" box\" name=\" led_7\" value=\" BLINK\" >"
   echo -e "</P>"                                            name 為 led_7
echo -e "</FORM>"
echo -e "<FORM action=\" /cgi-bin/index.sh#led_blink\" method=\" post\" >"
   echo -e "<P>"                                                    文字
   echo -e "<strong><font size=\" 2\" > LED 8: </font></strong> "
   echo -e "<INPUT type=\" submit\" class=\" box\" name=\" led_8\" value=\" BLINK\" >"
   echo -e "</P>"                                            name 為 led_8
echo -e "</FORM>"
echo -e "<FORM action=\" /cgi-bin/index.sh#led_blink\" method=\" post\" >"
   echo -e "<P>"                                                    文字
   echo -e "<strong><font size=\" 2\" > LED 9: </font></strong> "
   echo -e "<INPUT type=\" submit\" class=\" box\" name=\" led_9\" value=\" BLINK\" >"
   echo -e "</P>"                                            name 為 led_9
echo -e "</FORM>"
####################################
read POST_STRING
IFS=' &' read -ra ADDR <<< "$POST_STRING"
```

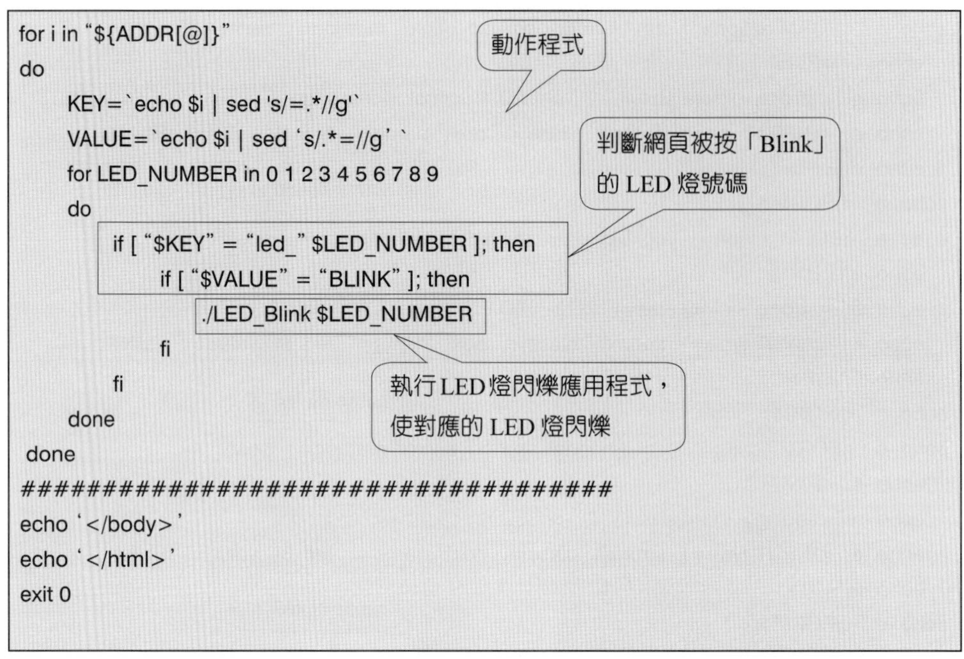

```
for i in "${ADDR[@]}"
do
        KEY=`echo $i | sed 's/=.*//g'`
        VALUE=`echo $i | sed 's/.*=//g' `
        for LED_NUMBER in 0 1 2 3 4 5 6 7 8 9
        do
            if [ "$KEY" = "led_" $LED_NUMBER ]; then
                if [ "$VALUE" = "BLINK" ]; then
                    ./LED_Blink $LED_NUMBER
                fi
            fi
        done
 done
########################################
echo '</body>'
echo '</html>'
exit 0
```


本小節設計流程如圖 6-58 所示，先開啓 index.sh 編輯網頁表單，再開啓瀏覽器測試網頁，再檢視原始碼，接著加入 CGI 動作程式於 index.sh ，重新讀取網頁，點其中一個「Blink」鍵，觀察對應的 LEDR 閃爍。

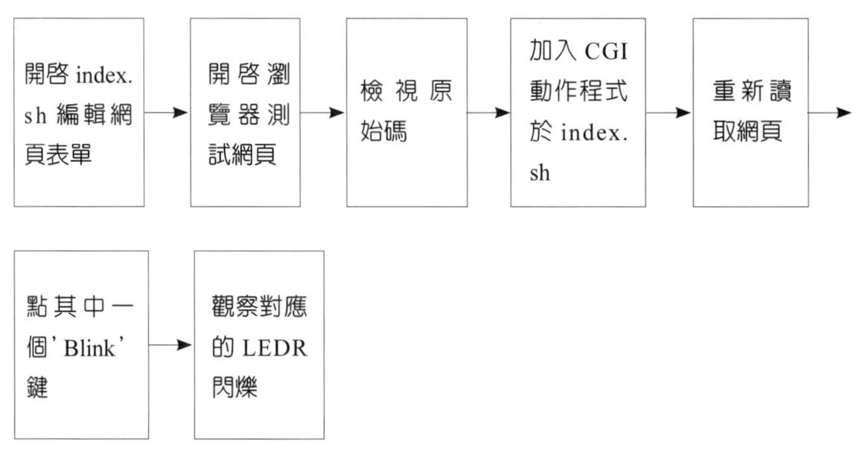

圖 6-58　網頁控制 10 顆 LED 燈個別閃爍專案設計流程

網頁控制 10 顆 LED 燈個別閃爍專案先進行網頁表單之設計，觀察無誤後再進行控制 LED 燈之網頁設計，詳細步驟如下：

1. 開啓 index.sh 編輯網頁表單：於「/www/pages/cgi-bin」目錄開啓 index.sh 檔，先進行網頁表單之設計。可於 PuTTY 視窗輸入 vi index.sh，再將表 6-32 之文字輸入於 vi 編輯畫面中，如圖 6-59 所示。輸入完成跳出 vi 編輯環境。

表 6-32 網頁控制 10 顆 LED 燈個別閃爍「index.sh」內容

```
#!/bin/bash
echo "Content-type: text/html"
echo ""
echo '<html>'
echo '<head>'
echo '<meta http-equiv=" Content-Type" content=" text/html; charset=UTF-8" >'
echo '<title> LEDR TEST </title>'
echo '</head>'
echo '<body>'
echo -e "<p><br>You can control to blink the LED that are connected to the FPGA on the development kit. <br><br></p>"
echo -e "<FORM action=\" /cgi-bin/index.sh#led_blink\" method=\" post\" >"
  echo -e "<P>"
  echo -e "<strong><font size=\" 2\" > LED 0: </font></strong> "
  echo -e "<INPUT type=\" submit\" class=\" box\" name=\" led_0\" value=\"BLINK\" >"
  echo -e "</P>"
echo -e "</FORM>"
echo -e "<FORM action=\" /cgi-bin/index.sh#led_blink\" method=\" post\" >"
  echo -e "<P>"
  echo -e "<strong><font size=\" 2\" > LED 1: </font></strong> "
  echo -e "<INPUT type=\" submit\" class=\" box\" name=\" led_1\" value=\" BLINK\" >"
  echo -e "</P>"
echo -e "</FORM>"
echo -e "<FORM action=\" /cgi-bin/index.sh#led_blink\" method=\" post\" >"
  echo -e "<P>"
  echo -e "<strong><font size=\" 2\" > LED 2: </font></strong> "
  echo -e "<INPUT type=\" submit\" class=\" box\" name=\" led_2\" value=\" BLINK\" >"
  echo -e "</P>"
```

```
echo -e “</FORM>”
echo -e “<FORM action=\” /cgi-bin/index.sh#led_blink\” method=\” post\” >”
   echo -e "<P>"                                                        文字
   echo -e “<strong><font size=\” 2\” > LED 3: </font></strong> “
   echo -e “<INPUT type=\” submit\” class=\” box\” name=\” led_3\” value=\” BLINK\” >”
   echo -e "</P>"                                                       name 為 led_3
echo -e “</FORM>”
echo -e “<FORM action=\” /cgi-bin/index.sh#led_blink\” method=\” post\” >”
   echo -e "<P>"                                                        文字
   echo -e “<strong><font size=\” 2\” > LED 4: </font></strong> “
   echo -e “<INPUT type=\” submit\” class=\” box\” name=\” led_4\” value=\” BLINK\” >”
   echo -e "</P>"                                                       name 為 led_4
echo -e “</FORM>”
echo -e “<FORM action=\” /cgi-bin/index.sh#led_blink\” method=\” post\” >”
   echo -e "<P>"                                                        文字
   echo -e “<strong><font size=\” 2\” > LED 5: </font></strong> “
   echo -e “<INPUT type=\” submit\” class=\” box\” name=\” led_5\” value=\” BLINK\” >”
   echo -e "</P>"                                                       name 為 led_5
echo -e “</FORM>”
echo -e “<FORM action=\” /cgi-bin/index.sh#led_blink\” method=\” post\” >”
   echo -e "<P>"                                                        文字
   echo -e “<strong><font size=\” 2\” > LED 6: </font></strong> “
   echo -e “<INPUT type=\” submit\” class=\” box\” name=\” led_6\” value=\” BLINK\” >”
   echo -e "</P>"                                                       name 為 led_6
echo -e “</FORM>”
echo -e “<FORM action=\” /cgi-bin/index.sh#led_blink\” method=\” post\” >”
   echo -e "<P>"                                                        文字
   echo -e “<strong><font size=\” 2\” > LED 7: </font></strong> “
   echo -e “<INPUT type=\” submit\” class=\” box\” name=\” led_7\” value=\” BLINK\” >”
   echo -e "</P>"                                                       name 為 led_7
echo -e “</FORM>”
echo -e “<FORM action=\” /cgi-bin/index.sh#led_blink\” method=\” post\” >”
   echo -e "<P>"                                                        文字
   echo -e “<strong><font size=\” 2\” > LED 8: </font></strong> “
   echo -e “<INPUT type=\” submit\” class=\” box\” name=\” led_8\” value=\” BLINK\” >”
   echo -e "</P>"                                                       name 為 led_8
echo -e “</FORM>”
echo -e “<FORM action=\” /cgi-bin/index.sh#led_blink\” method=\” post\” >”
```

```
    echo -e "<P>"
    echo -e "<strong><font size=\"2\"> LED 9: </font></strong> "
    echo -e "<INPUT type=\"submit\" class=\"box\" name=\"led_9\" value=\"BLINK\">"
    echo -e "</P>"
echo -e "</FORM>"
echo '</body>'
echo '</html>'
exit 0
```

文字

name 為 led_9

192.168.1.95 - PuTTY

```
#!/bin/bash
echo "Content-type: text/html"
echo ""
echo '<html>'
echo '<head>'
echo '<meta http-equiv="Content-Type" content="text/html; charset=UTF-8">'
echo '<title>    LEDR TEST </title>'
echo '</head>'
echo '<body>'


echo -e "<p><br>You can control to blink the LED that are connected to the F

echo -e "<FORM action=\"/cgi-bin/index.sh#led_blink\" method=\"post\">"
    echo -e "<P>"
    echo -e "<strong><font size=\"2\"> LED 0: </font></strong> "
    echo -e "<INPUT type=\"submit\" class=\"box\" name=\"led_0\" value=\"BLI
    echo -e "</P>"
echo -e "</FORM>"

echo -e "<FORM action=\"/cgi-bin/index.sh#led_blink\" method=\"post\">"
- index.sh 1/81 1%
```

1. 編輯 index.sh

圖 6-59　編輯 index.sh 檔

2. 開啓瀏覽器測試：再使用同一個網域的電腦去用瀏覽器去觀看首頁，輸入 IP 位址 192.168.1.95，成功畫面如圖 6-60 所示。

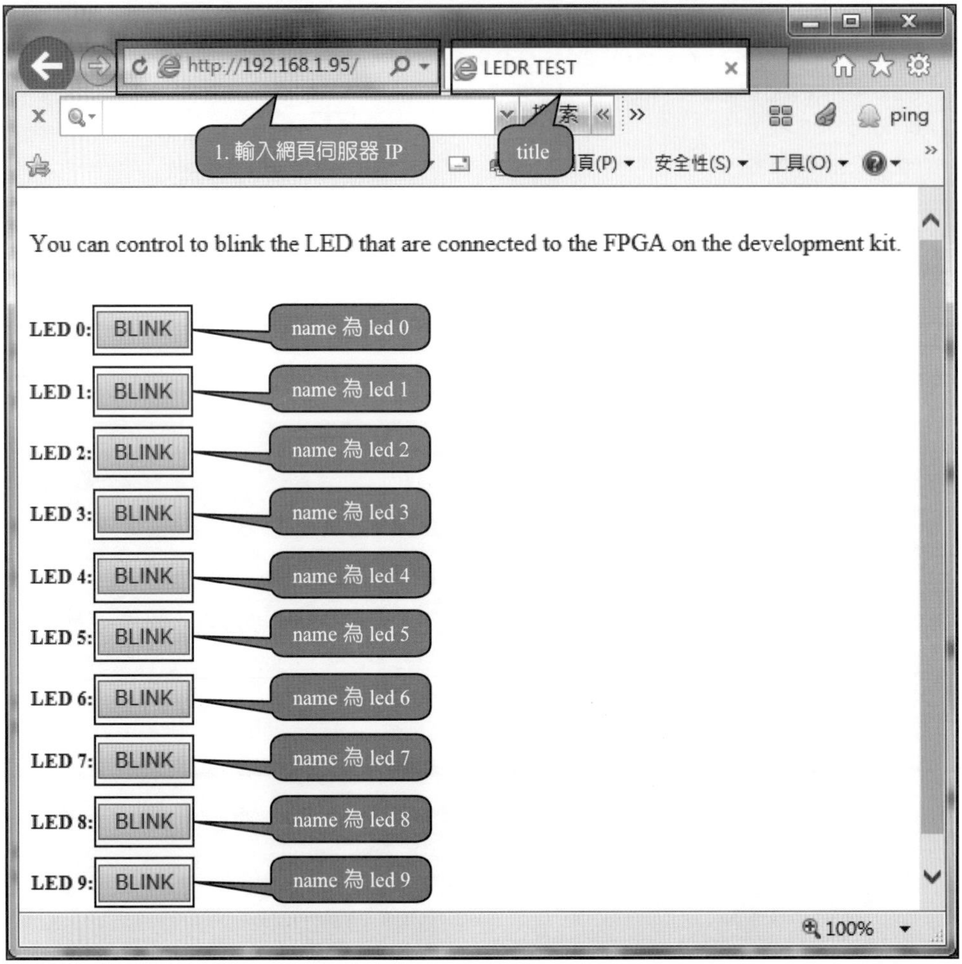

圖 6-60　觀察網頁伺服器首頁

3. 檢視原始碼：可以在網頁上按右鍵，選取'檢視網頁原始碼'，觀看原始碼如圖 6-61 所示。

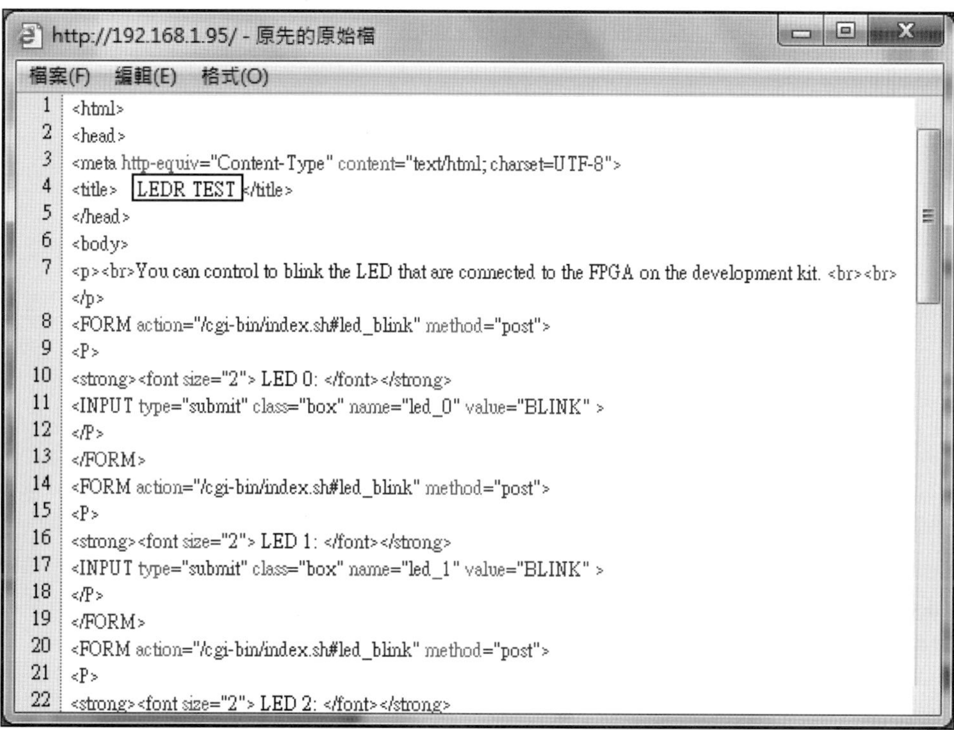


```
<html>
<head>
<meta http-equiv="Content-Type" content="text/html; charset=UTF-8">
<title> LEDR TEST </title>
</head>
<body>
<p><br>You can control to blink the LED that are connected to the FPGA on the development kit. <br><br>
</p>
<FORM action="/cgi-bin/index.sh#led_blink" method="post">
<P>
<strong><font size="2"> LED 0: </font></strong>
<INPUT type="submit" class="box" name="led_0" value="BLINK" >
</P>
</FORM>
<FORM action="/cgi-bin/index.sh#led_blink" method="post">
<P>
<strong><font size="2"> LED 1: </font></strong>
<INPUT type="submit" class="box" name="led_1" value="BLINK" >
</P>
</FORM>
<FORM action="/cgi-bin/index.sh#led_blink" method="post">
<P>
<strong><font size="2"> LED 2: </font></strong>
```

圖 6-61　檢視網頁控制 10 顆 LED 燈個別閃爍專案網頁原始碼

4. 加入動作程式於 index.sh：本小節動作程式如表 6-33 所示，請將以下程式加入 index.sh 於「echo?’</body>’」之前。程式說明如表 6-34 所示。

表 6-33　網頁控制 10 顆 LED 燈個別閃爍專案動作程式

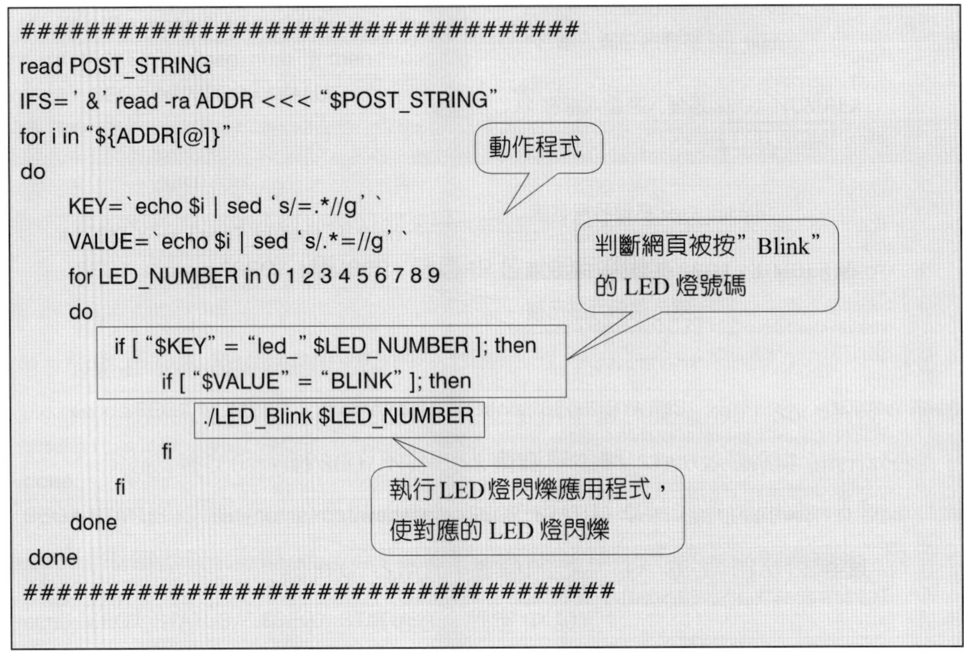

```
####################################
read POST_STRING
IFS='&' read -ra ADDR <<< "$POST_STRING"
for i in "${ADDR[@]}"
do
    KEY=`echo $i | sed 's/=.*//g'`
    VALUE=`echo $i | sed 's/.*=//g'`
    for LED_NUMBER in 0 1 2 3 4 5 6 7 8 9
    do
        if [ "$KEY" = "led_" $LED_NUMBER ]; then
            if [ "$VALUE" = "BLINK" ]; then
                ./LED_Blink $LED_NUMBER
            fi
        fi
    done
done
######################################
```

動作程式
判斷網頁被按” Blink”
的 LED 燈號碼
執行 LED 燈閃爍應用程式，
使對應的 LED 燈閃爍

表 6-34　網頁控制 10 顆 LED 燈個別閃爍專案網頁動作程式說明

程式	說明
for LED_NUMBER in 0 1 2 3 4 5 6 7 8 9	LED_NUMBER 從 0 遞增到 9
if ["$KEY" = "led_" $LED_NUMBER]; then	若網頁被送出的表單名稱為 led_LED_NUMBER
if ["$VALUE" = "BLINK"]; then	則若按鍵名稱為" BLINK"，則執行
./LED_Blink $LED_NUMBER	LED_Blink 程式，傳入參數為 LED_NUMBER 之值
fi	(執行 LED 燈閃爍應用程式，使對應的 LED 燈閃爍)
fi	
done	
done	

5. 重新讀取網頁：重新讀取網頁，點其中一個「Blink」鍵，如圖 6-62 所示，會看到 DE1-SoC 開發板上對應的紅色 LED 燈會閃爍 10 次。

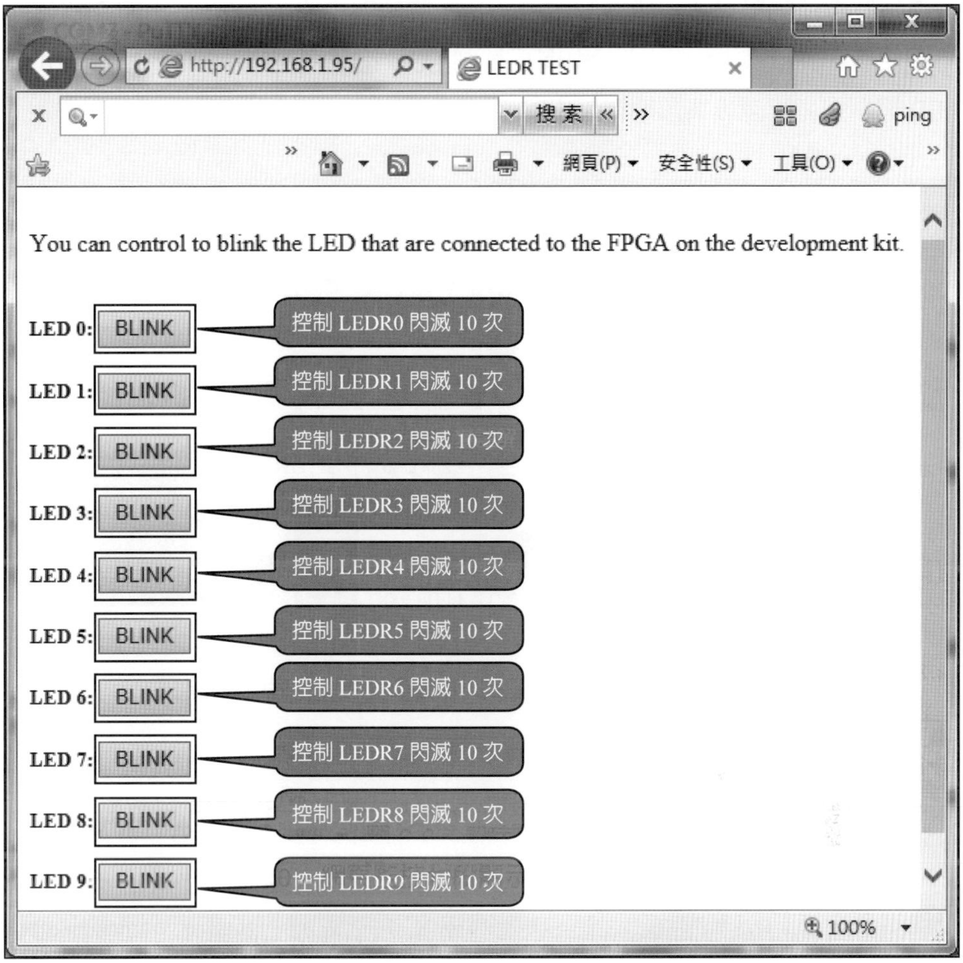

圖 6-62　網頁控制 10 顆 LED 燈個別閃爍專案結果

- 隨堂練習

6-4 網頁控制 10 顆 LED 燈個別亮或滅專案

前一小節設計使用網頁控制 10 顆 LED 燈個別閃爍。本小節介紹使用網頁控制 10 顆 LED 燈個別亮或滅，並以圖片顯示 LED 燈狀態。需要先設計一個應用程式，能分別控制 10 顆 LED 燈個別亮或滅。本小節分兩部分介紹，6-4-1 小節

介紹如何設計應用程式，能控制 10 顆 LED 燈個別亮或滅。6-4-2 小節介紹如何將設計網頁表單與 CGI 程式，由網頁控制 LED 燈個別亮或滅。網頁控制 10 顆 LED 燈個別亮或滅專案預期結果如圖 6-63 所示。

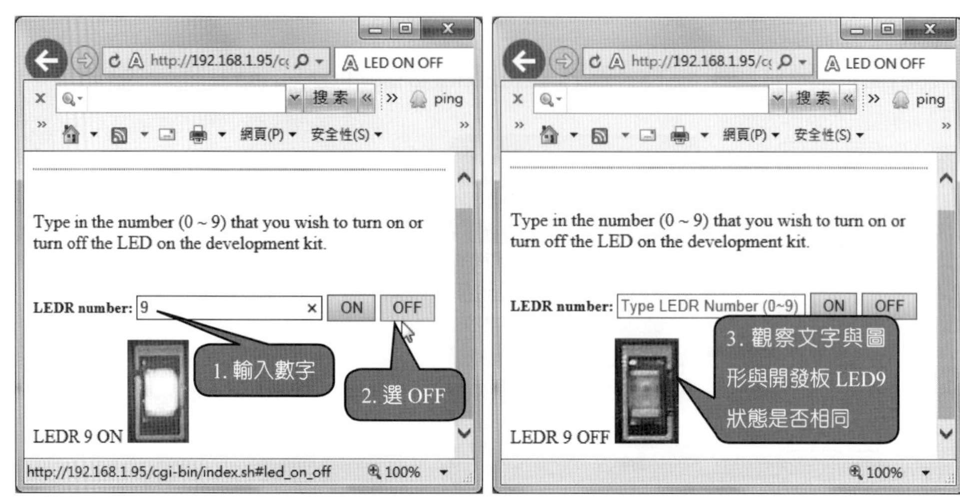

圖 6-63　網頁控制 10 顆 LED 燈個別亮或滅專案預期結果

6-4-1 網頁控制 10 顆 LED 燈個別亮或滅應用程式開發

本小節控制 10 顆 LED 燈個別亮或滅專案應用程式開發需要的硬體與軟體檔整理如表 6-35 所示。

表 6-35　控制 10 顆 LED 燈個別亮或滅專案應用程式開發需要的硬體與軟體檔

檔案	說明	所在目錄
HPS_LED_HEX.qpf	專案檔	D:/DE1_SoC/Demonstrations/SOC_FPGA/HPS_LED_HEX/LED_HEX_hardware/
HPS_LED_HEX.sof	硬體燒錄檔	D:/DE1_SoC/Demonstrations/SOC_FPGA/HPS_LED_HEX/LED_HEX_hardware/
main.c	主程式	D:/DE1_SoC/WWW/LED_ON_OFF/HPS_LED_HEX
led.c	LED 控制函數程式庫	D:/DE1_SoC/WWW/LED_ON_OFF/HPS_LED_HEX
led.h	LED 函數程式庫	D:/DE1_SoC/WWW/LED_ON_OFF/HPS_LED_HEX

檔案	說明	所在目錄
hps_0.h	Qsys 中各組件的位址等資訊	D:/DE1_SoC/WWW/LED_ON_OFF/HPS_LED_HEX
Makefile	make 檔	D:/DE1_SoC/WWW/LED_ON_OFF/HPS_LED_HEX
LED_ON_OFF	應用程式執行檔	D:/DE1_SoC/WWW/LED_ON_OFF/HPS_LED_HEX

本小節控制 10 顆 LED 燈個別亮或滅專案應用程式說明整理如表 6-36 所示。

表 6-36　控制 10 顆 LED 燈個別亮或滅專案應用程式說明

執行應用程式	舉例	說明
./LED_ON_OFF 參數 1(0~9) 參數 2(0~1) 其中： 參數 1 為要控制的 LED 燈號，有效數值範圍 0~9； 參數 2 為控制 LED 燈亮或滅，1 為亮，0 為滅。	./LED_ON_OFF 0 0	使 LEDR0 暗
	./LED_ON_OFF 0 1	使 LEDR0 亮
	./LED_ON_OFF 1 0	使 LEDR1 暗
	./LED_ON_OFF 1 1	使 LEDR1 亮
	./LED_ON_OFF 2 0	使 LEDR2 暗
	./LED_ON_OFF 2 1	使 LEDR2 亮
	./LED_ON_OFF 3 0	使 LEDR3 暗
	./LED_ON_OFF 3 1	使 LEDR3 亮
	./LED_ON_OFF 4 0	使 LEDR4 暗
	./LED_ON_OFF 4 1	使 LEDR4 亮
	./LED_ON_OFF 5 0	使 LEDR5 暗
	./LED_ON_OFF 5 1	使 LEDR5 亮
	./LED_ON_OFF 6 0	使 LEDR6 暗
	./LED_ON_OFF 6 1	使 LEDR6 亮
	./LED_ON_OFF 7 0	使 LEDR7 暗
	./LED_ON_OFF 7 1	使 LEDR7 亮
	./LED_ON_OFF 8 0	使 LEDR8 暗
	./LED_ON_OFF 8 1	使 LEDR8 亮
	./LED_ON_OFF 9 0	使 LEDR9 暗
	./LED_ON_OFF 9 1	使 LEDR9 亮

本小節使用之程式是從 DE1_SoC 開發板光碟所附之範例「/Demonstrations/SOC_FPGA/HPS_LED_HEX/LED_HEX_software/HPS_LED_HEX/main.c」修改的。「main.c」程式架構分爲幾個部分，如表 6-37 所示。

表 6-37　控制 10 顆 LED 燈個別亮或滅專案程式架構

區	程式架構
1	程式庫宣告
2	參數定義
3	基底位址變數宣告
4	LEDR_SET 函數宣告（點亮其中一顆 LEDR，其他 LEDR 不變）
5	LEDR_OFF 函數宣告（使其中一顆 LEDR 滅，其他 LEDR 不變）
6	LEDR_ON_OFF 函數宣告，輸入參數可控制特定的 LED 燈亮或滅
7	主程式

控制 10 顆 LED 燈個別亮或滅專案「main.c」主程式流程如表 6-38 所示。

表 6-38　控制 10 顆 LED 燈個別亮或滅專案主程式流程

流程	主程式流程
1	將第一個輸入參數值轉成整數存入 num。
2	將第二個輸入參數值轉成整數存入 on_off。
3	用 open 創建一個文件回傳值至 fd。
4	用 mmap 把文件內容映射至一段記憶體上，回傳映射開始的地址指標。
5	計算 LED_PIO_BASE 對應在使用者空間之位址 h2p_lw_led_addr。
6	呼叫 LEDR_ON_OFF 函數，使對應的 LED 燈亮或滅。
7	用 munmap 關閉記憶體映射。
8	用 close 關閉文件 fd。

控制 10 顆 LED 燈個別亮或滅專案「main.c」內容如表 6-39 所示。

表 6-39　控制 10 顆 LED 燈個別亮或滅專案「main.c」內容

```
// 程式庫宣告                                  [程式庫宣告]

#include <stdio.h>
#include <unistd.h>
#include <fcntl.h>
#include <sys/mman.h>
#include "hwlib.h"
#include "socal/socal.h"
#include "socal/hps.h"
#include "socal/alt_gpio.h"
#include "hps_0.h"
#include "led.h"
#include "seg7.h"
#include <stdbool.h>
#include <pthread.h>

// 參數定義                                    [參數定義]

#define HW_REGS_BASE ( ALT_STM_OFST )
#define HW_REGS_SPAN ( 0x04000000 )
#define HW_REGS_MASK ( HW_REGS_SPAN - 1 )

// 基底位址變數宣告                            [基底位址變數宣告]
// baseaddr

volatile unsigned long *h2p_lw_led_addr=NULL;

/////////////////////////////////
 volatile    int  num =10;                     [變數宣告]

// LEDR_SET 函數 ( 點亮其中一顆 LEDR，其他 LEDR 不變 )

void LEDR_SET(void)                            [LEDR_SET 函數]
{
  if (num==0)              //0:ligh, 1:unlight
    alt_setbits_word(h2p_lw_led_addr, 0x00000001);  //00_0000_0001
```

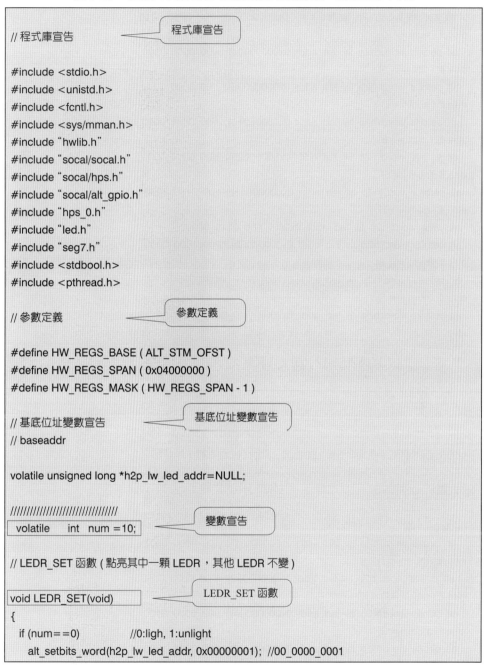

```
  else if  ((num==1))
     alt_setbits_word(h2p_lw_led_addr, 0x00000002);  //00_0000_0010
  else if ( num==2)
    alt_setbits_word(h2p_lw_led_addr, 0x00000004);  //00_0000_0100
  else if  (num== 3)
    alt_setbits_word(h2p_lw_led_addr, 0x00000008);  //00_0000_1000
  else if ( num==4)
    alt_setbits_word(h2p_lw_led_addr, 0x00000010);  //00_0001_0000
  else if  ( num==5)
    alt_setbits_word(h2p_lw_led_addr, 0x00000020);  //00_0010_0000
  else if  (num==6)
   alt_setbits_word(h2p_lw_led_addr, 0x00000040);  //00_0100_0000
  else if ( num ==7)
//  alt_write_word(h2p_lw_led_addr, 0x060); //00_0110_0000
   alt_setbits_word(h2p_lw_led_addr, 0x00000080);  //00_1000_0000
  else if  (num == 8)
   alt_setbits_word(h2p_lw_led_addr, 0x100); //01_0000_0000
  else if  (num == 9)
   alt_setbits_word(h2p_lw_led_addr, 0x200);  //10_0000_0000
  else
     {
       alt_write_word(h2p_lw_led_addr, 0x000);
     }
}


// LEDR_OFF 函數 ( 使其中一顆 LEDR 滅，其他 LEDR 不變 )

void LEDR_OFF(void)
{
  if (num==0)                //0:ligh, 1:unlight
    alt_clrbits_word(h2p_lw_led_addr, 0x00000001);  //00_0000_0001
  else if  ((num==1))
     alt_clrbits_word(h2p_lw_led_addr, 0x00000002);  //00_0000_0010
  else if ( num==2)
    alt_clrbits_word(h2p_lw_led_addr, 0x00000004);  //00_0000_0100
  else if  (num== 3)
    alt_clrbits_word(h2p_lw_led_addr, 0x00000008);  //00_0000_1000
  else if ( num==4)
```

LEDR_OFFT 函數

```
    alt_clrbits_word(h2p_lw_led_addr, 0x00000010);  //00_0001_0000
  else if  ( num==5)
    alt_clrbits_word(h2p_lw_led_addr, 0x00000020);  //00_0010_0000
  else if  (num==6)
   alt_clrbits_word(h2p_lw_led_addr, 0x00000040);  //00_0100_0000
  else if ( num ==7)
//   alt_write_word(h2p_lw_led_addr, 0x060); //00_0110_0000
   alt_clrbits_word(h2p_lw_led_addr, 0x00000080);  //00_1000_0000
  else if  (num == 8)
   alt_clrbits_word(h2p_lw_led_addr, 0x100); //01_0000_0000
  else if  (num == 9)
   alt_clrbits_word(h2p_lw_led_addr, 0x200);  //10_0000_0000
  else
     {
       alt_write_word(h2p_lw_led_addr, 0x000);
     }
}



// LEDR_ON_OFF 函數 ( 傳入參數為 1 時呼叫 LEDR_SET 函數
// LEDR_ON_OFF 函數 ( 傳入參數為 0 時呼叫 LEDR_OFF 函數

void LEDR_ON_OFF(int on_off)        ← LEDR_ON_OFF 函數
{

    if (on_off == 1)
        LEDR_SET();
    else
       LEDR_OFF();
}
int main(int argc, char **argv)     ← 主程式
{
            pthread_t id;
            int ret;
            void *virtual_base;
            int fd;
            int i;
int on_off;
```

```
    if (argc == 3){
        num = atoi(argv[1]);
        on_off = atoi(argv[2]);
    }
    ////////////////////////////////////////
```



```
// 用 open 創建一個文件回傳值至 fd
        if( ( fd = open( "/dev/mem", ( O_RDWR | O_SYNC ) ) ) == -1 ) {
                printf( "ERROR: could not open \"/dev/mem\"...\n" );
                return( 1 );
        }
// 用 mmap 把文件內容映射至一段記憶體上，回傳映射開始的地址指標。
        virtual_base = mmap( NULL, HW_REGS_SPAN, ( PROT_READ | PROT_WRITE ),
MAP_SHARED, fd, HW_REGS_BASE );
        if( virtual_base == MAP_FAILED ) {
                printf( "ERROR: mmap() failed...\n" );
                close( fd );
                return(1);
        }
// 計算 LED_PIO_BASE 對應在使用者空間之位址 h2p_lw_led_addr。
        h2p_lw_led_addr=virtual_base + ( ( unsigned long  )( ALT_LWFPGASLVS_OFST +
LED_PIO_BASE ) & ( unsigned long)( HW_REGS_MASK ) );

// 呼叫 LEDR_ON_OFF 函數，使對應 max_cnt 的數值的 LED 燈閃滅 10 次。

    LEDR_ON_OFF(on_off);
```



```
        if( munmap( virtual_base, HW_REGS_SPAN ) != 0 ) {
                printf( "ERROR: munmap() failed...\n" );
                close( fd );
                return( 1 );
        }
        close( fd );
        return 0;
}
```

控制 10 顆 LED 燈個別亮或滅專案「Makefile」內容如表 6-40 所示。

表 6-40　控制 10 顆 LED 燈個別亮或滅專案「Makefile」內容

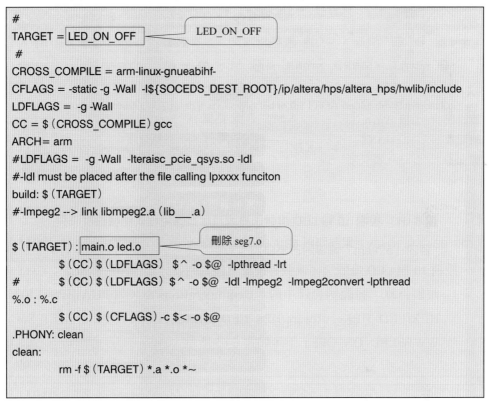

```
#
TARGET = LED_ON_OFF          LED_ON_OFF
 #
CROSS_COMPILE = arm-linux-gnueabihf-
CFLAGS = -static -g -Wall  -I${SOCEDS_DEST_ROOT}/ip/altera/hps/altera_hps/hwlib/include
LDFLAGS =  -g -Wall
CC = $(CROSS_COMPILE) gcc
ARCH= arm
#LDFLAGS =  -g -Wall  -Iteraisc_pcie_qsys.so -ldl
#-ldl must be placed after the file calling lpxxxx funciton
build: $(TARGET)
#-lmpeg2 --> link libmpeg2.a (lib___.a)

$(TARGET) : main.o led.o          刪除 seg7.o
	$(CC) $(LDFLAGS)  $^ -o $@  -lpthread -lrt
#	$(CC) $(LDFLAGS)  $^ -o $@  -ldl -lmpeg2  -lmpeg2convert -lpthread
%.o : %.c
	$(CC) $(CFLAGS) -c $< -o $@
.PHONY: clean
clean:
	rm -f $(TARGET) *.a *.o *~
```

本小節設計流程如圖 6-64 所示，先複製目錄，再修改 Makefile 檔案，再修改 main.c 檔案，接著執行編譯，傳送檔案至板子上「/www/pages/cgi-bin/」目錄。再燒錄硬體配置檔於 DE1-SoC 板，再按板子上的 Warm Reset 鍵，用 ssh 登入 DE1-SoC 板子上的系統，改變應用程式檔案屬性爲可執行，最後執行應用程式。

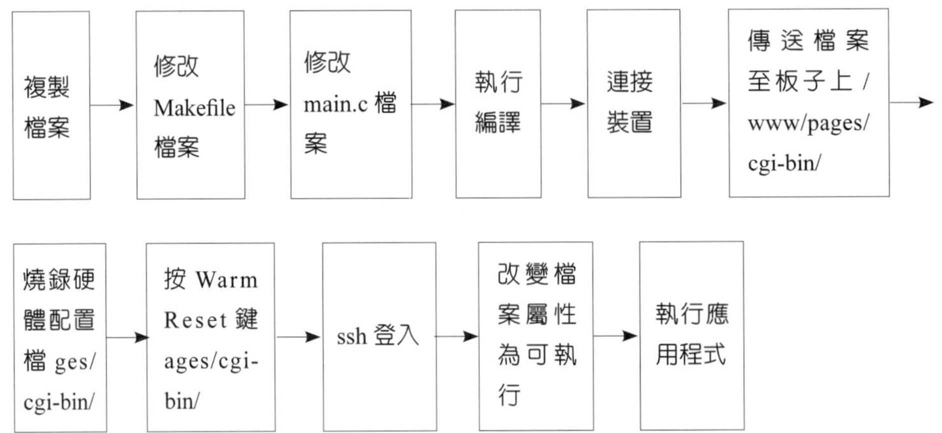

圖 6-64　控制 10 顆 LED 燈個別亮或滅專案應用程式開發設計流程

控制 10 顆 LED 燈個別亮或滅專案應用程式開發詳細操作步驟如下：

1. 複製目錄：將範例光碟中的「Demonstrations/SOC_FPGA/HPS_LED_HEX/LED_HEX_software/HPS_LED_HEX」目錄複製至「D:/DE1_SoC/WWW/LED_ON_OFF」下，如圖 6-65 所示。

圖 6-65　複製目錄

2. 修改 Makefile 檔案：開啓「D:/DE1_SoC/WWW/LED_ON_OFF/HPS_LED_HEX」下之「Makefile」檔，修改第二行程式爲「TARGET = LED_ON_OFF」，如圖 6-66 所示，修改後存檔。

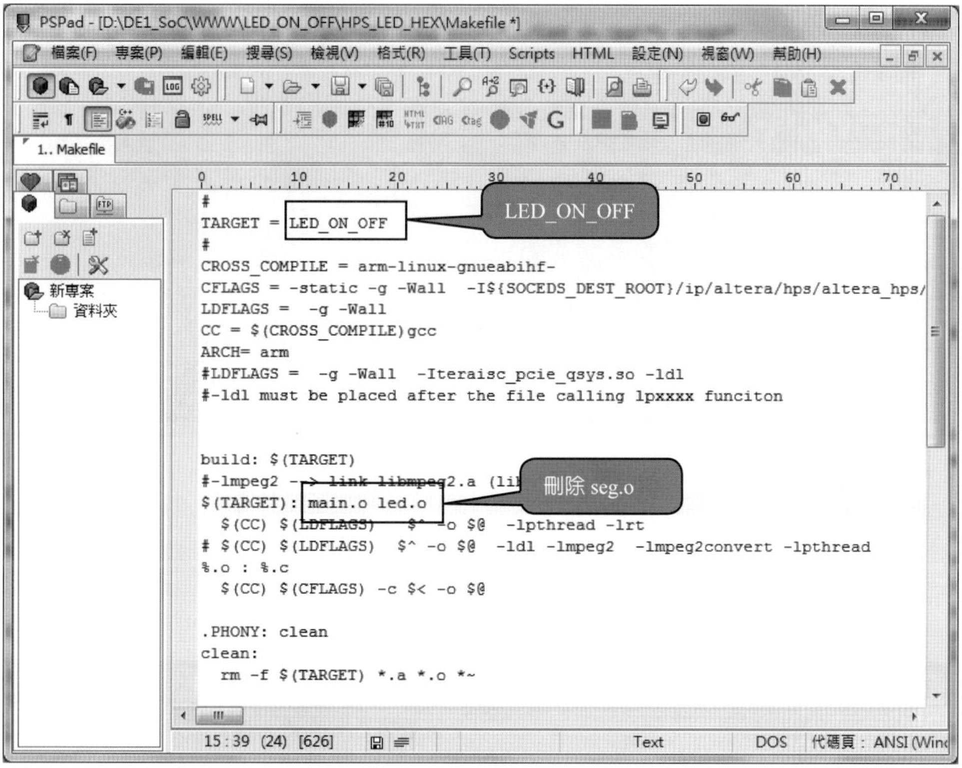

```
#
TARGET = LED_ON_OFF
#
CROSS_COMPILE = arm-linux-gnueabihf-
CFLAGS = -static -g -Wall  -I${SOCEDS_DEST_ROOT}/ip/altera/hps/altera_hps/
LDFLAGS =  -g -Wall
CC = $(CROSS_COMPILE)gcc
ARCH= arm
#LDFLAGS =  -g -Wall  -Iteraisc_pcie_qsys.so -ldl
#-ldl must be placed after the file calling lpxxxx funciton


build: $(TARGET)
#-lmpeg2 --> link libmpeg2.a (li
$(TARGET): main.o led.o
  $(CC) $(LDFLAGS)   $^ -o $@  -lpthread -lrt
# $(CC) $(LDFLAGS)   $^ -o $@  -ldl -lmpeg2  -lmpeg2convert -lpthread
%.o : %.c
  $(CC) $(CFLAGS) -c $< -o $@

.PHONY: clean
clean:
  rm -f $(TARGET) *.a *.o *~
```

LED_ON_OFF

刪除 seg.o

圖 6-66　修改 Makefile 檔案

3. 修改 main.c 檔案：開啓「D:/ DE1_SoC/WWW/LED_ON_OFF/HPS_LED_HEX/」下之「main.c」檔。如表 6-39 修改。修改後存檔。
4. 開啓 SoC EDS：在個人電腦端，開啓 Altera 軟體安裝目錄下的「\embedded\Embedded_Command_Shell」檔。
5. 切換至專案目錄：輸入 cd d:/ DE1_SoC/WWW/LED_ON_OFF/HPS_LED_HEX。
6. 執行編譯：輸入 make 開始編譯，編譯若無錯誤訊息，再用 ls -l 觀察，如圖 6-67 所示。

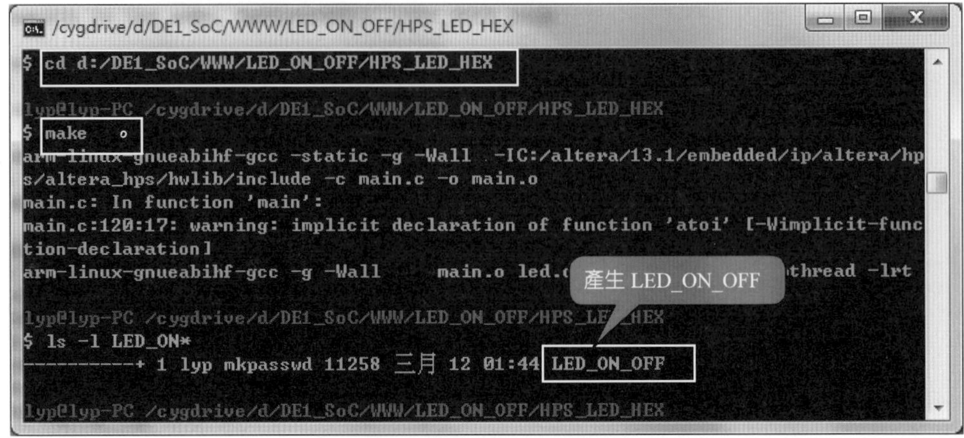

圖 6-67　編譯完成畫面

7. 連接裝置：本小節所需連接的設備整理如表 6-41 所示。

表 6-41　本範例需連接之裝置

確認連接	裝置	說明
✓	電源線	提供 DE1-SoC 板電源
✓	USB 線連接 USB-Blaster II 端口與電腦	提供燒錄
✓	USB 線連接 USB to UART 端口	提供串列通訊
✓	網路線連接網路線插槽	前一小節設定 DE1-SoC 板子上的 IP 為固定在 192.168.1.95

8. 傳送檔案：將 LED_ON_OFF 檔案傳至 DE1-SoC 上的 SD 卡的檔案系統，例如傳送目的地為 192.168.1.95 的 /www/pages/cgi-bin，如圖 6-68 所示。

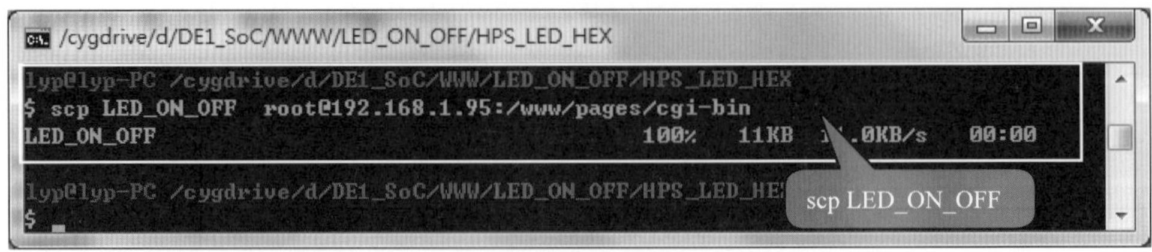

圖 6-68　傳送 LED_ON_OFF 檔案至板子上 /www/pages/cgi-bin/

9. 燒錄硬體配置檔：使用 Quartus II Programmer，勾選 sof 檔案，按「Start」，燒錄成功畫面如圖 6-69 所示。

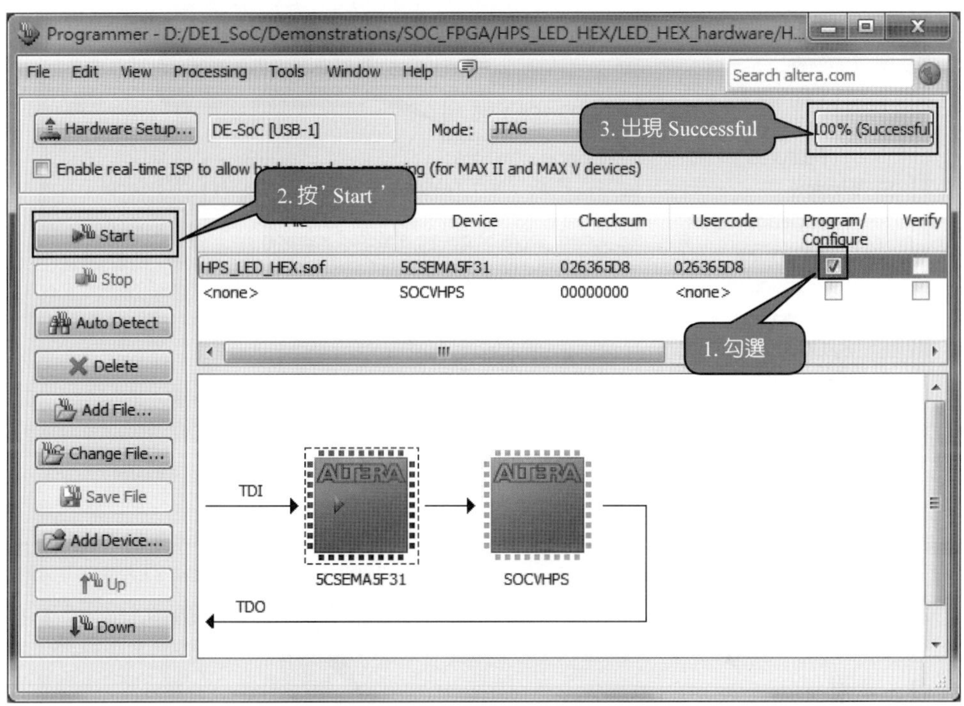

圖 6-69 燒錄硬體配置檔

10. 按 Warm Reset 鍵：確認 micro SD 卡有插在板子上的插槽中。按 Warm Reset 鍵。

11. ssh 登入：執行 puTTY，設定如圖 6-70 所示。

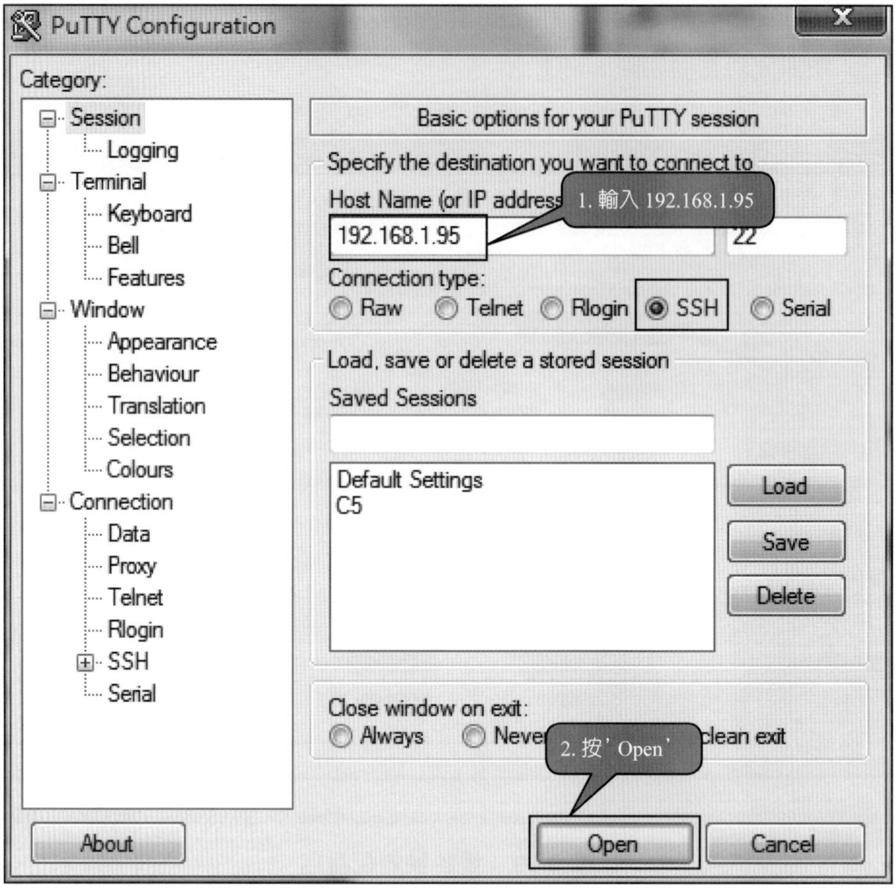

圖 6-70　ssh 登入

12. 改變檔案屬性爲可執行 : 用 root 登入後，切至 /www/pages/cgi-bin/ 目錄，觀察目錄內容是否有步驟 8 從電腦端傳送的「LED_ON_OFF」。傳送至 DE1-SoC 板子上的「/www/pages/cgi-bin」目錄下的檔案「LED_ON_OFF」並無執行權限，所以需要使用 chmod 755 改變檔案屬性爲可執行，如圖 6-71 示。

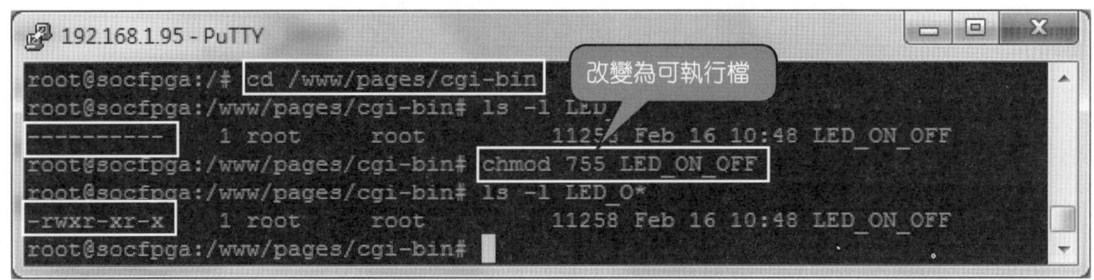

圖 6-71　改變檔案屬性為可執行

13. 執行應用程式：執行程式方式爲輸入「./LED_ON_OFF 參數（0~9）參數（0~1）」，則輸入數值對應到的 DE1-SoC 開發板上的 LEDR 會亮或暗，測試 10 顆燈，執行畫面如圖 6-72 所示。

圖 6-72　控制 10 顆 LED 燈個別亮或滅專案執行應用程式

6-4-2 網頁控制 10 顆 LED 燈個別亮或滅

前一小節已經完成分別控制 10 顆 LED 燈個別亮或滅的應用程式；本小節介紹如何設計網頁表單與程式，完成網頁控制 10 顆 LED 燈個別亮或滅。

本小節介紹由 ssh 連線至 DE1-SoC 板後，使用 index.sh 設計網頁控制 10 顆 LED 燈個別亮或滅之指令執行順序與說明如表 6-42 所示。

表 6-42　網頁控制 10 顆 LED 燈個別亮或滅之指令執行順序與說明

步驟	指令	說明
1	cd /www/pages/cgi-bin	切換目錄至 /www/pages/cgi-bin
2	vi index.sh	修改 index.sh 檔
7	192.168.1.95	開啓瀏覽器輸入網頁伺服器 IP

網頁控制 10 顆 LED 燈個別亮或滅專案預期結果如圖 6-73 所示。

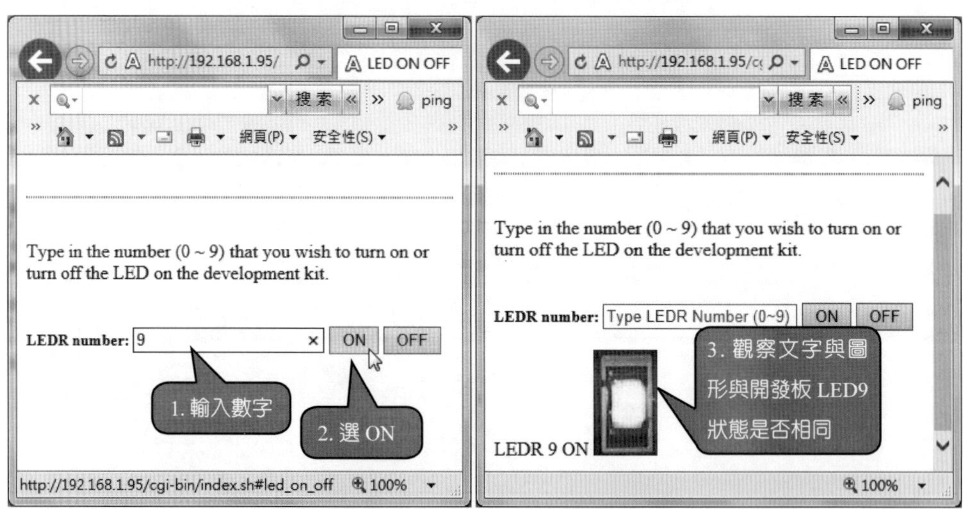

圖 6-73　網頁控制 10 顆 LED 燈個別亮或滅專案預期結果

網頁控制 10 顆 LED 燈個別亮或滅「index.sh」內容如表 6-43 所示。

表 6-43　網頁控制 10 顆 LED 燈個別亮或滅「index.sh」內容

```
#!/bin/bash
echo "Content-type: text/html"
echo ""
echo '<html>'
echo '<head>'
echo '<meta http-equiv="Content-Type" content="text/html; charset=UTF-8">'
echo '<title>  LED ON OFF  </title>'
echo '</head>'
echo '<body>'
echo "<br><hr id=\"led_on_off\" style=\"border: 1px dotted\">"

echo -e "<p><br>Type in the number (0 ~ 9) that you wish to turn on or turn off the LED on
the development kit. <br><br></p>"

echo -e "<FORM name=\"led_on_off\" action=\"/cgi-bin/index.sh#led_on_off\"
method=\"post\">"
    echo -e "<P>"
    echo -e "<strong><font size=\"2\"> LEDR number: </font></strong> "
      echo -e "<INPUT type=\"text\" id=\"led\" class=\"box\" size=\"22\" name=\"led_
num\" placeholder=\"Type LEDR Number (0~9) \">"

    echo -e "<INPUT type=\"submit\" class=\"box\"
    name=\"on_submit\" value=\"ON\">"

    echo -e "<INPUT type=\"submit\" class=\"box\"
    name=\"off_submit\" value=\"OFF\">"

echo -e "</P>"
echo -e "</FORM>"

################################################
read POST_STRING
#echo $POST_STRING
IFS='&' read -ra ADDR <<< "$POST_STRING"
for i in "${ADDR[@]}"
do
```

```
   KEY=`echo $i | sed 's/=.*//g'`
   VALUE=`echo $i | sed 's/.*=//g'`
  if  [ "$KEY" = "led_num" ]; then        若為 led_num 欄位數值
    LEDR_NUMBER=$VALUE                     將值存入 LEDR_NUMBER
  fi
  if [ "$KEY" = "on_submit" ]; then       若為 on_submit 被按下

    ./LED_ON_OFF $LEDR_NUMBER 1            執行 LED_ON_OFF 應用程式

    echo "LEDR" $LEDR_NUMBER "ON"          顯示文字與變數 LEDR_NUMBER 值

   echo -e " <img src=\" ../led_on.jpg\" > "   顯示 LED 燈亮的圖片

  fi

  if [ "$KEY" = "off_submit" ]; then

./LED_ON_OFF $LEDR_NUMBER 0

echo "LEDR" $LEDR_NUMBER "OFF"

echo -e " <img src=\" ../led_off.jpg\" > "
  fi
done
########################################
echo '</body>'
echo '</html>'
exit 0
```

本小節設計流程如圖 6-74 所示，先開啓 index.sh 編輯網頁表單，再開啓瀏覽器測試網頁，再檢視原始碼，接著加入 CGI 動作程式於 index.sh ，重新讀取網頁，於網頁表單欄位填入個位數，選「ON」鍵或「OFF」鍵，觀察對應的 LEDR 亮或滅。

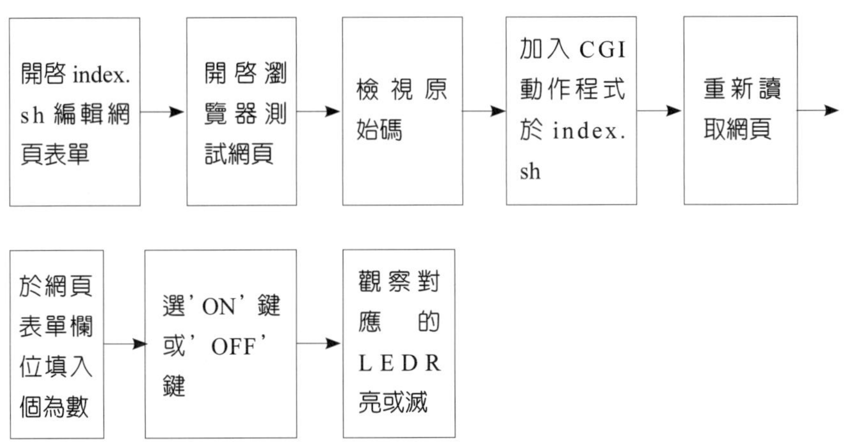

圖 6-74　網頁控制 10 顆 LED 燈個別閃爍專案設計流程

網頁控制 10 顆 LED 燈個別閃爍專案先進行網頁表單之設計，觀察無誤後再進行控制 LED 燈之網頁設計，詳細步驟如下：

1. 開啓 index.sh 編輯網頁表單：於「/www/pages/cgi-bin」目錄開啓 index.sh 檔，先進行網頁表單之設計。可於 PuTTY 視窗輸入 vi index.sh，再將表 6-44 之文字輸入於 vi 編輯畫面中，如圖 6-75 所示。輸入完成跳出 vi 編輯環境。

表 6-44　網頁控制 10 顆 LED 燈個別亮或滅「index.sh」內容

```
#!/bin/bash
echo "Content-type: text/html"
echo ""
echo '<html>'
echo '<head>'
echo '<meta http-equiv="Content-Type" content="text/html; charset=UTF-8">'
echo '<title>  LED ON OFF  </title>'
echo '</head>'
echo '<body>'
echo "<br><hr id=\"led_on_off\" style=\"border: 1px dotted\">"
echo -e "<p><br>Type in the number (0 ~ 9) that you wish to turn on or turn off the LED on the development kit. <br><br></p>"
```

Title

文字

```
echo -e "<FORM name=\"led_on_off\" action=\"/cgi-bin/index.sh#led_on_off\"
method=\"post\">"
     echo -e "<P>"
     echo -e "<strong><font size=\"2\"> LEDR number: </font></strong> "
      echo -e "<INPUT type=\"text\" id=\"led\" class=\"box\" size=\"22\" name=\"led_
num\" placeholder=\"Type LEDR Number (0~9) \">"
```

name = led_num

```
     echo -e "<INPUT type=\"submit\" class=\"box\"
     name=\"on_submit\" value=\"ON\">"
```

name =on_submit

按鍵上文字為「ON」

```
     echo -e "<INPUT type=\"submit\" class=\"box\"
     name=\"off_submit\" value=\"OFF\">"
```

name =off_submit

按鍵上文字為「OFF」

```
echo -e "</P>"
echo -e "</FORM>"
```

192.168.1.95 - PuTTY

1. 編輯 index.sh

```
#!/bin/bash
echo "Content-type: text/html"
echo ""
echo '<html>'
echo '<head>'
echo '<meta http-equiv="Content-Type" content="text/html; charset=UTF-8">'
echo '<title>   LED ON OFF </title>'
echo '</head>'
echo '<body>'
echo "<br><hr id=\"led_on_off\" style=\"border: 1px dotted\">"
echo -e "<p><br>Type in the number (0 ~ 9) that you wish to turn on or turn off
echo -e "<FORM name=\"led_on_off\" action=\"/cgi-bin/index.sh#led_on_off\" metho
        echo -e "<P>"
        echo -e "<strong><font size=\"2\">  LEDR number: </font></strong> "
        echo -e "<INPUT type=\"text\" id=\"led\" class=\"box\" size=\"22\" name=
        echo -e "<INPUT type=\"submit\" class=\"box\" name=\"on_submit\" value=\
        echo -e "<INPUT type=\"submit\" class=\"box\" name=\"off_submit\" value=
        echo -e "</P>"
echo -e "</FORM>"
echo '</body>'
echo '</html>'
exit 0
~
~
I index.sh 22/22 100%
```

圖 6-75　網頁控制 10 顆 LED 燈個別亮或滅編輯 index.sh 檔

2. 開啓瀏覽器測試：再使用同一個網域的電腦去用瀏覽器去觀看首頁，輸入 IP 位址 192.168.1.95，成功畫面如圖 6-76 所示。

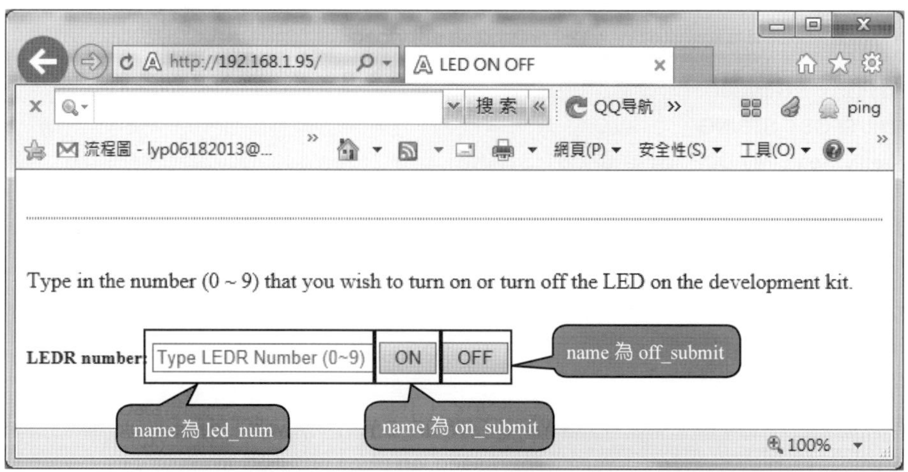

圖 6-76　網頁控制 10 顆 LED 燈個別閃或滅表單設計結果

3. 檢視原始碼：可以在網頁上按右鍵，選取「檢視網頁原始碼」，觀看原始碼如圖 6-77 所示。

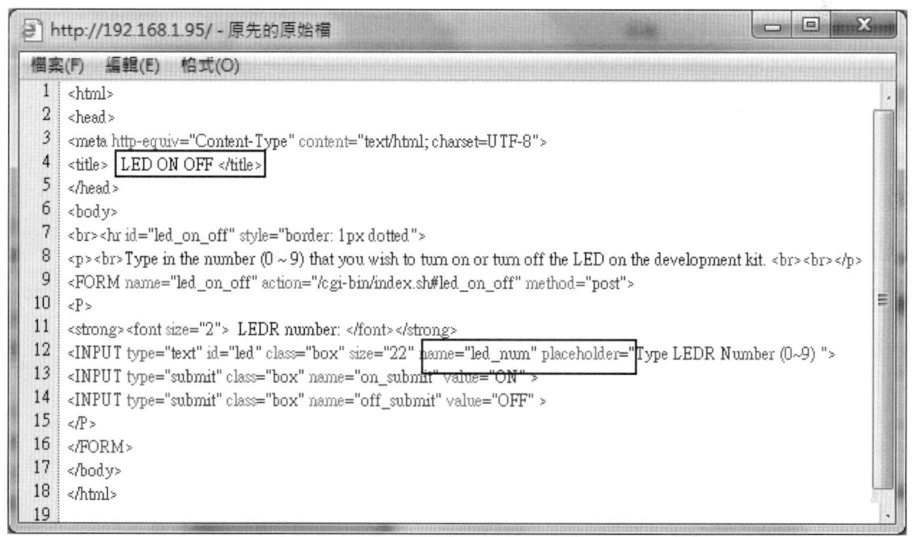

http://192.168.1.95/ - 原先的原始檔

檔案(F)　編輯(E)　格式(O)

```
<html>
<head>
<meta http-equiv="Content-Type" content="text/html; charset=UTF-8">
<title> LED ON OFF </title>
</head>
<body>
<br><hr id="led_on_off" style="border: 1px dotted">
<p><br>Type in the number (0 ~ 9) that you wish to turn on or turn off the LED on the development kit. <br><br></p>
<FORM name="led_on_off" action="/cgi-bin/index.sh#led_on_off" method="post">
<P>
<strong><font size="2"> LEDR number: </font></strong>
<INPUT type="text" id="led" class="box" size="22" name="led_num" placeholder="Type LEDR Number (0~9) ">
<INPUT type="submit" class="box" name="on_submit" value="ON" >
<INPUT type="submit" class="box" name="off_submit" value="OFF" >
</P>
</FORM>
</body>
</html>
```

圖 6-77　檢視網頁控制 10 顆 LED 燈個別閃或滅表單設計網頁原始碼

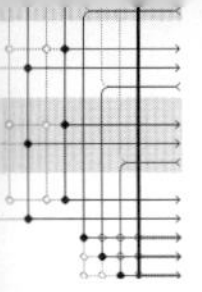

4. 加入動作程式於 index.sh: 本小節動作程式如表 6-45 所示，請將以下程式加入 index.sh 於「echo?'</body>'」之前。程式說明如表 6-46 所示。

表 6-45　網頁控制 10 顆 LED 燈個別亮或滅動作程式

```
##############################################
read POST_STRING
#echo $POST_STRING
IFS=' &' read -ra ADDR <<< "$POST_STRING"
for i in "${ADDR[@]}"
do
    KEY=`echo $i | sed 's/=.*//g'`
    VALUE=`echo $i | sed 's/.*=//g'`
    if [ "$KEY" = "led_num" ]; then          若為 led_num 欄位數值
      LEDR_NUMBER=$VALUE                     將值存入 LEDR_NUMBER
    fi

    if [ "$KEY" = "on_submit" ]; then        若為 on_submit 被按下

      ./LED_ON_OFF $LEDR_NUMBER 1            執行 LED_ON_OFF 應用程式

      echo "LEDR" $LEDR_NUMBER "ON"          顯示文字與變數 LEDR_NUMBER 值

      echo -e " <img src=\" ../led_on.jpg\" > "   顯示 LED 燈亮的圖片

    fi


    if [ "$KEY" = "off_submit" ]; then       若為 off_submit 欄位數值

      ./LED_ON_OFF $LEDR_NUMBER 0            執行 LED_ON_OFF 應用程式

      echo "LEDR" $LEDR_NUMBER "OFF"         顯示文字與變數 LEDR_NUMBER 值

      echo -e " <img src=\" ../led_off.jpg\" > "  顯示 LED 燈亮的圖片
    fi
done
########################################
```

表 6-46　網頁控制 10 顆 LED 燈個別亮或滅網頁動作程式說明

程式	說明
if ["$KEY" = "led_num"]; then LEDR_NUMBER=$VALUE fi	若網頁被送出之表單名稱為 led_num 欄位，則將輸入之數值存入” LEDR_NUMBER” 中。
if ["$KEY" = "on_submit"]; then ./LED_ON_OFF $LEDR_NUMBER 1 echo “LEDR” $LEDR_NUMBER “ON” echo -e “ <img src=\" ../led_on.jpg\" > “ fi	若為 on_submit 被按下， 則執行 LED_ON_OFF 應用程式，傳入參數為 $LEDR_NUMBER 1 顯示文字「LEDR 號碼 ON」於螢幕上
if ["$KEY" = "off_submit"]; then ./LED_ON_OFF $LEDR_NUMBER 0 echo “LEDR” $LEDR_NUMBER “ON” echo -e “ <img src=\" ../led_off.jpg\" > “ fi	若為 on_submit 被按下， 則執行 LED_ON_OFF 應用程式，傳入參數為 $LEDR_NUMBER 0 顯示文字「LEDR 號碼 OFF」於螢幕上

5. 傳入 LED 燈亮與 LED 暗的圖片：本範例使用圖片顯示 LED 燈的狀況，使用兩張圖片，整理如表 6-47 所示。

表 6-47　LED 燈亮與 LED 暗的圖片

圖片	說明	圖片
led_on.jpg	傳送至 DE1-SoC 開發板之「/www/pages」目錄下。	
led_off.jpg	傳送至 DE1-SoC 開發板之「/www/pages」目錄下。	

6. 重新讀取網頁：重新讀取網頁，輸入一個 0~9 的號碼，再按「ON」鍵，會看到 DE1-SoC 開發板上對應的紅色 LED 燈亮，並有亮燈圖片出現。

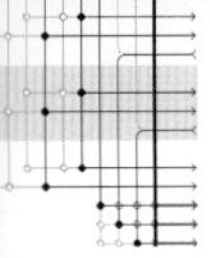

輸入一個 0~9 的號碼，再按「OFF」鍵，會看到 DE1-SoC 開發板上對應的紅色 LED 燈滅，並有暗燈圖片，圖 6-78 為測試輸入 9 的狀況。

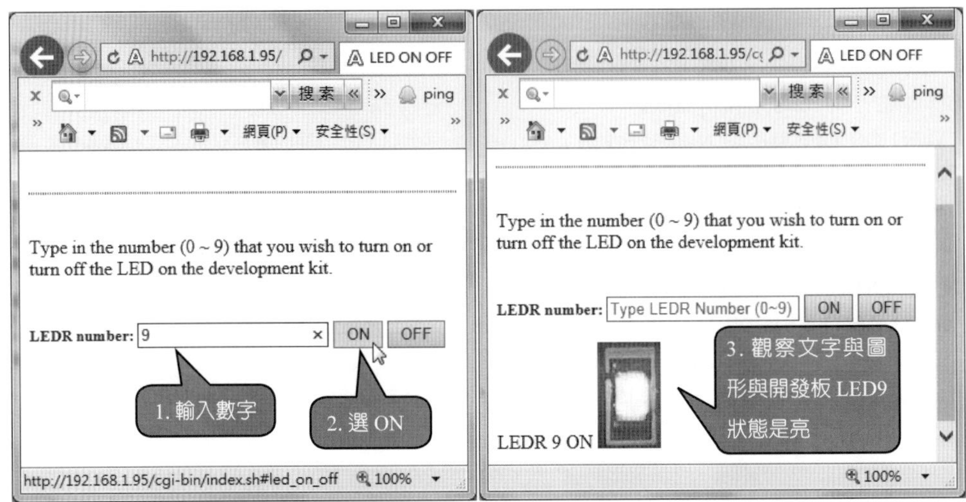

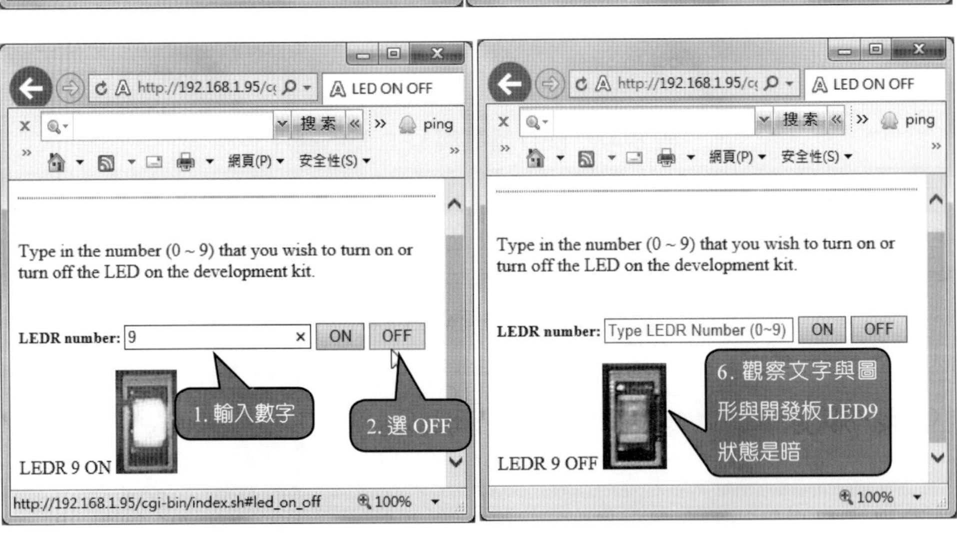

圖 6-78　網頁控制 10 顆 LED 燈個別亮或滅實驗結果

6-5 網頁監看 Server 端之 LED 燈狀況專案

前一小節已完成由網頁控制 DE1-SoC 開發板上的 LED 燈個別亮與滅，本小節介紹網頁監看 Server 端（DE1-SoC 開發板上）的 LED 燈之狀況，以圖形顯示目前的 10 顆紅色 LED 燈的亮暗狀況。本範例需要先設計一個伺服器端的應用程式，要在 DE1-SoC 開發板上執行，控制 10 顆 LED 燈閃爍，並分別將 10 顆 LED 燈之狀況寫入文字檔；再設計一個監看網頁讀取文字檔數值，顯示十個 LED 燈亮的圖片或燈暗的圖片。架構圖如圖 6-79 所示。Server 端（DE1-SoC 板）執行 LED_WRITE 程式。

Server 端 DE1-SoC 板 執行 LED_WRITE （板子上 LED 燈變化）	遠端監看 Server 端 LED 燈變化

圖 6-79　網頁監看 Server 端之 LED 燈狀況架構圖

本小節分兩部分介紹，6-5-1 小節介紹如何設計伺服器端的應用程式，控制 DE1-SoC 開發板上 10 顆 LED 燈閃爍，並分別將 10 顆 LED 燈之狀況寫入文字檔。6-5-2 小節介紹由網頁監看伺服器端 LED 燈狀況，顯示 LED 燈亮圖片或燈滅圖片。網頁監看 DE1-SoC 開發板之 LED 燈狀況專案預期結果如圖 6-80 所示。開發板上（伺服器端）執行應用程式使 LED 燈閃爍，同時透過瀏覽器可以觀看伺服器端 LED 燈狀況。

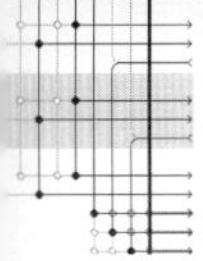

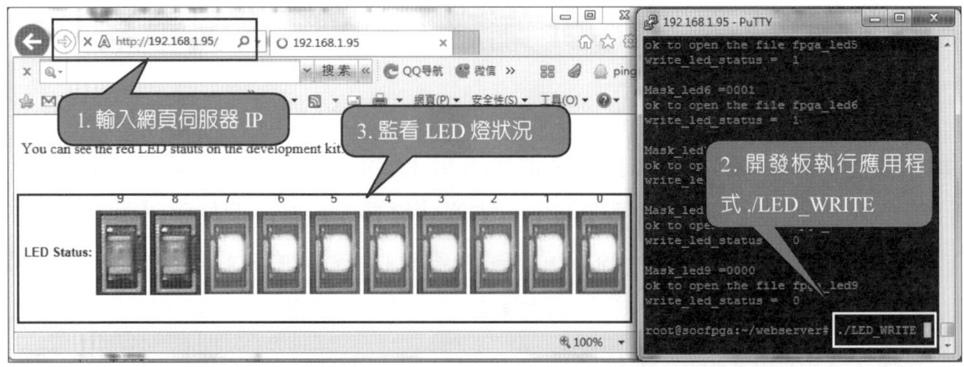

圖 6-80　網頁監看 Server 端之 LED 燈狀況預期結果

6-5-1 將 10 顆 LED 燈之狀況寫入文字檔伺服器端應用程式

伺服器端應用程式能使 LED 燈閃爍並將 10 顆 LED 燈之狀況寫入個別對應的文字檔中。此專案開發需要的硬體與軟體檔整理如表 6-48 所示。

表 6-48　伺服器端應用程式開發需要的硬體與軟體檔

檔案	說明	所在目錄
HPS_LED_HEX.qpf	專案檔	D:/DE1_SoC/Demonstrations/SOC_FPGA/HPS_LED_HEX/LED_HEX_hardware/
HPS_LED_HEX.sof	硬體燒錄檔	D:/DE1_SoC/Demonstrations/SOC_FPGA/HPS_LED_HEX/LED_HEX_hardware/
main.c	主程式	D:/DE1_SoC/WWW/ LED_WRITE/HPS_LED_HEX
led.c	LED 控制函數程式庫	D:/DE1_SoC/WWW/ LED_WRITE/HPS_LED_HEX
led.h	LED 函數程式庫	D:/DE1_SoC/WWW/ LED_WRITE/HPS_LED_HEX
hps_0.h	Qsys 中各組件的位址等資訊	D:/DE1_SoC/WWW/ LED_WRITE/HPS_LED_HEX
Makefile	make 檔	D:/DE1_SoC/WWW/ LED_WRITE/HPS_LED_HEX
LED_WRITE	應用程式執行檔	D:/DE1_SoC/WWW/ LED_WRITE/HPS_LED_HEX

本小節伺服器端應用程式在開發板上指令執行順序與說明整理如表 6-49 所示。

表 6-49　將 10 顆 LED 燈之狀況寫入文字檔應用程式說明

步驟	執行應用程式	說明
1	cd /home/root/webserver	切換目錄
2	ls -l LED*	觀察 LED* 檔案屬性
3	chmod 755 LED_WRITE	改變檔案屬性為可執行
4	./LED_WRITE	執行 LED_WRITE
5	ls -l fpga*	觀察產生的檔案屬性
6	cat fpga_led0	察看 fpga_led0 內容文字
7	cat fpga_led1	察看 fpga_led1 內容文字
8	cat fpga_led2	察看 fpga_led2 內容文字
9	cat fpga_led3	察看 fpga_led3 內容文字
10	cat fpga_led4	察看 fpga_led4 內容文字
11	cat fpga_led5	察看 fpga_led5 內容文字
12	cat fpga_led6	察看 fpga_led6 內容文字
13	cat fpga_led7	察看 fpga_led7 內容文字
14	cat fpga_led8	察看 fpga_led8 內容文字
15	cat fpga_led9	察看 fpga_led9 內容文字

本小節使用之程式是從 DE1_SoC 開發板光碟所附之範例「/Demonstrations/SOC_FPGA/HPS_LED_HEX/LED_HEX_software/HPS_LED_HEX/main.c」修改的。「main.c」程式架構分爲幾個部分，如表 6-50 所示。

表 6-51　將 10 顆 LED 燈之狀況寫入文字檔專案程式架構

區	程式架構
1	程式庫宣告
2	參數定義
3	基底位址變數宣告
4	led_blink 函數宣告（控制 LED 燈閃滅並將 10 個 LED 燈狀態分別寫入對應的文字檔）
5	主程式

將 10 顆 LED 燈之狀況寫入文字檔專案「main.c」主程式流程如表 6-51 所示。

表 6-51　將 10 顆 LED 燈之狀況寫入文字檔專案主程式流程

流程	主程式流程
1	用 open 創建一個文件回傳值至 fd。
2	用 mmap 把文件內容映射至一段記憶體上，回傳映射開始的地址指標。
3	計算 LED_PIO_BASE 對應在使用者空間之位址 h2p_lw_led_addr。
4	呼叫 led_blink 函數，控制 LED 燈閃滅並將 10 個 LED 燈狀態分別寫入對應的文字檔。
5	用 munmap 關閉記憶體映射。
6	用 close 關閉文件 fd。

將 10 顆 LED 燈之狀況寫入文字檔專案「main.c」內容如表 6-52 所示。

表 6-52　將 10 顆 LED 燈之狀況寫入文字檔專案「main.c」內容

```
#include <stdio.h>
#include <stdlib.h>
#include <unistd.h>
#include <fcntl.h>
#include <time.h>
#include <sys/mman.h>
#include "hwlib.h"
#include "socal/socal.h"
#include "socal/hps.h"
#include "socal/alt_gpio.h"
#include "hps_0.h"
#include "led.h"
#include <stdbool.h>
#include <pthread.h>
#define HW_REGS_BASE ( ALT_STM_OFST )
#define HW_REGS_SPAN ( 0x04000000 )
#define HW_REGS_MASK ( HW_REGS_SPAN - 1 )

volatile unsigned long *h2p_lw_led_addr=NULL;

//LEDR 燈輪流點亮與熄滅函數
// 寫入 LED 狀況於 fpga_led0 ~ fpga_led9
```

LEDR 燈輪流點亮與熄滅函數

```
void led_blink(void)
{
        int i=0;
    FILE *fp;
    int m = 0;
    char dir[100];
    int write_led_status[32] ;

        // while (1) {
     uint32_t Mask ;
     uint32_t Mask_led ;
     printf( "LED ON \r\n" );
     for(i=0;i<=10;i++)
      {
      // LEDR_LightCount 函數呼叫
      LEDR_LightCount(i);
      usleep(1000*1000);
      // 讀取目前 LED 燈之狀態
              Mask = alt_read_word(h2p_lw_led_addr);
      printf( "Mask_ON =%04x\n" , Mask);



    for(m=0;m<10;m++)
      {
       // 將 Mask 取最小位元存入 Mask_led 中
       Mask_led = Mask & 0x0001;
       printf( "Mask_led%d =%04x\n" ,m, Mask_led);
      // 將 Mask_led 值以 10 進制存至 write_led_status 字串
       sprintf(write_led_status, "%d\n" , Mask_led);
      // 將" fpga_led 號碼" 存至 dir 字串
       sprintf(dir, "fpga_led%d" ,m);
       // 開啓 dir 檔案
       fp = fopen(dir, "w" );
       if (fp == NULL) {
       printf( "Failed to open the file %s\n" , dir);
            }
       else {
```

主程式

主程式

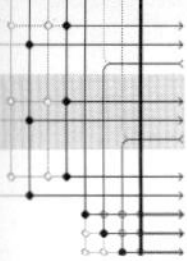

```
        //將「write_led_status」之值寫入檔案中
        fputs(write_led_status, fp);
        printf( "ok to open the file %s\n" , dir);
        printf( "write_led_status =  %s\n" , write_led_status);
        }
       fclose(fp);
       Mask >>=1;
      }

    }                                    將 LED 值寫入文字檔

   printf( "LED OFF \r\n" );
    for(i=0;i<=2;i++)
     {
          LEDR_OffCount(i);
      usleep(1000*1000);
      Mask = alt_read_word(h2p_lw_led_addr);
      printf( "Mask_OFF =%04x\n" ,Mask);



for(m=0;m<10;m++)
      {
       Mask_led = Mask & 0x0001;
       printf( "Mask_led%d =%04x\n" ,m, Mask_led);
       sprintf(write_led_status, "%d\n" , Mask_led);
       sprintf(dir, "fpga_led%d" ,m);
       fp = fopen(dir, "w" );
       if (fp == NULL) {
        printf( "Failed to open the file %s\n" , dir);
        }
       else {
        fputs(write_led_status, fp);
        printf( "ok to open the file %s\n" , dir);
        printf( "write_led_status =  %s\n" , write_led_status);
         }
       fclose(fp);
       Mask >>=1;
      }
```

```
            }
}
```

將 LED 值寫入文字檔

```
// 主程式

int main(int argc, char **argv)
{
            pthread_t id;
            int ret;
            void *virtual_base;
      int fd;

// 用 open 創建一個文件回傳值至 fd

      if( ( fd = open( "/dev/mem", ( O_RDWR | O_SYNC ) ) ) == -1 ) {
                        printf( "ERROR: could not open \" /dev/mem\" ...\n" );
                        return( 1 );
            }

// 用 mmap 把文件內容映射至一段記憶體上，回傳映射開始的地址指標。
        virtual_base = mmap( NULL, HW_REGS_SPAN, ( PROT_READ | PROT_WRITE ), MAP_
SHARED, fd, HW_REGS_BASE );
            if( virtual_base == MAP_FAILED ) {
                        printf( "ERROR: mmap() failed...\n" );
            close( fd );
                        return(1);
            }
// 計算 LED_PIO_BASE 對應在使用者空間之位址 h2p_lw_led_addr。
```

主程式

h2p_lw_led_addr 計算

```
h2p_lw_led_addr=virtual_base + ( ( unsigned long  )( ALT_LWFPGASLVS_OFST + LED_PIO_
BASE ) & ( unsigned long)( HW_REGS_MASK ) );

      ret=pthread_create(&id,NULL,(void *)led_blink,NULL);
            if(ret!=0){
                        printf( "Creat pthread error!\n" );
                        exit(1);
      }
```

呼叫 led_blink 函數

```
                                        刪除 seg 函數呼叫
    pthread_join(id,NULL);
        if( munmap( virtual_base, HW_REGS_SPAN ) != 0 ) {
                printf( "ERROR: munmap() failed...\n" );
        close( fd );
                return( 1 );
        }
    close( fd );
        return 0;
}
```

將 10 顆 LED 燈之狀況寫入文字檔專案「Makefile」內容如表 6-53 所示。

表 6-53　將 10 顆 LED 燈之狀況寫入文字檔專案 Makefile 內容

```
#
TARGET = LED_WRITE                      LED_WRITE
 #
CROSS_COMPILE = arm-linux-gnueabihf-
CFLAGS = -static -g -Wall  -I${SOCEDS_DEST_ROOT}/ip/altera/hps/altera_hps/hwlib/include
LDFLAGS =  -g -Wall
CC = $(CROSS_COMPILE)gcc
ARCH= arm
#LDFLAGS =  -g -Wall  -Iteraisc_pcie_qsys.so -ldl
#-ldl must be placed after the file calling lpxxxx funciton
build: $(TARGET)
#-lmpeg2 --> link libmpeg2.a (lib___.a)
$(TARGET): main.o led.o                 刪除 seg7.o
        $(CC) $(LDFLAGS)  $^ -o $@  -lpthread -lrt
#       $(CC) $(LDFLAGS)  $^ -o $@  -ldl -lmpeg2  -lmpeg2convert -lpthread
%.o : %.c
        $(CC) $(CFLAGS) -c $< -o $@
.PHONY: clean
clean:
        rm -f $(TARGET) *.a *.o *~
```

本小節設計流程如圖 6-81 所示，先複製目錄，再修改 Makefile 檔案，再修改 main.c 檔案，接著執行編譯，傳送檔案至板子上「/www/pages/cgi-bin/」目錄。再燒錄硬體配置檔於 DE1-SoC 板，再按板子上的 Warm Reset 鍵，用 ssh 登入 DE1-SoC 板子上的系統，改變應用程式檔案屬性爲可執行，最後執行應用程式。

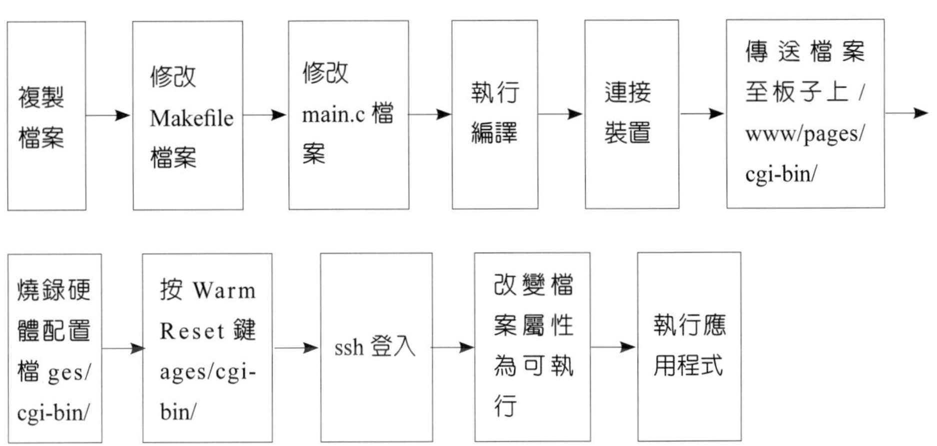

圖 6-81　將 10 顆 LED 燈之狀況寫入文字檔專案設計流程

將 10 顆 LED 燈之狀況寫入文字檔專案應用程式開發詳細操作步驟如下：

1. 複製目錄：將範例光碟中的「Demonstrations/SOC_FPGA/HPS_LED_HEX/LED_HEX_software/HPS_LED_HEX」目錄複製至「D:/DE1_SoC/WWW/LED_WRITE」下，如圖 6-82 所示。

圖 6-82　複製目錄

2. 修改 Makefile 檔案：開啓「D:/DE1_SoC/WWW/ LED_WRITE/HPS_LED_HEX」下之「Makefile」檔，修改第二行程式爲「TARGET = LED_WRITE」，如圖 6-83 所示，修改後存檔。

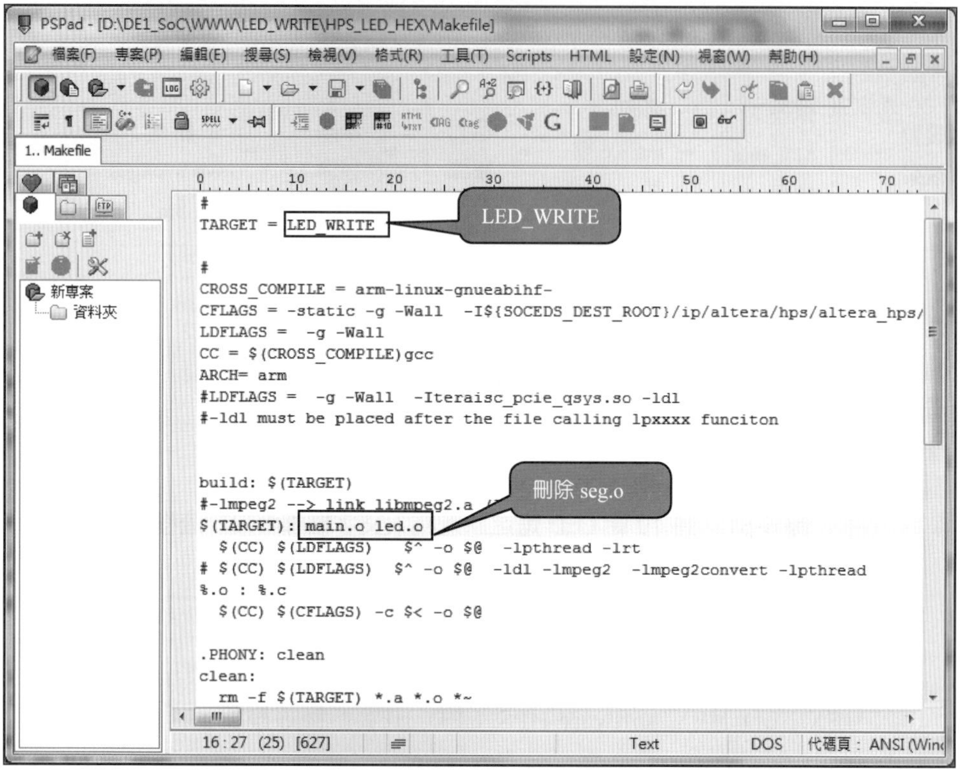

```
#
TARGET = LED_WRITE

#
CROSS_COMPILE = arm-linux-gnueabihf-
CFLAGS = -static -g -Wall  -I${SOCEDS_DEST_ROOT}/ip/altera/hps/altera_hps/
LDFLAGS =  -g -Wall
CC = $(CROSS_COMPILE)gcc
ARCH= arm
#LDFLAGS =  -g -Wall  -Iteraisc_pcie_qsys.so -ldl
#-ldl must be placed after the file calling lpxxxx funciton


build: $(TARGET)
#-lmpeg2 --> link libmpeg2.a
$(TARGET): main.o led.o
  $(CC) $(LDFLAGS)   $^ -o $@  -lpthread -lrt
# $(CC) $(LDFLAGS)  $^ -o $@  -ldl -lmpeg2  -lmpeg2convert -lpthread
%.o : %.c
  $(CC) $(CFLAGS) -c $< -o $@

.PHONY: clean
clean:
  rm -f $(TARGET) *.a *.o *~
```


圖 6-83　修改 Makefile 檔案

3. 修改 main.c 檔案：開啓「D:/ DE1_SoC/WWW/LED_WRITE/HPS_LED_HEX/」下之「main.c」檔。如表 6-28 修改。修改後存檔。
4. 開啓 SoC EDS：1. 開啓 SoC EDS: 在個人電腦端，開啓 Altera 軟體安裝目錄下的「\embedded\Embedded_Command_Shell」檔。
5. 切換至專案目錄：輸入 cd d:/ DE1_SoC/WWW/LED_WRITE /HPS_LED_HEX。
6. 執行編譯：輸入 make 開始編譯，編譯若無錯誤訊息，再用 ls -l 觀察，

如圖 6-84 所示。

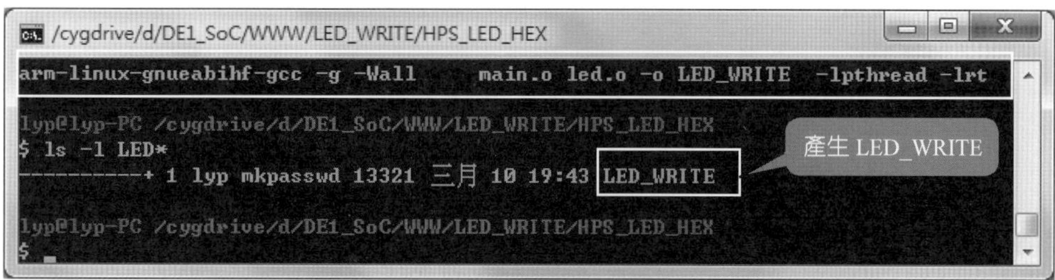

圖 6-84　編譯完成畫面

7. 連接裝置：本小節所需連接的設備整理如表 6-54 所示。

表 6-54　本範例需連接之裝置

確認連接	裝置	說明
✓	電源線	提供 DE1-SoC 板電源
✓	USB 線連接 USB-Blaster II 端口與電腦	提供燒錄
✓	USB 線連接 USB to UART 端口	提供串列通訊
✓	網路線連接網路線插槽	前一小節設定 DE1-SoC 板子上的 IP 為固定在 192.168.1.95

8. 傳送檔案：將 LED_WRITE 檔案傳至 DE1-SoC 上的 SD 卡的檔案系統，例如傳送目的地爲 192.168.1.95 的 /home/root/webserver ，請先確認 DE1-SoC 開發板上已有建立了「/home/root/webserver」目錄），如圖 6-85 所示。

圖 6-85　傳送 LED_WRITE 檔案至板子上 /www/pages/cgi-bin/

9. 燒錄硬體：使用 Quartus II Programmer，勾選 sof 檔案，按「Start」，燒錄。
10. 按 Warm Reset 鍵：確認 micro SD 卡有插在板子上的插槽中。按 Warm Reset 鍵。
11. ssh 登入：執行 puTTY，設定如圖 6-86 所示。

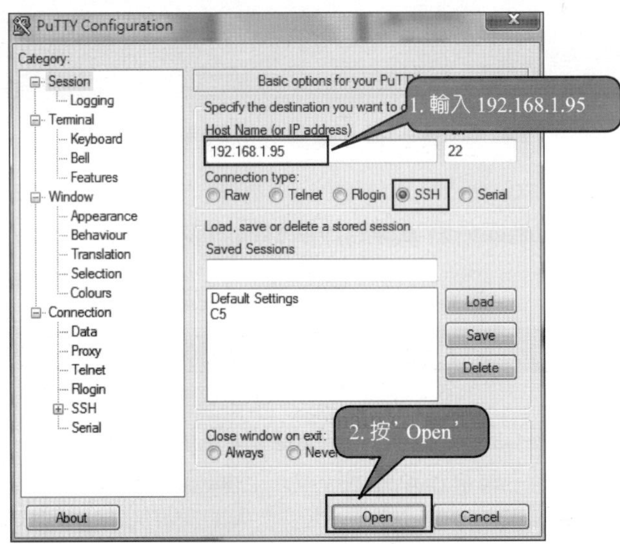

圖 6-86　ssh 登入

12. 改變檔案屬性為可執行：用 root 登入後，切至「/home/root/webserver/」目錄，觀察目錄內容是否有步驟 8 從電腦端傳送的「LED_WRITE」。傳送至 DE1-SoC 板子上的「/home/root/webserver/」目錄 下的檔案「LED_WRITE」並無執行權限，所以需要使用 chmod 755 改變檔案屬性為可執行，如圖 6-87 示。

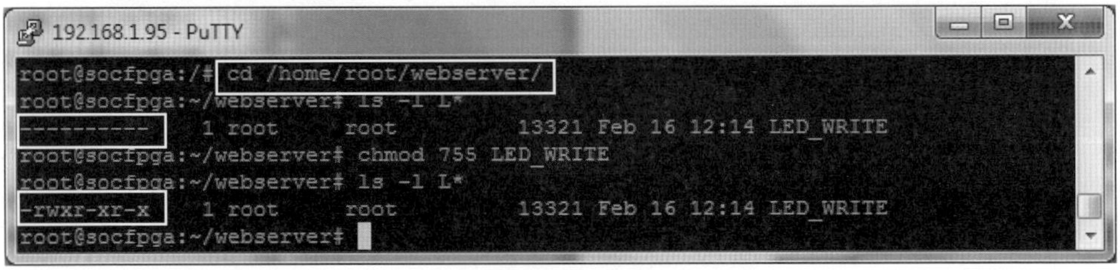

192.168.1.95 - PuTTY

```
root@socfpga:/# cd /home/root/webserver/
root@socfpga:~/webserver# ls -l L*
----------    1 root     root         13321 Feb 16 12:14 LED_WRITE
root@socfpga:~/webserver# chmod 755 LED_WRITE
root@socfpga:~/webserver# ls -l L*
-rwxr-xr-x    1 root     root         13321 Feb 16 12:14 LED_WRITE
root@socfpga:~/webserver#
```

圖 6-87　改變檔案屬性為可執行

13. 執行應用程式：將 10 顆 LED 燈之狀況寫入文字檔專案執行程式方式為輸入「./LED_WRITE」，則輸入數值對應到的 DE1-SoC 開發板上的 LEDR 會閃爍，執行畫面如圖 6-88 所示。

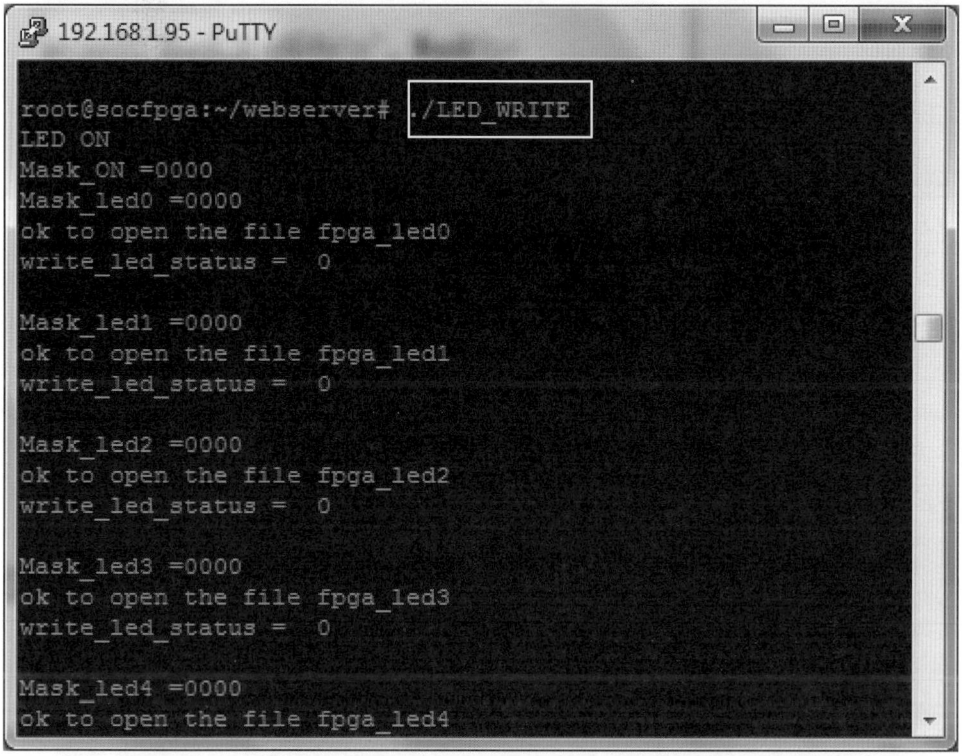

```
192.168.1.95 - PuTTY
root@socfpga:~/webserver# ./LED_WRITE
LED ON
Mask_ON =0000
Mask_led0 =0000
ok to open the file fpga_led0
write_led_status =  0

Mask_led1 =0000
ok to open the file fpga_led1
write_led_status =  0

Mask_led2 =0000
ok to open the file fpga_led2
write_led_status =  0

Mask_led3 =0000
ok to open the file fpga_led3
write_led_status =  0

Mask_led4 =0000
ok to open the file fpga_led4
```

圖 6-88　將 10 顆 LED 燈之狀況寫入文字檔專案執行應用程式

14. 觀察資料夾檔案：將 10 顆 LED 燈之狀況寫入文字檔專案執行結果會創造 fpga_led0~fpga_led9。觀察同一個資料夾中檔案，可以看到有 fpga_led0~fpga_led9 檔，如圖 6-89 所示。

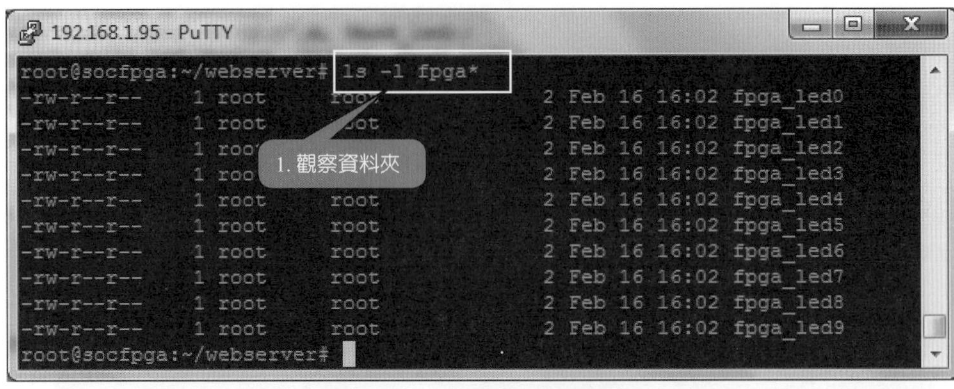

圖 6-89　觀察資料夾檔案

15. 用 cat 觀看檔案內容：觀看 10 個檔案目前儲存的資料，如圖 6-90 所示，對應執行完 "LED_WRITE" 應用程式結束後，DE1-SoC 開發板上 LED 燈的最後狀態，如圖 6-91 所示。

圖 6-90　用 cat 觀看檔案內容

圖 6-91　觀察 DE1-SoC 開發板上 10 顆紅色 LED 燈

6-5-2 網頁監看伺服器端之 LED 燈狀況

前一小節已經完成將 10 顆 LED 燈之狀況寫入文字檔的應用程式，並需在伺服器上（DE1-SoC 開發板）執行；本小節介紹如何設計網頁表單與程式，以圖形顯示伺服機上 10 顆 LED 燈亮或滅的狀況。

本小節介紹由 ssh 連線至 DE1-SoC 板後，使用 index.sh 設計網頁監看 DE1-SoC 之 LED 燈狀況之指令執行順序與說明如表 6-55 所示。

表 6-55　網頁監看 Server 端之 LED 燈狀況之指令執行順序與說明

步驟	指令	說明
1	cd /www/pages/cgi-bin	切換目錄至 /www/pages/cgi-bin
2	vi index.sh	修改 index.sh 檔
3	192.168.1.95	開啟瀏覽器輸入網頁伺服器 IP
4	cd /home/root/webserver	進入 /home/root/
5	./LED_WRITE	執行 LED_WRITE
6	192.168.1.95	觀看瀏覽器網頁變化

網頁監看 Server 端之 LED 燈狀況專案預期結果如圖 6-92 所示。

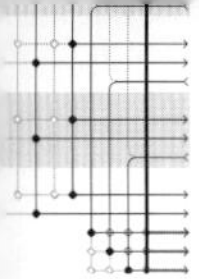

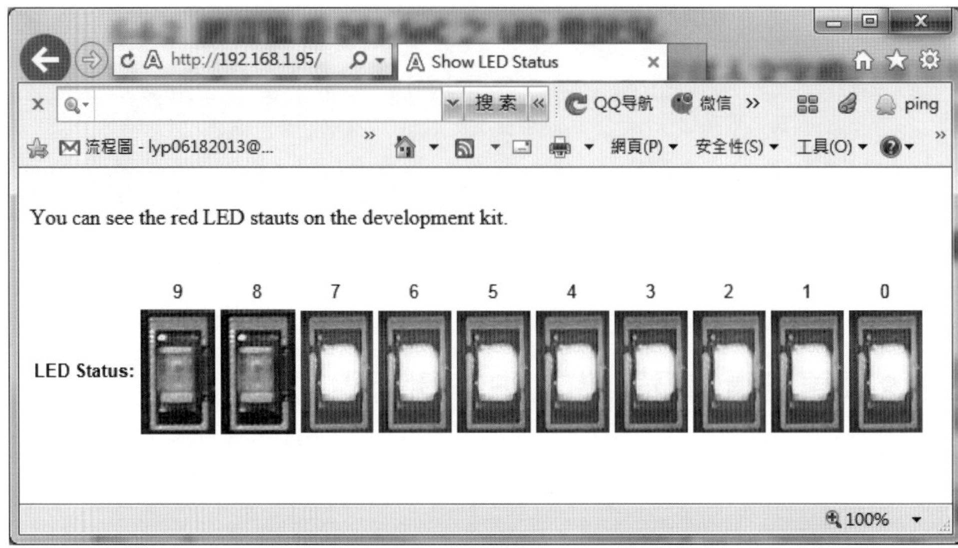

圖 6-92　網頁監看 DE1-SoC 開發板之 LED 燈狀況專案預期結果

網頁監看 Server 端之 LED 燈狀況「index.sh」內容如表 6-56 所示。本範例無輸入表單，只有讀取文字檔內容值，顯示對應的 LED 燈圖片。說明整理如表 6-57 所示。

表 6-56　網頁監看 Server 端之 LED 燈狀況「index.sh」內容

```
#!/bin/bash
echo "Content-type: text/html"
echo ""
echo '<html>'
echo '<head>'
echo '<meta http-equiv=" Content-Type" content=" text/html; charset=UTF-8" >'
echo '<meta http-equiv=" refresh" content=" 1" >'
echo '<title> Show LED Status </title>'
echo '</head>'
echo '<body>'

echo '<script language=" javascript" >'
echo 'setTimeout( "self.location.reload();" ,1000);'
echo '</script>'
```

LED8 與 LED9 為滅

每秒更新一次畫面

```
LED0_STATUS=-1
LED1_STATUS=-1
LED2_STATUS=-1
LED3_STATUS=-1
LED4_STATUS=-1
LED5_STATUS=-1
LED6_STATUS=-1
LED7_STATUS=-1
LED8_STATUS=-1
LED9_STATUS=-1

LED0_STATUS="`cat /home/root/webserver/fpga_led0`"
LED1_STATUS="`cat /home/root/webserver/fpga_led1`"
LED2_STATUS="`cat /home/root/webserver/fpga_led2`"
LED3_STATUS="`cat /home/root/webserver/fpga_led3`"
LED4_STATUS="`cat /home/root/webserver/fpga_led4`"
LED5_STATUS="`cat /home/root/webserver/fpga_led5`"
LED6_STATUS="`cat /home/root/webserver/fpga_led6`"
LED7_STATUS="`cat /home/root/webserver/fpga_led7`"
LED8_STATUS="`cat /home/root/webserver/fpga_led8`"
LED9_STATUS="`cat /home/root/webserver/fpga_led9`"

echo -e "<p><br>You can see the red LED stauts on the development kit. <br><br></p>"
echo -e "<table style=\"margin-top:10px; margin-left:0px; font-family: Arial; font-size: 10pt\">"
echo -e "<tr><td></td><td align=center width=19 height=10>9</td> <td align=center width=19 height=10>8</td> <td align=center width=19 height=10>7</td> <td align=center width=19 height=10>6</td><td align=center width=19 height=10>5</td><td align=center width=19 height=10>4</td><td align=center width=19 height=10>3</td><td align=center width=19 height=10>2</td><td align=center width=19 height=10>1</td><td align=center width=19 height=10>0</td></tr> "
echo -e "<tr>"
echo -e "<td><strong>LED Status:</strong></td>"


if [ "$LED9_STATUS" == "0" ]; then
      echo -e "<td align=center width=19 height=46> <img src=\"../led_off.jpg\"> </td>"
elif [ "$LED9_STATUS" == "1" ]; then
```

變數初始值設定

變數初始值設定

讀取檔案內容

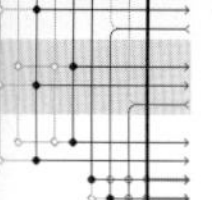

```
      echo -e "<td align=center width=19 height=46> <img src=\" ../led_on.jpg\" > </td>"
else
    echo -e "<td align=center width=19 height=46> <img src=\" ../led_off.jpg\" > </td>"
 fi
if [ "$LED8_STATUS" == "0" ]; then
      echo -e "<td align=center width=19 height=46> <img src=\" ../led_off.jpg\" > </td>"
elif [ "$LED8_STATUS" == "1" ]; then
      echo -e "<td align=center width=19 height=46> <img src=\" ../led_on.jpg\" > </td>"
else
    echo -e "<td align=center width=19 height=46> <img src=\" ../led_off.jpg\" > </td>"
 fi
if [ "$LED7_STATUS" == "0" ]; then
      echo -e "<td align=center width=19 height=46> <img src=\" ../led_off.jpg\" > </td>"
elif [ "$LED7_STATUS" == "1" ]; then
      echo -e "<td align=center width=19 height=46> <img src=\" ../led_on.jpg\" > </td>"
else
    echo -e "<td align=center width=19 height=46> <img src=\" ../led_off.jpg\" > </td>"
 fi
if [ "$LED6_STATUS" == "0" ]; then
      echo -e "<td align=center width=19 height=46> <img src=\" ../led_off.jpg\" > </td>"
elif [ "$LED6_STATUS" == "1" ]; then
      echo -e "<td align=center width=19 height=46> <img src=\" ../led_on.jpg\" > </td>"
else
    echo -e "<td align=center width=19 height=46> <img src=\" ../led_off.jpg\" > </td>"
 fi
if [ "$LED5_STATUS" == "0" ]; then
      echo -e "<td align=center width=19 height=46> <img src=\" ../led_off.jpg\" > </td>"
elif [ "$LED5_STATUS" == "1" ]; then
      echo -e "<td align=center width=19 height=46> <img src=\" ../led_on.jpg\" > </td>"
else
    echo -e "<td align=center width=19 height=46> <img src=\" ../led_off.jpg\" > </td>"
 fi
if [ "$LED4_STATUS" == "0" ]; then
      echo -e "<td align=center width=19 height=46> <img src=\" ../led_off.jpg\" > </td>"
elif [ "$LED4_STATUS" == "1" ]; then
      echo -e "<td align=center width=19 height=46> <img src=\" ../led_on.jpg\" > </td>"
else
```

```
   echo -e "<td align=center width=19 height=46> <img src=\" ../led_off.jpg\" > </td>"
 fi
if [ "$LED3_STATUS" == "0" ]; then
      echo -e "<td align=center width=19 height=46> <img src=\" ../led_off.jpg\" > </td>"
elif [ "$LED3_STATUS" == "1" ]; then
      echo -e "<td align=center width=19 height=46> <img src=\" ../led_on.jpg\" > </td>"
else
   echo -e "<td align=center width=19 height=46> <img src=\" ../led_off.jpg\" > </td>"
 fi
if [ "$LED2_STATUS" == "0" ]; then
      echo -e "<td align=center width=19 height=46> <img src=\" ../led_off.jpg\" > </td>"
elif [ "$LED2_STATUS" == "1" ]; then
      echo -e "<td align=center width=19 height=46> <img src=\" ../led_on.jpg\" > </td>"
else
   echo -e "<td align=center width=19 height=46> <img src=\" ../led_off.jpg\" > </td>"
 fi
if [ "$LED1_STATUS" == "0" ]; then
      echo -e "<td align=center width=19 height=46> <img src=\" ../led_off.jpg\" > </td>"
elif [ "$LED1_STATUS" == "1" ]; then
      echo -e "<td align=center width=19 height=46> <img src=\" ../led_on.jpg\" > </td>"
else
   echo -e "<td align=center width=19 height=46> <img src=\" ../led_off.jpg\" > </td>"
 fi
if [ "$LED0_STATUS" == "0" ]; then
      echo -e "<td align=center width=19 height=46> <img src=\" ../led_off.jpg\" > </td>"
elif [ "$LED0_STATUS" == "1" ]; then

      echo -e "<td align=center width=19 height=46> <img src=\" ../led_on.jpg\" > </td>"
else
   echo -e "<td align=center width=19 height=46> <img src=\" ../led_off.jpg\" > </td>"
 fi

echo '</body>'
echo '</html>'
exit 0
```

表 6-57　網頁監看 Server 端之 LED 燈狀況網頁動作程式說明

程式	說明
echo '<script language="javascript">' echo ‘setTimeout(“self.location.reload();” ,1000);’ echo ‘</script>’	每秒更新一次網頁
LED0_STATUS="`cat /home/root/webserver/fpga_led0`" LED1_STATUS=”`cat /home/root/webserver/fpga_led1`” LED2_STATUS=”`cat /home/root/webserver/fpga_led2`” LED3_STATUS=”`cat /home/root/webserver/fpga_led3`” LED4_STATUS=”`cat /home/root/webserver/fpga_led4`” LED5_STATUS=”`cat /home/root/webserver/fpga_led5`” LED6_STATUS=”`cat /home/root/webserver/fpga_led6`” LED7_STATUS=”`cat /home/root/webserver/fpga_led7`” LED8_STATUS=”`cat /home/root/webserver/fpga_led8`” LED9_STATUS=”`cat /home/root/webserver/fpga_led9`”	將 fpga_led0 檔案內容存入 LED0_STATUS 變數中。 將 fpga_led1 檔案內容存入 LED1_STATUS 變數中。 將 fpga_led2 檔案內容存入 LED2_STATUS 變數中。 將 fpga_led3 檔案內容存入 LED3_STATUS 變數中。 將 fpga_led4 檔案內容存入 LED4_STATUS 變數中。 將 fpga_led5 檔案內容存入 LED5_STATUS 變數中。 將 fpga_led6 檔案內容存入 LED6_STATUS 變數中。 將 fpga_led7 檔案內容存入 LED7_STATUS 變數中。 將 fpga_led8 檔案內容存入 LED8_STATUS 變數中。 將 fpga_led9 檔案內容存入 LED9_STATUS 變數中。

if [“$LED9_STATUS” == “0”]; then
echo -e “<td align=center width=19 height=46> <img src=\” ../led_off.jpg\” > </td>”
elif [“$LED9_STATUS” == “1”]; then
echo -e “<td align=center width=19 height=46> <img src=\” ../led_on.jpg\” > </td>”
else
echo -e “<td align=center width=19 height=46> <img src=\” ../led_off.jpg\” > </td>”
fi
	若變數 LED9_STATUS 等於 0，則顯示「led_off.jpg」圖。
	若變數 LED9_STATUS 等於 1，則顯示「led_on.jpg」圖。
	
	否則，則顯示「led_off.jpg」圖。

本小節設計流程如圖 6-93 所示，先開啟 index.sh 編輯網頁表單，再傳入

LED 燈亮與 LED 暗的圖片，再使用瀏覽器讀取網頁，接著於伺服器端執行應用程式，網頁的 LED 燈圖片也會隨著對應的 LEDR 燈亮暗變化。

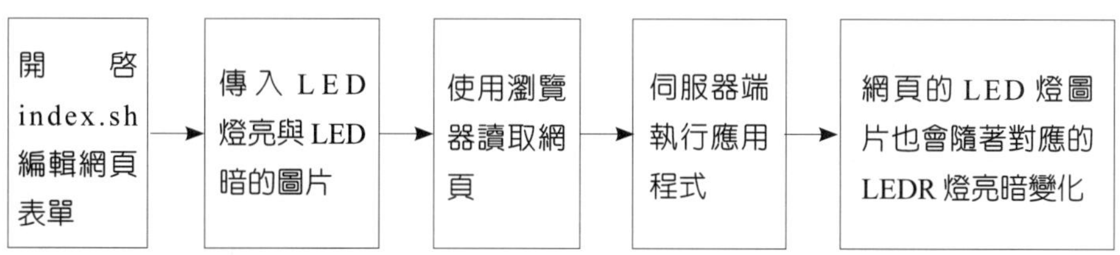

圖 6-93　網頁控制 10 顆 LED 燈個別閃爍專案設計流程

網頁監看 Server 端之 LED 燈狀況之網頁設計，詳細步驟如下：

1. 開啓 index.sh 編輯：使用 PuTTY 視窗於「/www/pages/cgi-bin」目錄開啓 index.sh 檔編輯，可輸入 vi　index.sh ，再將表 6-45 之文字輸入於 vi 編輯畫面中。
2. 傳入 LED 燈亮與 LED 暗的圖片：本範例使用圖片顯示 LED 燈的狀況，使用兩張圖片，整理如表 6-58 所示。

表 6-58　LED 燈亮與 LED 暗的圖片

圖片	說明	圖片
led_on.jpg	傳送至 DE1-SoC 開發板之「/www/pages」” 目錄下。	
led_off.jpg	傳送至 DE1-SoC 開發板之「/www/pages」目錄下。	

3. 瀏覽器觀看網頁：再使用同一個網域的電腦去用瀏覽器去觀看首頁，輸入 IP 位址 192.168.1.95。

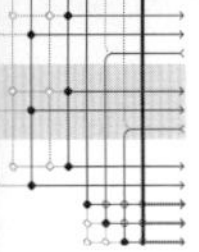

4. 伺服器端執行應用程式：再於伺服器端（用 PuTTY 視窗於「/home/root/webserver/」目錄下），執行應用程式「./LED_WRITE」，使開發板上 LED 燈開始變化，如圖 6-94 至圖 6-96 所示，同時網頁的 LED 燈圖片也會隨著對應的 LEDR 燈亮暗變化。

圖 6-94　網頁監看 Server 端之 LED 燈狀況

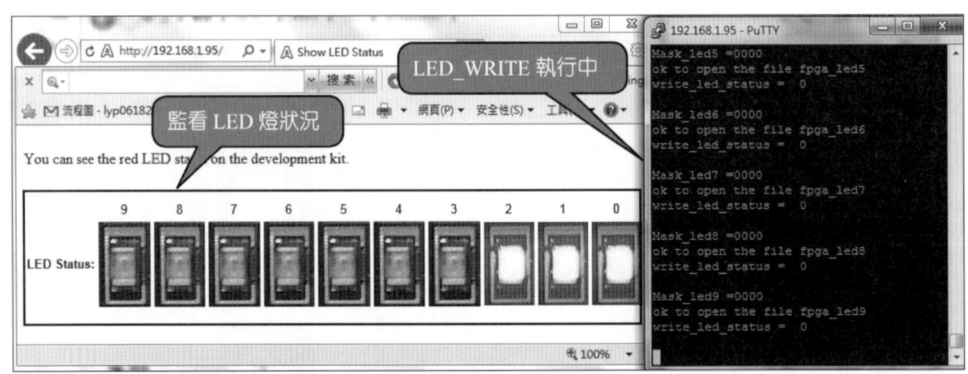

圖 6-95　網頁監看 Server 端之 LED 燈狀況網頁圖片變化

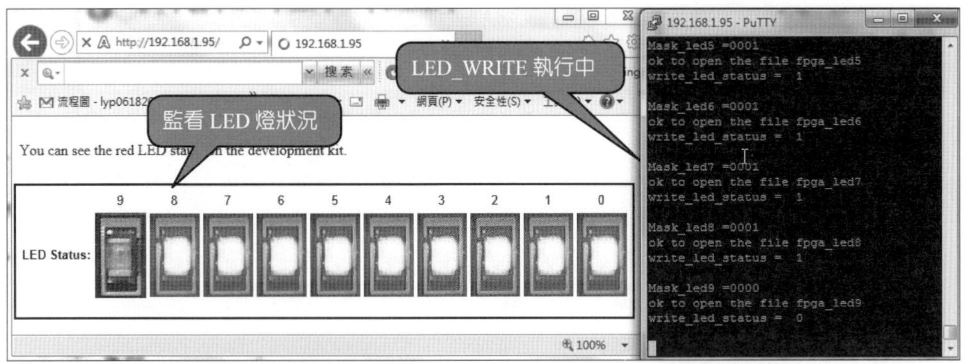

圖 6-96　網頁監看 Server 端之 LED 燈狀況網頁圖片變化

6-6 監控網頁設計

本小節結合 6-2 至 6-5 之範例，設計一監控網頁，控制頁面部分能夠控制 DE1-SoC 開發板七段顯示器與 10 顆 LED 燈，監看部分顯示 10 顆紅色 LED 燈與七段顯示器目前數值，如圖 6-97 所示。

本小節介紹由 ssh 連線至 DE1-SoC 板後，使用 index.sh 設計網頁監控網頁設計之指令執行順序與說明如表 6-59 所示。

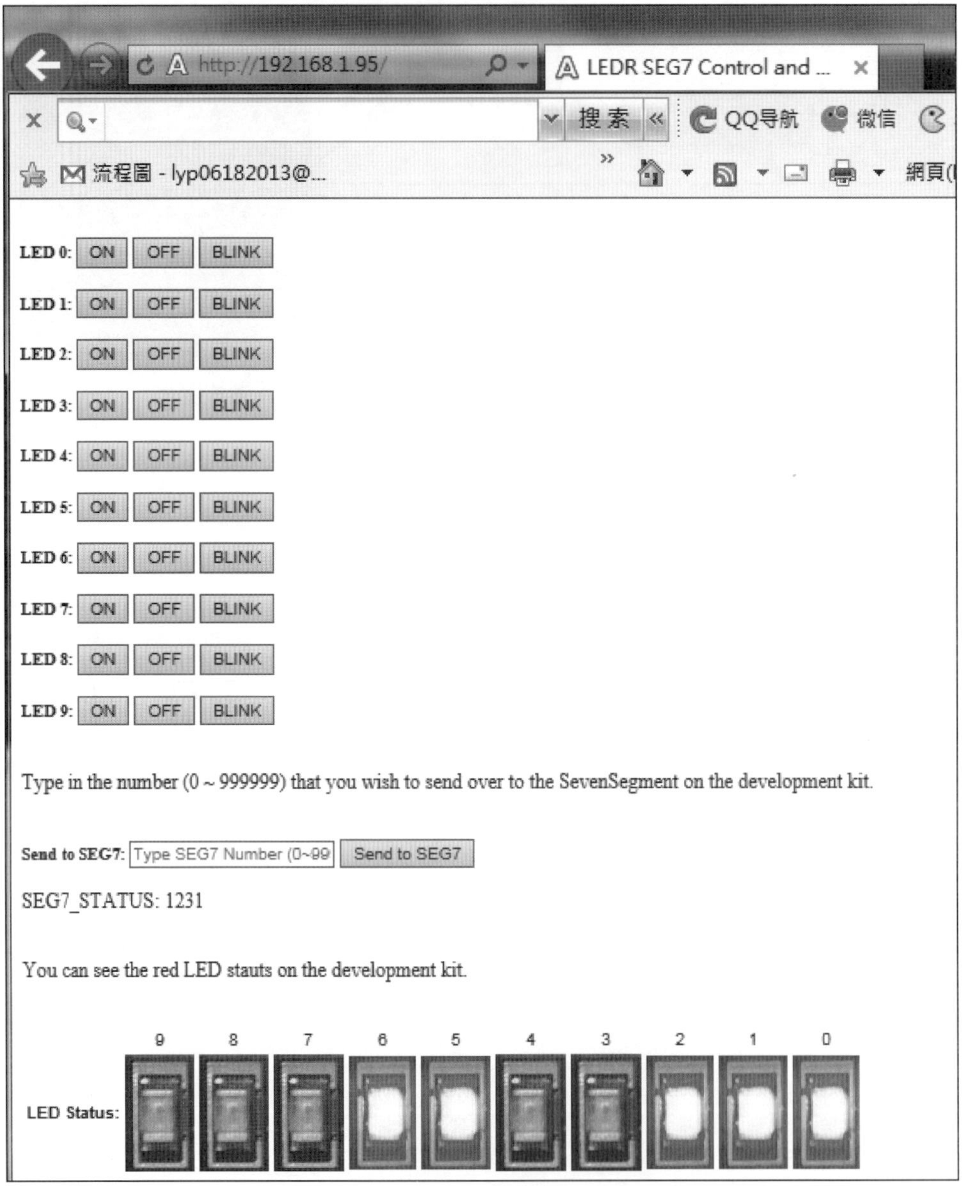

http://192.168.1.95/
LEDR SEG7 Control and ...
搜索 QQ导航 微信
流程圖 - lyp06182013@...
網頁(

LED 0: ON OFF BLINK
LED 1: ON OFF BLINK
LED 2: ON OFF BLINK
LED 3: ON OFF BLINK
LED 4: ON OFF BLINK
LED 5: ON OFF BLINK
LED 6: ON OFF BLINK
LED 7: ON OFF BLINK
LED 8: ON OFF BLINK
LED 9: ON OFF BLINK

Type in the number (0 ~ 999999) that you wish to send over to the SevenSegment on the development kit.

Send to SEG7: Type SEG7 Number (0~99 Send to SEG7

SEG7_STATUS: 1231

You can see the red LED stauts on the development kit.

LED Status: 9 8 7 6 5 4 3 2 1 0

圖 6-97　監控網頁設計專案預期結果

表 6-59　監控網頁設計之指令執行順序與說明

步驟	指令	說明
1	cd /www/pages/cgi-bin	切換目錄至 /www/pages/cgi-bin
2	vi index.sh	修改 index.sh 檔
3	192.168.1.95	開啓瀏覽器輸入網頁伺服器 IP

監控網頁設計「index.sh」內容如表 6-60 所示。本範例無輸入表單，只有讀取文字檔內容值，顯示對應的 LED 燈圖片。說明如表 6-61 所示。

表 6-60　監控網頁設計「index.sh」內容

```
#!/bin/bash
echo "Content-type: text/html"
echo ""
echo '<html>'
echo '<head>'
echo '<meta http-equiv="Content-Type" content="text/html; charset=UTF-8">'
echo '<title>  LEDR SEG7 Control and Monitor </title>'
echo '</head>'
echo '<body>'
                                                    LED 燈控制表單
echo -e "<p><br>You can control to blink the LED that are connected to the FPGA on the development kit. <br><br></p>"

echo -e "<FORM action=\"/cgi-bin/index.sh#led_blink\" method=\"post\">"
  echo -e "<P>"
  echo -e "<strong><font size=\"2\"> LED 0: </font></strong> "
  echo -e "<INPUT type=\"submit\" class=\"box\" name=\"led_0\" value=\"ON\">"
  echo -e "<INPUT type=\"submit\" class=\"box\" name=\"led_0\" value=\"OFF\">"
  echo -e "<INPUT type=\"submit\" class=\"box\" name=\"led_0\" value=\"BLINK\">"
  echo -e "</P>"
echo -e "</FORM>"

echo -e "<FORM action=\"/cgi-bin/index.sh#led_blink\" method=\"post\">"
  echo -e "<P>"
  echo -e "<strong><font size=\"2\"> LED 1: </font></strong> "
  echo -e "<INPUT type=\"submit\" class=\"box\" name=\"led_1\" value=\"ON\">"
```

```
   echo -e "<INPUT type=\" submit\" class=\" box\" name=\" led_1\" value=\" OFF\" >"
   echo -e "<INPUT type=\" submit\" class=\" box\" name=\" led_1\" value=\" BLINK\" >"
   echo -e "</P>"
echo -e "</FORM>"
echo -e "<FORM action=\" /cgi-bin/index.sh#led_blink\" method=\" post\" >"
   echo -e "<P>"
   echo -e "<strong><font size=\" 2\" > LED 2: </font></strong> "
   echo -e "<INPUT type=\" submit\" class=\" box\" name=\" led_2\" value=\" ON\" >"
   echo -e "<INPUT type=\" submit\" class=\" box\" name=\" led_2\" value=\" OFF\" >"
     echo -e "<INPUT type=\" submit\" class=\" box\" name=\" led_2\" value=\" BLINK\" >"
   echo -e "</P>"
echo -e "</FORM>"
echo -e "<FORM action=\" /cgi-bin/index.sh#led_blink\" method=\" post\" >"
   echo -e "<P>"
   echo -e "<strong><font size=\" 2\" > LED 3: </font></strong> "
   echo -e "<INPUT type=\" submit\" class=\" box\" name=\" led_3\" value=\" ON\" >"
   echo -e "<INPUT type=\" submit\" class=\" box\" name=\" led_3\" value=\" OFF\" >"
   echo -e "<INPUT type=\" submit\" class=\" box\" name=\" led_3\" value=\" BLINK\" >"
   echo -e "</P>"
echo -e "</FORM>"
echo -e "<FORM action=\" /cgi-bin/index.sh#led_blink\" method=\" post\" >"
   echo -e "<P>"
   echo -e "<strong><font size=\" 2\" > LED 4: </font></strong> "
   echo -e "<INPUT type=\" submit\" class=\" box\" name=\" led_4\" value=\" ON\" >"
   echo -e "<INPUT type=\" submit\" class=\" box\" name=\" led_4\" value=\" OFF\" >"
   echo -e "<INPUT type=\" submit\" class=\" box\" name=\" led_4\" value=\" BLINK\" >"
   echo -e "</P>"
echo -e "</FORM>"
echo -e "<FORM action=\" /cgi-bin/index.sh#led_blink\" method=\" post\" >"
   echo -e "<P>"
   echo -e "<strong><font size=\" 2\" > LED 5: </font></strong> "
   echo -e "<INPUT type=\" submit\" class=\" box\" name=\" led_5\" value=\" ON\" >"
   echo -e "<INPUT type=\" submit\" class=\" box\" name=\" led_5\" value=\" OFF\" >"
   echo -e "<INPUT type=\" submit\" class=\" box\" name=\" led_5\" value=\" BLINK\" >"
   echo -e "</P>"
echo -e "</FORM>"
echo -e "<FORM action=\" /cgi-bin/index.sh#led_blink\" method=\" post\" >"
   echo -e "<P>"
   echo -e "<strong><font size=\" 2\" > LED 6: </font></strong> "
```

```
    echo -e "<INPUT type=\" submit\" class=\" box\" name=\" led_6\" value=\" ON\" >"
    echo -e "<INPUT type=\" submit\" class=\" box\" name=\" led_6\" value=\" OFF\" >"
    echo -e "<INPUT type=\" submit\" class=\" box\" name=\" led_6\" value=\" BLINK\" >"
    echo -e "</P>"
echo -e "</FORM>"
echo -e "<FORM action=\" /cgi-bin/index.sh#led_blink\" method=\" post\" >"
    echo -e "<P>"
    echo -e "<strong><font size=\" 2\" > LED 7: </font></strong> "
    echo -e "<INPUT type=\" submit\" class=\" box\" name=\" led_7\" value=\" ON\" >"
    echo -e "<INPUT type=\" submit\" class=\" box\" name=\" led_7\" value=\" OFF\" >"
    echo -e "<INPUT type=\" submit\" class=\" box\" name=\" led_7\" value=\" BLINK\" >"
    echo -e "</P>"
echo -e "</FORM>"
echo -e "<FORM action=\" /cgi-bin/index.sh#led_blink\" method=\" post\" >"
    echo -e "<P>"
    echo -e "<strong><font size=\" 2\" > LED 8: </font></strong> "
    echo -e "<INPUT type=\" submit\" class=\" box\" name=\" led_8\" value=\" ON\" >"
    echo -e "<INPUT type=\" submit\" class=\" box\" name=\" led_8\" value=\" OFF\" >"
    echo -e  "<INPUT type=\" submit\" class=\" box\" name=\" led_8\" value=\" BLINK\" >"
    echo -e "</P>"
echo -e "</FORM>"
echo -e "<FORM action=\" /cgi-bin/index.sh#led_blink\" method=\" post\" >"
    echo -e "<P>"
    echo -e "<strong><font size=\" 2\" > LED 9: </font></strong> "
    echo -e "<INPUT type=\" submit\" class=\" box\" name=\" led 9\" value=\" ON\" >"
    echo -e "<INPUT type=\" submit\" class=\" box\" name=\" led_9\" value=\" OFF\" >"
    echo -e "<INPUT type=\" submit\" class=\" box\" name=\" led_9\" value=\" BLINK\" >"
    echo -e "</P>"
echo -e "</FORM>"

####################################
```

七段顯示器表單

```
echo -e "<p><br>Type in the number (0 ~ 999999) that you wish to send over to the
SevenSegment on the development kit. <br><br></p>"
echo -e "<FORM name=\" seg7\" action=\" /cgi-bin/index.sh#seg\" method=\" post\" >"
      echo -e "<P>"
      echo -e "<strong><font size=\" 2\" > Send to SEG7: </font></strong> "
        echo -e "<INPUT type=\" text\" id=\" seg\" class=\" box\" size=\" 22\" name=\" seg_
num\" placeholder=\" Type SEG7 Number (0~999999) \" >"
```

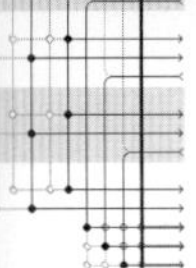

```
      echo -e "<INPUT type=\"submit\" class=\"box\" name=\"seg7_submit\" value=\"Send to SEG7\">"
      echo -e "</P>"
      echo -e "</FORM>"


#################################
read POST_STRING
IFS='&' read -ra ADDR <<< "$POST_STRING"
for i in "${ADDR[@]}"
do
      KEY=`echo $i | sed 's/=.*//g'`
      VALUE=`echo $i | sed 's/.*=//g'`
      for LED_NUMBER in 0 1 2 3 4 5 6 7 8 9          若在 led_xxx
      do
          if [ "$KEY" = "led_" $LED_NUMBER ]; then
           if [ "$VALUE" = "BLINK" ]; then            若按 BLINK 鍵

           ./LED_Blink  $LED_NUMBER                   執行應用程式

           echo 0 > /home/root/webserver/fpga_led$LED_NUMBER;
           fi                                         寫 0 至檔案中

          if [ "$VALUE" = "ON" ]; then                若按 ON 鍵

          ./LED_ON_OFF  $LED_NUMBER  1                執行應用程式
寫 1 至檔案中
          echo 1 > /home/root/webserver/fpga_led$LED_NUMBER;
          fi

           if [ "$VALUE" = "OFF" ]; then              若按 OFF 鍵

           ./LED_ON_OFF  $LED_NUMBER  0               執行應用程式

          echo 0 > /home/root/webserver/fpga_led$LED_NUMBER;

            fi                                        寫 0 至檔案中
```

```
        fi
    done
    if [ "$KEY" = "seg_num" ]; then          若在 seg_num 填入數值

     SEG7_NUMBER=$VALUE                      將值存至 SEG7_NUMBER
    Fi

    if [ "$KEY" = "seg7_submit" ]; then      若按下「seg7_submit」
       ./SEG7_show_d $SEG7_NUMBER            將 SEG7_NUMBER 值由七段顯示器顯示
       echo $SEG7_NUMBER > /home/root/webserver/SEG7_STATUS;
    fi                                       將 SEG7_NUMBER 值存入檔案
done
######################################
SEG7_STATUS=" `cat /home/root/webserver/SEG7_STATUS`"
echo "SEG7_STATUS: " $SEG7_STATUS
##########################
LED0_STATUS=" `cat /home/root/webserver/fpga_led0`"
LED1_STATUS=" `cat /home/root/webserver/fpga_led1`"
LED2_STATUS="`cat /home/root/webserver/fpga_led2`"   從檔案取得 LED 燈狀況
LED3_STATUS=" `cat /home/root/webserver/fpga_led3`"
LED4_STATUS=" `cat /home/root/webserver/fpga_led4`"
LED5_STATUS=" `cat /home/root/webserver/fpga_led5`"
LED6_STATUS=" `cat /home/root/webserver/fpga_led6`"
LED7_STATUS=" `cat /home/root/webserver/fpga_led7`"
LED8_STATUS=" `cat /home/root/webserver/fpga_led8`"
LED9_STATUS=" `cat /home/root/webserver/fpga_led9`"

echo -e "<p><br>You can see the red LED stauts on the development kit. <br><br></p>"
echo -e "<table style=\"margin-top:10px; margin-left:0px; font-family: Arial; font-size: 10pt\">"
echo -e "<tr><td></td><td align=center width=19 height=10>9</td> <td align=center
width=19 height=10>8</td> <td align=center width=19 height=10>7</td> <td align=center
width=19 height=10>6</td><td align=center width=19 height=10>5</td><td align=center
width=19 height=10>4</td><td align=center width=19 height=10>3</td><td align=center
width=19 height=10>2</td><td align=center width=19 height=10>1</td><td align=center
```

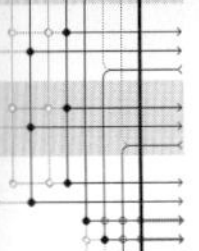

```
width=19 height=10>0</td></tr> "
echo -e "<tr>"
```

文字 9~0 排版

判斷 LED9_STATUS

```
echo -e "<td><strong>LED Status:</strong></td>"
if [ "$LED9_STATUS" == "0" ]; then
      echo -e "<td align=center width=19 height=46> <img src=\" ../led_off.jpg\" > </td>"
elif [ "$LED9_STATUS" == "1" ]; then
      echo -e "<td align=center width=19 height=46> <img src=\" ../led_on.jpg\" > </td>"
else
   echo -e "<td align=center width=19 height=46> <img src=\" ../led_off.jpg\" > </td>"
fi
```

判斷 LED8_STATUS

```
if [ "$LED8_STATUS" == "0" ]; then
      echo -e "<td align=center width=19 height=46> <img src=\" ../led_off.jpg\" > </td>"
elif [ "$LED8_STATUS" == "1" ]; then
      echo -e "<td align=center width=19 height=46> <img src=\" ../led_on.jpg\" > </td>"
else
   echo -e "<td align=center width=19 height=46> <img src=\" ../led_off.jpg\" > </td>"
fi
```

判斷 LED7_STATUS

```
if [ "$LED7_STATUS" == "0" ]; then
      echo -e "<td align=center width=19 height=46> <img src=\" ../led_off.jpg\" > </td>"
elif [ "$LED7_STATUS" == "1" ]; then
      echo -e "<td align=center width=19 height=46> <img src=\" ../led_on.jpg\" > </td>"
else
   echo -e "<td align=center width=19 height=46> <img src=\" ../led_off.jpg\" > </td>"
fi
```

判斷 LED6_STATUS

```
if [ "$LED6_STATUS" == "0" ]; then
      echo -e "<td align=center width=19 height=46> <img src=\" ../led_off.jpg\" > </td>"
elif [ "$LED6_STATUS" == "1" ]; then
      echo -e "<td align=center width=19 height=46> <img src=\" ../led_on.jpg\" > </td>"
else
   echo -e "<td align=center width=19 height=46> <img src=\" ../led_off.jpg\" > </td>"
```

```
fi
```

判斷 LED5_STATUS

```
if [ “$LED5_STATUS” == “0” ]; then
      echo -e “<td align=center width=19 height=46> <img src=\” ../led_off.jpg\” > </td>”
elif [ "$LED5_STATUS" == "1" ]; then
      echo -e “<td align=center width=19 height=46> <img src=\” ../led_on.jpg\” > </td>”
else
   echo -e “<td align=center width=19 height=46> <img src=\” ../led_off.jpg\” > </td>”
fi
```

判斷 LED4_STATUS

```
if [ “$LED4_STATUS” == “0” ]; then
      echo -e “<td align=center width=19 height=46> <img src=\” ../led_off.jpg\” > </td>”
elif [ "$LED4_STATUS" == "1" ]; then
      echo -e “<td align=center width=19 height=46> <img src=\” ../led_on.jpg\” > </td>”
else
   echo -e “<td align=center width=19 height=46> <img src=\” ../led_off.jpg\” > </td>”
fi
```

判斷 LED3_STATUS

```
if [ “$LED3_STATUS” == “0” ]; then
      echo -e “<td align=center width=19 height=46> <img src=\” ../led_off.jpg\” > </td>”
elif [ “$LED3_STATUS” == “1” ]; then
      echo -e “<td align=center width=19 height=46> <img src=\” ../led_on.jpg\” > </td>”
else
   echo -e “<td align=center width=19 height=46> <img src=\” ../led_off.jpg\” > </td>”
fi
```

判斷 LED2_STATUS

```
if [ "$LED2_STATUS" == "0" ]; then
      echo -e “<td align=center width=19 height=46> <img src=\” ../led_off.jpg\” > </td>”
elif [ “$LED2_STATUS” == “1” ]; then
      echo -e “<td align=center width=19 height=46> <img src=\” ../led_on.jpg\” > </td>”
else
   echo -e “<td align=center width=19 height=46> <img src=\” ../led_off.jpg\” > </td>”
fi
```

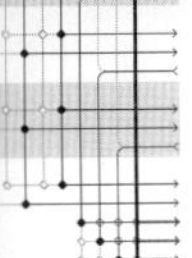

```
if [ “$LED1_STATUS” == “0” ]; then
      echo -e “<td align=center width=19 height=46> <img src=\” ../led_off.jpg\” > </td>”
elif [ "$LED1_STATUS" == "1" ]; then
      echo -e “<td align=center width=19 height=46> <img src=\” ../led_on.jpg\” > </td>”
else
   echo -e “<td align=center width=19 height=46> <img src=\” ../led_off.jpg\” > </td>”
fi
```

判斷 LED1_STATUS

判斷 LED0_STATUS

```
if [ “$LED0_STATUS” == “0” ]; then
      echo -e “<td align=center width=19 height=46> <img src=\” ../led_off.jpg\” > </td>”
elif [ "$LED0_STATUS" == "1" ]; then
      echo -e “<td align=center width=19 height=46> <img src=\” ../led_on.jpg\” > </td>”
else
   echo -e “<td align=center width=19 height=46> <img src=\” ../led_off.jpg\” > </td>”
fi

########################
echo ‘</body>’
echo ‘</html>’

exit 0
```

本小節設計流程如圖 6-98 所示，先開啓 index.sh 編輯網頁表單，再開啓瀏覽器測試網頁，再檢視原始碼，接著加入 CGI 動作程式於 index.sh ，重新讀取網頁，於網頁表單欄位塡入個爲數，選「ON」鍵或「OFF」鍵，觀察對應的 LEDR 亮或滅。

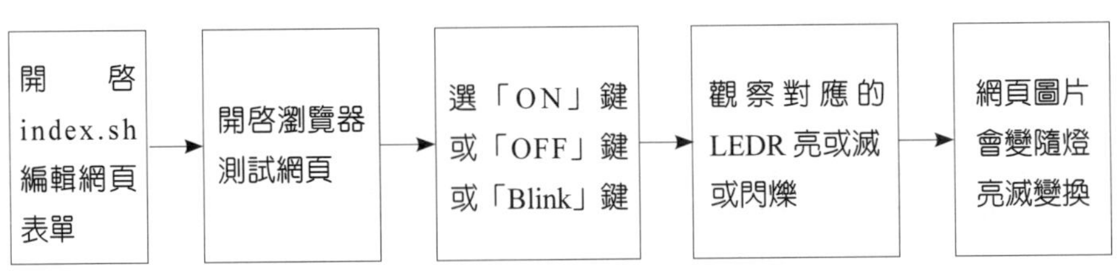

圖 6-98　網頁控制 10 顆 LED 燈個別閃爍專案設計流程

監控網頁設計之網頁設計，詳細步驟如下：

1. 開啓 index.sh 編輯：使用 PuTTY 視窗於「/www/pages/cgi-bin」目錄開啓 index.sh 檔編輯，可輸入 vi index.sh ，再將表 6-60 之文字輸入於 vi 編輯畫面中。
2. 開啓瀏覽器測試網頁：再使用同一個網域的電腦去用瀏覽器去觀看首頁，輸入 IP 位址 192.168.1.95，瀏覽監控網頁，可以看到如圖 6-99 之網頁。按網頁上控制鍵，例如按 LED5 的「ON」鍵。會看到網頁的 LED5 的圖片爲亮燈的圖，如圖 6-100 所示，同時 DE1-SoC 開發板上 LEDR5 燈亮起。

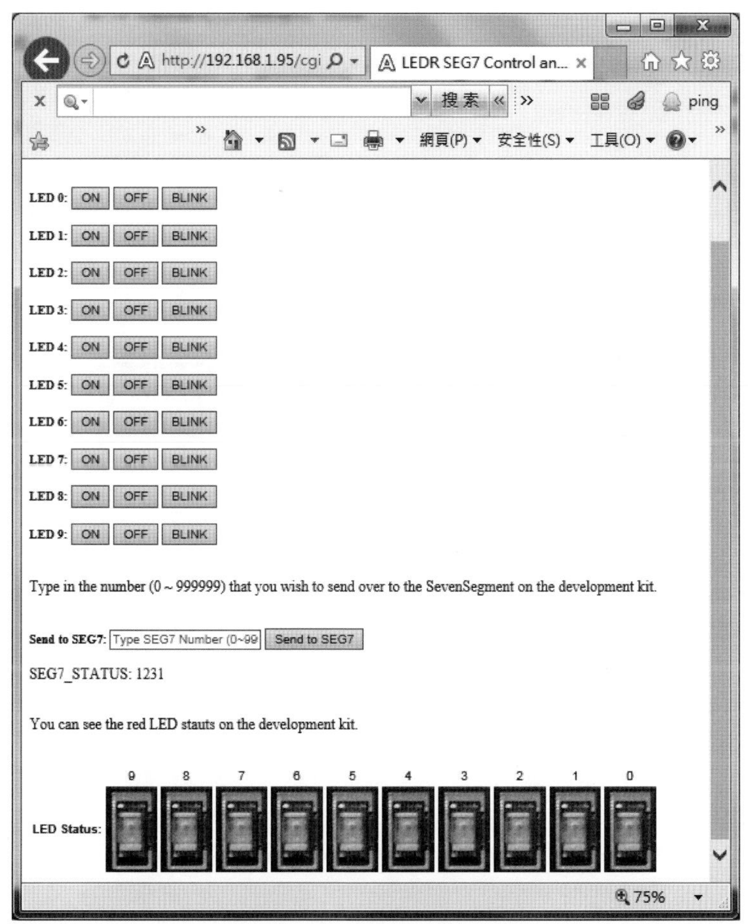

圖 6-99　瀏覽監控網頁

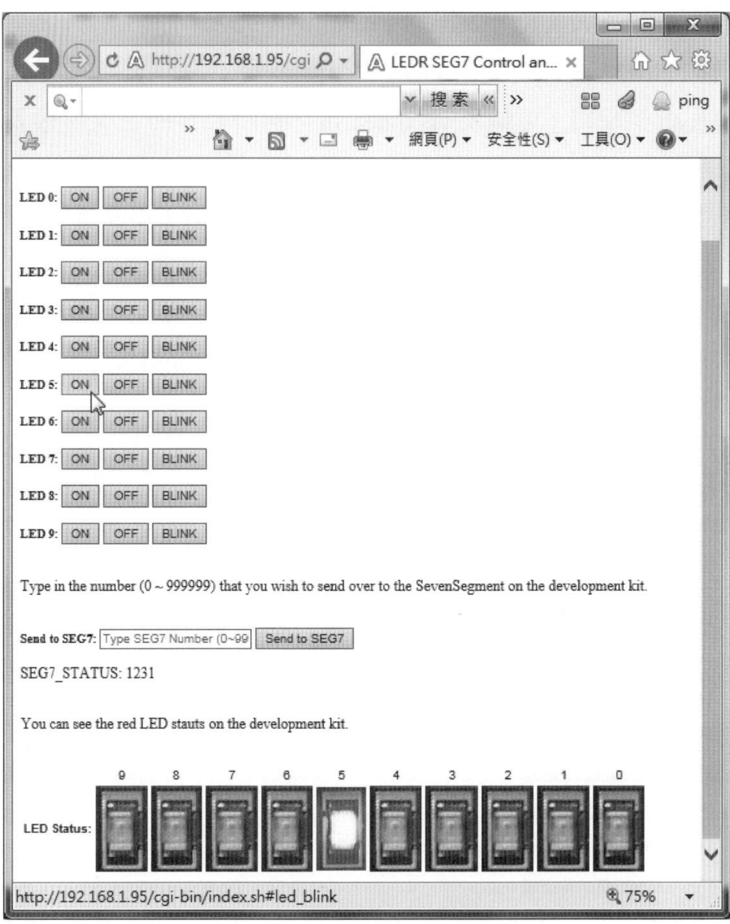

圖 6-100　網頁圖片變化

LXDE 桌面專案應用

7

- 7-1 製作 LXDE 桌面專案可開機的 SD 卡
- 7-2 使用 SD 卡開機啟動 LXDE 桌面
- 7-3 安裝 Samba 設定網路分享資料夾
- 7-4 設定遠端桌面功能

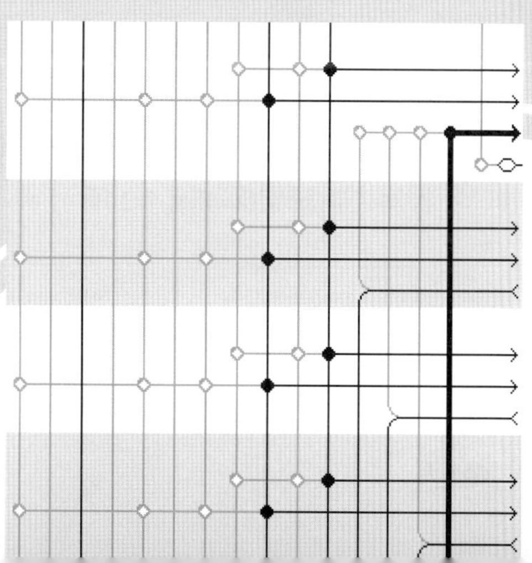

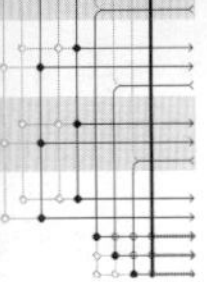

前面幾章是使用文字界面控制 DE1-SoC 上之作業系統，本章介紹使用 DE1-SoC 開發板執行 LXDE X11 桌面程式，LXDE X11 桌面畫面如圖 7-1 所示。

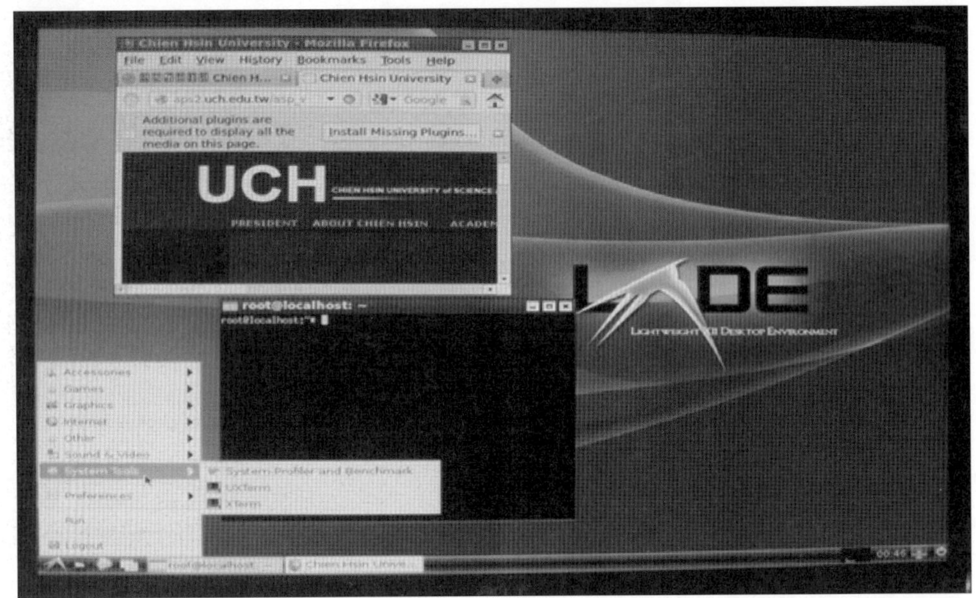

圖 7-1 使用 DE1-SoC 開發板執行 LXDE X11 桌面程式

執行本專案時，當使用者開機 linux 系統時會有企鵝顯示在螢幕上並且可執行 X windows。LXDE X11 的名字是「Lightweight X11 Desktop Environment」的簡稱，意思是「輕量級 X11 桌面環境」。LXDE X11 的優點是輕巧、省資源。LXDE 主打輕量級桌面，有著流暢快速的特性。此專案 LXDE X11 視頻輸出是由 DE1-SoC 板子上的 VGA 端口輸出。這個視頻管線是用 Altera 的 Video IP（VIP）模組實現在 SoC 的 FPGA 部分。一個畫面緩衝器（frame buffer）DMA 組件在 FPGA 端從 HPS 的 DDR SDRAM 讀到視頻緩衝器資訊並且寫入到視頻管線。本專案之系統架構如圖 7-2 所示。

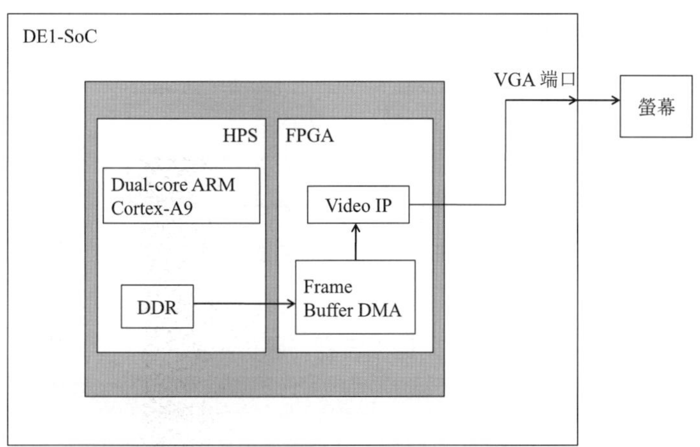

圖 7-2　DE1-SoC 開發板執行 LXDE X11 桌面程式之系統架構

* Altera 視訊與影像處理（Video and Image Processing）(VIP) 套件是集合了多種參數式模組便於應用在開發視訊與影像處理的專案設計。這些 VIP 套件範圍從簡單的建立區塊功能，像是色彩空間轉換到複雜的視訊大小調整的功能。

本範例之硬體配置 / 軟體開機流程跟前幾章不同，本範例採用之開機方式爲 HPS 先開機，再由 ARM CPU 配置 FPGA，如圖 7-3 所示。

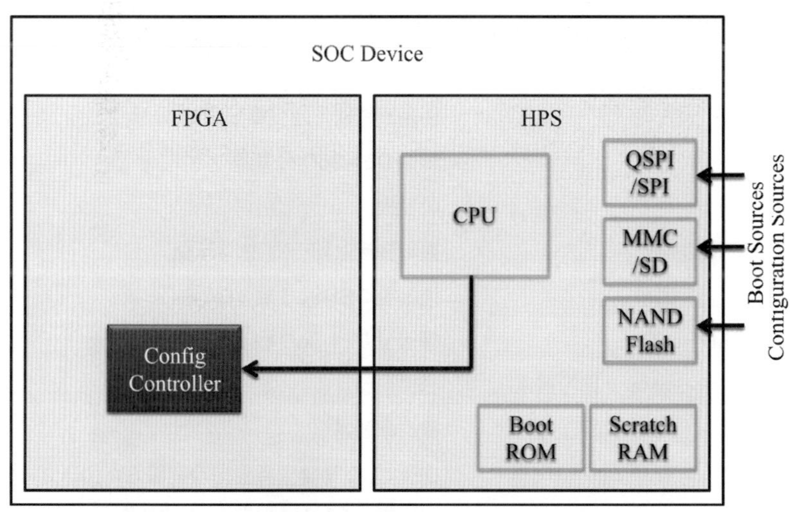

圖 7-3　HPS 先開機，再由 ARM CPU 配置 FPGA

本範例之開機流程如圖 7-4 所示。此開機流程之區塊說明如表 7-1 所示。

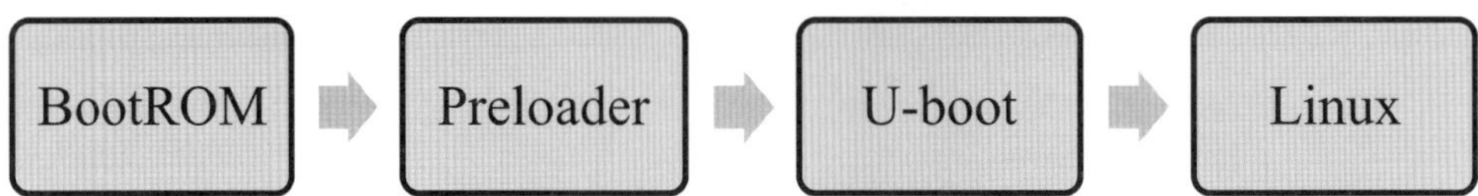

圖 7-4　本範例之開機流程

表 7-1　開機流程之區塊說明

區塊	說明
BootROM	已由 Altera 寫入在元件的 ROM 中。當電源啓動，處理器執行存在晶片中 ROM 的 BootROM 程式，並載入 Preloader 到 64K 的 on-chip RAM。
Preloader	配置時脈，配置 HPS 腳位多工器，初始化需要的 flash 控制器，載入 U-boot 到 DDR SDRAM。
U-boot	配置 FPGA，載入 Linux kernel 於 DDR SDRAM
Linux	執行應用程式

DE1-SoC 開發板執行 LXDE X11 桌面專案所需之設備如表 7-2 所示。

表 7-2　本範例需之裝置

裝置	說明
IP 分享器	分享 IP
電腦	使用網路線，連接電腦與 IP 分享器
電源線	提供 DE1-SoC 板電源
DE1-SoC 板	開發板
網路線連接網路線插槽	與電腦接上同一個 IP 分享器
有 VGA 接頭的獨立螢幕	連接至 DE1-SoC 板 VGA 端口
無線滑鼠之 USB HUB	連接至 DE1-SoC 板 USB 端口
USB 線連接 USB-Blaster II 端口與電腦	提供燒錄
USB 線連接 USB to UART 端口	提供串列通訊
MSEL 開關	DE1-SoC 開發板背面指撥開關 SW10[4:0]=00000 則可以由 CPU 先啓動再將由 CPU 配置 FPGA。

本範例使用之 SD 卡映像檔，將 SD 卡規劃之磁區如圖 7-5 所示。各磁區之說明如表 7-3 所示。

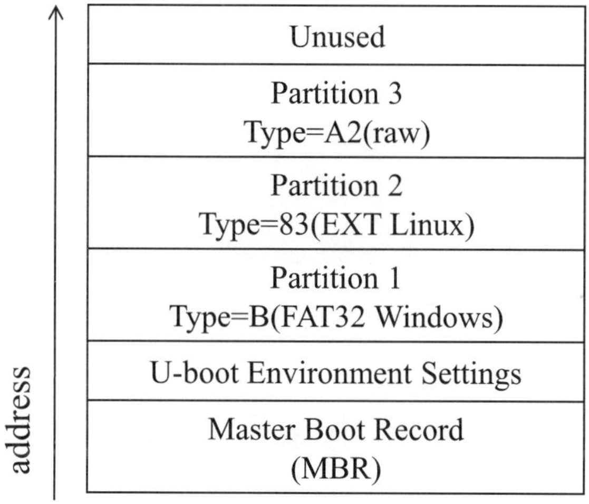

address ↑
Unused
Partition 3 Type=A2(raw)
Partition 2 Type=83(EXT Linux)
Partition 1 Type=B(FAT32 Windows)
U-boot Environment Settings
Master Boot Record (MBR)

圖 7-5　SD 卡開機片規劃

表 7-3　SD 卡開機檔案與 FPGA 硬體之檔案

磁區	檔案名稱	說明
分割區 1	socfpga.dtb	Device Tree Blob files
	soc_system.rbf	FPGA 配置檔
	u-boot.scr	U-boot script 檔（為了配置 FPGA）
	zImage	Linux Kernel 映像檔
分割區 2	很多檔案	Linux 檔案系統
分割區 3	n/a	Preloader Image
	n/a	U-boot Image

以下將循序漸進，分幾個小節介紹使用此 LXDE X11 桌面之安裝一些好用的服務，包括安裝 smba 伺服器與設定遠端桌面，如圖 7-6 所示。7-1 介紹製作可開機的 SD 卡流程，7-2 介紹使用 SD 卡開機啟動 LXDE 桌面。

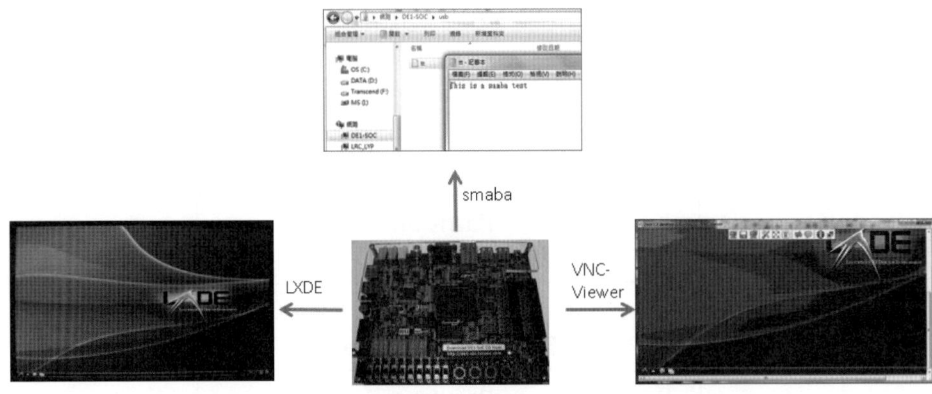

圖 7-6　安裝 smba 伺服器與設定遠端桌面

7-1 製作 LXDE 桌面專案可開機的 SD 卡

本小節介紹在 window 環境使用 win32diskimager 工具，將檔案 DE1_SoC_LXDE.img 燒至 SD 卡中，製作出一個可以開機的 SD 卡，此開機卡可以讓 DE1-SoC 開發板上執行 Linux 與桌面 LXDE X11。

本小節需使用的軟硬體裝置整理如表 7-4 所示。

表 7-4　本範例需使用的軟硬體裝置

軟硬體裝置	說明
個人電腦	Window 7 作業系統
Win32DiskImager 軟體	可以至 http://sourceforge.net/projects/win32diskimager/ 下載
DE1_SoC_LXDE.img 檔	至網站下載： http://www.terasic.com.tw/cgi-bin/page/archive.pl?Language=Taiwan&CategoryNo=173&No=869&PartNo=4。 或 http://www.terasic.com/downloads/cd-rom/de1-soc/linux_BSP/ ，再將 DE1_SoC_LXDE.zip 檔解壓縮
MicroSD	容量：至少 4GB

本小節製作 SD 卡開機片流程如圖 7-7 所示，下載 linux DSP 檔「DE1_SoC_LXDE.zip 檔」解壓縮成 DE1_SoC_LXDE.img 檔，插入 microSD 卡至 PC ，再執行 Win32DiskImager.exe 檔，選出 DE1_SoC_LXDE.img 檔開始燒錄，觀察 microSD 卡內容。

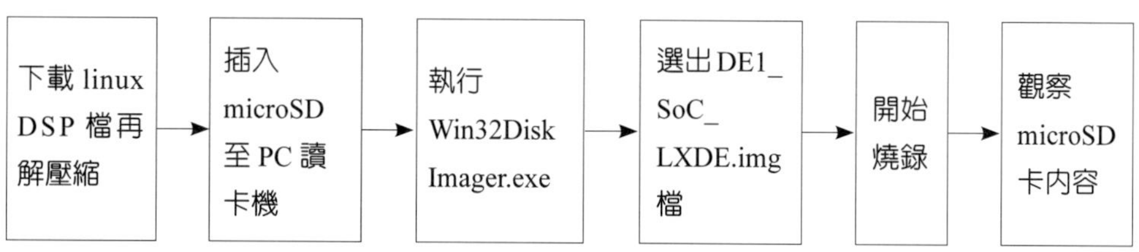

圖 7-7　製作 SD 卡開機片流程

製作 SD 卡開機片流程操作步驟如下：

1. 下載 linux_BSP 檔 : 至友晶科技網站下載 DE1_SoC 板子的 linux_BSP 檔，如圖 7-8 所示。下載檔名爲 DE1_SoC_LXDE.zip ，下載至「D:/DE1_SoC/test/」目錄下，再解壓縮成 DE1_SoC_LXDE.img 檔。

Linux BSP (Board Support Package): MicroSD Card Image

Title	Linux Kernel	Min. microSD Capacity	Size(KB)	Date Added	Download
Linux Console	3.12	4GB	6649		
Linux Console with framebuffer	3.12	4GB	328524	2014-03	
Linux LXDE Desktop	3.12	8GB	1369526	2014-03-21	
Linux Ubuntu Desktop	3.12	8GB	1136075	2014-02-11	

下載 DE1_SoC_LXDE.zip

圖 7-8　下載 DE1_SoC_LXDE.zip 檔

2. 插入 microSD 卡至 PC：插入 microSD 卡至裝有 Windows 7 作業系統的個人電腦。電腦會自動偵測。例如新增了一個「I」槽爲 SD 卡掛載點，如圖 7-9 所示。

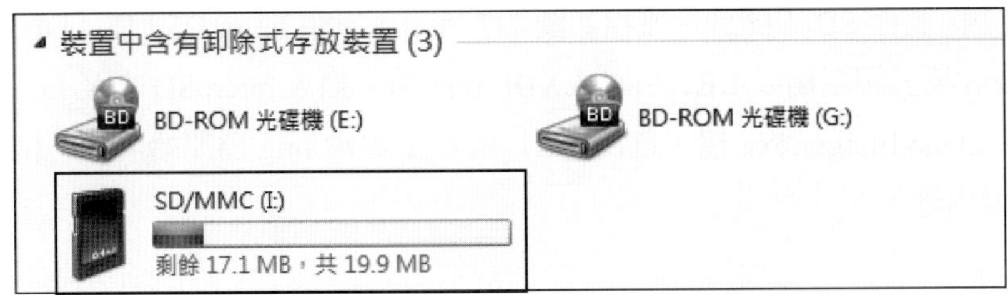

圖 7-9　PC 掛載 microSD 卡成 I 槽

3. 執行 Win32DiskImager.exe：在 Win32DiskImager 軟體下載目錄中執行 Win32DiskImager.exe 檔，並且要選擇出 microSD 卡元件所在的槽，如圖 7-10 所示。

圖 7-10　執行 Win32DiskImager.exe

4. 選出 DE1_SoC_LXDE.img 檔：至「d:\DE1_SoC\test\」資料夾，選出 DE1_SoC_LXDE.img 檔，如圖 7-11 所示。選擇檔案後，按「Write」鍵，開始燒錄，出現警告視窗，按「Yes」，燒錄完成會出現訊息視窗如圖 7-12 所示。
5. 觀察 microSD 卡內容：將 microSD 卡退出電腦後重新插回電腦，可以觀察到在 Window 系統讀到卡片中有三個檔案，如圖 7-13 所示。其中 soc_system.rbf 爲硬體配置檔。可以從 U-boot 配置 FPGA 硬體，但須搭配 DE1-SoC 板子上的 MEL[4..0] 爲「00000」。

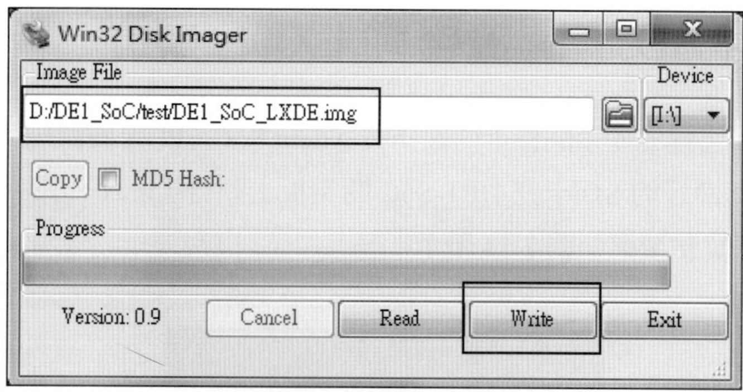

圖 7-11　選擇 DE1_SoC_LXDE.img 檔

圖 7-12　燒錄成功訊息

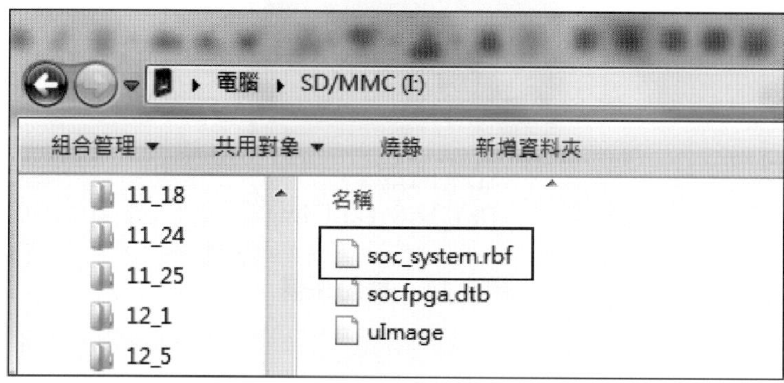

圖 7-13　觀察 microSD 卡內容

- 學習成果回顧

  學習利用 Linux 映像檔製作 SD 卡開機片。

- 下一個目標

  使用 SD 卡開機啓動 LXDE 桌面

7-2 使用 SD 卡開機啓動 LXDE 桌面

前兩小節已經完成了開機卡的製作與 Altera SoC FPGA 硬體規劃。本小節將介紹利用已準備好的 SD 卡在 DE1-SoC 開發板上執行 Linux 作業系統，並啓動 LXDE 桌面，實驗架構如圖 7-14 所示。

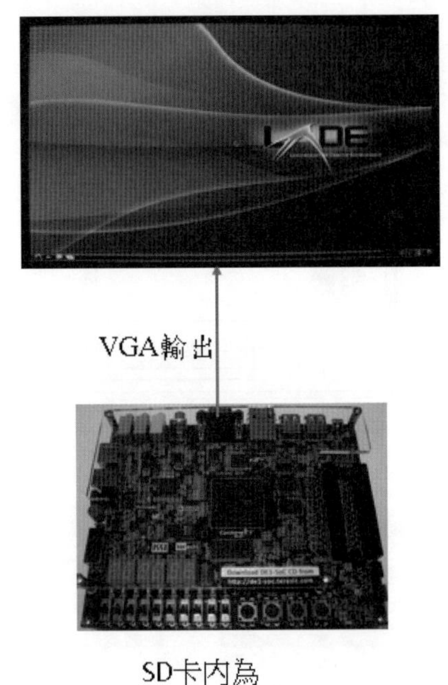

圖 7-14　實驗架構

使用 SD 卡開機啓動 LXDE 桌面之流程如圖 7-15 所示。先更改 MSEL[4..0] 指撥開關爲「0000」，再連接裝置，再安裝驅動程式，再執行 putty.exe，按 Warm Reset 鍵，在 PuTTY 視窗輸入 startx 可啓動 LXDE 桌面。

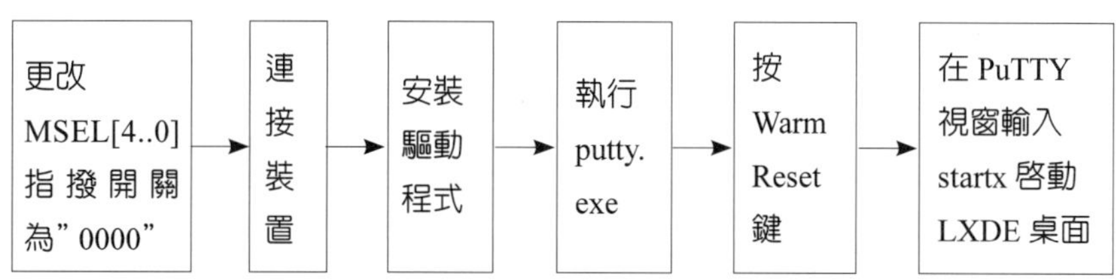

圖 7-15　使用 SD 卡開機啓動 LXDE 桌面之流程

使用 SD 卡開機啓動 LXDE 桌面之流程詳細介紹如下：

1. 更改 MSEL[4..0] 指撥開關爲「0000」：將 DE1-SoC 背後的 MSEL[4..0] 指撥開關撥至「00000」（預設狀態爲 MSEL[4..0] 爲「10010」）。
2. 連接裝置：將電腦與 DE1-SoC 板子上的 UART to USB 端口透過 Type A to Mini B USB 線線連接，將 DE1-SoC 板子接上電源與網路線，注意您使用的電腦與板子需使用同一個 IP 分享器，如圖 7-16 所示。再將前一章已製作好的 SD 卡開機片放入 DE1-SoC 板子上的 Micro SD 卡插槽後開啓 DE1-SoC 電源。

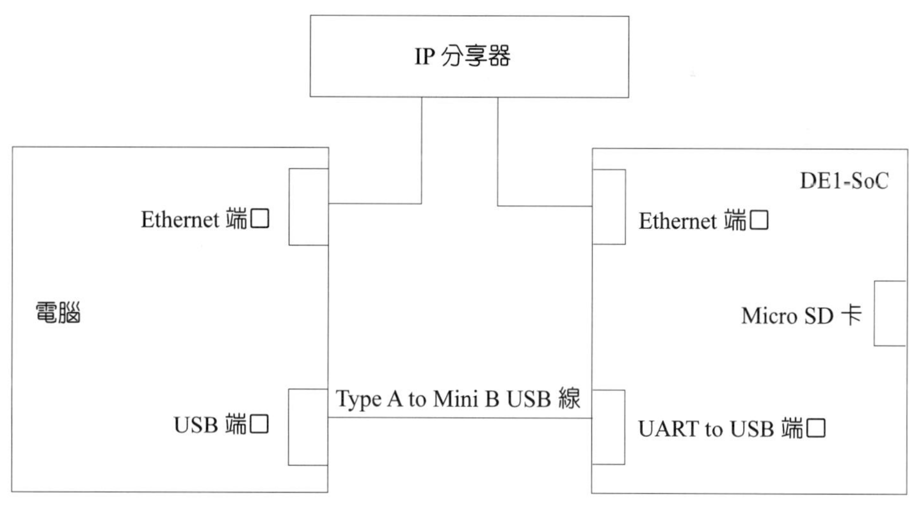

圖 7-16　連接裝置

3. 安裝驅動程式：至我的電腦中的裝置管理員看是否有在連接埠（COM 和

LPT）下看到有出現 USB to UART 橋接在幾號的 COM 埠。若沒有看到則需從 FT232R USB UART 驅動程式在 http://www.ftdichip.com/Drivers/VCP.htm 下載，再重新更新驅動程式，成功安裝之範例如圖 7-17 所示，是接在連接埠 COM7。

圖 7-17　USB to UART 橋接在 COM7

4. 執行 putty.exe：至網路下載 PuTTY 軟體，下載完後點擊兩下 putty.exe。開啟 putty 之視窗，設定如圖 7-18 所示。

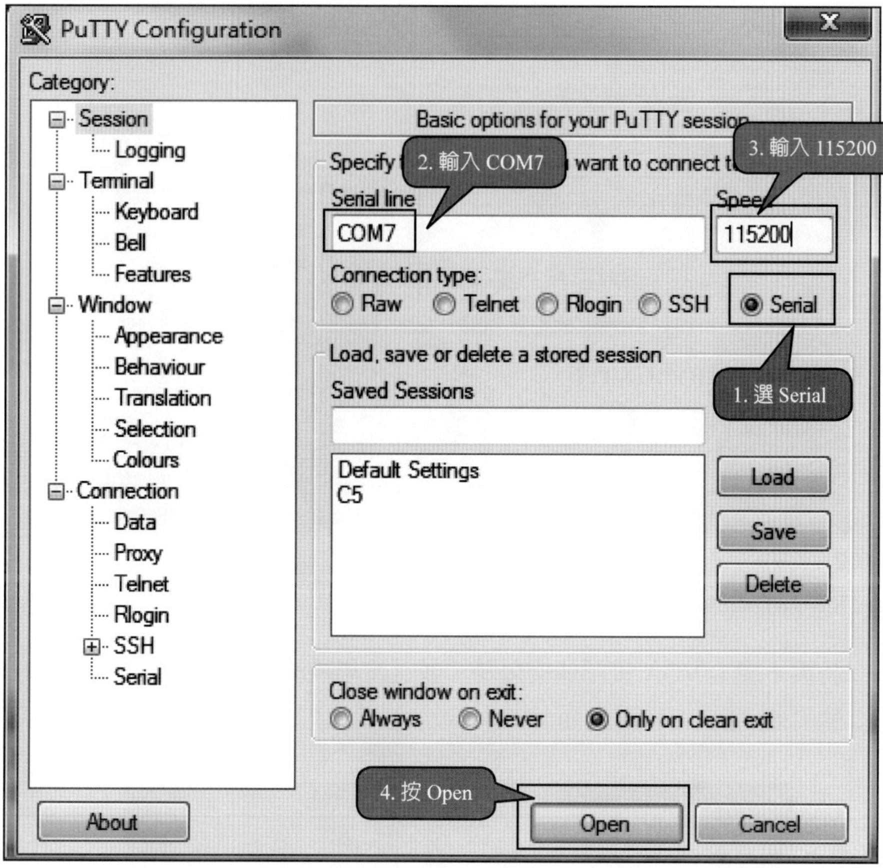

1. 選 Serial
2. 輸入 COM7
3. 輸入 115200
4. 按 Open

圖 7-18　PuTTY 視窗

5. 按 Warm Reset 鍵：確認 micro SD 卡有插在板子上的插槽中。按 Warm Reset 鍵，會看到有 Linux 重開機畫面出現，依序讀取 boot ROM firmware、preloader、U-boot boot loader 與 Linux kernel。PuTTY 視窗畫面如圖 7-19 所示。

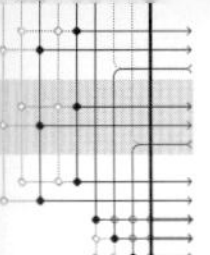

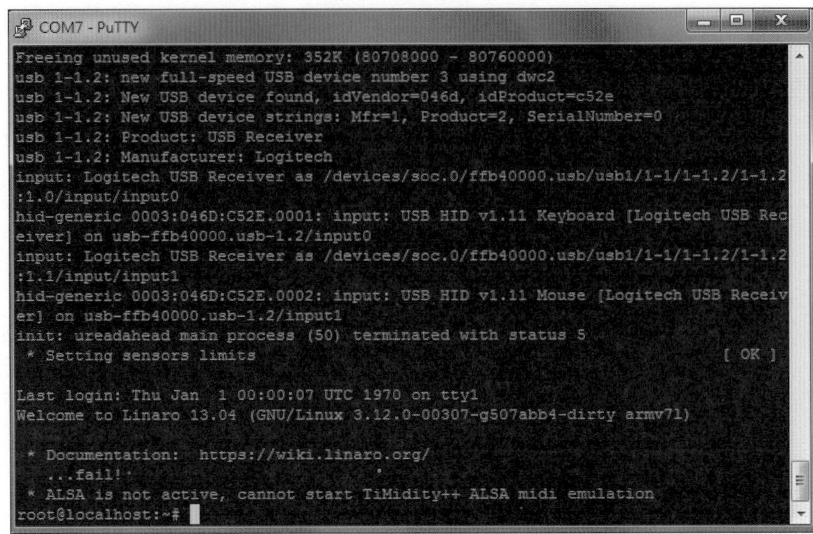

圖 7-19　PuTTY 視窗顯示開機畫面

將板子接上 VGA 接頭連接螢幕，並且將無線滑鼠之 USB HUB 接上 HPS 的 USB 端口，如圖 7-20 所示。

圖 7-20　將板子接上 VGA 接頭連接螢幕

可以看到接在 DE1-SoC 板子上的螢幕出現如圖 7-21 之畫面。

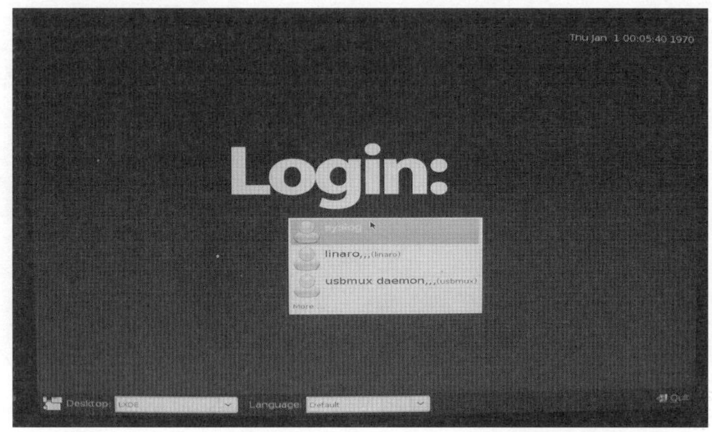

圖 7-21　接在 DE1-SoC 板子上的螢幕出現之畫面

6. 在 PuTTY 輸入 startx：啓動 LXDE 桌面需要執行 startx 指令。輸入指令結果如圖 7-22 所示。同時也在連接板子的螢幕出現 Lightweight X11 Desktop Environment 的畫面，如圖 7-23 所示。

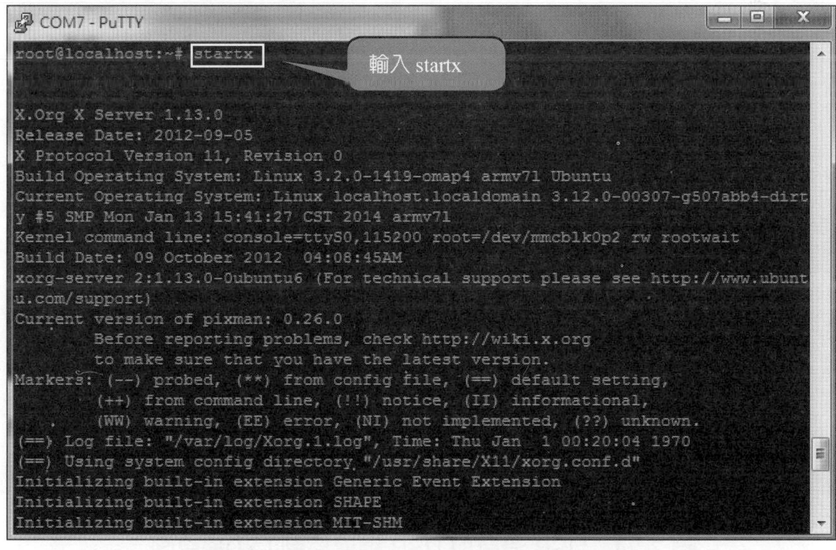

圖 7-22　輸入 startx 啓動 LXDE 桌面

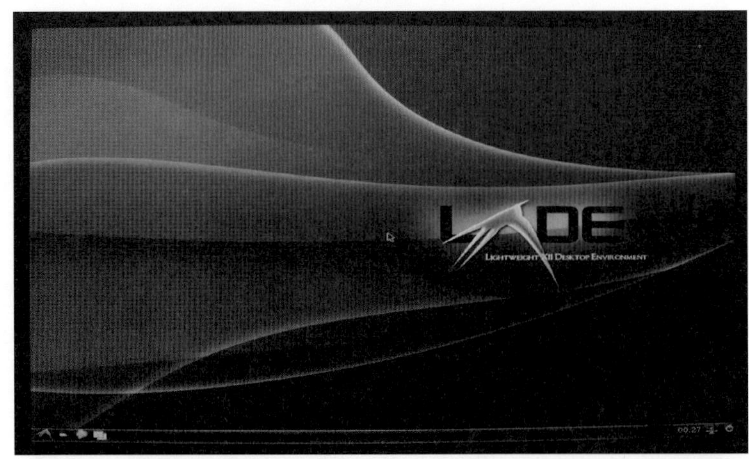

圖 7-23　螢幕出現 Lightweight X11 Desktop Environment 的畫面

可以將 DE1-SoC 板連接 USB 滑鼠與 USB 鍵盤控制 LXDE 桌面，並點選桌面選單「System Tools > XTerm」開啓文字命令列視窗，或是開啓網頁瀏覽器 Firefox 瀏覽網頁，開啓 XTerm 與 Firefox 瀏覽器之畫面如圖 7-24 所示。

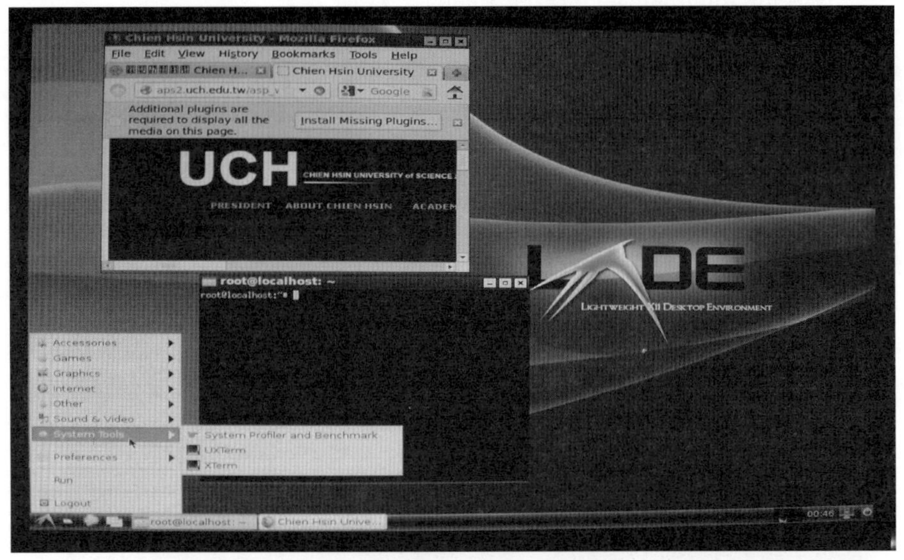

圖 7-24　USB 滑鼠與 USB 鍵盤控制 LXDE 桌面

- 學習成果回顧

  1. 使用 SD 卡開機，執行 Linux 作業系統
  2. 執行 LXDE 桌面程式

- 下一個目標

  設定網路分享功能

7-3 安裝 Samba 設定網路分享資料夾

本章節設定 DE1-SoC 板子上的作業系統的「/home/share」目錄做爲網路分享資料夾。DE1-SoC 板之系統安裝 samba 套件後，經過設定就可以透過網路跨平台分享資料，實驗架構如圖 7-25 所示。可在 PC 上透過網路共享 DE1-SoC 板子的系統之分享資料夾中的資料。

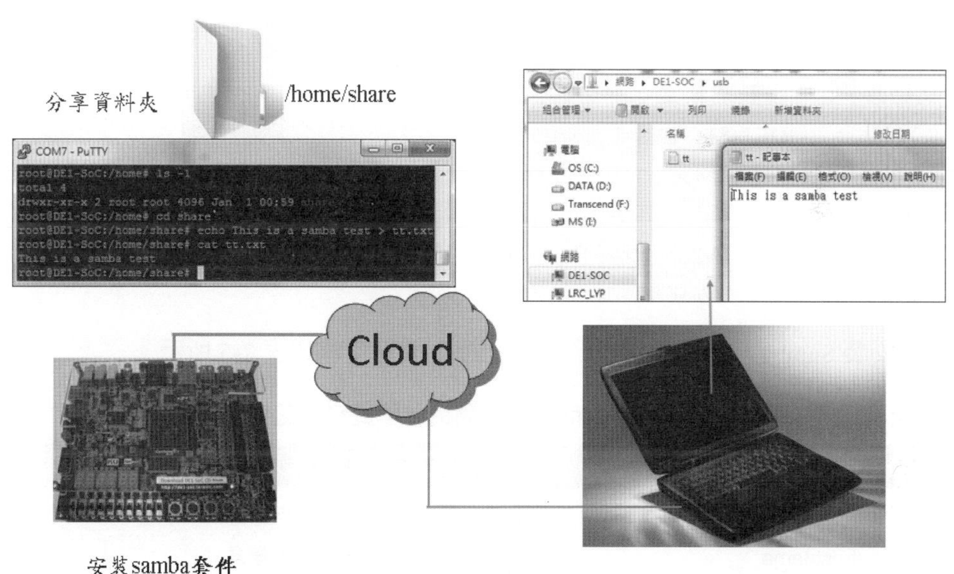

圖 7-25　安裝 Samba 設定網路分享資料夾實驗架構

安裝 Samba 設定網路分享資料夾之流程如圖 7-26 所示。先按 Warm Reset 鍵，

再更改 /etc/hostname，再更改 /etc/hosts，再重新開機，安裝 samba 套件，修改「/etc/samba/smb.conf」，新增 root 爲 samba 使用者，建立 /home/share/ 目錄，重新啓動 samba，取得 IP 位址，建立測試文件於 share 目錄，網路芳鄰測試，從個人電腦複製檔案至 DE1-SoC 板共享資料夾。

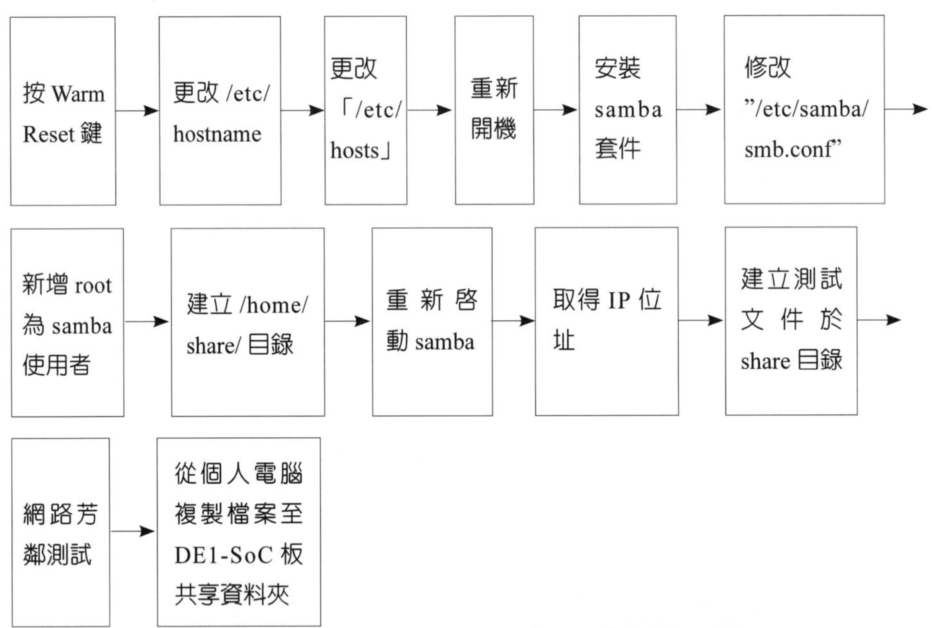

圖 7-26　安裝 Samba 設定網路分享資料夾之流程

安裝 Samba 設定網路分享資料夾之指令流程整理如表 7-5 所示。

表 7-5　安裝 Samba 設定網路分享資料夾之指令流程

指令	說明
vi /etc/hostname	編輯 /etc/hostname 檔案
cat /etc/hostname	觀看 /etc/hostname 檔案
vi /etc/hosts	編輯 /etc/hosts 檔案
cat /etc/hosts	觀看 /etc/hosts 檔案
apt-get update	更新套件資料庫
apt-get upgrade	更新套件

指令	說明
apt-get install samba samba-common-bin	安裝 samba 套件
cd /home	進入 /home 目錄
mkdir share	建立新資料夾 share
ls –l	觀看目錄內容
/etc/init.d/smbd ?reload	重新啟動 samba
ifconfig	目前取得的 IP 位址
cd share	進入 share 目錄
echo This is a samba test > tt.txt	寫入文字 "This is a samba test" 於 tt.txt 檔

安裝 Samba 設定網路分享資料夾之詳細步驟如下：

1. 按 Warm Reset 鍵：請確認 micro SD 卡有插在 DE1-SoC 板子上的插槽中。按 Warm Reset 鍵，會看到有 Linux 重開機畫面出現，依序讀取 boot ROM firmware 、preloader 、U-boot boot loader 與 Linux kernel。PuTTY 視窗畫面如圖 7-27 所示。注意先不要輸入 startx。

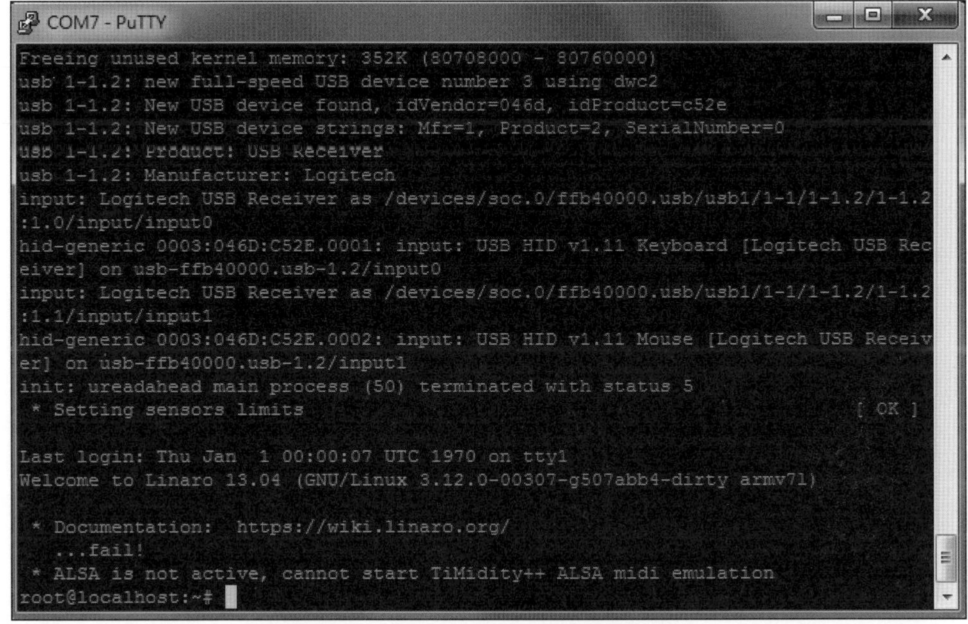

圖 7-27 PuTTY 視窗顯示開機畫面

2. 變更「/etc/hostname」：變更「/etc/hostname」主機名稱，先用「cat /etc/hostname」觀看原來設定，如圖 7-28 所示，再輸入「vi /etc/hostname」於命令列，進入 vi 編輯環境後，按鍵盤上的 i ，可以插入文字進行文字編輯，例如，修改主機名稱為「DE1-SoC」。編輯完成後按鍵盤上的 ESC ，接著按 :wq ，再按 Enter 鍵，存入並跳出 vi 編輯環境，變更後再使用「cat /etc/hostname」觀看已修改之內容。如圖 7-29 所示。

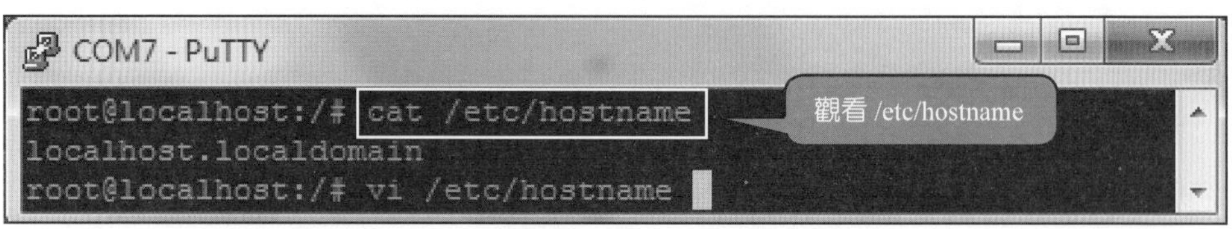

圖 7-28　觀看原來 /etc/hostname 設定

圖 7-29　觀看「/etc/hostname」修改結果

3. 更改「/etc/hosts」：先用「cat /etc/hosts」觀看原來設定，原來內容是空的。再於輸入「vi /etc/hosts」於命令列，進入 vi 編輯環境後，按鍵盤上的 i ，可以插入文字進行文字編輯，插入 127.0.0.1 localhost.localdomain 與 127.0.0.1 DE1-SoC 。編輯完成後按鍵盤上的 ESC ，接著按 :wq ，再按 Enter 鍵，存入並跳出 vi 編輯環境，變更後再使用「cat /etc/hosts」觀看已修改之內容。如圖 7-30 所示。

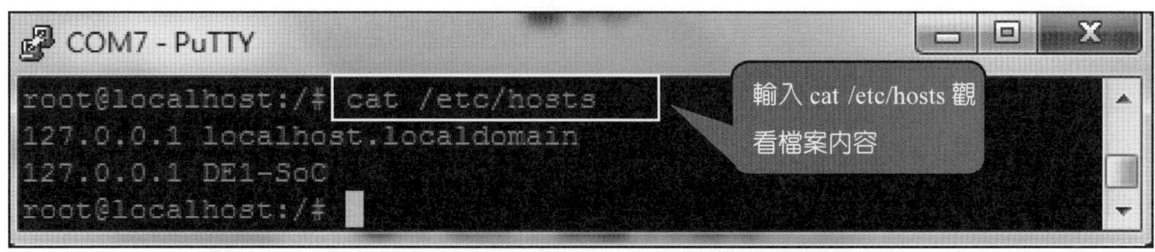

圖 7-30　觀看「/etc/hosts」修改結果

4. 重新開機：按 Warm Reset 鍵，在 PuTTY 畫面會看到有 Linux 重開機畫面出現，重新開機完成之 PuTTY 視窗畫面如圖 7-31 所示。可以看到主機名稱已變更為 DE1-SoC。

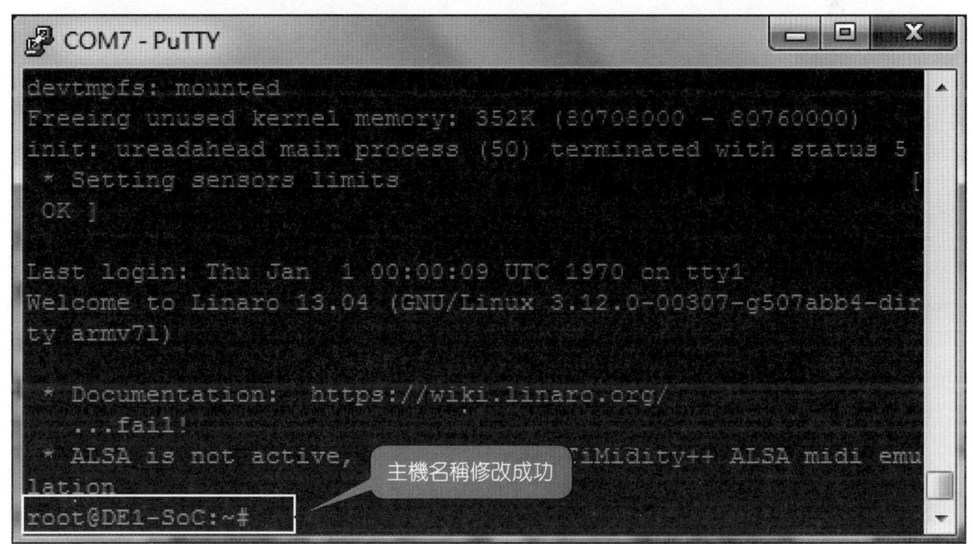

圖 7-31　主機名稱修改為 DE1-SoC 成功

5. 安裝 samba 套件：安裝 samba 套件，先要使用 apt-get update 更新套件資料庫，再使用 apt-get upgrade 更新套件，最後才使用 apt-get install 安裝套件，指令說明整理如表 7-6 所示，安裝 samba 完成畫面如圖 7-32 所示。

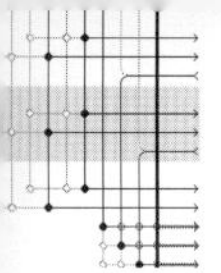

表 7-6　安裝套件指令順序與說明

步驟	指令	說明
1	apt-get update	更新套件資料庫
2	apt-get upgrade	更新套件
3	apt-get install samba samba-common-bin	安裝 samba 套件

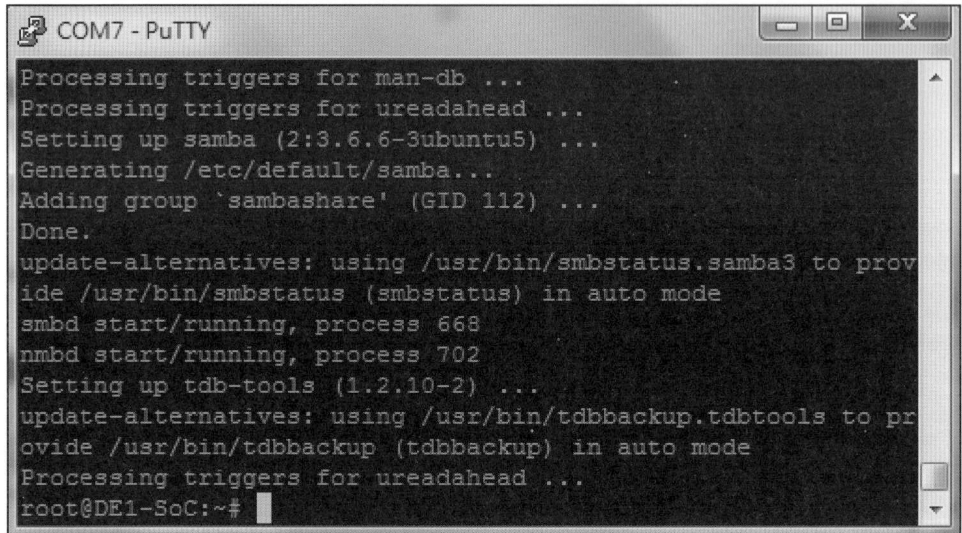

圖 7-32　安裝 samba 完成畫面

6. 修改「/etc/samba/smb.conf」：假設想要作爲網路分享之資料夾是在「/home/root/share」下，並且可以使用 samba 登入的使用者是 root，則使用指令「vi /etc/samba/smb.conf」修改「/etc/samba/smb.conf」之內容如表 7-7 所示。修改完成之畫面如圖 7-33 所示。

表 7-7　修改 " /etc/samba/smb.conf"

文字修正處	說明
workgroup = WORKGROUP	修改 workgroup 為 WORKGROUP
security = user	啓用 #security = user (去掉 #)
	在檔案最後加入以下文字
[USB]	設定分享資料夾名稱為 USB
path = /home/share	分享資料夾實際對應目錄為 /home/share
comment = Samba comment	註解
valid users = root	設定登入使用者為 root
writeable = yes	設定資料夾為可寫入
browseable = yes	設定資料夾為可瀏覽
create mask = 0777	設定資料夾屬性為 777
public = yes	

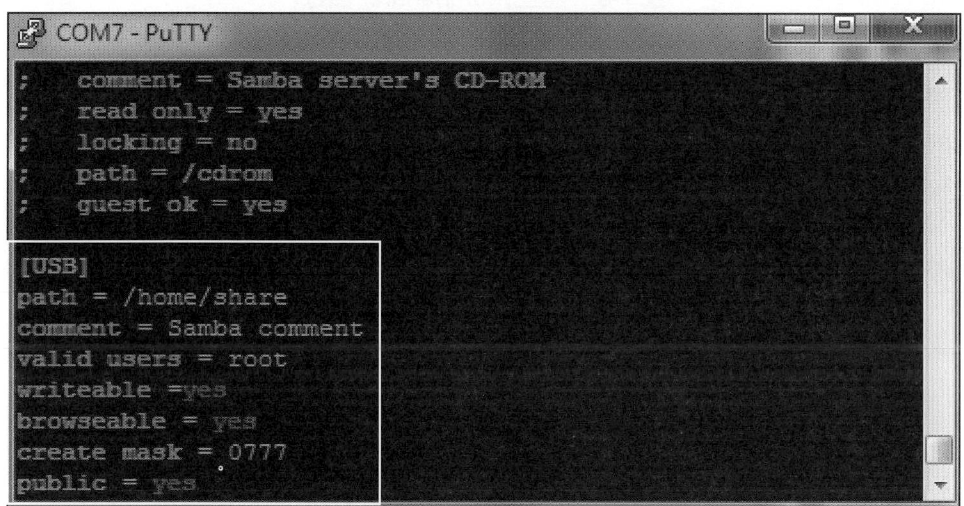

圖 7-33　修改與輸入文字於 " /etc/samba/smb.conf"

7. 新增 root 爲 samba 使用者：輸入 smbpasswd -a root 新增 samba 使用者。例如，設定密碼爲 root。設定完成畫面如圖 7-34 所示。

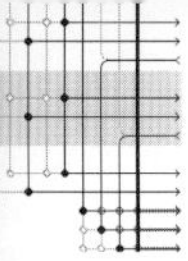

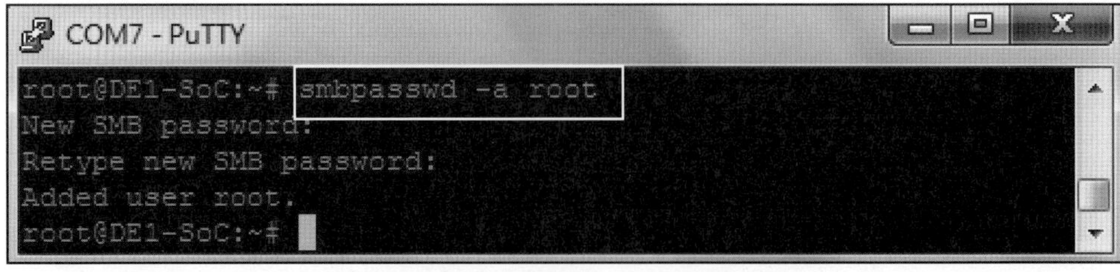

圖 7-34　新增 samba 用戶

8. 建立 /home/share/ 目錄：在 /home 目錄下使用 mkdir share 指令建立 share 目錄。再用 ls -l 觀看是否有建立 share 目錄成功。指令說明整理如表 7-8 所示。

表 7-8　建立 /homr/share/ 目錄

指令	說明
cd /home	進入 /home 目錄
mkdir share	建立新資料夾 share
ls –l	觀看目錄內容

9. 重新啓動 samba：輸入指令 /etc/init.d/smbd ?reload 重新啓動 samba ，重新啓動 samba 成功畫面如圖 7-35 所示。

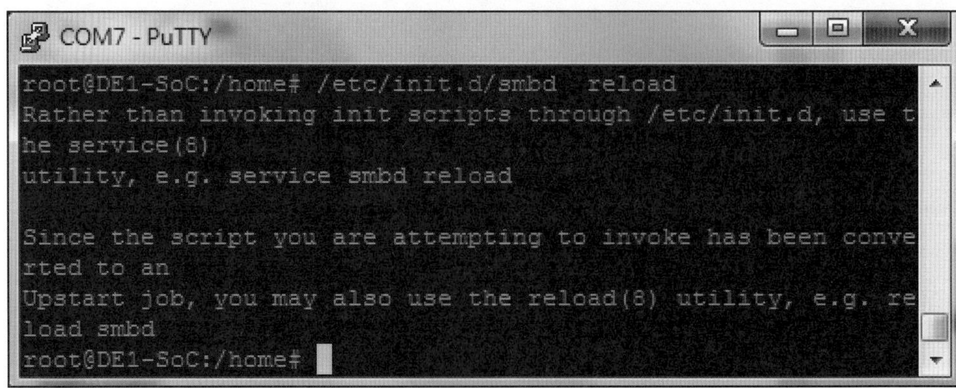

圖 7-35　重新啓動 samba 服務

10. 取得IP位址：輸入「ifconfig」可以知道目前DE1-SoC系統取得的IP位址，如圖 7-36 所示。圖中顯示 IP 位址爲 192.168.1.86。

```
COM7 - PuTTY
root@DE1-SoC:/home# ifconfig
eth0      Link encap:Ethernet  HWaddr 12:34:56:78:90:12
          inet addr:192.168.1.86  Bcast:192.168.1.255  Mask:
255.255.255.0
          inet6 addr: fe80::1034:56ff:fe78:9012/64 Scope:Lin
k
          UP BROADCAST RUNNING MULTICAST  MTU:1500  Metric:1
          RX packets:2894 errors:0 dropped:0 overruns:0 fram
e:0
          TX packets:1546 errors:0 dropped:0 overruns:0 carr
ier:0
```

圖 7-36　取得 IP 位址

11. 建立測試文件於 share 目錄：進入 /home/share 目錄建立一個文字檔「tt.txt」，內容輸入「This is samba test」，執行畫面如圖 7-37 所示。使用 echo 指令寫入文字於 tt.txt，輸入「echo This is a samba test > tt.txt」。並用「cat tt.txt」指令觀看 tt.txt 文字檔內容。

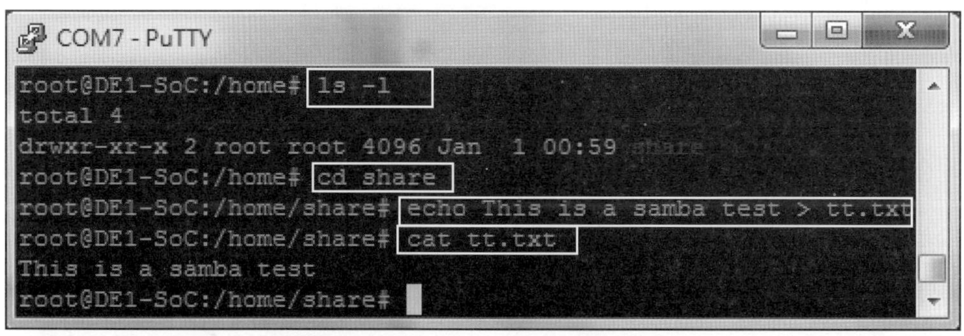

圖 7-37　建立文件 tt.txt 於共享資料夾

12. 網路芳鄰測試：在同一網域的電腦（或與 DE1-SoC 板接同一個 IP 分享

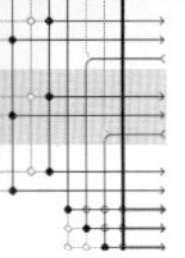

器的電腦），利用網路芳鄰看看是否看的到有 DE1-SoC，如圖 7-38 所示。點擊 DE1-SoC 檔案可以看到 USB 分享資料夾，再點入可以看到 tt.txt 檔。

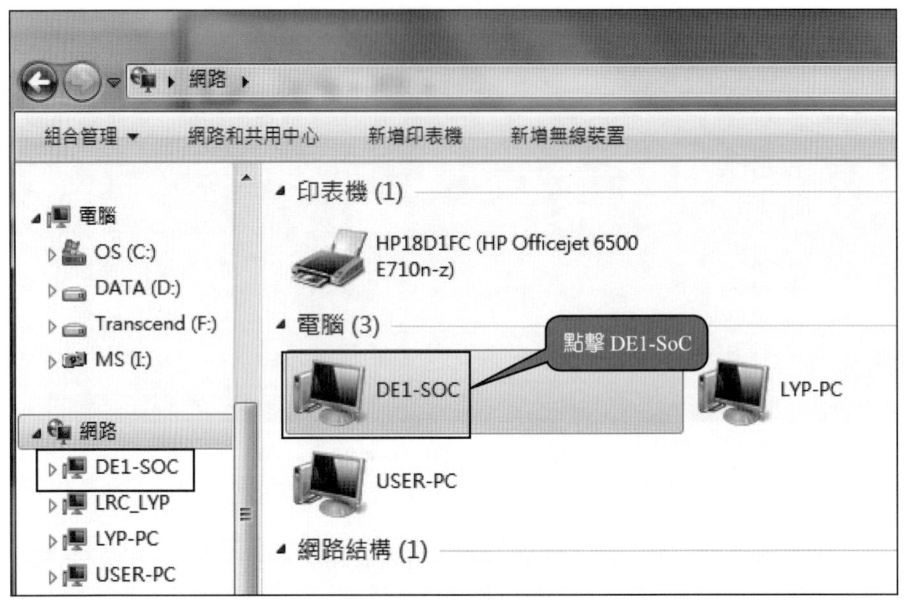

圖 7-38　網路芳鄰

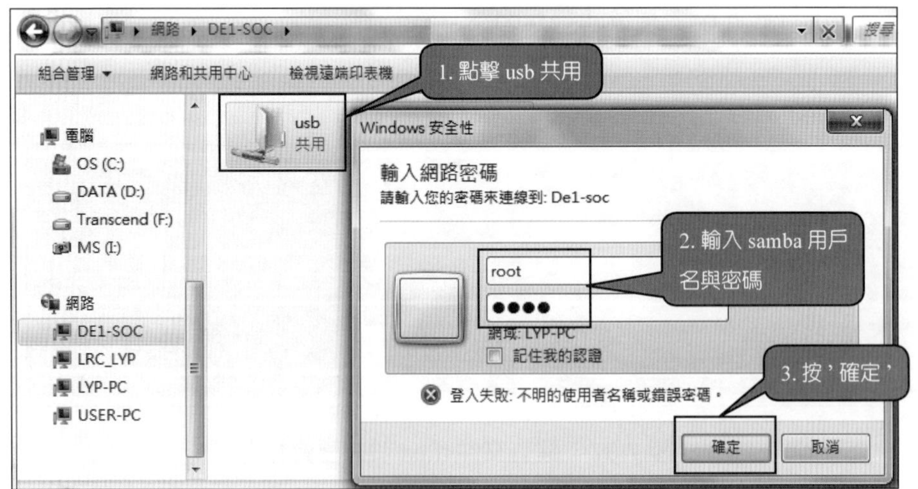

圖 7-39　輸入 samba 用戶名與密碼

圖 7-40　點擊 tt 開啓可編輯內容

13. 從個人電腦複製一個檔案至 DE1-SoC 板子的系統：從個人電腦複製一個檔案至 DE1-SoC 板子，例如，複製 DE1-SoC_User_manual.pdf 檔案至 DE1-SOC 分享資料夾，如圖 7-41 所示。再至 PuTTY 視窗輸入 ls -l，觀看已有 DE1-SoC_User_manual.pdf 檔案在「/home/share」目錄中，如圖 7-42 所示。

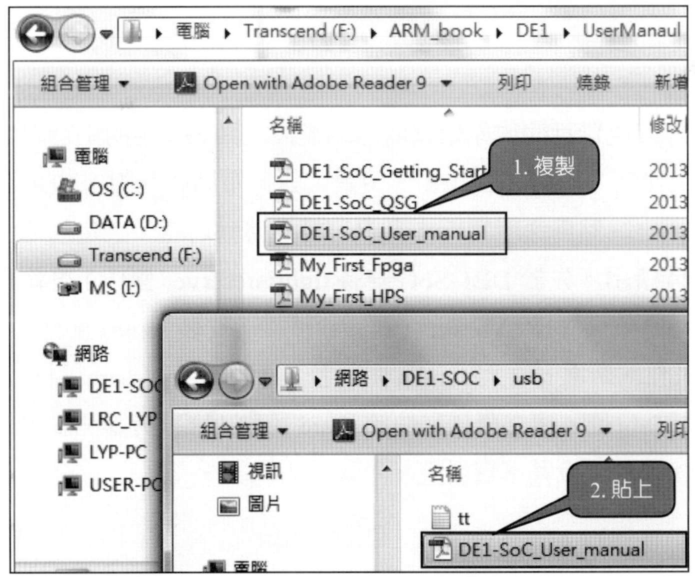

圖 7-41　複製檔案至共用資料夾成功

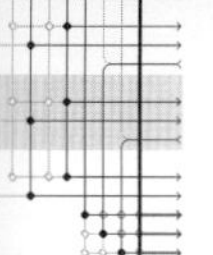

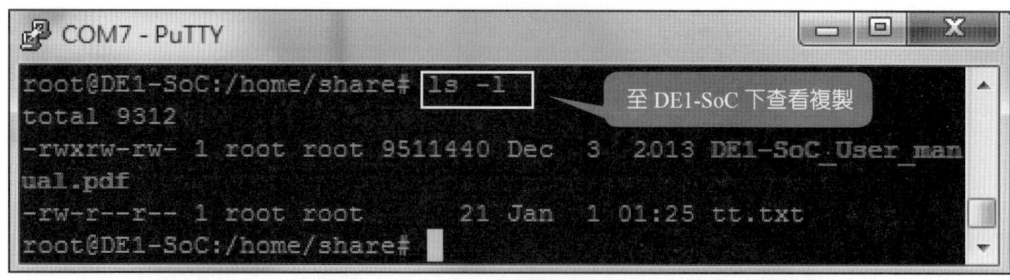

圖 7-42　查看 DE1-SoC 之共享目錄「/home/share」

- 學習成果回顧

  安裝 Samba 設定網路分享功能

- 下一個目標

  設定遠端桌面功能

7-4 設定遠端桌面功能

DE1-SoC 之 LXDE 桌面可以使用遠端桌面操作，本小節介紹利用 VNC 軟體，使電腦能遠端桌面連線到 DE1-SoC 板，實驗架構如圖 7-43 所示。

VNC 是一套免費且開放原始碼的遠端遙控工具，支援的平台眾多。本範例將個人電腦上安裝 VNC VIEWER ，使登入對方電腦時，對方也可正常使用，VNC 遠端桌面之缺點為速度慢、本身沒有檔案傳輸功能。設定遠端桌面功能之流程如圖 7-44 所示。先於 DE1-SoC 安裝 tightvncserver 套件，再執行 tightvncserver ，再於 PC 安裝 VNC Viewer ，再重新開機，安裝 samba 套件，修改「/etc/samba/smb.conf」，新增 root 為 samba 使用者，建立 /home/share/ 目錄，重新啟動 samba ，取得 IP 位址，建立測試文件於 share 目錄，網路芳鄰測試，從個人電腦複製檔案至 DE1-SoC 板共享資料夾。

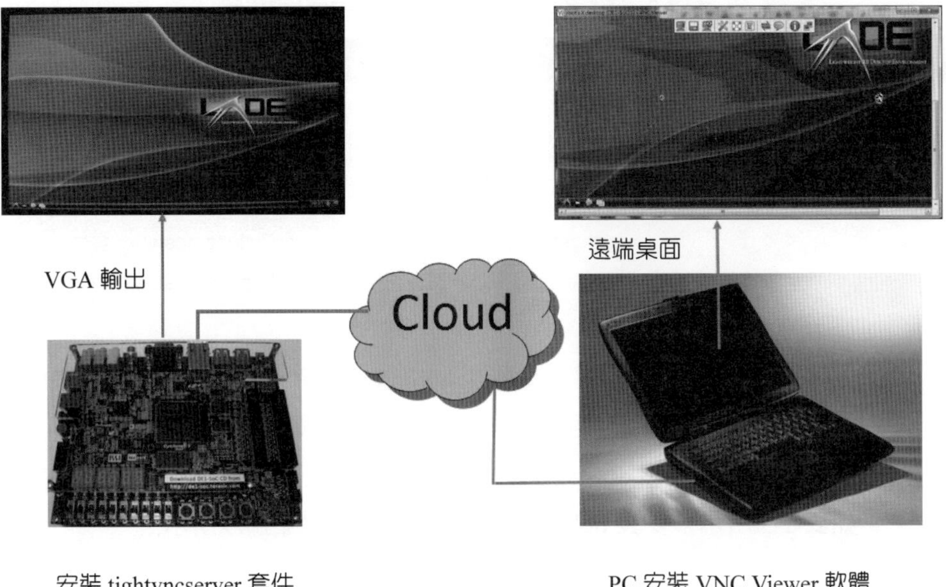

圖 7-43　設定遠端桌面功能實驗架構

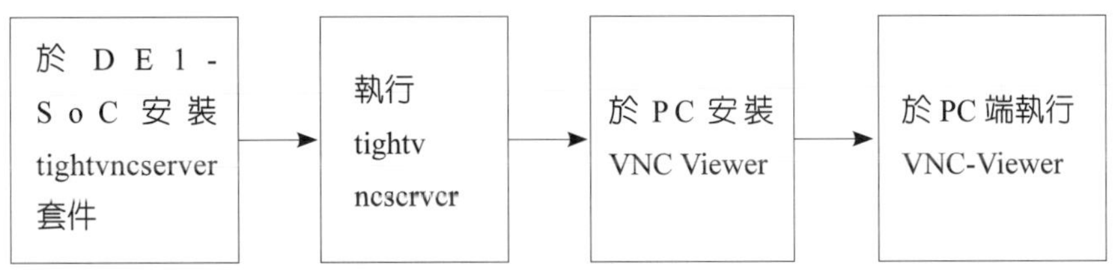

圖 7-44　設定遠端桌面功能之流程

設定遠端桌面功能之指令流程整理如表 7-9 所示。

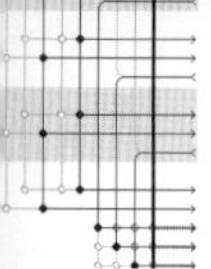

表 7-9　設定遠端桌面功能指令順序與說明

步驟	指令	說明
1	apt-get update	更新套件資料庫
2	apt-get upgrade	更新套件
3	apt-get dist-upgrade	更新套件
4	apt-get install tightvncserver	安裝 tightvncserver 套件
5	tightvncserver	執行 tightvncserver

1. 安裝 tightvncserver 套件：安裝 tightvncserver 套件，先要使用 apt-get update 更新套件資料庫，再使用 apt-get upgrade 與 apt-get dist-upgrade 更新套件，最後才使用 apt-get install tightvncserver 安裝套件，指令說明整理如表 7-9 所示，安裝 tightvncserver 完成畫面如圖 7-45 所示。

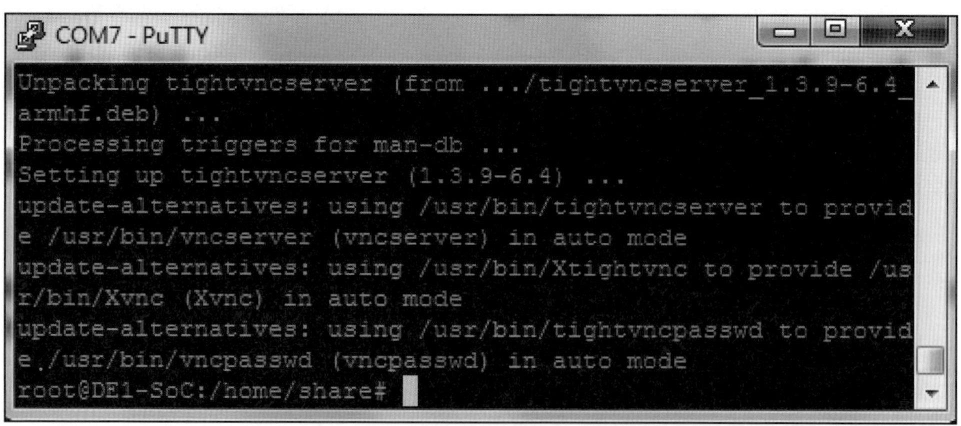

圖 7-45　安裝 tightvncserver 完成畫面

2. 執行 tightvncserver：第一次執行 tightvncserver ，輸入 tightvncserver ，會被要求設定一組密碼，例如「rootroot」執行畫面如圖 7-46 所示。

圖 7-46　執行 tightvncserver

3. 安裝 VNC Viwer 於 PC：本範例使用個人電腦進行遠端桌面連線至 DE1-SoC 板，電腦可安裝 VNC Viewer ，至網站 http://www.realvnc.com/download/viewer/ 下載 VNC Viewer。需在提供 VNC Viewer 下載之網頁填入個人資料後，如圖 7-47 所示，才能進行軟體下載。
   接著出現的網頁要勾選「I have read and accept these terms and conditions」，再按「Download」鍵，則會開始下載程式「VNC-Viewer-5.1.0-Windows-64bit.exe」。

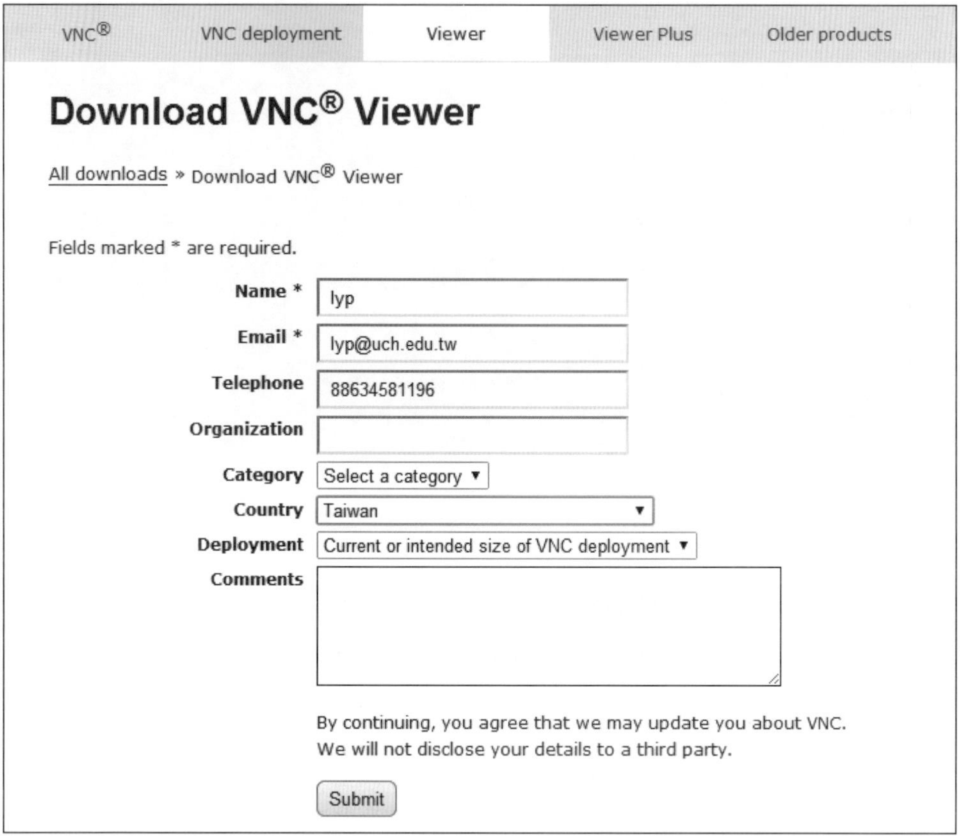

VNC® | VNC deployment | Viewer | Viewer Plus | Older products

Download VNC® Viewer

All downloads » Download VNC® Viewer

Fields marked * are required.

Name * lyp
Email * lyp@uch.edu.tw
Telephone 88634581196
Organization
Category Select a category ▼
Country Taiwan ▼
Deployment Current or intended size of VNC deployment ▼
Comments

By continuing, you agree that we may update you about VNC.
We will not disclose your details to a third party.

Submit

圖 7-47　於提供 VNC Viewer 下載之網頁填入個人資料

4. 於 PC 端執行 VNC-Viewer：下載完成後點擊「VNC-Viewer-5.1.0-Windows-64bit.exe」開始執行 VNC-Viewer ，第一次執行會出現詢問頁面，勾選「I have read and accept these terms and conditions.」，再按「OK」鈕，會開啓「VNC Viewer」頁面。輸入欲登入的 VNC Server 的 IP 位址，如圖 7-48 所示。

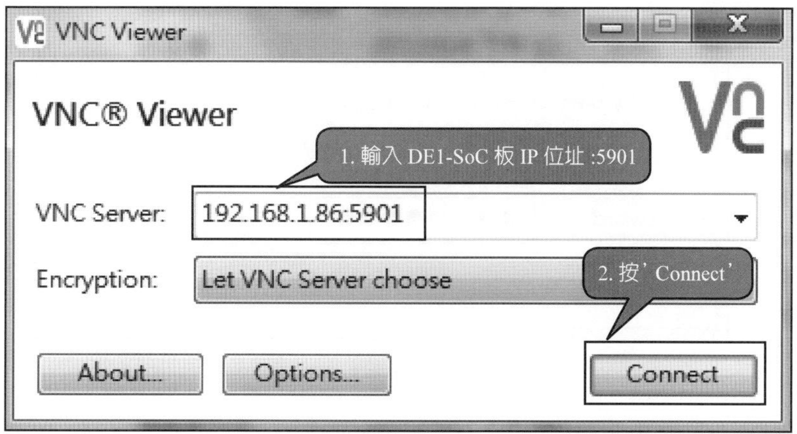

圖 7-48　於 PC 端執行 VNC Viewer

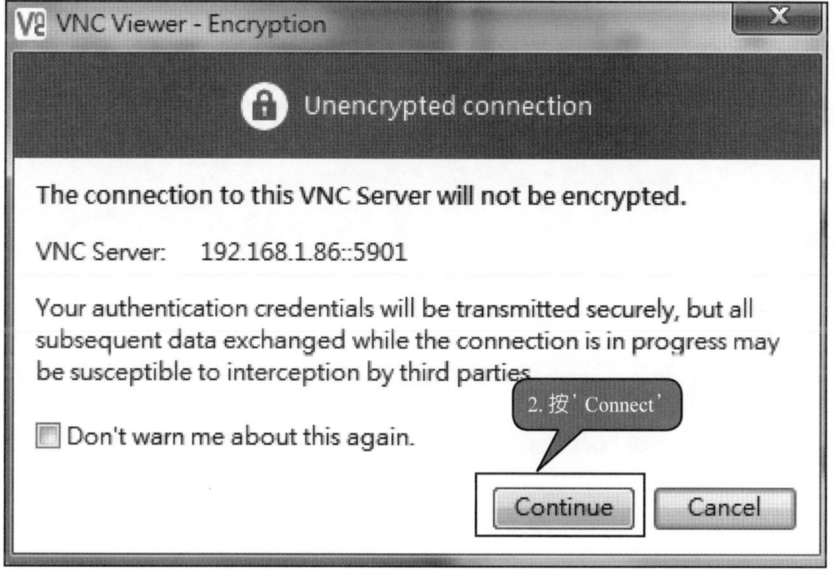

圖 7-49　出現警告視窗

出現輸入密碼視窗，如圖 7-50 所示。

圖 7-50　出現輸入密碼視窗

出現遠端桌面視窗如圖 7-51 所示。

圖 7-51　遠端桌面成功

國家圖書館出版品預行編目資料

嵌入式系統設計:ARM-Based FPGA基礎篇／廖裕評、陸瑞強、郭書銘著. ——初版.——臺北市：五南，2014.09
面； 公分
ISBN 978-957-11-7810-3（平裝）
1.系統程式 2.電腦程式設計
312.52 103017149

5DH8

嵌入式系統設計：
ARM-Based FPGA基礎篇

作　　者— 廖裕評　陸瑞強　郭書銘
發 行 人— 楊榮川
總 編 輯— 王翠華
編　　輯— 王者香
封面設計— 簡愷立
出 版 者— 五南圖書出版股份有限公司
地　　址：106台北市大安區和平東路二段339號4樓
電　　話：(02)2705-5066　傳　　真：(02)2706-6100
網　　址：http://www.wunan.com.tw
電子郵件：wunan@wunan.com.tw
劃撥帳號：01068953
戶　　名：五南圖書出版股份有限公司
台中市駐區辦公室/台中市中區中山路6號
電　　話：(04)2223-0891　傳　　真：(04)2223-3549
高雄市駐區辦公室/高雄市新興區中山一路290號
電　　話：(07)2358-702　傳　　真：(07)2350-236
法律顧問　林勝安律師事務所　林勝安律師
出版日期　2014年9月初版一刷
定　　價　新臺幣580元

凝煉知識品味閱讀